Lehrbücher des Bauingenieurwesens

Dallmann • *Baustatik*
Band 1: Berechnung statisch bestimmter Tragwerke
Band 2: Berechnung statisch unbestimmter Tragwerke

Freimann • *Hydraulik für Bauingenieure*

Göttsche/Petersen • *Festigkeitslehre – klipp und klar*

Jochim/Lademann • *Planung von Bahnanlagen*

Krawietz/Heimke • *Physik im Bauwesen*

Proporowitz (Hrsg.) • *Baubetrieb – Bauverfahren*

Proporowitz (Hrsg.) • *Baubetrieb – Bauwirtschaft*

Prüser • *Konstruieren im Stahlbetonbau 1*

Rjasanowa • *Mathematik für Bauingenieure*

Hans-Hermann Prüser

Konstruieren im Stahlbetonbau 1

Grundlagen mit Anwendungen im Hochbau

Mit 164 Bildern, 65 Tabellen, 18 Anwendungsbeispielen, 13 Übungsaufgaben und Leitfäden

Fachbuchverlag Leipzig
im Carl Hanser Verlag

Autor
Prof. Dr.-Ing. Hans-Hermann Prüser
Fachhochschule Oldenburg/Ostfriesland/Wilhelmshaven
Fachbereich Bauwesen und Geoinformation
hans-hermann.prueser@fh-oow.de

Bibliografische Information der Deutschen Nationalbibliothek
Die Deutsche Nationalbibliothek verzeichnet diese Publikation in der Deutschen
Nationalbibliografie; detaillierte bibliografische Daten sind im Internet
über http://dnb.d-nb.de abrufbar.

ISBN 978-3-446-41618-5

Fachbuchverlag Leipzig im Carl Hanser Verlag

© 2009 Carl Hanser Verlag München
Internet: http://www.hanser.de

Lektorat: Christine Fritzsch
Herstellung: Franziska Kaufmann
Satz: Hans-Hermann Prüser, Langwedel
Druck und Binden: Druckhaus „Thomas Müntzer" GmbH, Bad Langensalza
Printed in Germany

Vorwort

Im Bauwesen wird der überwiegende Anteil aller Tragkonstruktionen in Stahlbeton ausgeführt. Diese Bauweise hat sich in den vergangenen 100 Jahren etabliert. Sie hat ihre Tragfähigkeit, Zuverlässigkeit und Dauerhaftigkeit bei geringem Wartungsaufwand unter Beweis gestellt. Die Entwicklung der verwendeten Baustoffe, Zusatzmittel und Bauverfahren ist keineswegs abgeschlossen, sondern wird in Forschung und Praxis weiter vorangetrieben.

Dieses Buch ist in zwei Bänden konzipiert. Der hier vorliegende 1. Band stellt die Grundlagen der Stahlbetonbauweise vor und beschreibt einfachere Anwendungen im Hochbau. Im zweiten Band werden vertiefende Problemstellungen bearbeitet; darunter u.a. die Spannbetonbauweise.

Auch bei der Bemessung von Stahlbetonkonstruktionen spielt der Einsatz von Computerprogrammen eine zentrale Rolle in der Ingenieurpraxis. Es werden Konstruktionen jeder Art erfasst, ihre Beanspruchung berechnet und bei einem hohen Grad an Materialausnutzung bemessen. Aber genau an dieser Stelle ist Vorsicht geboten, denn dem Grund nach kann jeder unerfahrene Anwender heute ein komplexes statisches System *kurz und klein rechnen*. Ob die gewonnenen Ergebnisse für das untersuchte Tragwerk auf einer zutreffenden Systemfindung beruhen, konstruktiv verträglich und herstellungstechnisch umsetzbar sind – diese Bewertung liegt in der Verantwortung des Tragwerksplaners.

Es ist von zunehmender Wichtigkeit, dass der im Berufsleben stehende Bauingenieur über ein solides und sicheres Grundwissen verfügt, das unabhängig von den wechselnden Softwareprodukten ist.

Im Studium des Bauingenieurwesens müssen deshalb weiterhin und verstärkt die Grundlagen des Stahlbetonbaus vermittelt werden. Darauf aufbauend wird beginnend im Studium und weiterführend im Beruf das statisch-konstruktive Verständnis entwickelt, welches für die zielführende und verantwortungsvolle Anwendung von Computerprogrammen unbedingt notwendig ist. In diesem Sinne richtet sich das Lehrbuch vordringlich (aber nicht nur) an Studierende des Bauingenieurwesens.

Zunächst werden in der gebotenen Ausführlichkeit die Verfahren beschrieben, mit denen im Stahlbetonbau die Beanspruchungen der Bauteile errechnet werden. In einem komplexen Beispiel wird dabei aufgezeigt, welch starken Einfluss die Systemfindung bei der Ermittlung der Schnittgrößen hat. Anschließend wird die Festigkeit und das Verformungsverhalten der verwendeten Baustoffe Stahl und Beton sowie ihr Zusammenwirken im Verbund erläutert. Damit sind die Grundlagen für die Bemessung von Stahlbetonbauteilen nach DIN 1045-1 gelegt. Die sich daraus ergebenden konkreten Nachweisführungen in den Grenzzuständen von Tragfähigkeit und Gebrauchstauglichkeit werden ausführlich dargestellt. Durchgerechnete, normengerechte Beispiele und Übungsaufgaben helfen dem Leser, sein Wissen zu vertiefen. Konstruktionsregeln zur Sicherstellung der Dauerhaftigkeit von Stahlbetonbauteilen und Beispiele zur Bewehrungskonstruktion runden den Inhalt ab.

Im Anhang des Buches sind Hilfsmittel zur Schnittgrößenermittlung (Handrechenverfahren) und Ergebnisse von vergleichenden Computersimulationen zusammengestellt. Leitfäden, in denen das Vorgehen bei der Biege- und Querkraftbemessung zusammenfassend dargestellt sind, helfen beim Lösen eigener Bemessungsaufgaben.

Dank gebührt Frau Kaufmann und ganz besonders Frau Fritzsch vom Carl Hanser Verlag für die angenehme Zusammenarbeit bei der Entstehung dieses Buches.

Anregungen, Hinweise und Verbesserungen werden gerne entgegengenommen.

Oldenburg im August 2008   Hans-Hermann Prüser

Inhaltsverzeichnis

1 Einleitung

1

1.1 Stahlbeton – ein zuverlässiger und universell einsetzbarer Baustoff

Der Baustoff Stahlbeton wird im Bauwesen in vielfältiger Weise im Hoch- und Ingenieurbau zur Konstruktion eingesetzt. Stahlbetonbauteile können vor Ort auf der Baustelle hergestellt werden (Ortbeton) oder als Fertigteile angeliefert und auf der Baustelle zusammengefügt werden.

Bild 1.1: Mehrgeschossiges Gebäude im Rohbau

Die Einleitung von Bauwerkslasten in den Baugrund erfolgt auf Einzel- bzw. Streifenfundamenten oder auf großflächigen Fundamentplatten. Bei schwierigen Baugrundverhältnissen können Tiefgründungen auf Stahlbetonpfählen ausgeführt werden. Grundwasserdichte Baugruben oder Kellerkonstruktionen können ebenfalls in Stahlbetonbauweise ausgeführt werden. Geländesprünge werden durch Stützwände aus Stahlbeton gesichert.

Die Konstruktionselemente des üblichen Hochbaus sind Geschoss- und Dachdecken, Unterzüge, Balken, Wände, Stützen, Pfeiler oder auch Sonderbauteile wie Treppen. Sie alle können in Stahlbeton ausgeführt werden.

Die Herstellung von Stahlbetonbauteilen auf der Baustelle kann generell in die folgenden Arbeitsabläufe unterteilt werden:

• Vorbereitung eines Montageplanums, auf dem die weiteren Arbeiten durchgeführt werden.

• Herstellen und Aufbau eines Schalkörpers, mit dem die äußere Form des Bauteils festgelegt wird.

• Einbau der Bewehrung. Sie kann komplett vor Ort in der Schalung geflochten werden oder als vorgefertigte Bewehrungskörbe auf die Baustelle angeliefert werden.

• Einbringen des Frischbetons in die Schalung.

• Nach einer angemessenen Aushärtezeit, in der der Beton nachbehandelt wird, wird die Schalung abgebaut. Das Bauteil ist fertig.

Bild 1.2: Auf der Baustelle lagernde Bewehrungskörbe für Rundstützen

Das *Bild 1.1* zeigt das Tragwerk eines Stahlbetonhochbaus in der Rohbauphase. Es wird in einer Baugrube hergestellt. Deutlich zu erkennen sind die einzelnen, nacheinander folgenden Bauabschnitte. Im Vordergrund sieht man eine im Rohbau fertig gestellte Kellerwand, die gleichzeitig die äußere Umschließung der Baustelle ist.

Die Kellersohle ist fertig und wird als Montageplanum genutzt, von dem aus die weiteren Arbeitsabläufe erfolgen. Im Vordergrund des Bildes sind gerade einzelne Rundstützen betoniert und ausgeschalt worden. Für die Herstellung der Geschossdecken sind umfangreiche Gerüstarbeiten notwendig, damit Schalung und Bewehrung sicher aufgebaut werden können. Im mittleren Bereich des Bildes ist die Kellerdecke weitgehend fertiggestellt und die Rundstützen sind bis zur Höhe der Erdgeschossdecke verlängert. Im Hintergrund des Bildes erkennt man die nächsten oberen Geschosse, die im Rohbau bereits fertiggestellt sind. Auffällig sind die hochbautypischen Unterzüge, mit ihren Aussparungen für Leitungen und Rohre aller Art.

Die großen, rechteckigen Aussparungen sind für Anlagen der Lüftung-/Klimatechnik vorgesehen. Sie bestimmen oft die Bauhöhe eines Unterzugs.

Aufgrund ihrer dauerhaften Robustheit gegenüber den Einflüssen aus der Umwelt (Wasser, Feuchtigkeit, Frost, Tausalz, Luftschadstoffe) werden die Ingenieurbauten des Verkehrswegebaus heute fast ausnahmslos in Stahlbeton hergestellt. Nur dort, wo beengte Verhältnisse vorliegen und/oder große Stützweiten zu überbrücken sind, werden die Brückenüberbauten in Stahl- oder Stahlverbundkonstruktion ausgeführt.

Brückenbauwerke mit Stützweiten über 20 m werden i.d.R. als Spannbetonkonstruktion ausgeführt.

1.2   ... etwas zur Geschichte

Die Entwicklung des Stahlbetonbaus geht einher mit der Bereitstellung der Baustoffe, der Entwicklung von Herstellverfahren und – in neuerer Zeit – mit der Entwicklung von Ansätzen und Rechenverfahren zur Ermittlung der Beanspruchungen in der Tragkonstruktion.

Die ersten Bindemittel, die zum Vermauern von (Ziegel-)Steinen verwendet wurden, bestanden aus einer Mischung mit Kalk. Die Phönizier benutzten bereits vor 3000 Jahren einen *Mörtel (lat. Mortarium)*, der unter Wasser aushärtete. Diese Eigenschaft erreichte man durch die Verwendung von vulkanischem Gestein.

Die ersten *Betonbauwerke* in Europa werden den Römern zugeschrieben. Ab dem 1. Jahrhundert n.Chr. konnten sie künstliche, druckfeste Bauteile herstellen. Ein Gemisch aus Steinen, Sand, wasserbeständigem Bindemittel und Wasser wurde in einen Schalkörper zum Aushärten verbracht. Dieser *Römische Beton (lat. Opus Caementitium)* ist das Material, mit dem eine Vielzahl von Bauwerken errichtet wurde, die auch heute noch nach fast 2000 Jahren zu bewundern sind: Brücken, Tempel, Theater, Wasserleitungen, . . .

Bild 1.3: Darstellung des Pantheon
(Giovanni Paolo Panini; wikimedia.org)

Stellvertretend sei hier das Pantheon benannt (vgl. *Bild 1.3*). Kaiser Hadrian ließ es von 118-125 n.Chr. errichten. Besonderes Kennzeichen ist die Kuppel; eine Halbkugelkonstruktion mit einem Innendurchmesser von 43 m. Die Konstruktion ist aus Fertigteilkasetten-Elementen zusammengesetzt, die aus römischem Leichtbeton hergestellt sind. Der obenliegende, für das Bauwerk charakteristische, Schlussstein hat eine kreisrunde Öffnung mit 9 m Durchmesser. Sie dient als einzige Lichtquelle. Die freitragende Spannweite von 43 m wurde erst 1913 mit dem Bau der Jahrhunderthalle in Breslau übertroffen.

Mit dem Zerfall des Römischen Reiches gerieten viele Kenntnisse über Baustoffe und Bauverfahren in Vergessenheit. Sieht man einmal von den Kirchenbauten des ausgehenden Mittelalters ab, so gibt es bis in das 18. Jahrhundert hinein keine mit den Römern vergleichbare Baukultur.

Dieses änderte sich erst mit der industriellen Revolution. Es gelang – zunächst in England – in größeren Mengen Eisen (später Stahl) herzustellen. Die erste Gusseisen-Brücke wurde 1779 gebaut. Damit stand ein Baustoff zur Verfügung, der bei kleinen Querschnitten dauerhaft sehr große Zugkräfte aufnehmen kann.

Etwa gleichzeitig wurde 1844 der bis heute gebräuchliche Portland-Zement ebenfalls in England erfunden.

Damit standen die Komponenten von Eisenbeton zur Verfügung und die technische Entwicklung dieser Bauweise setzte ein. Der Anfang wurde von dem französischen Gärtner Joseph Monier gemacht. Er stellte 1849 Blumenkübel her, indem er Beton zusammen mit einem Eisengeflecht in der Schalung erhärten ließ. Dadurch erreichten die Blumenkübel ei-

Bild 1.4: Ignalls Building, 1902

ne erheblich größere Festigkeit. Monier entwickelte den Herstellprozess weiter und ließ sich 1877 *Stützen und Balken mit Eiseneinlage* patentieren. Die verwendeten Moniereisen sind die Vorläufer der heutigen Bewehrungskonstruktion.

Moniers Patente wurden in Deutschland 1886 von dem Ingenieur G.A. Wayss erworben, der in Berlin eine Firma für Beton- und Monierbauten gründete. Hier wurden systematisch Versuche durchgeführt. Das grundlegende Tragverhalten von Stahlbeton wurde erkannt und die neue Bauweise findet mehr und mehr Anwendung. Ein empirisches Berechnungsverfahren wird 1887 in der Broschüre *Das System Monier, Eisengerippe mit Zementumhüllung* vorgestellt.

Es beginnt die wissenschaftliche Erforschung der Stahlbetonbauweise. Die Erfindung von Spannbeton wurde 1890 patentiert (C.F.W. Döhring). In den USA entstand 1902 das erste Eisenbetonhochhaus der Welt (vgl. *Bild 1.4* Ignalls Building, Cincinnati, 16-stöckiger Skelettbau).

Die ersten Beton-Fertigteile, die in größeren Stückzahlen in Deutschland produziert wurden, waren ab ca. 1850 Rohre für Wasser- und Abwasserleitungen. Es folgten Schmuckteile für Fassaden, Ornamente aus Betonwerkstein und die ersten Dachziegel.

Damit sind zu Beginn des 20. Jahrhunderts die Grundlagen für den Stahlbetonbau gelegt. In den folgenden Jahren und bis heute andauernd erfährt diese Bauweise eine stürmische Weiterentwicklung. Positive wie negative Erfahrungswerte werden aufgegriffen, in der Forschung geklärt und in den Vorschriftenwerken für die Anwendung umgesetzt.

Die Eigenschaften der Baustoffe Beton und Stahl werden permanent verbessert und den Erfordernissen der Tragfähigkeit, der Dauerhaftigkeit und des Herstellprozesses angepasst. Die ersten modernen Spannbetonbrücken entstanden nach dem 2. Weltkrieg (z.B. Kanalhafenbrücke Heilbronn 1948). Durch die industrielle Herstellung und den vermehrten Einsatz von Transportbeton (ab 1950) stehen auf der Baustelle Betone mit definierten Güten und Verarbeitungseigenschaften zur Verfügung.

Heute sind Beton und Stahl Hightech-Produkte, ihre Technologie entwickelt sich stetig weiter. Der Einsatz von Stahlfaserbeton und selbstverdichtendem Beton hat sich in der Praxis bereits bewährt. Von der Zement- und Betonindustrie werden Betone hergestellt und verwendet, die sich ganz gezielt durch besonders hohe Widerstände gegenüber chemischen Beanspruchungen auszeichnen. Beispiele für zwei aktuelle Entwicklungen sind der Einsatz von ultrahochfestem und die Erprobung von lichtdurchlässigem Beton.

Bild 1.5: Die Talbrücke *Zahme Gera* in Thürigen (2002)

Mit modernen Baustoffen und den zugehörigen Herstellverfahren lassen sich Bauteile mit enormer Tragfähigkeit herstellen, deren Formgebung gleichzeitig hohen ästhetischen Ansprüchen genügen kann. Im Brückenbau gibt es hierfür ganz besonders eindrucksvolle Beispiele. Das *Bild 1.5* zeigt die Talbrücke *Zahme Gera* im fortgeschrittenen Bauzustand. Seit ihrer Fertigstellung im Jahre 2003 ist sie aufgrund ihrer Lage, Größe und Gestaltung prägend für die Umgebung. Auffällig sind die Y-Pfeiler, die gleichermaßen statische, herstellungstechnische und gestalterische Funktion haben.

Das *Bild 1.6* zeigt einen Bauzustand, der auch einen Einblick in das *Innenleben* der Brücke vermittelt. Auf den Y-Pfeilern wird die Brücke im Freivorbau hergestellt. Die Pfeiler und der darauf entstehende Überbau dokumentieren unterschiedliche Fertigungsstufen. Im Vordergrund links ist die Kletterschalung zu erkennen, mit der die Pfeiler abschnittsweise errichtet werden.

Bild 1.6: Talbrücke *Zahme Gera* im Bauzustand (Quellenangabe: Henry Trefz, Thüringer Allgemeine. www.gerandalf.net)

Die Pfeiler selbst sind innen hohl und nach Fertigstellung zu Wartungszwecken begehbar. Rechts daneben steht bereits ein im Rohbau fertiggestellter Pfeiler, auf dem die Schalungs- und Bewehrungsarbeiten für den Hohlkasten-Querschnitt des Brückenüberbaus in vollem Gange sind. Die Brücke erhält ihre Tragfähigkeit erst, wenn alle Pfeiler durch den Überbau miteinander verbunden sind. Deshalb müssen die Pfeiler im Bauzustand durch Stahlseil-Abstrebungen gesichert werden.

1.3 Das Tragverhalten von Stahlbetonbauteilen

Stahlbeton ist ein Verbundbaustoff, dessen Tragverhalten sich aus dem Zusammenwirken von Beton und Stahl ergibt. Im Bauwerk selbst oder von seiner Umgebung ausgehend ergeben sich Einwirkungen, durch die der Baustoff in unterschiedlicher Art und Weise belastet wird. Das Tragwerk wird insgesamt verformt und im Querschnitt entstehen örtlich unterschiedliche Verzerrungen, die den Baustoff dehnen und/oder stauchen können. Die damit verbundenen Druck- und Zugbeanspruchungen müssen vom Baustoff sicher aufgenommen werden; sie sind daher Grundlage für jedes Bemessungsverfahren.

Es wird notwendig, zwischen den Begriffen Einwirkung und Beanspruchung zu unterscheiden:
Kräfte, Temperaturen sowie erzwungene Systemverformungen wirken auf das Tragwerk ein und werden demzufolge unter den Begriff Einwirkungen subsummiert. Die Einwirkungen führen zu Beanspruchungen innerhalb des Tragwerkes. Die Größe einer Beanspruchung variiert dabei von Ort zu Ort.

Beton ist ein Baustoff, der relativ einfach und preisgünstig herzustellen ist. In der Schalung erhärtend, kann er (fast) jede beliebige äußere Form annehmen. Beton hat eine hohe Druckfestigkeit, die im Regelfall für alle Anforderungen, die an ein Bauwerk gestellt werden, ausreichend ist. Seine Zugfestigkeit ist jedoch deutlich geringer. Sie beträgt nur ca. 10 % der Druckfestigkeit. Deshalb versagt Beton schon bei geringer Zugbeanspruchung, und es ergeben sich Risse im Betonquerschnitt. Darüber hinaus entstehen bei der Betonerhärtung innere Zugspannungen mit entsprechender Rissbildung, ohne dass eine äußere Einwirkung überhaupt vorhanden ist.

Für die Sicherstellung der Tragfähigkeit wird deshalb im Rahmen der Bemessung einer Stahlbetonkonstruktion in der Regel nur die Druckfestigkeit des Betons berücksichtigt, nicht seine Zugfestigkeit.

In den Bereichen des Stahlbetonquerschnitts, wo infolge der Einwirkungen Zugspannungen auftreten, werden planmäßig Stahleinlagen eingebaut. Diese so genannte Bewehrung wird so dimensioniert, dass sie die auftretenden Zugkräfte sicher aufnehmen kann.

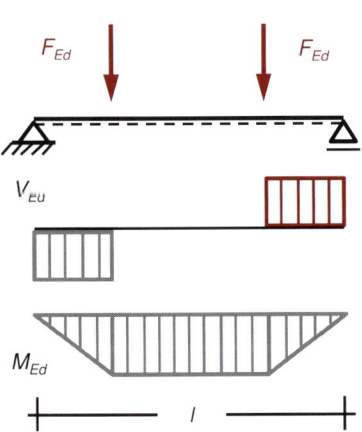

Anhand eines einfachen statischen Systems (vgl. *Bild 1.7*) soll jetzt das Tragverhalten eines Stahlbetonbalkens qualitativ erläutert werden. Gegeben ist ein Balken auf zwei Auflagern. Die Balkenachse ist gerade. Es wirken zwei, symmetrisch angeordnete Einzellasten F_{Ed} auf den Balken ein. Die klassische Stabstatik (Bernoulli-Hypothese) beschreibt die Variation der Beanspruchung entlang der Balkenachse allgemein durch Schnittgrößen. Im vorliegenden Beispiel ergibt sich ein Biegemoment $M_{Ed}(x)$, das von den Auflagern ausgehend linear ansteigt und zwischen den Einzellasten einen konstanten Verlauf hat. Die Beanspruchung aus Querkraft $V_{Ed}(x)$ ist von den Auflagern bis zu den Angriffspunkten der Einzellasten konstant; zwischen den Einzellasten besteht keine Querkraftbeanspruchung. Der Balken hat auf seiner gesamten Länge keine Normalkraftbeanspruchung.

Bild 1.7: Balken auf 2 Stützen mit symmetrischen Einzellasten

Ein statisches System ist ein Rechenmodell, mit dem der reale Stahlbetonbalken näherungsweise beschrieben wird. Ein realistischeres System ist in dem *Bild 1.8* dargestellt: Tatsächlich gibt es weder Einzellasten noch Punktlager. Die Beanspruchungen greifen zwar an den entsprechenden Bereichen konzentriert an; dennoch haben sie eine Einwirkungslänge. Die Achse des statischen Systems beschreibt die Schwerpunktlage des Balkenquerschnitts. Er soll vereinfachend als Rechteck angenommen werden.

Die Belastung greift nicht, wie in dem statischen Rechenmodell angenommen wird, in der Balkenachse an, sondern sie wirkt (hier beispielsweise) auf der Oberseite des Balkens. Infolge der einwirkenden *Einzellasten* verformt sich der Stahlbetonbalken. Er verkrümmt sich unter der Wirkung des Biegemomentes und biegt sich in Feldmitte durch.

Aus der Tragwerksverformung ergeben sich örtlich im Querschnitt Verzerrungen (im Wesentlichen Dehnungen und Stauchungen), die den Baustoff beanspruchen. Von den Auflagern ausgehend wird der Querschnitt zwischen den Auflagern in seinem oberen Bereich gestaucht. Hier entstehen in der dunkel gekennzeichneten Zone Druckspannungen, die vom Beton aufgenommen werden können. Im mittleren Bereich zwischen den *Einzellasten* verlaufen die so genannten Druckstreben parallel zur Balkenachse; im Auflagerbereich sind sie geneigt.

Zur Verdeutlichung wird – wie in der Statik üblich – die Durchbiegung stark überhöht dargestellt. In der Baupraxis sind die Verformungen auf gebrauchstaugliche Maße zu begrenzen. Für einen Balken auf 2 Stützen gilt für die Durchbiegung in Feldmitte $f \leq l/300$.

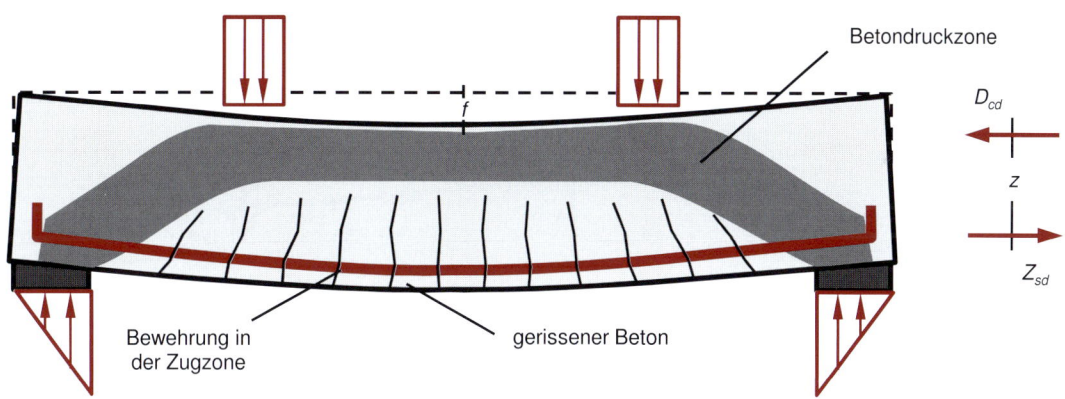

Bild 1.8: Das grundsätzliche Tragverhalten eines Stahlbetonbalkens

Wir setzen voraus, dass der Stahlbetonbalken die angegebenen Einwirkungen tragen kann und betrachten zunächst den mittleren Bereich des Trägers. Der Querschnitt wird hier gleichzeitig oben gestaucht und unten gedehnt. An der Unterseite des Trägers reißt der Beton auf, weil seine Zugfestigkeit schon bei geringer Beanspruchung schnell erschöpft ist. Hier und generell in allen Bereichen eines Stahlbetonquerschnitts, in denen Zugspannungen auftreten, muss eine entsprechende Menge an Stahl eingebaut werden.

Es wird später aufgezeigt, dass es sich bei geneigten Druckstreben um die Auswirkung einer Querkraftbelastung handelt.

Der gestauchte Bereich des Querschnitts wird als Betondruckzone A_c^- bezeichnet. Aus der Betonstauchung ergibt sich die durch den Beton aufnehmbare resultierende Druckkraft D_{cd}. Sie errechnet sich aus der Integration Betondruckspannungen f_{cd}:

$$D_{cd} = \int_{A_c^-} f_{cd} \cdot \mathrm{d}A \tag{1.1}$$

In der Zugzone des Querschnitts ist parallel zur Unterseite des Balkens Bewehrungsstahl eingebaut. Er wird planmäßig gedehnt. Entsprechend ergibt sich eine von der Bewehrung aufnehmbare Stahl-Zugkraft Z_{sd}. Sie ergibt sich aus der Stahlspannung σ_{sd} und dem Stahlquerschnitt A_s:

$$Z_{sd} = \sigma_{sd} \cdot A_s \tag{1.2}$$

Die Bezeichnungsweisen der Indicees ergeben sich aus dem Englischen:

c	*concrete*	Beton
s	*steel*	Stahl
R	*Resistance*	Widerstand
d	*design*	Bememessung

Die Wirkungslinien der Beton-Druckkraft D_{cd} und Stahl-Zugkraft Z_{sd} verlaufen im mittleren Bereich des Balkens parallel zu seiner Achse. Den Abstand z bezeichnet man als Hebelarm der inneren Kräfte. Da im betrachteten System horizontale Einwirkungen fehlen, sind die Beton-Druckkraft und die Stahl-Zugkraft gleich groß und das vom Stahlbetonträger aufnehmbare Biegemoment M_{Rd} errechnet sich zu:

$$M_{Rd} = Z_{sd} \cdot z = D_{cd} \cdot z \tag{1.3}$$

Betrachten wir nun den Auflagerbereich. Die resultierenden Kräfte sind in dem *Bild 1.9* auf ihren anzunehmenden Wirkungslinien angetragen.

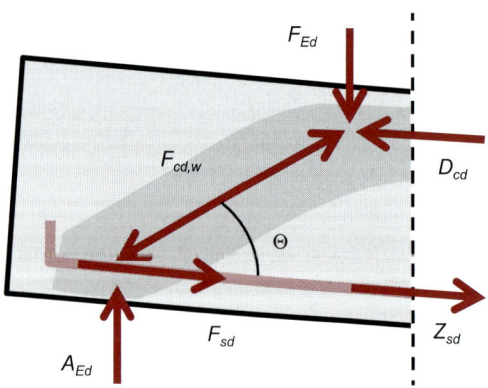

Bild 1.9: Kräfte im Auflagerbereich des Stahlbetonbalkens

Die Stahl-Zugkraft F_{sd} ist im Beton des Auflagerbereiches zu verankern!

Offensichtlich kann das Tragverhalten durch die Betrachtung von Knotengleichgewichten beschrieben werden. Über dem Auflager stehen eine im Winkel Θ verlaufende Beton-Druckkraft $F_{cd,w}$ mit der Stahl-Zugkraft $F_{sd} = Z_{sd}$ und der Auflagerkraft A_{Ed} im Gleichgewicht. Im

1

Bereich der angreifenden Einzellast stehen die im Winkel verlaufende Beton-Druckkraft $F_{cd,w}$ mit einer parallel zur Balkenachse verlaufenden Beton-Druckkraft F_{cd} und der Einzellast F_{Ed} im Gleichgewicht. Die vom Stahlbetonträger aufnehmbare Querkraft V_{Rd} kann in diesem Beispiel als Vertikalkomponente der Beton-Druckkraft $F_{cd,w}$ interpretiert werden.

$$V_{Rd} = F_{cd,w} \cdot \sin \Theta \qquad (1.4)$$

Die vorherigen Betrachtungen zeigen, dass sich das vom Stahlbetonträger aufnehmbare Biegemoment M_{Rd} und die aufnehmbare Querkraft V_{Rd} auf direktem Wege ermitteln lassen. Grundvoraussetzungen hierfür sind allerdings:

• Vorgabe der zulässigen Bemessungsspannungen für den Beton und für den Bewehrungsstahl (vgl. *Kapitel 3*),

• Ermittlung der Querschnittsfläche der Betondruckstreben mit ihrer Druckspannungsverteilung und ihrer Neigung (vgl. *Abschnitt 4.2*).

Die Rissbildung im Stahlbetonbau ist für die Bewertung der Konstruktionen von großer Bedeutung. Folgende Begriffe werden eingeführt:

Querschnitt im Zustand I:	$\Longrightarrow$	ungerissener Beton
Querschnitt im Zustand II:	$\Longrightarrow$	gerissener Beton

Obwohl dem Beton in der Zugzone rechnerisch keine Tragwirkung zugewiesen wird, ist er für die Dauerhaftigkeit der Konstruktion von entscheidender Bedeutung. Beton ist ein alkalisch reagierender Stoff, der die eingebaute Bewehrung wirksam vor Korrosion und anderen chemischen Angriffen schützt. Eine unkontrollierte Rissbildung im Beton würde diesen Schutz aber mit der Zeit zerstören. Treten beispielsweise hinreichend breite Einzelrisse auf, so können der Luftsauerstoff und andere aggressive Stoffe die Bewehrung erreichen und örtlich schädigen.

Die bekannteste Form der Schädigung ist die Bewehrungskorrosion. Dabei beginnt die im Beton liegende Bewehrung unter starker Volumenvergrößerung zu rosten. In der Folge kann die Betonüberdeckung abplatzen und die bereits geschädigte Bewehrung ist dann großflächig ungeschützt der Umgebung ausgesetzt. Sie korrodiert weiter, das Bauwerk verliert auf Dauer seine Tragfähigkeit und aufwendige Sanierungen werden unumgänglich.

Es ist weder wirtschaftlich vertretbar noch technisch erforderlich, Risse gänzlich zu vermeiden. Es ist stattdessen für eine ausreichende Überdeckung der Bewehrung zu sorgen und die Breite der Risse ist so zu begrenzen, dass die Bewehrung dauerhaft geschützt liegt. Die erforderliche Überdeckung, die einzubauende Betongüte (*Tabelle 6.1*) und die

Anmerkung: Die Größe des Betonquerschnittes und die Dicke der Überdeckung der Bewehrung sind die maßgeblichen Entwurfsparameter für die brandschutztechnische Bemessung von Stahlbetonbauteilen. Qualitativ gilt, dass die Feuerwiderstandsklasse eines Stahlbetonbauteils umso höher ist, je massiger es ausgeführt wird und umso größer die Überdeckung ist. Einzelheiten sind in der DIN 4102-4 geregelt.

zulässige Rissbreite hängen von der chemischen Aggressivität der Umgebung und von den Anforderungen, die an das Bauwerk gestellt werden (*Tabelle 5.2*) ab.

Zusätzlich ist die Gebrauchstauglichkeit eines Bauwerkes sicherzustellen. Das erfolgt u.a. über die Begrenzung einer zulässigen Durchbiegung und über die Begrenzung auftretenden Rissbreiten

Zusammengefasst kann das Grundprinzip für die Konstruktion und Bemessung im Stahlbetonbau vereinfachend durch folgende Regeln beschrieben werden:

- Beton nimmt die Druckspannungen in einem Querschnitt auf.

- Örtlich im Querschnitt eingebaute Stahleinlagen nehmen Zugspannungen auf.

- Risse im Beton treten planmäßig auf. Sie sind unschädlich, wenn sie in ihrer Breite hinreichend begrenzt werden.

1.4 Normung und Vorschriften

1.4.1 Konstruktion und Bemessung

Die Entwicklung der Stahlbetonbauweise spiegelt sich im entstehenden Regelwerk wider. Für den deutschsprachigen Bereich sind in [1] historische Bautabellen mit Normen und Konstruktionshinweisen ausführlich zusammengefasst. Nachdem von Prof. Mörsch der theoretische Hintergrund zur Bemessung von Eisenbetonbauteilen erarbeitet worden ist, wurden 1904 im damaligen Preußen die ersten Vorschriften für Eisenbeton im Hochbau erlassen. An der Weiterentwicklung der Bauweise und ihrer Normung haben der Deutsche Beton Verein und der Deutsche Ausschuss für Stahlbeton wesentlichen Anteil. Beide Institutionen sind in dieser Zeit gegründet worden (1898 und 1906) und bestehen bis heute.

1932 wurde von den damaligen Reichs- und Staatsbehörden die DIN 1045 Bauwerke aus Eisenbeton; Bestimmungen für die Ausführung eingeführt. Mit fortschreitender Technik findet der Baustoff Stahl ein immer stärker werdendes Einsatzfeld und der Begriff Eisenbeton wird in der DIN 1045 durch den Begriff Stahlbeton ersetzt.

Die nach 1945 einsetzende Entwicklung der Spannbetonbauweise findet zunächst Niederschlag in einer eigenen Norm. Die DIN 4227 Spannbeton wird 1953 bauaufsichtlich eingeführt.

Von der Europäischen Kommission wurde im Jahre 1975 die Harmonisierung aller technischen Regeln zu den Lastannahmen und zur Bemessung baulicher Anlagen beschlossen. Bis 2010 sollen innerhalb der gesamten Europäischen Gemeinschaft einheitliche Vorschriften eingeführt sein. Im Bereich des Stahlbetonbaus wird dann der Eurocode 2: Bemessung und Konstruktion von Stahlbeton- und Spannbetontragwerken gelten [16].

In diesem Zusammenhang sind die letzten Ausgaben der DIN 1045 (2001-07) und (2008-08) zu sehen. Hier wurden die *alte Stahlbeton DIN 1045 (1988-07)* und die *alte Spannbeton DIN 4227 (1988-07)* entsprechend überarbeitet und zusammengeführt. Ein Bestandteil dieser Überarbeitung war die Einführung des *semi-probabilistischen* Nachweiskonzeptes in der Bemessung nach DIN 1055-100 (2001-03). Es ist im *Abschnitt 2.2* ausführlich erläutert.

Die Mitgliedsstaaten können innerhalb Nationaler Anwendungsdokumente (NAD) bestimmte Rechenparameter individuell festlegen (Beispielsweise sind Schneelasten national und regional unterschiedlich anzusetzen). Die Berechnungsverfahren sind jedoch allgemein verbindlich.

Zur Zeit ist die DIN 1045: Tragwerke aus Beton, Stahlbeton und Spannbeton das in Deutschland geltende und einzuhaltende Vorschriftenwerk [17]. Es ist in die folgenden Teile untergliedert.

- DIN 1045-1: Bemessung und Konstruktion

- DIN 1045-2: Beton – Festlegung, Eigenschaften, Herstellung und Konformität, Anwendungsregeln zu DIN EN 206-1

- DIN 1045-3: Bauausführung

- DIN 1045-4: Ergänzende Regeln für die Herstellung und die Konformität von Fertigteilen.

Parallel zur Überarbeitung der DIN 1045 haben sich in Deutschland die Verkehrsträger Straße, Schiene und Wasser ein eigenes Vorschriftenwerk gegeben. Es gilt für die Baustoffe, Lastannahmen, Bemessung und Konstruktion und für die Bauausführung von Ingenieurbauwerken im Zuge von Verkehrsanlagen und basiert ebenfalls auf dem Eurocode 2. Es handelt sich um die DIN-Fachberichte 100-105 sowie um die ZTV-ING. Hier sind die Erfahrungswerte aus mehreren Jahrzehnten Verkehrswegebau und -betrieb eingeflossen. Auch in diesem Bereich ist eine Harmonisierung auf europäischer Ebene vorgesehen.

1.4.2   Das Sicherheitskonzept im Bauingenieurwesen

Die Lasten, die ein Bauwerk während seiner Nutzung zu tragen hat, variieren in ihrer Zusammensetzung und Intensität.

Die Tragfähigkeit, die ein individuelles Stahlbetonbauteil tatsächlich aufweist, ist ebenfalls keine feste Größe. Trotz einer fest vorgegebenen *Betonrezeptur* variiert sie um einen Mittelwert herum. Gründe hierfür sind im Wesentlichen durch den Herstellprozess ausgelöst. So ist es beispielsweise von Bedeutung, ob der Beton (unter Laborbedingungen) im Fertigteilwerk oder bei unterschiedlichen Witterungen auf der Baustelle eingebaut wird.

Die *Rohstoffe*, aus denen Stahlbeton hergestellt wird, variieren in ihrer Güte ebenfalls in geringen Grenzen.

Mit dem Eurocode 2 wurde ein Sicherheitskonzept eingeführt, das diesen Sachverhalt berücksichtigt. Es ist qualitativ im *Bild 1.10* dargestellt. Grundsätzlich wird davon ausgegangen, dass sowohl die Einwirkungen E, die ein Bauteil belasten, als auch der Widerstand des Bauteils gegen Versagen R, einer statistischen Verteilung unterliegen.

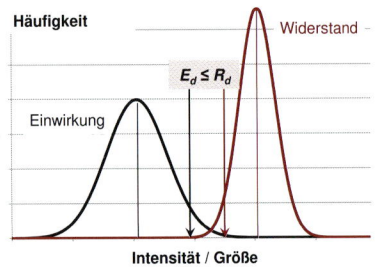

Bild 1.10: Sicherheitskonzept nach Eurocode 2 (qualitative Darstellung)

Der Index d steht für das englische Wort *design* (*Bemessung*). R steht entsprechend für *resistance* (*Widerstand*).

Der Bemessung werden deshalb nicht die entsprechenden Mittelwerte der Einwirkungen oder des Bauteilwiderstand zugrunde gelegt.

Stattdessen werden im Eurocode 2 so genannte Bemessungswerte definiert. Die Sicherheit eines Bauwerkes ist nachgewiesen, wenn der Bemessungswert der Beanspruchung aus den Einwirkungen E_d kleiner als der entsprechende Bemessungswert des Bauteilwiderstands R_d ist. Das Sicherheitskonzept kann somit – recht einfach – wie folgt formuliert werden:

$$
\begin{aligned}
E_d &\leq R_d && \text{. . . für beliebige Beanspruchungen} \\
M_{Ed} &\leq M_{Rd} && \text{für die Beanspruchung aus Biegung} \\
N_{Ed} &\leq N_{Rd} && \text{für die Beanspruchung aus Normalkraft} \quad (1.5) \\
V_{Ed} &\leq V_{Rd} && \text{für die Beanspruchung aus Querkraft}
\end{aligned}
$$

$$\text{. . . usw.}$$

Für die Sicherheit einer Stahlbetonkonstruktion müssen also gleichermaßen die Bemessungswerte der Einwirkungen und die Bemessungswerte der Bauteilwiderstände ermittelt und entsprechend *Gl. (1.5)* gegenübergestellt werden. Dort, wo sich die beiden Verteilungen schneiden, ergibt sich formal eine vom Eurocode 2 tolerierte, geringe Versagenswahrscheinlichkeit.

Im folgenden *Kapitel 2* werden zunächst die Einwirkungen betrachtet, die das Bauwerk beanspruchen. Die Definition der Bemessungseinwirkung E_d wird vorgestellt und erläutert. Die Beanspuchung der Bauteile ergibt sich aus den Schnittgrößen der Statik. Die zugelassenen Verfahren zur Schnittgrößenermittlung werden an einem komplexen Beispiel ausführlich erläutert.

Anschließend werden im *Kapitel 3* die Beanspruchbarkeiten der Baustoffe Stahl und Beton aufgezeigt, wie sie nach DIN 1045-1 definiert sind. Es werden Bemessungswerte für Spannungen im Stahl und im Beton (f_{yd}, f_{cd}) vorgegeben, mit denen der Widerstand R eines Stahlbetonquerschnittes bestimmt wird. Letztlich werden daraus im *Kapitel 4* die entsprechenden Bemessungsverfahren entwickelt.

2 Die Beanspruchung der tragenden Konstruktion

2.1 Charakteristische Einwirkungen im Hochbau

Jedes Bauwerk ist Einwirkungen ausgesetzt, die sein Tragwerk belasten. Einwirkungen haben unterschiedliche Ursachen und können im Rahmen des üblichen Hochbaus wie folgt klassifiziert werden.

- Ständige Einwirkungen aus äußeren Lasten G_k und $G_{k,E}$
  Hierbei handelt es sich zunächst einmal um die Eigengewichte G_k der verwendeten Baustoffe. Sie beanspruchen das Tragwerk ständig und in voller Höhe.
  Gleiches gilt für eine Belastung, die ihre Ursache im Baugrund hat. So wird eine Kellerwand ständig und in voller Höhe durch die Einwirkung des Erddrucks $G_{k,E}$ beansprucht.

- Veränderliche Einwirkungen aus Verkehrs- und Nutzlasten $Q_{k,N}$
  Für den Bereich des üblichen Hochbaus ist hier in erster Linie die Belastung von Decken zu nennen. Die Größe der Belastung ergibt sich aus der Art der Nutzung. Sie kann innerhalb eines Gebäudes, nutzungsabhängig, in unterschiedlicher Höhe auftreten.
  Betrachtet man eine Decke, so ist außerdem zu berücksichtigen, dass die Intensität der Nutzlast deutlich variiert. Sie kann mit einem charakteristischen Maximalwert auftreten; sie kann aber auch vollkommen fehlen.

- Veränderliche Einwirkungen aus Schnee und Eis $Q_{k,S}$ sowie aus Wind $Q_{k,W}$
  Die anzusetzenden Belastungen unterliegen regionalen Schwankungen. Wind- und Schneelastzonen können der DIN 1055 entnommen werden.

- Veränderliche Einwirkungen aus Temperatur $Q_{k,T}$
  Temperaturschwankungen verursachen im Tragwerk Verformungen. Bei statisch unbestimmten Systemen ergeben sich daraus Schnittgrößen und damit Beanspruchungen für das Tragwerk.

- Veränderliche Einwirkungen aus dem Baugrund
  Die bereits erwähnte Kellerwand wird noch zusätzlich belastet, wenn in ihrer Nähe auf dem Erdboden Nutzlasten aufgebracht werden. Sie erhöhen den ständig wirkenden Erddruck um die veränderliche Einwirkung $Q_{k,E}$.
  Gleiches gilt für die Einwirkung aus hydrostatischem Wasserdruck $Q_{k,H}$, der bei stehendem Grundwasser zu berücksichtigen ist. Der Grundwasserstand schwankt jahreszeitlich bedingt.

Üblicher Hochbau nach DIN 1045:
Hochbau der für vorwiegend ruhende, gleichmäßig verteilte Nutzlasten bis 5,0 kN/m2, ggf. auch für Einzellasten bis 7,0 kN und für Personenkraftwagen bemessen ist.

DIN 1055–1

DIN 1055–2

DIN 1055–3

DIN 1055–4, 5

DIN 1055–7

- **Veränderliche Einwirkung aus Baugrundsetzung** $Q_{k,\triangle}$
  In statisch bestimmten Systemen verursachen Baugrundsetzungen
  zwar Tragwerksverformungen, aber keine Schnittgrößen. Anders verhalten sich statisch unbestimmte Systeme. Wenn sich der Baugrund
  ungleichmäßig setzt, so ergeben sich Verformungen mit Schnittgrößen und den damit einhergehenden Beanspruchungen des Tragwerkes. Die Größe der am Gründungskörper anzunehmenden Setzung
  $Q_{k,\triangle}$ wird im Rahmen eines Gründungsgutachtens vorgegeben. In
  welcher Höhe sie sich dann tatsächlich einstellt ist ungewiss. Nach
  ihrem Auftreten beansprucht sie das Tragwerk ständig.

- **Einwirkungen aus innerem Zwang**
  Diese Beanspruchungen treten dem Grunde nach unabhängig von
  allen zuvor aufgeführten Einwirkungen auf. Sie haben ihre Ursache
  im Bauwerk selbst. Das Tragwerk verformt sich unter dem Einfluss
  des Kriechens und Schwindens vom Beton. Bei der Erhärtung des
  jungen Betons entsteht Hydrataionswärme, die über die Oberfläche
  des Querschnitts abfließt. Damit ist die Temperatur in der Mitte eines
  Querschnitts höher als an seiner Oberfläche und es ergeben sich
  daraus Verzerrungen und Eigenspannungen.

Das Tragwerk ist so zu dimensionieren, dass jedes Bauteil diesen Einwirkungen widerstehen kann. Zur Unterscheidung werden die ständigen
Einwirkungen mit G und die veränderlichen Einwirkungen mit Q bezeichnet. Der Index k verweist auf den charakteristischen Wert der Einwirkung. Das ist der anzusetzende Lastwert, wie er in den entsprechenden
Teilen der DIN 1055 für die Anwendung vorgeschrieben wird.

Die aufgelisteten veränderlichen Einwirkungen treten unabhängig voneinander auf. Sie können in jeder denkbaren Kombination untereinander
und in jeder Höhe belasten. Es ist dabei eher unwahrscheinlich, dass sie
alle gleichzeitig und dann auch noch mit voller Intensität auftreten.

Diese Problemstellung aus der Wahrscheinlichkeitsrechnung wird mit
dem semi-probabilistischen Sicherheitskonzept der DIN 1055-100 erfasst. Darin wird für jede charakteristische veränderliche Einwirkung
$Q_{k,i}$ ein Kombinationsbeiwert ψ definiert.

Die Anwendung des Sicherheitskonzeptes wird im *Abschnitt 2.2* erläutert. Für Einwirkungen im Hochbau sind die Kombinationsbeiwerte in der
Tabelle 2.1 zusammengestellt.

2.2   Das Nachweiskonzept der DIN 1045-1

Für Bauteile aus Stahlbeton ist eine zweistufige Nachweisführung vorgeschrieben:

GZT	Grenzzustand der Tragfähigkeit
GZGT	Grenzzustand der Gebrauchstauglichkeit

Tabelle 2.1: Kombinationsbeiwerte für Einwirkungen auf Hochbauten (Semi-probabilistisches Sicherheitskonzept nach DIN 1055-100)

Veränderliche Einwirkungen		ψ_0	ψ_1	ψ_2
Nutzlasten $Q_{k,N}$				
Kategorie A:	Wohn- und Aufenthaltsräume	0,7	0,5	0,3
Kategorie B:	Büros	0,7	0,5	0,3
Kategorie C:	Versammlungsräume	0,7	0,7	0,6
Kategorie D:	Verkaufsräume	0,7	0,7	0,6
Kategorie E:	Lagerräume	1,0	0,9	0,8
Verkehrslasten $Q_{k,V}$				
Kategorie F:	Fahrzeuggewicht $\leq$ 30 kN	0,7	0,7	0,6
Kategorie G:	30 kN < Fahrzeuggewicht $\leq$ 160 kN	0,7	0,5	0,3
Kategorie H:	Dächer	0,0	0,0	0,0
Schnee- und Eislasten $Q_{k,S}$				
	Orte bis zu NN + 1000 m	0,5	0,2	0,0
	Orte über NN + 1000 m	1,0	0,9	0,8
Windlasten für Hochbauten $Q_{k,W}$		0,6	0,5	0,0
Baugrundsetzung $Q_{k,\Delta}$		1,0	1,0	1,0
Sonstige Einwirkungen		0,8	0,7	0,5

2.2.1 Grenzzustand der Tragfähigkeit

Der Grenzzustand der Tragfähigkeit (GZT) betrifft die Sicherheit von Personen und Tragwerk. Es wird eine Kombination von Einwirkungen untersucht, die eine denkbare maximale Beanspruchung für das Stahlbetonbauteil darstellt. Davon ausgehend wird unter Berücksichtigung von Teilsicherheits- und Kombinationsbeiwerten ein Bemessungswert ermittelt, für den die Tragfähigkeit des Stahlbetonbauteils nachzuweisen ist. Eine Überschreitung des Grenzzustandes führt rechnerisch zum Einsturz der Konstruktion. Die DIN 1055-100 definiert für den Grenzzustand der Tragfähigkeit unterschiedliche Bemessungssituationen.

- Die ständige und vorübergehende Bemessungssituation beschreibt die üblichen, ständigen Nutzungsbedingungen und planmäßige, aber vorübergehende Situationen, wie sie sich im Bauzustand oder bei Instandsetzungsarbeiten einstellen können.

- Die außergewöhnliche Bemessungssituation beschreibt außergewöhnliche Einwirkungen auf das Tragwerk, wie sie sich durch Feuer, Anprall, Explosionen, ... ergeben können.

- Die Bemessungssituation aus der Beanspruchung durch Erdbeben ergibt sich aus seismischen Einwirkungen auf das Tragwerk.

Die Bemessungssituationen unterscheiden sich durch die jeweils anzusetzenden Teilsicherheitsbeiwerte γ_g für die ständigen, γ_Q für veränderlichen Einwirkungen sowie durch die Kombinationsbeiwerte ψ für die veränderlichen Einwirkungen.

Der Bemessungswert aus Einwirkungen E_d, mit dem die Beanspruchung des Tragwerkes ermittelt wird, ist durch die Norm vorgegeben. Er setzt sich aus drei Anteilen zusammen:

1. Die Summe der ständigen Einwirkungen.

2. Die Leitlast. Das ist die veränderliche Einwirkung, die die größte Beanspruchung an der jeweils betrachteten Stelle des Tragwerkes hervorruft. Sie ist damit für die einzelnen Systemteile unterschiedlich.

3. Die Summe aller weiteren veränderlichen Einwirkungen.

Bei den Teilsicherheitsbeiwerten ist zu unterscheiden, ob sie hinsichtlich des zu ermittelnden Bemessungswertes günstig bzw. ungünstig wirken. Nicht nur im Stahlbetonbau gilt:

$\gamma_{G,j} = 1,35$ bzw. $1,00$
$\gamma_{Q,i} = 1,50$ bzw. $0,00$

Die nachfolgenden Betrachtungen konzentrieren sich auf die ständige und vorübergehende Bemessungssituation. Die Einwirkungen erzeugen Schnittgrößen im Tragwerk. Für (z.B.) die Beanspruchung aus Biegung, errechnet sich der Bemessungswert aus der folgenden Einwirkungskombination:

$$
\begin{aligned}
M_{Ed} \quad &= \quad \sum_{j \geq 1} \gamma_{G,j} \cdot M(G_{k,j}) &&\text{ständig} \\
&\oplus \quad \gamma_{Q,1} \cdot M(Q_{k,1}) &&\text{Leitlast} \qquad\qquad (2.1)\\
&\oplus \quad \sum_{i > 1} \gamma_{Q,i} \cdot \psi_{0,i} \cdot M(Q_{k,i}) &&\text{weitere}
\end{aligned}
$$

$\oplus$ bedeutet: *in Kombination mit*

Die Bemessungswerte aller anderen Beanspruchungen (Normalkraft N_{Ed}, Querkraft V_{Ed}, ...) werden vollkommen analog errechnet. Für die o.g. weiteren Bemessungssituationen sind vergleichbare Einwirkungskombinationen definiert.

2.2.2 Grenzzustand der Gebrauchstauglichkeit

Im Grenzzustand der Gebrauchstauglichkeit (GZGT) wird eine Kombination von Einwirkungen untersucht, die der während der Lebensdauer des Bauwerkes abschätzbaren tatsächlichen Beanspruchung entspricht. Deshalb entfällt der Ansatz von Teilsicherheitsbeiwerten für die Erhöhung der charakteristischen Einwirkungen.

Die Gebrauchstauglichkeitsanforderungen betreffen die Nutzbarkeit des Bauwerkes oder seiner Teile, das Wohlbefinden der sich darin aufhaltenden Personen sowie das optische Erscheinungsbild. Die Bemessungswerte im GZGT ergeben sich aus der Kombination aller unabhängigen Einwirkungen. Man unterscheidet formal die seltene, die häufige und die quasi-ständige Einwirkungskombination (EWK). Die Kombinationsbeiwerte erfassen die Wahrscheinlichkeit, mit welcher Intensität die veränderlichen Einwirkungen gleichzeitig auftreten können.

Im üblichen Hochbau sind in Ausnahmefällen – wenn z.B. hohe Anforderungen an die Begrenzung der Rissbreite gestellt werden – die Bemessungswerte aus der häufigen (*frequent*) Einwirkungskombination zu ermitteln. Für die Beanspruchung aus Biegung formuliert ergibt sich:

$$
\begin{aligned}
M_{Ed,frequ} \quad = \quad & \sum_{j \geq 1} M(G_{k,j}) && \text{ständig} \\
\oplus \quad & \psi_{1,1} \cdot M(Q_{k,1}) && \text{Leitlast} \\
\oplus \quad & \sum_{i > 1} \psi_{2,i} \cdot M(Q_{k,i}) && \text{weitere}
\end{aligned}
\tag{2.2}
$$

Häufig bedeutet, dass dieser Beanspruchungswert in 5 % aller auftretenden Lastsituationen überschritten wird. Das entspricht ca. 300-mal im Jahr.

Der Regelfall für die Bemessung im GZGT ist jedoch die quasi-ständige (*permanent*) Einwirkungskombination. Darin werden alle veränderlichen Einwirkungen gleich bewertet. Es ist anzusetzen:

$$
\begin{aligned}
M_{Ed,perm} \quad = \quad & \sum_{j \geq 1} M(G_{k,j}) && \text{ständig} \\
\oplus \quad & \sum_{i \geq 1} \psi_{2,i} \cdot M(Q_{k,i}) && \text{veränderlich (alle)}
\end{aligned}
\tag{2.3}
$$

Quasi-ständig bedeutet, dass dieser Beanspruchungswert in 50 % aller auftretenden Lastsituationen überschritten wird.

2.3 Verfahren zur Ermittlung von Schnittgrößen

Die Beanspruchung, die sich für ein Stahlbetonbauteil ergibt, errechnet sich aus den Schnittgrößen der maßgebenden Einwirkungskombinationen. Die DIN 1045-1 lässt für die Nachweisführung in den Grenzzuständen (GZT und GZGT) vier Verfahren zur Ermittlung von Schnittgrößen zu:

- Linear-Elastische Verfahren nach der Elastizitätstheorie (gültig für GZT, GZGT)
  Dieses Verfahren ist die Regelanwendung bei der Bestimmung von Schnittgrößen in der Stahlbetonbemessung.

- Linear-Elastische Verfahren mit Momentenumlagerung (gültig nur für GZT)
  Sie ergänzen die Regelanwendung, indem auf einfache Art örtliche Steifigkeitsabnahmen infolge Rissbildung berücksichtigt werden können. Diese Verfahren finden vorwiegend bei der Bemessung von Durchlaufträgern Anwendung.

- Verfahren nach der Plastizitätstheorie (gültig nur für GZT)
  Hier wird der GZT rechnerisch unter Inkaufnahme plastischer Verformungen nachgewiesen. Diese Verfahren werden bedarfsweise für den Nachweis außergewöhnlicher Beanspruchungen (Unfälle, Erdbeben) eingesetzt. Darüber hinaus werden sie bei der Bemessung von Platten angewendet.

- Nichtlineare Verfahren (gültig für GZT, GZGT)
  Sie finden Anwendung, wenn die genaue Ermittlung von Verformungen erforderlich ist, oder wenn die Ermittlung der Schnittgrößen von den Verformungen abhängig ist (Theorie 2. Ordnung).

2.3.1   Elastizitätstheorie

Die Schnittgrößenermittlung nach der Elastizitätstheorie ist das Standardverfahren, das der Stahlbetonbemessung zu Grunde liegt.
Es berücksichtigt die Steifigkeiten der ungerissenen Querschnitte (Zustand I) und ist für beide Grenzzustände (GZT und GZGT) anwendbar.

2.3.1.1   Allgemeines und Voraussetzungen

Die Anwendung der Elastizitätstheorie setzt voraus, dass sich sowohl das Material als auch das statische System linear verhalten. Für den Stahlbetonbau bedeutet dieses:

1. Es gilt ohne Einschränkung das Hooke´sche Werkstoffgesetz. Die Steifigkeitswerte eines Stahlbetonquerschnittes sind für alle möglichen Beanspruchungskombinationen konstant.

Dehnsteifigkeit EA
Biegesteifigkeit EI
Torsionssteifigkeit GI_T

Diese Annahme ist zunächst schwer nachvollziehbar, denn offensichtlich findet ein Steifigkeitssprung beim Übergang von Zustand I nach Zustand II – ungerissener $\Rightarrow$ gerissener Beton – statt. Die DIN 1045-1 lässt es dennoch zu, dass bei der Schnittgrößenermittlung die Steifigkeiten der ungerissenen Querschnitte verwendet werden können. Nur für die rechnerische Ermittlung von Verformungen bedarf es der Berücksichtigung des Zustands II!

2. Die Stahlbetonbauteile müssen eine ausreichende Verformungsfähigkeit aufweisen. Das ist nach DIN 1045-1 bei Normalbeton der Festigkeitsklassen C12/16 bis C50/60 gegeben, wenn bei Biegeträgern die Höhe der Betondruckzone begrenzt wird ($\xi \leq 0,45$) und zusätzlich konstruktive Mindest- und Höchstbewehrungen eingehalten werden (vgl. *Kapitel 6*).

3. Die Verformungen des Tragwerkes haben keinen Einfluss auf die Größe der ermittelten Schnittgrößen. Die Gleichgewichtsbedingungen der Statik werden für das unverformte System gelöst.

Die Feststellung allein ist dem Grunde nach trivial. Aber wann ist sie baupraktisch erfüllt? Wann ist ein Tragwerk in diesem Sinne unverschieblich? Diese Frage wird im *Abschnitt 2.3.4* behandelt.

Sind diese Voraussetzungen erfüllt, so kann eine lineare Berechnung nach Theorie 1. Ordnung erfolgen. Die Gesamtbelastung, die durch das

Tragwerk aufzunehmen ist, kann durch Addition aller zu berücksichtigenden Einwirkungen ermittelt werden. Das Gleiche gilt für die Ermittlung
der Bemessungsschnittgrößen. Sie werden aus den charakteristischen
Schnittgrößen aller Einwirkungen unter Berücksichtigung der Teilsicherheitsbeiwerte γ_G, γ_Q und der Kombinationsbeiwerte ψ durch lineare Superposition ermittelt.

2.3.1.2   Vorgehensweise an einem Beispiel erläutert

Die grundsätzliche Vorgehensweise zur Ermittlung von Bemessungsschnittgrößen nach der – genau gesagt – linearen Elastizitätstheorie 1.
Ordnung wird an einem Beispiel demonstriert und erläutert.

System und Belastung:

Betrachtet wird der Unterzug in einem Deckensystem, wie er im *Bild 2.1*
dargestellt ist. Es handelt sich um einen Zweifeldträger mit konstanten
Stützweiten und konstantem Querschnitt. Die Auflager sind mit A, B, C
bezeichnet; die Felder entsprechend mit 1 und 2.

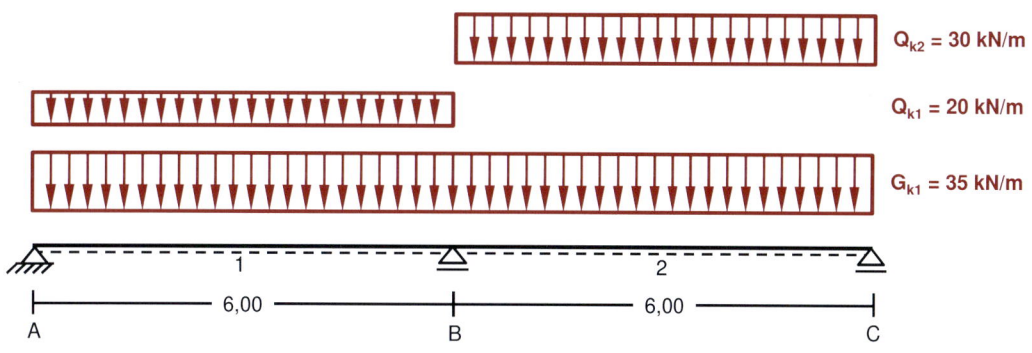

Bild 2.1: Zweifeldträger; System und Einwirkungen; Bezeichnungen

Die charakteristische ständige Einwirkung G_{k1} ist das Eigengewicht
des Unterzuges und der zugehörigen Deckenkonstruktion. Die veränderlichen Einwirkungen sind Nutzlasten. Über dem Feld 1 befinden
sich Büroflächen und über dem Feld 2 befinden sich kombinierte La-
ger/Verkaufsräume. Die charakteristischen Werte der Einwirkungen und
die zugehörigen Teilsicherheits- und Kombinationsbeiwerte (γ_G und γ_Q
bzw. ψ_0, ψ_1 und ψ_2) sind in der *Tabelle 2.2* zusammengestellt.

Tabelle 2.2: Charakteristische Einwirkungen / Parameter nach DIN 1055-100

		γ_G, γ_Q	ψ_0	ψ_1	ψ_2	
$G_{k1} =$	35 kN/m	1,35 / 1,00	—	—	—	ständig
$Q_{k1} =$	20 kN/m	1,50 / 0,00	0,7	0,5	0,3	Büro
$Q_{k2} =$	30 kN/m	1,50 / 0,00	0,8	0,7	0,6	Lager/Verkauf

Schnittgrößen infolge charakteristischer Einwirkungen:

Bei 3 unabhängigen charakteristischen Einwirkungen ergeben sich entsprechend 3 unabhängige Schnittkraftverläufe. In dem *Bild 2.2* ist als Beispiel das charakteristische Biegemoment dargestellt.

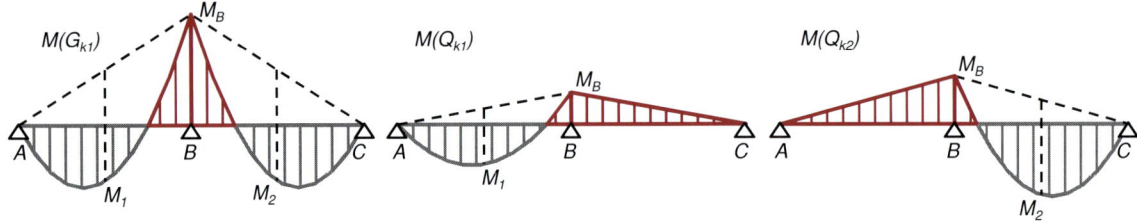

Bild 2.2: Schnittgrößenermittlung am Zweifeldträger: Biegemomente infolge charakteristischer Einwirkungen

Zur Berechnung von Schnittgrößen an den maßgebenden Stellen eines Tragwerkes stehen neben den Computerprogrammen auch zahlreiche Tabellenwerke zur Verfügung, die eine Handrechnung ermöglichen. Das *Bild A.1* des Anhangs zeigt ein Hilfsmittel, mit dem ein Durchlaufträger mit gleichen Feldweiten und feldweise konstanter Streckenlast bearbeitet werden kann. Die Auflagerkräfte, die Biegemomente in Feldmitte und das Stützmoment lassen sich damit tabellarisch ermitteln.

Ausgewertet erhält man für jede der 3 unabhängigen Einwirkungen die charakteristischen Beanspruchungswerte. Sie sind in der Tabelle 2.3 zusammengestellt.

Tabelle 2.3: Schnittgrößen aus den charakteristischen Einwirkungen

	A	B	C	M_1	M_2	M_B
	[kN]	[kN]	[kN]	[kNm]	[kNm]	[kNm]
G_{k1}	78,75	262,50	78,75	78,75	78,75	-157,50
Q_{k1}	52,50	75,00	-7,50	67,50	-22,50	-45,00
Q_{k2}	-11,25	112,50	78,75	-33,75	101,25	-67,50

2

Bemessungsschnittgrößen im Grenzzustand der Tragfähigkeit:

Aus den charakteristischen Schnittgrößen der *Tabelle 2.3* werden durch lineare Superposition die Bemessungsschnittgrößen ermittelt. Grundsätzlich sind alle denkbaren Kombinationen der Einwirkungen gemäß *Gl. (2.1)* zu untersuchen, da in jedem Punkt des Tragwerkes eine davon maßgebend werden kann.

Weiterhin ist zu berücksichtigen, dass eine Einwirkung günstig oder ungünstig wirken kann. Für dieses verhältnismäßig einfache Beispiel sind bereits 10(!) Einwirkungskombinationen (EWK) auszuwerten, um alle min/max Größen zu ermitteln. Formuliert für ein Biegemoment ergibt sich beispielsweise:

EWK 1: $1,35 \cdot M(G_{k1})$

EWK 2: $1,35 \cdot M(G_{k1})$ $+1,50 \cdot M(Q_{k1})$

EWK 3: $1,35 \cdot M(G_{k1})$ $+1,50 \cdot M(Q_{k1})$ $+1,50 \cdot 0,8 \cdot M(Q_{k2})$

EWK 4: $1,35 \cdot M(G_{k1})$ $+1,50 \cdot M(Q_{k2})$

EWK 5: $1,35 \cdot M(G_{k1})$ $+1,50 \cdot M(Q_{k2})$ $+1,50 \cdot 0,7 \cdot M(Q_{k1})$

EWK 6: $1,00 \cdot M(G_{k1})$

EWK 7: $1,00 \cdot M(G_{k1})$ $+1,50 \cdot M(Q_{k1})$

EWK 8: $1,00 \cdot M(G_{k1})$ $+1,50 \cdot M(Q_{k1})$ $+1,50 \cdot 0,8 \cdot M(Q_{k2})$

EWK 9: $1,00 \cdot M(G_{k1})$ $+1,50 \cdot M(Q_{k2})$

EWK 10: $1,00 \cdot M(G_{k1})$ $+1,50 \cdot M(Q_{k2})$ $+1,50 \cdot 0,7 \cdot M(Q_{k1})$

Die Auswertung dieser Kombinationen wird letztlich mit Hilfe eines entsprechenden Computerprogrammes durchgeführt. Das Ergebnis ist in der *Tabelle 2.4* dargestellt.

Tabelle 2.4: Bemessungswerte der möglichen Einwirkungskombinationen (GZT)

	A	B	C	M_1	M_2	M_B
	[kN]	[kN]	[kN]	[kNm]	[kNm]	[kNm]
EWK 1:	106,31	354,38	106,31	106,31	106,31	-212,63
EWK 2:	185,06	466,88	95,06	207,56	72,56	-280,13
EWK 3:	171,56	601,88	189,56	167,06	194,06	-361,13
EWK 4:	89,44	523,13	224,44	55,69	258,19	-313,88
EWK 5:	144,56	601,88	216,56	126,56	234,56	-361,13
EWK 6:	78,75	262,50	78,75	78,75	78,75	-157,50
EWK 7:	157,50	375,00	67,50	180,00	45,00	-225,00
EWK 8:	144,00	510,00	162,00	139,50	155,50	-306,00
EWK 9:	61,88	431,25	196,88	28,13	230,63	-258,75
EWK 10:	117,00	510,00	189,00	99,00	207,00	-306,00
max:	185,06	601,88	224,44	207,56	258,19	-157,50
min:	61,88	262,50	67,50	28,13	45,00	-361,13

Bemessungsrelevant sind die Minimal- und Maximalwerte der Beanspruchungen. Sie ergeben sich in unterschiedlichen Einwirkungskombinationen und sind in der *Tabelle 2.4* farbig gekennzeichnet. In den unteren beiden Zeilen der Tabelle sind sie zusammengefasst. Damit sind die Bemessungsgrößen an den maßgebenden Stellen des Tragwerkes ermittelt.

Anmerkung: Die Feldmomente M_1 und M_2 liegen jeweils in Feldmitte. Das sind nicht exakt die Maximalwerte (vgl. *Bild 2.3*).

Für die vollständige Bemessung des Trägers muss die Auswertung der Minimal- und Maximalbeanspruchungen entlang des gesamten 2–Feldträgers erfolgen. Dazu sind die vollständigen, charakteristischen Momentenlinien aus *Bild 2.2* linear zu superponieren. Das Ergebnis ist eine Momentengrenzlinie, die die Bandbreite der Biegebeanspruchung M_{Ed} entlang der gesamten Trägerlänge aufzeigt. In analoger Weise wird auch die Beanspruchung durch die Querkraft V_{Ed} bestimmt. Beide Grenzlinien sind in *Bild 2.3* dargestellt.

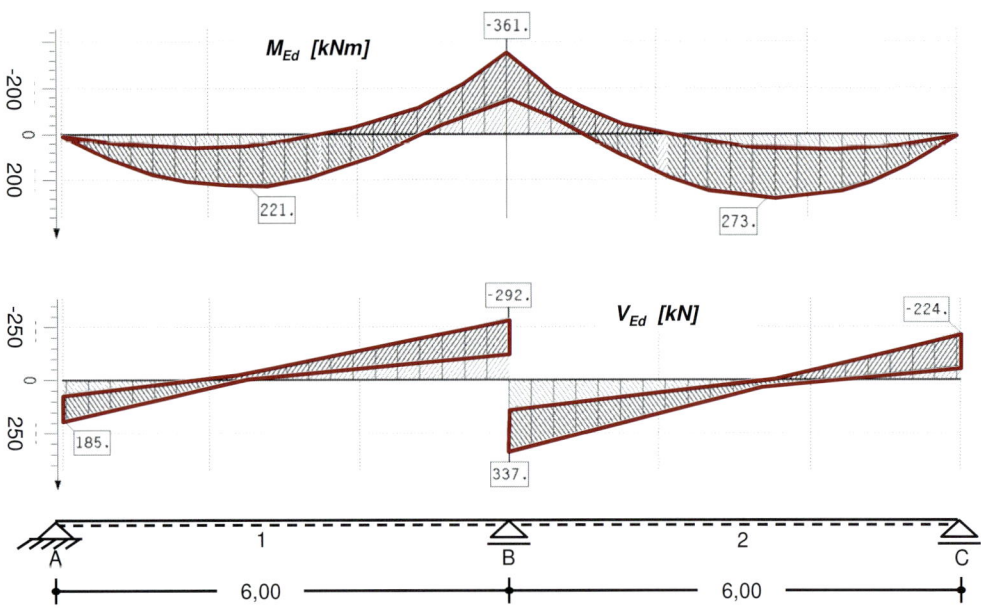

Bild 2.3: Grenzlinien für Biegemoment M_{Ed} und Querkraft V_{Ed} am 2–Feldträger (GZT)

Anschaulich: Auf der Seite der Balkenachse, auf der die Momentenlinie gezeichnet ist, wird der Querschnittsrand gezogen. Hier ist Bewehrung erforderlich.

Entsprechend der Beanspruchung ist die Bemessung eines Querschnittes von Ort zu Ort unterschiedlich. Sie erfolgt jeweils für den Wertebereich, der zwischen den Grenzlinien liegt. Es gibt Trägerbereiche, in denen je nach Einwirkungskombination positive und negative Bemessungsmomente aufzunehmen sind. Hier ist oben und unten liegende Biegebewehrung statisch erforderlich.

Bemessungsschnittgrößen im Grenzzustand der Gebrauchstauglichkeit:

Die Bemessungsschnittgrößen ergeben sich vollkommen analog aus der linearen Superposition der charakteristischen Schnittgrößen der *Tabelle 2.3*. Es sind jedoch die zu verwendenden Teilsicherheits- und Kombinationsbeiwerte entsprechend anzupassen.

Die Erhöhung der Beanspruchung durch die Teilsicherheitsbeiwerte γ_G und γ_Q entfällt . Wieder sind die möglichen Kombinationen der Einwirkungen gemäß *Gl. (2.1)* zu untersuchen. Bei den veränderlichen Einwirkungen ist zwischen günstig und ungünstig wirkend zu unterscheiden. Durch die Parameter ψ_1 und ψ_2 werden die charakteristischen Werte reduziert. Für die häufige und für die quasi-ständige Kombination sind 5 bzw. 4 Einwirkungskombinationen (EWK) auszuwerten. Formuliert für ein Biegemoment ergibt sich:

$$\gamma_G = \gamma_Q = 1,0$$

EWK 1: $M(G_{k1})$ häufig
EWK 2: $M(G_{k1})$ $+\psi_{1,1} \cdot M(Q_{k1})$
EWK 3: $M(G_{k1})$ $+\psi_{1,1} \cdot M(Q_{k1})$ $+\psi_{2,2} \cdot M(Q_{k2})$
EWK 4: $M(G_{k1})$ $+\psi_{1,2} \cdot M(Q_{k2})$
EWK 5: $M(G_{k1})$ $+\psi_{1,2} \cdot M(Q_{k2})$ $+\psi_{2,1} \cdot M(Q_{k1})$

EWK 1: $M(G_{k1})$ quasi-ständig
EWK 2: $M(G_{k1})$ $+\psi_{2,1} \cdot M(Q_{k1})$
EWK 3: $M(G_{k1})$ $+\psi_{2,1} \cdot M(Q_{k1})$ $+\psi_{2,2} \cdot M(Q_{k2})$
EWK 4: $M(G_{k1})$ $+\psi_{2,2} \cdot M(Q_{k2})$

Wird dieser Satz an Gleichungen ausgewertet, so erhält man die entsprechenden minimalen und maximalen Beanspruchungen für häufige und für die quasi-ständige Kombination im Grenzzustand der Gebrauchstauglichkeit (GZGT).

Tabelle 2.5: Bemessungswerte im Grenzzustand der Gebrauchstauglichkeit

	A	B	C	M_1	M_2	M_B
	[kN]	[kN]	[kN]	[kNm]	[kNm]	[kNm]
	häufige Kombination der Einwirkungen $E_{d,frequ}$					
max:	120,75	393,75	133,88	132,75	149,63	-157,50
min:	70,88	262,50	72,75	55,13	60,75	-236,25
	quasi-sändige Kombination der Einwirkungen $E_{d,perm}$					
max:	115,50	382,50	126,00	126,00	139,50	-157,50
min:	72,00	262,50	73,50	58,50	63,00	-229,50

2.3.2 Elastizitätstheorie mit Momentenumlagerung

Mit diesem Verfahren werden die nach der Elastizitätstheorie errechneten charakteristischen Schnittgrößen modifiziert. Es berücksichtigt in einfacher Form die Auswirkungen der Rissbildung und ist nur für die Ermittlung der Bemessungsschnittgrößen im GZT zugelassen. Dieses wird anhand des vorherigen Beispieles erläutert.

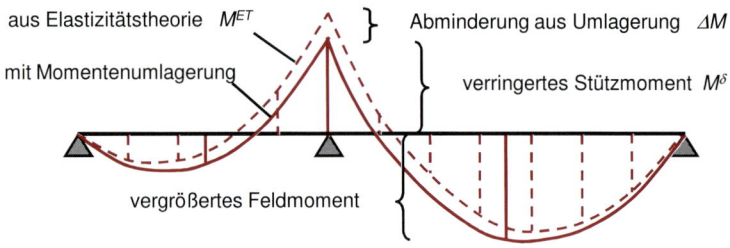

Bild 2.4: Beispiel für Momentenumlagerung (GZT)

In dem *Bild 2.4* ist für den Unterzug der Verlauf des charakteristischen Biegemomentes aus dem Eigengewicht nach der Elastizitätstheorie M^{ET} gestrichelt dargestellt. Die größte Momentenbeanspruchung ergibt sich über der Mittelstütze. Dort wird der Querschnitt des Unterzuges auf der Oberseite aufreißen und die eingebaute obenliegende Bewehrung nimmt die für das Gleichgewicht notwendigen Zugkräfte auf.

> Momentenumlagerung ist bei statisch bestimmten (Teil-)Systemen auf keinen Fall möglich! So ist zum Beispiel das Stützmoment eines Kragarmes notwendig (vgl. *Bild 2.21*), um das statische Gleichgewicht zu gewährleisten. Eine Abminderung des Stützmomentes ist daher gleichbedeutend mit einen rechnerischen Einsturz!

Durch den Übergang von Zustand 1 in den Zustand 2 ergibt sich hier eine, gegenüber der Berechnung angenommene, deutliche Verringerung der Biegesteifigkeit des Unterzuges. Bei statisch unbestimmten Systemen findet dann unter Wahrung des statischen Gleichgewichtes eine Umlagerung der Schnittgrößen in die weniger stark belasteten Bereiche des Unterzuges statt: Das Stützmoment verringert sich, während die Feldmomente gleichzeitig anwachsen.

Die DIN 1045-1 erlaubt es, ohne besondere Berechnung eine Umlagerung der charakteristischen Biegemomente durchzuführen. Das verbleibende, verringerte Stützmoment M^δ errechnet sich aus dem Stützmoment nach Elastizitätstheorie M^{ET}. Die Größe der zulässigen Umlagerung ist abhängig von der Duktilität des Betonstahles und der Höhe der Betondruckzone ξ. Für Normalbeton der Güten C 12/15 bis C 50/60 und bei annähernd gleich langen Feldlängen ($L_2 < 2 \cdot L_1$) ist ansetzbar:

$$M^\delta = \delta \cdot M^{ET} \tag{2.4}$$

$$\text{mit:} \quad \delta \geq 0,64 + 0,8 \cdot \xi \geq 0,85 \quad \text{normalduktil}$$
$$\delta \geq 0,64 + 0,8 \cdot \xi \geq 0,70 \quad \text{hochduktil.}$$

Bei der Umlagerung des Stützmomentes ist das Gleichgewicht einzuhalten. Es ergeben sich Auflagerkräfte mit der zugehörenden Querkraft.

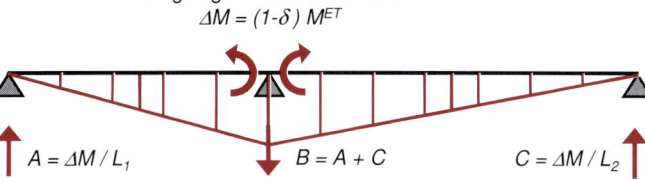

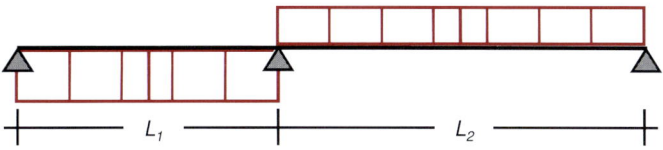

Bild 2.5: Schnittgrößen infolge der Momentenumlagerung (GZT)

Die Momentenumlagerung kann für jede charakteristische Einwirkung durchgeführt werden. Der zugehörige veränderte Querkraftverlauf ist entsprechend *Bild 2.5* anzupassen. Die Bemessungsschnittgrößen (GZT) werden dann wie zuvor aus der maßgebenden Einwirkungskombination ermittelt (vgl. *Tabelle 2.4*).

2.3.3 Plastizitätstheorie

Die Schnittgrößenermittlung auf Grundlage der Plastizitätstheorie ist für Nachweise im Grenzzustand der Tragfähigkeit anwendbar. Die zugrunde liegenden Annahmen sollen an einem einfachen Beispiel plausibel erläutert werden, ohne dabei auf den theoretischen Hintergrund im Detail einzugehen.

Betrachtet wird ein durchlaufender 2–Feldträger unter der Gleichstreckenlast Q_d (vgl. *Bild 2.6*). Die Feldweiten sind gleich ($L_1 = L_2 = L$). Es wird ein Rechteckquerschnitt angenommen, der auf seiner gesamten Länge obenliegend und untenliegend gleich bewehrt ist ($A_{s1} = A_{s2}$).

Das maximal aufnehmbare Biegemoment M_{Rd} ist an jeder Stelle des Balkens gleich und wird ausgeschöpft, wenn die Streckgrenze der Zugbewehrung erreicht bzw. überschritten wird. Auf sichere Seite liegend errechnet es sich über den Hebelarm zwischen Druck- und Zugbewehrung. Die größte Biegemomentenbeanspruchung infolge Q_d ergibt sich dabei über der Mittelstütze:

$$M_{Rd} = A_{s1} \cdot f_{yd} \cdot (d - d_2) \geq Q_d \cdot \frac{L^2}{8} \tag{2.5}$$

Mit dem Erreichen von M_{Rd} beginnt sich der Balken an dieser Stelle

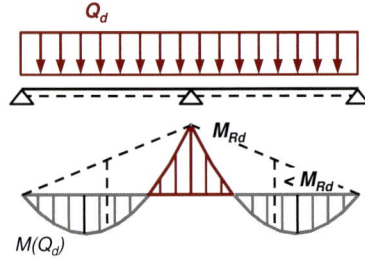

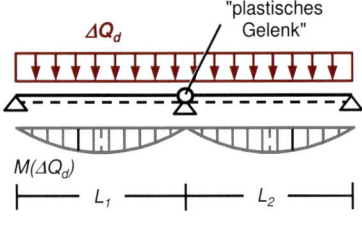

Bild 2.6: zur Plastizitätstheorie

plastisch zu verformen, ohne dabei seine Biegetragfähigkeit zu verlieren. Über der Mittelstütze bildet sich ein plastisches Gelenk aus.

Es ist damit eine weitere Laststeigerung ΔQ_d möglich, die auf einem veränderten statischen System wirkt (vgl. den unteren Teil des *Bildes 2.6*). Die Traglast des Balkens wird erst erreicht, wenn das aufnehmbare Biegemoment M_{Rd} infolge der beiden Lasten Q_d, ΔQ_d auch im Feldbereich überschritten wird. Der Balken versagt dann als eine kinematische Kette.

Dieser Sonderfall der Schnittgrößenermittlung wird bei Durchlaufträgern und Platten vorwiegend für den Nachweis außergewöhnlicher Einwirkungskombinationen angewendet (GZT). Die notwendige Verformungsfähigkeit des Bauteils wird durch die Begrenzung der Betondruckzone ($\xi \leq 0,25$) und durch Verwendung hochduktilen Betonstahles erreicht.

2.3.4 Nichtlineare Verfahren

Schnittgrößen und Verformungen verhalten sich nichtlinear, wenn das Superpositionsprinzip nicht mehr gültig ist. Bei der Bemessung von Stahlbetonbauteilen sind hierfür im Wesentlichen die folgenden Ursachen von Bedeutung:

- Nichtlineare Werkstoffeigenschaften:
  Die verwendeten Baustoffe Beton und Stahl verhalten sich nichtlinear. Es gilt nicht uneingeschränkt das Hooke´sche Gesetz. Im *Kapitel 3* wird erläutert, dass die Spannungs-Dehnungs-Beziehung des Betons als Parabel-Rechteck-Diagramm beschrieben werden kann – und dass sich der verwendete Betonstahl nur bis zum Erreichen der Streckgrenze elastisch verhält.

- Nichtlineare Bauteil- und Querschnittseigenschaften:
  In der Statik wird das Verformungsverhalten eines Bauteils über die Parameter Dehnsteifigkeit EA, Biegesteifigkeit EI, Torsionssteifigkeit GI_T, . . . beschrieben.
  Im Stahlbetonbau sind diese Größen lastabhängig. Je nachdem, ob der Querschnitt gerissen oder ungerissen ist, ändern sich die Steifigkeiten schlagartig und gravierend.
  Anhand des *Bildes 2.7* wird dieses erläutert. Moment M und Bauteilkrümmung w'' stehen mit der Biegesteifigkeit EI in folgendem Zusammenhang:

$$M = -EI \cdot w'' \tag{2.6}$$

In einem Gedankenexperiment soll die Momentenbeanspruchung bei 0 beginnend gesteigert werden. Es können 3 Bereiche unterschieden werden.

- Der Stahlbeton-Querschnitt befindet sich zunächst im (ungerissenen) Zustand I. Bei Erreichen des Rissmomentes $M_{I,II}$ wird

die Zugfestigkeit des Betons überschritten $(w'')_{I,II}$. Der Querschnitt reißt in der Zugzone auf und die ursprünglichen Beton-Zugspannungen werden auf die Zugbewehrung übertragen. Dabei nimmt die Biegesteifigkeit schlagartig ab.
Der Stahlbetonquerschnitt verhält sich bis zum Erreichen des Rissmomentes ideal-elastisch.

- Im Bereich der Momentenbeanspruchung $M_{I,II} \leq M \leq M_y$ verhält sich der Betonstahl ideal-elastisch, d.h. bei Entlastung geht die Krümmung zurück ohne dass sich Risse aber vollkommen schließen.
  Wird die Belastung aber weiter gesteigert, dann beginnt die Zugbewehrung mit Erreichen des Fließmomentes M_y zu fließen $(w'')_y$ und plastische Momentengelenke entwickeln sich. Es ergeben sich jetzt bleibende Verformungen.

- Die Momententragfähigkeit des Querschnitts ist erschöpft, wenn das Bruchmoment M_u erreicht ist $(w'')_u$. Das geschieht in der Regel, wenn die zulässige Stahldehnung ϵ_s überschritten wird.

Die Momenten-Krümmungs-Beziehung eines Stahlbetonquerschnitts darf vereinfachend, wie im *Bild 2.7* dargestellt, tri-linear angenommen werden. Sollen realistische Verformungen errechnet werden, so ist dieses Materialverhalten zu berücksichtigen.

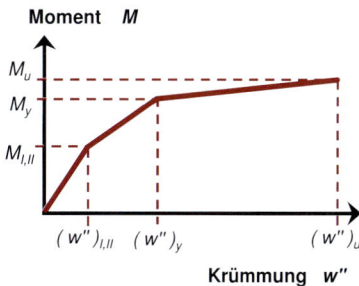

Bild 2.7: Momenten-Krümmungs-Beziehung für einen Stahlbetonquerschnitt schnitt (tri-linear)

- Nichtlineares Systemverhalten:
  Hierzu zählen statische Systeme die sich in Abhängigkeit von der Belastung ändern. Ein einfaches Beispiel für ein System mit veränderlicher Gliederung ist im *Bild 2.6* dargestellt. Dort trägt ein Balken einen Teil der Belastung als Durchlaufträger und den anderen Teil der Belastung als Einfeldträgerkette.

Eine deutlich größere baupraktische Bedeutung hat die Anwendung der Schnittgrößenermittlung nach Theorie 2. Ordnung. Bei druckbelasteten Bauteilen sind die Schnittgrößen ggf. nicht nur von der Größe der Einwirkungen, sondern zusätzlich von der sich einstellenden Systemverformung abhängig. Theorie 2. Ordnung bedeutet, dass die Gleichgewichtsbedingungen für das verformte System erfüllt werden. Der häufigste Anwendungsfall im Stahlbetonbau ist die Bemessung von Stützen oder Wänden im Grenzzustand der Tragfähigkeit.

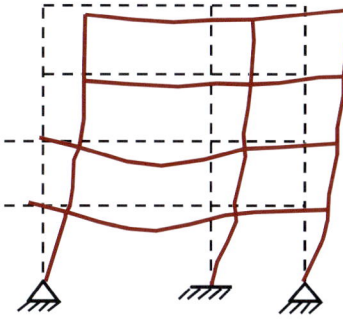

Bild 2.8: Tragwerksverformung eines 4–stöckigen Rahmens infolge vertikaler und horizontaler Einwirkungen

Bei der Anwendung nichtlinearer Verfahren dürfen Bemessungsschnittgrößen nicht mehr nach dem Superpositionsprinzip durch die Überlagerung der Schnittgrößen aus charakteristischen Einwirkungen ermittelt werden. Es werden stattdessen die so genannten Lastkollektive gebildet. In einem Kollektiv sind die unabhängigen Einwirkungen, die eine bestimmte Bemessungssituation beschreiben, unter Berücksichtigung von Teilsicherheits- und Kombinationsbeiwerten zusammengefasst. Die zusammengefassten Einwirkungen wirken gemeinsam und gleichzeitig. Für unterschiedliche Nachweisorte sind unterschiedliche Lastkollektive zusammenzufassen. Der Rechenaufwand steigt mit der Anzahl der

Nachweispunkte und der zu berücksichtigenden Einwirkungen erheblich.

Theorie 2. Ordnung

Wenn eine lineare Schnittgrößenermittlung für die Nachweisführung im GZT nicht hinreichend ist, so ist zu unterscheiden, ob ein komplettes Tragwerk und/oder ob einzelne Bauteile nach Theorie 2. Ordnung (d.h. Gleichgewicht am verformten System) zu bearbeiten sind. Im *Bild 2.8* ist ein infolge vertikaler und horizontaler Einwirkungen verformtes Tragsystem dargestellt; das *Bild 2.9* zeigt ein druckbelastetes Einzelbauteil.

Bei Tragwerken des üblichen Hochbaus müssen die Auswirkungen von Bauteilverformungen berücksichtigt werden, wenn sich dadurch die Tragfähigkeit des Systems um mehr als 10 % verringert. Man spricht dann von einem verschieblichen System. Verschiebliche Systeme müssen nach Theorie 2. Ordnung berechnet werden.

Demgegenüber stehen die unverschieblichen Systeme. Sie weisen nur sehr begrenzte Verformungen auf und die Schnittgrößen dürfen linear ermittelt werden. Die Größe der auftretenden Verformungen (Translationen und Rotationen) hängt von dem Lastkollektiv aus horizontalen und vertikalen Einwirkungen sowie von der Steifigkeit des Systems ab. In der Literatur (z.B. Schneider Bautabellen [8]) sind für einfache Geschossbauten Überschlagsformeln angegeben, mit denen sich die Systemeigenschaft verschieblich/unverschieblich bestimmen lässt. Verschiebliche Systeme lassen sich durch die Konstruktion und den Einsatz aussteifender Elemente (Wandscheiben, Fahrstuhlschacht, ...) in unverschiebliche Systeme überführen.

Unabhängig davon, ob ein Gesamttragwerk verschieblich oder unverschieblich ist, muss für seine einzelnen Bauteile untersucht werden, ob eine Betrachtung nach Theorie 2. Ordnung erforderlich ist. Von besonderer praktischer Bedeutung ist der Nachweis druckbelasteter Stützen im GZT. Die zu verhindernde Versagensform ist das seitliche Ausknicken. Dem Tragwerksplaner stehen hierfür auf sicherer Seite liegende Näherungsverfahren zur Verfügung, mit denen sich der Rechenaufwand in akzeptablen Grenzen halten lässt (vgl. Modellstützenverfahren *Abschnitt 4.3.2*).

Gemeint sind in der Regel Horizontalverformungen und oder Verdrehungen, die sich bei Geschossbauten unter horizontalen Einwirkungen (z.B. Wind oder Schiefstellungen) ergeben.

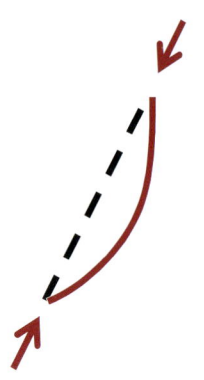

Bild 2.9: Knicken eines Einzelbauteils

2.4 Idealisierungen und Vereinfachungen am Tragwerk

Die im *Abschnitt 2.3* vorgestellten Verfahren bilden das reale Tragwerk in einem mathematischen Modell ab und ermitteln daran die sich ergebenden Schnittgrößen und Verformungen. Die damit verbundene Systembildung beinhaltet zwangsläufig Idealisierungen. Am wichtigsten ist in diesem Zusammenhang, dass in (fast) allen gebräuchlichen Programmsystemen jedes Stahlbetonbauteil nicht als Volumenkörper beschrieben und berechnet wird. Balken und Stäbe werden im mathematischen Modell durch ihre Achse, die durch den Schwerpunkt des Querschnittes geht, beschrieben. Platten und Wände werden entsprechend durch ihre Mittelflächen erfasst.

2.4.1 Wirksame Stützweite

Balken und Platten, die auf Wänden oder Unterzügen gelagert werden, sind ein Standardkonstruktionselement im Hochbau. Unter der wirksamen Stützweite versteht man die Stützweite, die im mathematischen Modell anzusetzen ist. In dem *Bild 2.10* ist ein durchlaufender Balken über zwei Felder dargestellt. Die Lagerung erfolgt gelenkig auf einem Randauflager, einem Mittelauflager am rechten Rand ist der Balken eingespannt.

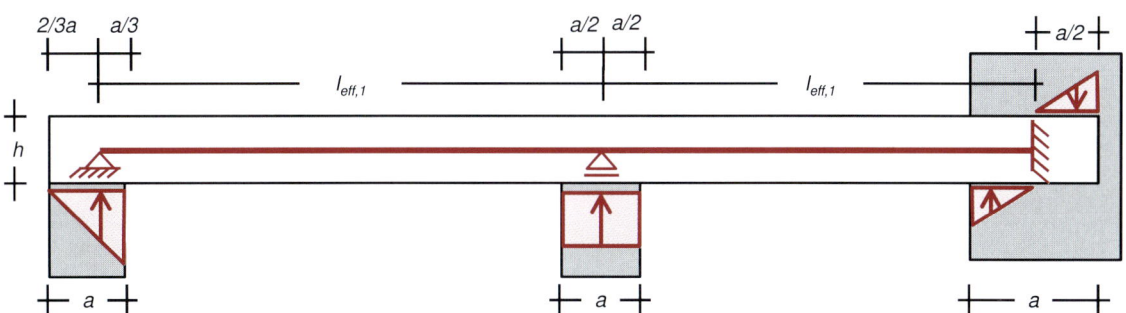

Bild 2.10: Bestimmung der wirksamen Stützweite am Beispiel eines Durchlaufbalkes

Zur Verdeutlichung des Ansatzes zur Bestimmung der wirksamen Stützweite l_{eff} sind die Auflagertiefe a und die Höhe h eines Rechteckbalkens in ihren wirklichen Abmessungen dargestellt. Entlang der Auflagertiefen wirken Druckspannungen. Ihre Verteilung kann vereinfachend bei einem gelenkigen Randauflager dreieckförmig und bei Mittelauflager unter einem durchlaufenden Balken konstant angenommen werden. Die Wirkung einer Einspannung ergibt sich aus zwei dreieckförmigen Verteilungen.

Im mathematischen Modell sind demgegenüber die Balkenachse eine Linie und die Auflager sind durch Punkte gekennzeichnet. Die Auflagerkräfte wirken in der Resultierenden der Auflagerspannungen; ihre Position im mathematischen Modell und innerhalb des wirklichen Balkens kann anhand des *Bildes 2.10* festgelegt werden.

2.4.2   Mitwirkende Plattenbreite

Im Hochbau werden Deckenplatten oft in Verbindung mit Unterzügen hergestellt. Ein Beispiel hierfür ist der Entwurf für Rohbau des Stahlbetonhochbaus im *Abschnitt 2.5*. Die Stahlbetondecken der unteren beiden Ebenen bestehen aus Unterzügen, die im regelmäßigen Abstand von $6,00$ m angeordnet sind. Die Unterzüge werden durch die Platten miteinander verbunden. Die Unterzüge selbst sind 2–Feldträger mit einem einseitigen Kragarm (vgl. *Bild 2.17*: $L_k/L_1/L_2 = 2,00/9,00/5,00$ m).

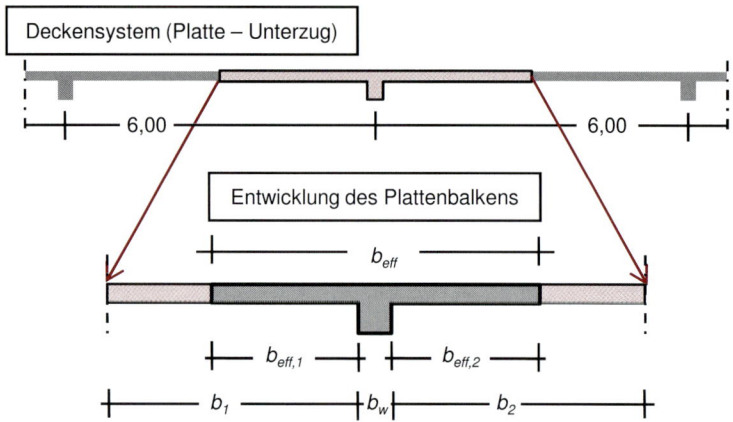

Bild 2.11: Mitwirkende Plattenbreite eines Plattenbalkens

Platte und Unterzug sind als ein Stahlbetonbauteil zusammen betoniert worden (monolithisch). In den Feldern liegt die Platte in der Druckzone des tragenden Querschnittes; über der Mittelstütze liegt sie in der Zugzone. Bevor die eigentliche Ermittlung der Schnittgrößen und die anschließende Bemessung erfolgen kann, ist zu klären, in welchem Umfang die Platte zum Tragen herangezogen werden darf. Hierfür gibt die DIN 1045-1 eine Verfahrensweise vor:

Die statisch mitwirkende Breite b_{eff} hängt vom statischen System des Unterzuges und den Plattenbreiten (b_1 und b_2) ab. Sie errechnet sich nach DIN 1045 unter Berücksichtigung einer Stützweite L_0:

$$b_{eff} = \sum b_{eff,i} + b_w$$
$$\text{mit:} \quad b_{eff,i} = 0,2 \cdot b_i + 0,1 \cdot L_0 \quad \leq \quad 0,2 \cdot L_0 \quad\quad (2.7)$$
$$\leq \quad b_i$$

Die Stützweite L_0 entspricht dem Abstand der Momentennullpunkte in der Längstragrichtung des Unterzuges. Bei in benachbarten Feldern mit annähernd gleichen Stützweiten, Streckenlasten und Steifigkeiten ergibt sie sich näherungsweise für Randfelder, Innenfelder und Kragarme entsprechend *Bild 2.12.*

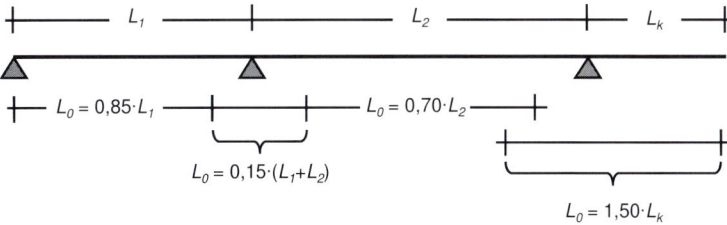

Bild 2.12: Stützweite L_0 zur Ermittlung der mitwirkende Plattenbreite

Es ergeben sich im Feld- und im Stützbereich eines Durchlaufträgers unterschiedliche mitwirkende Plattenbreiten. Ein Beispiel hierfür ist in dem *Bild 2.36* ausgewertet.

> Liegt die Platte eines Plattenbalkens in der Zugzone (z.B. über die Innenstützen eines Durchlaufträger), so darf Zugbewehrung im Steg und jeweils bis zur Hälfte der Flanschbreiten ($b_{eff,i}/2$) verteilt werden.

2.4.3 Abminderung von Stützmomenten

Die Biegemomente in durchlaufenden Platten und Balken dürfen unter der Annahme einer gelenkigen, d.h frei drehbaren, Lagerung berechnet werden. Das entspricht der Darstellung des mittleren Auflagers in dem *Bild 2.10.* Das Stützmoment erreicht über dem Punktlager seinen Maximalwert und fällt zu beiden Seiten hin ab. Der Abfall ist bereits über der Auflagertiefe deutlich zu verzeichnen und kann in der Bemessung berücksichtigt werden.

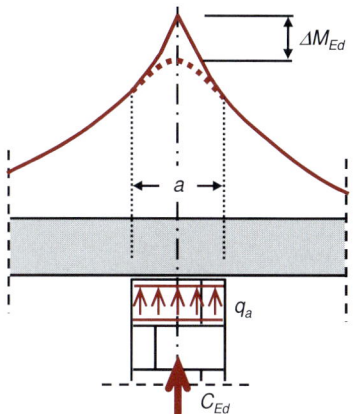

Bild 2.13: Momentenausrundung über einer Mauerwerkswand

* Liegt der Balken oder die Platte frei auf der Lagerbank auf, so darf entlang der Auflagertiefe a das Stützmoment durch Momentenausrundung abgemindert werden (vgl. *Bild 2.13*). Diese Abminderung ist unabhängig von einer möglichen Momentenumlagerung nach *Abschnitt 2.3.2* ansetzbar.

Der Betrag der Abminderung ergibt sich wie folgt: Vereinfachend wird bei Mittenauflagern unter durchlaufenden Balken oder Platten eine konstante Pressung q_a über die Auflagertiefe a angenommen. Damit erhält man anstelle eines dreieckförmigen Verlaufes (Auflagerkraft als Punktlast) einen parabolischer Verlauf des Biegemomentes. Die Abminderung des Bemessungsstützmomentes ΔM_{Ed} ist dann nur noch abhängig von der Auflagertiefe a und der zugehörigen Bemessungsauflagerkraft C_{Ed}:

$$q_a \;=\; \frac{C_{Ed}}{a} \tag{2.8}$$

$$\Delta M_{Ed} \;=\; C_{Ed} \cdot \frac{a}{4} - q_a \cdot \frac{a^2}{8}$$

$$\;=\; C_{Ed} \cdot \frac{a}{8} \tag{2.9}$$

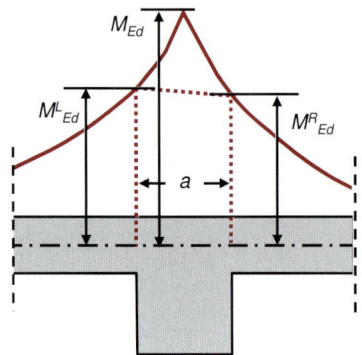

Bild 2.14: Anschnittsmomente bei einem Unterzug

- Ist die Lagerbank selbst ein Stahlbetonträger und monolithisch mit dem durchlaufenden Balken (bzw. der durchlaufenden Platte) verbunden, so dürfen für den Nachweis des rechnerischen Stützmomentes M_{Ed} die Anschnittsmomente des Balkens (bzw. der Platte) links und rechts M_{Ed}^L, M_{Ed}^R verwendet werden. Dabei ist einzuhalten:

$$M_{Ed}^L \;\geq\; 0,65 \cdot M$$
$$M_{Ed}^R \;\geq\; 0,65 \cdot M \tag{2.10}$$

Die Anschnittsmomente ergeben sich aus der Verteilung der Bemessungsmomente im Bereich des Unterzuges.

2.4.4   Abminderung der Querkraft

Ebenso wie bei Stützmomenten kann unter bestimmten Voraussetzungen der Bemessungswert für die Querkraft abgemindert werden. Grundlage hierfür ist die Betrachtung eines Trägers nach der Fachwerkanalogie. Die entsprechenden Ansätze sind in dem *Abschnitt 4.2.4* erläutert.

2.4.5   Imperfektionen für ein Gesamttragwerk

Eine geringfügige Schiefstellung eines Bauwerkes ist herstellungsbedingt unvermeidbar und wird mit Imperfektion bezeichnet. Die zugehörige Modellvorstellung ist für ein 2–geschossiges Tragsystem im *Bild 2.15* dargestellt.

Der obere Teil a) zeigt das ideal senkrecht stehende Tragwerk. Die beiden Decken sind durch verschiebliche Auflager horizontal gehalten. Die Vertikallasten werden über die Decken zu den aufgehenden Stützen hin übertragen. Für den Nachweis des Gleichgewichtes sind keine horizontalen Auflagerreaktionen H erforderlich.

Der untere Teil b) zeigt das gleiche System unter einer (ungewollten) Schiefstellung, die durch den Winkel α_{a1} beschrieben wird. Es ist das Gleichgewicht am verformten System zu betrachten. Offensichtlich sind jetzt horizontale Auflagerkräfte ΔH_A erforderlich, die Abtriebskräfte genannt werden. Sie ergeben sich für jede Stütze in Abhängigkeit zu ihrer Schiefstellung und abzutragenden vertikalen Last:

$$\Delta H_{A,St} = V_{St} \cdot \frac{f}{h_{St}} = V_{St} \cdot \alpha_{a1} \tag{2.11}$$

Sind die Geschossdecken als Scheibe konstruiert (Stahlbetondecken sind das), so ergibt sich die Abtriebskraft geschossweise (z.B. $\Delta H_{A,1}$) aus der Summe der auf das jeweilige Geschoss einwirkenden ständigen und veränderlichen Lasten (z.B. $(\sum G + \sum Q)_{1OG}$). Im *Bild 2.15* sind sie als Einzellasten dargestellt, die auf die lastabtragenden Stützen wirken. Die Abtriebskräfte wirken jeweils auf Höhe der Geschossdecke. Z.B.:

$$\Delta H_{A,1} = (P_{1,1} + P_{1,2} + P_{1,3}) \cdot \frac{f}{h_{ges}} = (P_{1,1} + P_{1,2} + P_{1,3}) \cdot \alpha_{a1} \quad (2.12)$$

Die Abtriebskräfte $\Delta H_{A,i}$ sind von den aussteifenden Bauteilen aufzunehmen. Hierzu zählen Wandscheiben, ggf. Verbände aber auch Fundamenteinspannungen und biegesteife Rahmenecken.

Der Winkel α_{a1}, der für die Schiefstellung anzunehmen ist, ergibt sich aus der Gesamtgebäudehöhe h_{ges} nach DIN 1045-1 (7.2) zu:

$$\alpha_{a1} = \frac{1}{100 \cdot \sqrt{h_{ges}[\mathrm{m}]}} \leq \frac{1}{200} \quad (2.13)$$

Die Richtung der Schiefstellung einer Stütze ist zufällig. Es ist deshalb nicht anzunehmen, dass sie für alle Stützen einer Geschossdecke gleich ist. Sind mehrere (n) lastabtragende Stützen nebeneinander vorhanden, so darf der Schiefstellungswinkel α_{a1} reduziert werden. Der dann anzusetzende Winkel α_{an} ergibt sich nach:

$$\alpha_{an} = \sqrt{\frac{1 + 1/n}{2}} \cdot \alpha_{a1} \quad (2.14)$$

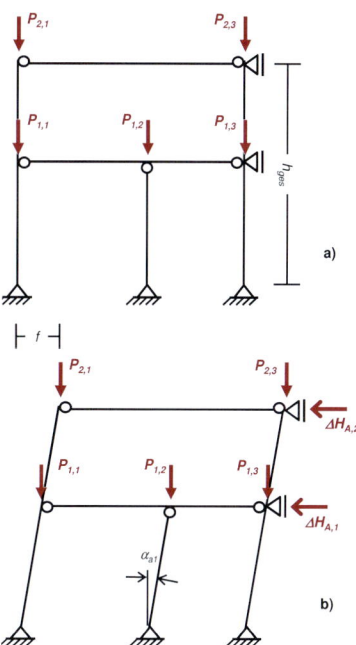

Bild 2.15: Imperfektion an einem Tragsystem erläutert

2.5 Schnittgrößenermittlungen an einem Hochbautragwerk

Beim Entwurf eines Gebäudes steht zunächst seine Nutzung im Vordergrund. Der entwerfende Architekt oder Ingenieur hat die erforderlichen Flächen (Wohnen, Büro, Versammlung, ...) auf dem zur Verfügung stehenden Grundstück in einem Gebäude *unterzubringen*. Die Vorgaben der Bauleitplanung wie zum Beispiel *Grundflächen- und Geschossflächenzahl* sind für die Genehmigungsfähigkeit der Baumaßnahme unbedingt einzuhalten.

Entwurfsbegleitend ist im Rahmen einer Systemfindung (vgl. *Abschnitt 2.5.1*) festzulegen, welches Tragwerk die entsprechenden Lasten sicher und wirtschaftlich aufnehmen kann. Dabei werden Einzelbauteile unter vereinfachenden Annahmen vordimensioniert. D.h. es werden die Querschnittsabmessungen von Decken, Unterzügen, Stützen, ... mit ihren statisch erforderlichen Bewehrungen ermittelt. In diesem Planungsschritt spielen Erfahrungswerte und Handrechenverfahren, wie sie im *Abschnitt 2.5.2* behandelt werden, eine bedeutende Rolle.

Die vordimensionierten Einzelbauteile werden anschließend in der vertiefenden Planung zu einem Gesamttragwerk (Tragkonstruktion) zusammengefügt und einer statischen Berechnung unterzogen. Die Einzelbauteile stehen jetzt untereinander in Wechselwirkung und sind für die anzusetzenden Einwirkungskombinationen nachzuweisen. Dieses ist ein iterativer Prozess.

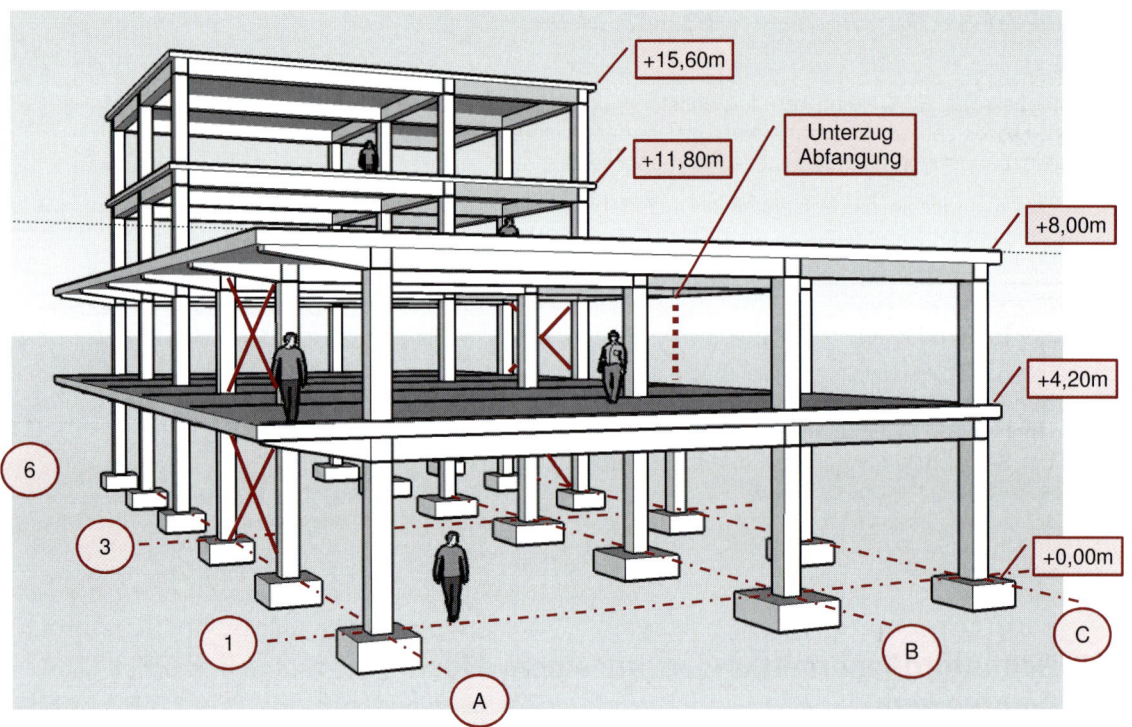

Bild 2.16: Räumlicher Entwurf einer Tragkonstruktion (Aussteifung in Längsrichtung als *kreuzende Diagonale* dargestellt)

Begonnen wird mit den vordimensionierten Bauteilen. Die Beanspruchung und das Verformungsverhalten der Konstruktion wird simuliert.

Die Ergebnisse der statischen Berechnung zeigen auf, wie das Tragwerk ausgenutzt ist. Bereiche mit geringer Ausnutzung sollten, wirtschaftlichen Gesichtspunkten folgend, mit geringeren Querschnitten ausgeführt werden. Überbeanspruchte Bereiche müssen verstärkt werden. Es entsteht eine überarbeitete Tragkonstruktion mit veränderten ständigen Einwirkungen aus ihrem Eigengewicht und verändertem Verformungsverhalten. Sie ist erneut nachzuweisen. Der angesprochene iterative Prozess setzt ein, um das Tragwerk zu optimieren. Er wird durch den Einsatz entsprechender Computerprogramme bearbeitet und ist im *Abschnitt 2.5.3* dargestellt.

Unter Umständen muss das statische System überdacht werden!

Örtlich veränderte Querschnitte haben ggf. Auswirkungen an anderen Stellen des Tragsystems. Konstruieren im Stahlbetonbau bedeutet, dass parallel zur Schnittgrößenermittlung immer auch die statisch/konstruktive sowie die herstellungstechnische Machbarkeit zu untersuchen ist.

Anmerkung: Die Machbarkeit entscheidet sich meist bei der Bewehrungskonstruktion. Ist der statisch erforderliche Stahl im Stahlbetonquerschnitt einbaubar oder nicht?

2.5.1 Systemfindung

Reale Bauwerke sind immer 3-dimensionale Objekte, die es zu entwerfen und zu bemessen gilt. Dem Ingenieur stehen für diese Aufgabe effiziente Werkzeuge zur Verfügung. Die *Bilder 2.16* und *2.17* zeigen – im vereinfachten Entwurf – den Rohbau eines Stahlbetonhochbaus. Es wurde mit dem Public-Domain-Programmsystem *Sketchup* [6] erstellt.

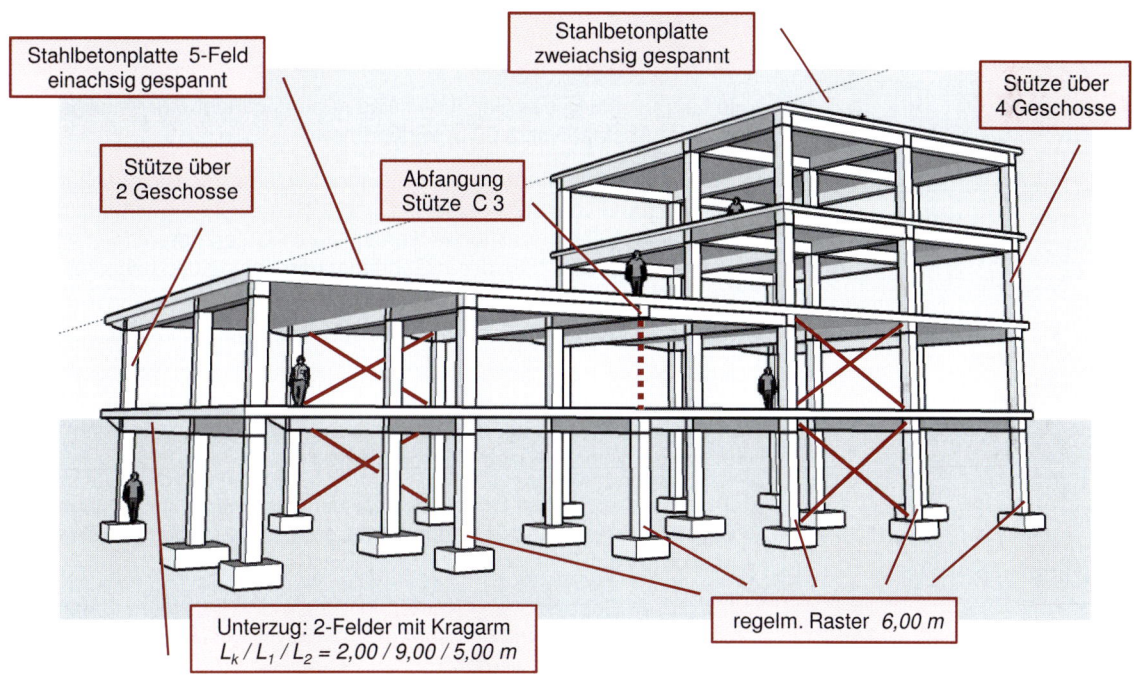

Bild 2.17: Räumliches Tragwerk aus vereinfachten Systemen zusammengesetzt

Das Gebäude setzt sich aus einem 2–geschossigen und einem 4–geschossigen Teil zusammen. Die Grundrissfläche der unteren beiden Geschossdecken ist rechteckig und beträgt ca. 16/30 m. Der Entwurf beruht auf einem regelmäßigem Raster. Die Achsen in Gebäudelängsrichtung sind mit 1–6 bezeichnet; in Gebäudequerrichtung mit A, B und C. Die angegebenen Höhen der Rohbaudecken ergeben sich aus der einzuhaltenden minimalen lichten Höhe l_h innerhalb eines jeden Geschosses und der statisch/konstruktiv erforderlichen Höhe h der tragenden Stahlbetonbauteile.

Für die sichere ingenieurmäßige Erfassung eines komplexen statischen Systems ist es unerlässlich, eine Vorstellung zu entwickeln, wie die senkrecht und horizontal einwirkenden Belastungen in den Baugrund abgetragen werden sollen.

2.5.1.1   Tragglieder für die Abtragung vertikaler Lasten

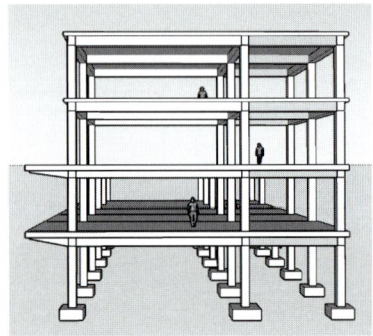

Aufgabe eines Tragwerksplaners ist, dem Entwurf statische Tragsysteme zuzuordnen, bzw. in den Entwurf entsprechende Tragsysteme zu integrieren. Letztlich wird dadurch das räumliche Tragwerk in ein System aus Platten, Unterzügen, Stützen, Wänden und Fundamenten aufgeteilt. Das *Bild 2.17* zeigt eine mögliche Lösung für die Abtragung der vertikalen Einwirkungen.

In Längsrichtung des Gebäudes sind nebeneinander 6 dreistielige Rahmen im Abstand von 6,00 m angeordnet.

Die Decken der unteren beiden Geschosse sind einachsig gespannt und durchlaufend über die 5 Felder in Gebäudelängsrichtung konstruiert. Die vertikalen Auflagerreaktionen werden durch Unterzüge aufgenommen. Sie verlaufen über 2 Felder in Gebäudequerrichtung und haben einseitig einen Kragarm. Sie bilden den Riegel der zuvor beschriebenen Rahmen.

Der Entwurf sieht vor, dass im 1. Obergeschoss am Rasterpunkt C-3 keine Stütze angeordnet wird. Hier ist der entsprechende Rahmenriegel indirekt zu lagern. Die Abfangung der Auflagerkraft erfolgt durch einen zusätzlichen Unterzug, der die Achsen 2 und 4 miteinander verbindet. Er hat damit eine Systemlänge von 12,00 m.

In den oberen beiden Geschossen sind im dargestellten Planungsstand in allen Achsen Unterzüge angeordnet, sodass die Decken hier 2–achsig gespannt sind.

Mit diesen Betrachtungen werden innerhalb des gesamten Tragwerkes statische Teilsysteme herausgearbeitet, die als Positionen separat voneinander betrachtet werden können. Hierfür stehen – wenn weitere vereinfachende Annahmen getroffen werden können – i.d.R. Handrechenverfahren zur Verfügung, mit denen eine sichere Vordimensionierung durchgeführt werden kann.

Für die eigentliche Ausführungsplanung stehen dem Tragwerksplaner effiziente Computerprogramme zur Verfügung. Mit ihrer Hilfe werden die Schnittgrößen und die zugehörigen statischen Nachweise geführt. Innerhalb der Konstruktion werden für die zunächst angenommenen Stahlbetonquerschnitte unterschiedliche starke Auslastungen ermittelt. Mit Hilfe weiterer Rechenläufe kann jetzt die Konstruktion optimiert wer-

2

den. Vereinfachend ausgedrückt; in Bereichen mit geringer Auslastung können die Querschnitte tendenziell verkleinert werden; Bereiche mit Überlastung sind zu verstärken.

Trotz des unverzichtbaren Einsatzes derartiger Computerprogramme sind statisch/konstruktives Vorstellungsvermögen in Verbindung mit Handrechnungen sowie Erfahrungswerte anhand vergleichbarer Gebäude für den Tragwerksplaner ebenso unverzichtbare Werkzeuge. Ihre Zielsetzung ist:

- Das Tragwerk sinnvoll zu strukturieren.

- Schnell – d.h. mit wenig Aufwand – zu erkennen, welche Teile des Tragwerks bei welchen Einwirkungen einer besonders starken Beanspruchung unterliegen. Hier sind die Stellen, an denen sich die Durchführbarkeit einer Konstruktion entscheidet. Hier ist ggf. eine vorgezogene genaue Berechnung statisch und wirtschaftlich sinnvoll und notwendig.

- Querschnitte im Entwurfsstadium sicher und wirtschaftlich zu dimensionieren.

- Beim Bauen im Bestand die maßgebenden Beanspruchungen und die vorliegenden Tragfähigkeiten zu erkennen.

... und von zunehmender Bedeutung:

Erfahrungswerte in Verbindung mit Handrechnungen sind hilfreich, um Rechenprogramme sinnvoll einsetzen zu können.
Erfahrungswerte in Verbindung mit Handrechnungen sind unbedingt notwendig, um die Ergebnisse der Rechenprogramme verifizieren zu können. Ansonsten wird der Computer eine BLACK-BOX, deren Anwendung für alle Beteiligten gefährlich ist.

In keinem Fall darf sich die Optimierung der Querschnitte nur auf die Bewertung der Schnittgrößen/Beanspruchungen stützen. Ebenso wichtige Kriterien sind z.B.:

- Ein effizienter Bauablauf.

- Die Durchführbarkeit der Bewehrungsarbeiten einschließlich deren Kontrolle.

- Vereinheitlichungen in der Konstruktion.

- Aspekte zur Dauerhaftigkeit und Zuverlässigkeit.

Anmerkung: In der Praxis ist es der Tragwerksplaner (nicht der Programmentwickler), der per Unterschrift die Sicherheit *seiner* Konstruktion dokumentiert. Er ist dafür – auch und gerade in Schadensfällen – verantwortlich.

2.5.1.2 Abtragung horizontaler Lasten und Aussteifung des Tragwerkes

Die Abtragung der horizontalen Einwirkungen (Wind und Imperfektionen) wird klar strukturiert.

- Die in den 6 Gebäudeachsen angeordneten Rahmen werden mit biegesteifen Knoten ausgeführt und so dimensioniert, dass sie die auf die Längsseite des Gebäudes angreifenden horizontalen Einwirkungen sicher aufnehmen können. Die mittleren Stützen in der Achse B sind im Fundament elastisch eingespannt gelagert. Das soll sowohl für den 2–geschossigen als auch für den 4–geschossigen Gebäudeteil gelten.

• Zur Aufnahme der auf die kurze Seite des Gebäudes angreifenden horizontalen Einwirkungen werden in ausreichendem Umfang aussteifende Wände angeordnet. Ihre Lage ist im Entwurf festzulegen. Es wird sehr vereinfachend angenommen, dass zwischen den Stützen C4–C5 und A2–A3 im EG und im 1. OG aussteifende Wände angeordnet sind. Im 2. OG und im 3. OG erfolgt die Lastabtragung durch entsprechende Rahmentragwerke.

In den *Bildern 2.16* und *2.17* sind die Bereiche, in dem die aussteifenden Wände angeordnet sind, vereinfachend als kreuzende Diagonalen dargestellt.

2.5.2   Handrechenverfahren zur Vordimensionierung einzelner Bauteile

Nachfolgend werden ausgewählte Teilsysteme (TS) bearbeitet. Berechnet werden charakteristische und Bemessungsschnittgrößen, mit denen im weiteren Verlauf eine Vordimensionierung der Querschnitte erfolgt.

Das Tragwerk wird als hinreichend ausgesteift angenommen. Der konkrete Nachweis hierfür wird im *Abschnitt 2.5.3.1* geführt. Die Verformungen infolge der horizontalen Einwirkungen sind so gering, dass sich das Gesamtsystem linear verhält. Eine Berechnung nach Theorie 2. Ordnung ist nicht erforderlich.

Die Teilsysteme bauen aufeinander auf, sodass die Weiterleitung von minimalen und maximalen Auflagerkräften ein wesentlicher Bestandteil der Bearbeitung ist.

> Alle Handrechenverfahren beinhalten mehr oder minder starke Vereinfachungen des statischen System und der zugehörigen Einwirkungen. Die Vereinfachungen sollen auf sicherer Seite liegend getroffen werden. Und, noch wichtiger: Die maßgebenden Einwirkungen sind vollständig zu berücksichtigen und im System *herunterzurechnen*. Das statische Gleichgewicht ist unbedingt einzuhalten.

Hochbaukonstruktionen sind im Regelfall aus wenigen Teilsystemen zusammengesetzt. Die wichtigsten sind:

• **Balken** sind vorwiegend durch Biegung (bei geringer Normalkraft) belastete Linientragwerke. Die Lastabtragung erfolgt entlang der Balkenachse zu den Auflagern hin. Die klassischen Systeme der Statik sind der *Balken auf 2 Stützen*, die *Durchlaufträger über mehrere Felder*, *Kragarme* und *Gerberträger*. Belastung, Verformung und Beanspruchung werden durch die technische Biegetheorie des Balkens beschrieben.
Zur Berechnung der Schnittgrößen stehen in der Literatur eine Vielzahl von Lösungsmethoden zur Verfügung. Sehr effizient ist die Anwendung von parametrisierten Tabellenwerken, bei der die Schnittgrößen *per Tabellenwert* bestimmt werden können.

• **Platten** sind vorwiegend durch Biegung (bei geringer Normalkraft) belastete Flächentragwerke. Die Lastabtragung erfolgt in zwei Richtungen entlang der Plattenmittelfläche.

Geschlossene Lösungen für beliebig belastete und umrandete Flächen gibt es in der Regel nicht, sodass die Verwendung von computerunterstützten Näherungslösungen notwendig ist.

Für durchlaufende Rechteckplatten unter konstanter Flächenlast bietet sich für die Handrechnung das Verfahren nach Pieper-Martens an. Auch hier kann die Biegebelastung einer Platte *per Tabellenwert* bestimmt werden. Auflagerkräfte werden anschaulich über die Näherung nach den Einflussflächen bestimmt.

- Stützen sind vorwiegend durch Normalkraft (bei geringer Biegung) belastete Linientragwerke. Hierzu zählen auch die Stiele von Rahmentragwerken. Die Größe der Schnittgrößen ist ggf. verformungsabhängig. Dann ist eine Stütze nach Theorie 2. Ordnung nachzuweisen. Stützen werden auch zur Aufnahme horizontaler Einwirkungen herangezogen und dienen dann der Gebäudeaussteifung.

- Wände sind vorwiegend durch Normalkraft (bei geringer Biegung) belastete Flächentragwerke. Sie werden z.B. als Auflager einer Decke senkrecht belastet. Wenn sie zusätzlich zur Gebäudeaussteifung herangezogen werden, übertragen sie gleichzeitig horizontale Einwirkungen von ihrem Angriffspunkt in die Bauwerksgründung.

- Die Gründung eines Bauwerks erfolgt über die Fundamente. Hier werden die Bauwerkslasten in den Baugrund übertragen.

In der obigen Zusammenstellung sind diverse Begriffe farbig gekennzeichnet. Sie werden im weiteren Verlauf ausführlich am Beispiel erläutert.

2.5.2.1 Pos. 1 Geschossdecke 1. OG ⇒ TS 1.1: Einachsig gespannte Platte über 5 Felder

System und Belastung

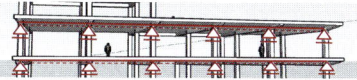

Die Geschossdecke 1. OG ist eine Stahlbetonplatte, die durchlaufend über 5 Felder hergestellt ist. Die Feldweiten sind konstant.

Die Belastung der Platte ergibt sich aus den ständigen Einwirkungen $G_{k,i}$ und den veränderlichen Einwirkungen $Q_{k,i}$, die in maßgebender Laststellung auf das Durchlaufsystem zu setzen sind. Die Unterzüge, auf denen die Platte aufliegt, sind – in vertikaler Richtung – als unverschiebliche Lager angenommen.

Damit kann die Platte wie ein Durchlaufträger betrachtet werden. Die Berechnung der Schnittgrößen erfolgt an einem 1,00 m breiten Plattenstreifen. Das vereinfachte statische System ist mit der zugehörigen Belastung in dem *Bild 2.18* dargestellt.

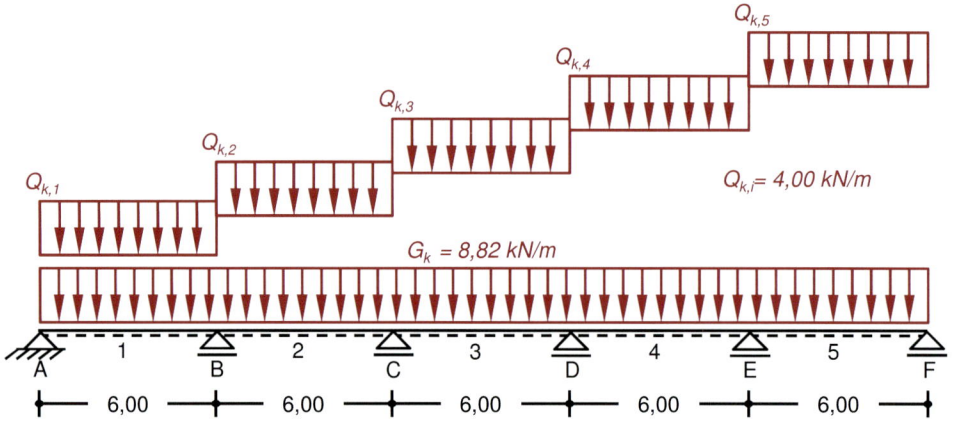

Bild 2.18: Statisches System TS 1.1: 5–Feldplatte (durchlaufend)

Stahlbetonplatten werden i.d.R. in konstanter Dicke ausgeführt. Im üblichen Hochbau sind die zu betrachtenden Nutzlasten vorwiegend Flächenlasten, die für ein gesamtes Geschoss gleich sind. Die charakteristischen Einwirkungen, die für dieses System der Schnittgrößenermittlung zugrunde gelegt werden, sind in der *Tab. 2.6* zusammengestellt:

Tabelle 2.6: Ständige und veränderliche Einwirkungen TS 1.1: 5-Feldplatte

ständig:	$G_{k,1} = 0,30 \cdot 25 =$	$7,50$ kN/m²	aus Plattendicke $h = 30$ cm
ständig:	$G_{k,2} = 0,06 \cdot 22 =$	$1,32$ kN/m²	aus schwimmendem Estrich $h = 6$ cm
	$G_k = \sum G_{k,i} =$	$8,82$ kN/m²	
veränderlich:	$Q_{k,1}$ bis $Q_{k,5} =$	$4,00$ kN/m²	Nutzlast *Versammlung* mit: $\psi_0/\psi_1/\psi_2 = 0,7/0,7/0,6$

Tabellarische Ermittlung der Schnittgrößen

Die Schnittgrößenermittlung erfolgt nach der Elastizitätstheorie (vgl. *Abschnitt 2.3.1*). Bei derartig einfachen, aber häufig vorkommenden Systemen, kann sie schnell mit den gängigen Tabellenwerken durchgeführt werden (z.B. Schneider Bautabellen [8]).

In Ergänzung dieser Tabellenwerke ist im *Anhang A.1.2* eine Methode aufbereitet, die auf die Anforderungen der Tragwerksplanung im Bauwerksentwurf zugeschnitten ist. Es werden damit die min/max Auflagerkräfte, die maßgebenden Querkräfte sowie die minimalen Stützmomente und maximalen Feldmomente ermittelt.

Bei der Herleitung der Tabellenwerte sind die Kombinationsbeiwerte ψ aller veränderlichen Einwirkungen konstant gesetzt worden und anschließend wurden die maßgebenden Laststellungen ausgewertet. Aus dem *Bild A.2* können per Tabellenwert an jedem Nachweisort 3 Grundwerte der Tragwerksbeanspruchung aus den charakteristischen Einwirkungen abgelesen werden:

$$E(G_k) \quad \longrightarrow \quad \text{Beanspruchung aus ständigen Einwirkungen}$$
$$\min E(Q_k) \quad \longrightarrow \quad \text{min Beanspr. aus veränderlichen Einwirkungen}$$
$$\max E(Q_k) \quad \longrightarrow \quad \text{max Beanspr. aus veränderlichen Einwirkungen}$$

Bemessungsschnittgrößen

Die Bemessungschnittgrößen E_d erhält man, in dem diese (o.g.) Grundwerte unter Verwendung der Teilsicherheits- und Kombinationsbeiwerte linear superponiert werden.

Für den Grenzzustand der Tragfähigkeit wird, auf sicherer Seite liegend, der Kombinationsbeiwert $\psi_{0,i} = 1,0$ gesetzt. Die *(Gl. 2.1)* vereinfacht sich dann. Formuliert für das Biegemoment ergibt sich beispielsweise:

$$
\begin{aligned}
\max M_{Ed} &= 1,35 \cdot M(G_k) + 1,50 \cdot \max M(Q_k) \\
\min M_{Ed} &= 1,00 \cdot M(G_k) + 1,50 \cdot \min M(Q_k)
\end{aligned}
\tag{2.15}
$$

Für den Grenzzustand der Gebrauchstauglichkeit sind die Teilsicherheitswerte $\gamma_G = \gamma_Q = 1,0$ zu setzen. Weiterhin werden, auf sicherer Seite liegend, die Kombinationsbeiwerte $\psi_{1,i}$ und $\psi_{2,i}$ für alle veränderlichen Einwirkungen konstant gesetzt. Die *(Gl. 2.2)* vereinfacht sich dann (wieder am Beispiel des Biegemomentes formuliert):

Für den GZGT ist im üblichen Hochbau i.d.R. nur die quasi-ständige Einwirkungskombination von Bedeutung

$$
\begin{aligned}
\max M_{Ed} &= 1,00 \cdot M(G_k) + \psi \cdot \max M(Q_k) \\
\min M_{Ed} &= 1,00 \cdot M(G_k) + \psi \cdot \min M(Q_k) \\
\text{mit:} \quad & \psi = \psi_1 \text{ häufige Kombination} \\
& \psi = \psi_2 \text{ quasi-ständige Kombination.}
\end{aligned}
\tag{2.16}
$$

Die Berechnung der Bemessungsschnittgrößen für den 5–Feldträger ist für den Grenzzustand der Tragfähigkeit (GZT) nach *Gl. (2.15)* in der *Tabelle 2.7* aufgezeigt. Die entsprechenden Zahlenwerte für die Auflagerkräfte, Biegemomente und Querkräfte sind angegeben.

Die maximalen Beanspruchungen eines Durchlaufträgers liegen immer im Randfeld. Das gilt für die Auflagerkraft B mit den zugehörenden Querkräften V_{Bl}, V_{Br} und für die Biegemomente M_1, M_B. Die Schnittkräfte verhalten sich symmetrisch, sodass in der *Tabelle 2.7* nur das

Tabelle 2.7: Charakteristische und Bemessungsschnittgrößen (GZT) TS 1.1: 5–Feldplatte

Größe	charakteristische Größen $G_k = 8,82$ kN/m		$L = 6,00$ m $Q_k = 4,00$ kN/m		Bemessungsgrößen (GZT) $\psi_0 = 1,0$		$\psi_0 = 0,7$	
max A_{Ed}	$0,395 \cdot G_k \cdot l =$	$20,90$	$0,447 \cdot Q_k \cdot l =$	$10,73$	$44,3$	kN	$44,2$	kN
min A_{Ed}	$0,395 \cdot G_k \cdot l =$	$20,90$	$-0,053 \cdot Q_k \cdot l =$	$-1,27$	$19,0$	kN	$19,0$	kN
max B_{Ed}	$1,132 \cdot G_k \cdot l =$	$59,91$	$1,220 \cdot Q_k \cdot l =$	$29,28$	$124,8$	kN	$119,0$	kN
min B_{Ed}	$1,132 \cdot G_k \cdot l =$	$59,91$	$-0,086 \cdot Q_k \cdot l =$	$-2,06$	$56,8$	kN	$56,9$	kN
max C_{Ed}	$0,974 \cdot G_k \cdot l =$	$51,54$	$1,170 \cdot Q_k \cdot l =$	$28,08$	$111,7$	kN	$105,2$	kN
min C_{Ed}	$0,974 \cdot G_k \cdot l =$	$51,54$	$-0,194 \cdot Q_k \cdot l =$	$-4,66$	$44,6$	kN	$45,5$	kN
max $M_{1,Ed}$	$0,078 \cdot G_k \cdot l^2 =$	$24,77$	$0,100 \cdot Q_k \cdot l^2 =$	$14,40$	$55,0$	kNm	$54,4$	kNm
max $M_{2,Ed}$	$0,033 \cdot G_k \cdot l^2 =$	$10,48$	$0,079 \cdot Q_k \cdot l^2 =$	$11,38$	$31,2$	kNm	$30,8$	kNm
max $M_{3,Ed}$	$0,046 \cdot G_k \cdot l^2 =$	$14,61$	$0,086 \cdot Q_k \cdot l^2 =$	$12,38$	$38,3$	kNm	$37,4$	kNm
min $M_{B,Ed}$	$-0,105 \cdot G_k \cdot l^2 =$	$-33,34$	$-0,120 \cdot Q_k \cdot l^2 =$	$-17,28$	$-70,9$	kNm	$-67,5$	kNm
min $M_{C,Ed}$	$-0,079 \cdot G_k \cdot l^2 =$	$-25,08$	$-0,111 \cdot Q_k \cdot l^2 =$	$15,89$	$-57,8$	kNm	$-54,1$	kNm
$V_{Bl,Ed}$	$-0,606 \cdot G_k \cdot l =$	$-32,07$	$-0,621 \cdot Q_k \cdot l =$	$-14,90$	$-65,7$	kN	$-65,0$	kN
$V_{Br,Ed}$	$0,526 \cdot G_k \cdot l =$	$27,84$	$0,599 \cdot Q_k \cdot l =$	$14,38$	$59,1$	kN	$58,0$	kN
$V_{Cl,Ed}$	$-0,474 \cdot G_k \cdot l =$	$-25,08$	$-0,578 \cdot Q_k \cdot l =$	$-13,87$	$-54,7$	kN	$-53,8$	kN
$V_{Cr,Ed}$	$0,500 \cdot G_k \cdot l =$	$26,45$	$0,592 \cdot Q_k \cdot l =$	$14,21$	$57,3$	kN	$56,0$	kN

halbe System dargestellt werden muss. In der letzten Tabellenspalte ist zum Vergleich das Ergebnis einer Auswertung aufgenommen, in der der Kombinationsbeiwert $\psi_0 = 0,7$ (im Sinne der Lastannahmen exakt) verwendet wurde. Die Abweichungen sind sehr gering (< 5 %) und liegen auf sicherer Seite. Für eine Vordimensionierung der Platte reichen diese Bemessungswerte vollkommen.

In der *Tabelle 2.8* sind die Biegemomente für der Grenzzustand der Gebrauchstauglichkeit (GZGT) dargestellt. Sie ergeben sich entsprechend aus der Superposition der charakteristischen ständigen und veränderlichen Einwirkungen nach *Gl. (2.16)*. Ausgewertet ist (angenähert) die häufige und die quasi-ständige Kombination. Der Unterschied zwischen beiden ist sehr gering.

Tabelle 2.8: Charakteristische und Bemessungsschnittgrößen (GZGT) TS 1.1: 5–Feldplatte

Größe	charakteristische Größen $G_k = 8,82$ kN/m		$L = 6,00$ m $Q_k = 4,00$ kN/m		Bemessungsgrößen (GZGT) häufig $\psi_1 = 0,7$		quasi-ständig $\psi_2 = 0,6$	
max $M_{1,d}$	$0,078 \cdot G_k \cdot l^2 =$	$24,77$	$0,100 \cdot Q_k \cdot l^2 \cdot \psi =$	$34,9$	kNm		$33,4$	kNm
max $M_{2,d}$	$0,033 \cdot G_k \cdot l^2 =$	$10,48$	$0,079 \cdot Q_k \cdot l^2 \cdot \psi =$	$18,4$	kNm		$17,3$	kNm
max $M_{3,d}$	$0,046 \cdot G_k \cdot l^2 =$	$14,61$	$0,086 \cdot Q_k \cdot l^2 \cdot \psi =$	$23,3$	kNm		$22,0$	kNm
min $M_{B,d}$	$-0,105 \cdot G_k \cdot l^2 =$	$-33,34$	$-0,120 \cdot Q_k \cdot l^2 \cdot \psi =$	$-45,4$	kNm		$-43,7$	kNm
min $M_{C,d}$	$-0,079 \cdot G_k \cdot l^2 =$	$-25,08$	$-0,111 \cdot Q_k \cdot l^2 \cdot \psi =$	$-36,2$	kNm		$-34,6$	kNm

In der Ausführungsplanung ist, unter Beibehaltung der Plattendicke, die Bewehrung anzupassen. Auf der gesamten Länge der durchlaufenden Platte sind die maximalen und minimalen Bemessungsschnittgrößen an jeder Stelle abzudecken. Diese Grenzlinien werden mit einem entsprechenden Rechenprogramm aus der linearen Superposition der charakteristischen Schnittgrößen aller Einwirkungen ermittelt. Im *Bild 2.19* sind die Ergebnisse für Biegemoment M_{Ed} und Querkraft V_{Ed} dargestellt.

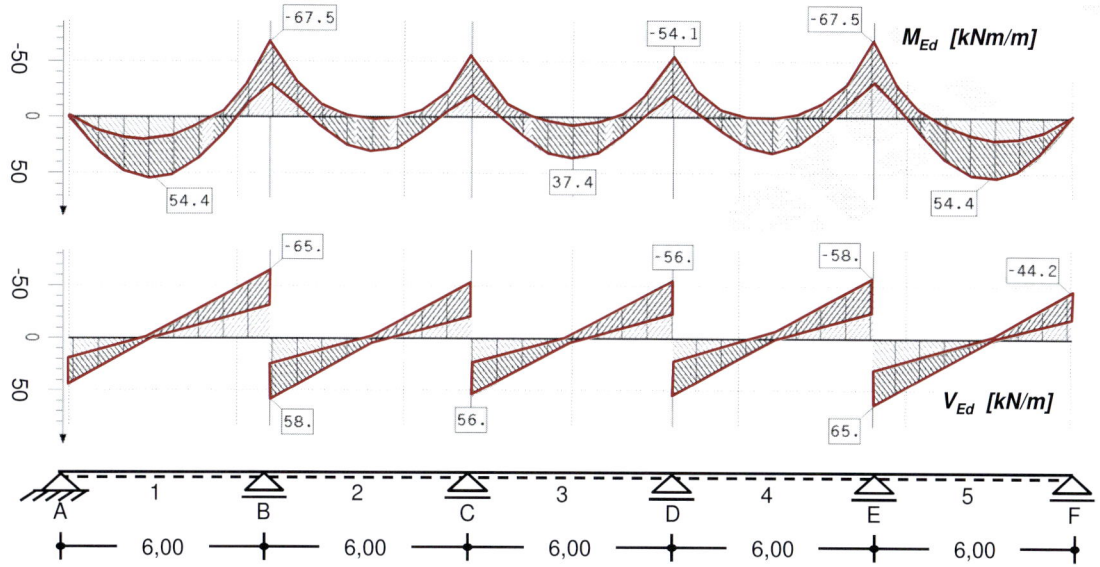

Bild 2.19: Grenzlinien für Biegemoment M_{Ed} und Querkraft V_{Ed} (GZT, $\psi_0 = 0,7$) TS 1.1: 5–Feldplatte

2.5.2.2 Pos. 1 Geschossdecke 1. OG ⇒ TS 1.2: 2–Feldunterzug mit Kragarm

System und Belastung

Die Auflagerkräfte der Stahlbetonplatten werden auf die darunterliegenden Unterzüge weitergeleitet, die monolithisch miteinander verbunden sind. Jeder Unterzug ist Teil einer zweifeldrigen, mehrstöckigen Rahmenkonstruktion. Über die Stiele wird die Belastung in die Fundamente und damit auf den Baugrund weitergeleitet.

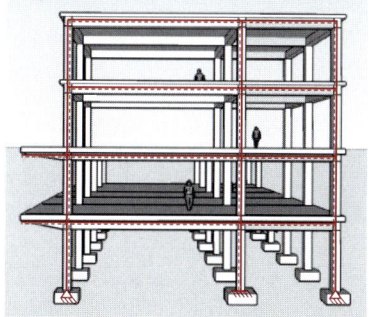

Neben den bisher behandelten vertikalen Einwirkungen aus Eigengewicht und Nutzlast nimmt die Rahmenkonstruktion auch die horizontale Belastung aus Wind und Gebäudeaussteifung auf. Für die Berechnung eines derartigen statischen Systems unter ständigen und veränderlichen

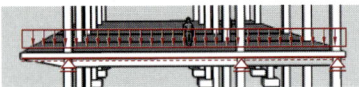

Einwirkungen stehen keine brauchbaren Hilfsmittel für eine Handrechnung zur Verfügung, sodass die Schnittgrößenermittlung mit einem geeigneten Computerprogramm durchzuführen ist.

Wir wollen uns hier aber auf den Entwurf der Riegel in den unteren beiden Geschoßdecken unter vertikalen Einwirkungen beschränken. Als weitere Vereinfachung des statischen Systems wird für die Vordimensionierung der Rahmenriegel als Durchlaufträger aufgefasst. Er lagert, gelenkig angenommen, auf den Stielen.

Nachzuweisen ist jetzt ein 2–Feldträger mit einseitigem Kragarm. Die Feldweiten l_1 und l_2 betragen $9,00$ m bzw. $5,00$ m. Am längeren Feld schließt der Kragarm mit einer Länge von $l_{k1} = 2,00$ m an. Das statische System ist in dem *Bild 2.20* dargestellt.

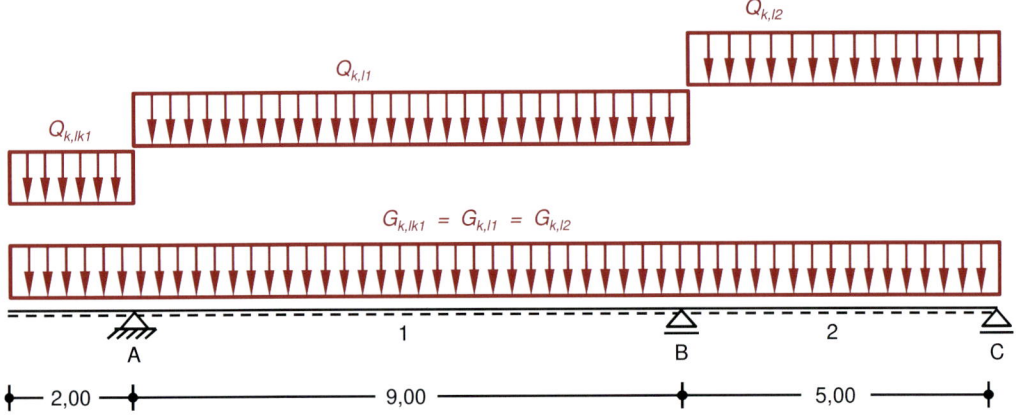

Bild 2.20: Statisches System TS 1.2: 2–Feldunterzug mit Kragarm

Die Belastung der Unterzüge erfolgt durch feldweise konstante Gleichstreckenlasten, die sich aus den Auflagerkräften der durchlaufende Platte ergeben. Die entsprechenden charakteristischen Auflagerkräfte sind für die einzelnen Unterzüge verschieden und können aus der *Tabelle 2.7* entnommen werden.

Zur Vordimensionierung und Absicherung des Entwurfs wird der am stärksten beanspruchte Unterzug betrachtet. Er liegt in der Achse 2 (bzw. 5) und ist das Auflager B der durchlaufenden Platte. Die charakteristischen Einwirkungen, die dieser Schnittgrößenermittlung zugrunde gelegt werden, sind in der *Tab. 2.9* zusammengestellt:

Bei der Berechnung statisch unbestimmter Systeme haben die Steifigkeiten der Querschnitte dem Grunde nach Einfluss auf die ermittelten Schnittgrößen. Der hier betrachtete Unterzug hat den Querschnitt eines Plattenbalkens mit bereichsweise unterschiedlichen mittragenden Plat-

Tabelle 2.9: Ständige und veränderliche Einwirkungen TS 1.2: 2–Feldunterzug mit Kragarm (Achse 2)

ständig:	$G_{k,1} =$	59,91 kN/m	Auflager B der Platte	
ständig:	$G_{k,2} = 0,40 \cdot 0,50 \cdot 25 =$	5,00 kN/m	aus Unterzug $b/h = 40/50$	
	$\sum G_{k,i} =$	64,91 kN/m		
veränderlich:	$Q_{k,1}$ bis $Q_{k,5} =$	29,28 kN/m	max Nutzlast *Versammlung*	mit: $\psi_0/\psi_1/\psi_2 =$
veränderlich:	$Q_{k,1}$ bis $Q_{k,5} =$	−2,06 kN/m	min Nutzlast *Versammlung*	0,7/0,7/0,6

tenbreiten. Dieser Einfluss wird hier zunächst vernachlässigt (vgl. *Bild 2.36*). Es wird stattdessen für die gesamte Trägerlänge ein konstanter Rechteckquerschnitt angenommen.

Das ist eine für die Handrechnung notwendige Systemvereinfachung.

Hilfsmittel zur Ermittlung der Schnittgrößen

Die Schnittgrößenermittlung erfolgt nach der Elastizitätstheorie (vgl. *Abschnitt 2.3.1*). Der 2–Feldträger mit konstantem Querschnitt, unterschiedlichen Stützweiten und Kragarm(en) ist ein im Hochbau oft vorkommendes System, für das ebenfalls Tabellenwerke (z.B. Schneider Bautabellen [8]) zur Verfügung stehen.

In Analogie zum *Abschnitt 2.5.2.1* ist im *Anhang A.1.2* ein Verfahren dargestellt, mit dem die min/max Auflagerkräfte, die maßgebenden Querkräfte sowie die minimalen Stützmomente und maximalen Feldmomente ermittelt werden können.

Es berücksichtigt wieder konstante Gleichstreckenlasten, die aber feldweise unterschiedlich sein können. Für die veränderlichen Einwirkungen können gleichzeitig min/max Werte angenommen werden, sodass sich die min/max Auflagerkräfte der durchlaufenden Platte aus *Abschnitt 2.5.2.1* simulieren lassen.

Die Kombinationsbeiwerte ψ aller veränderlichen Einwirkungen werden konstant gesetzt und die maßgebenden Laststellungen werden ausgewertet. Die Bestimmungsgleichungen für die Bemessungswerte sind recht komplex. Sie liefern für jeden Nachweisort Grundwerte der Tragwerksbeanspruchung, die aus den charakteristischen Einwirkungen errechnet werden:

$$E(G_k) \quad \longrightarrow \quad \text{Beanspruchung aus ständigen Einwirkungen}$$
$$\min E(Q_k) \quad \longrightarrow \quad \text{min Beanspr. aus veränderlichen Einwirkungen}$$
$$\max E(Q_k) \quad \longrightarrow \quad \text{max Beanspr. aus veränderlichen Einwirkungen}$$

Die Herleitung des Verfahrens und seine Anwendung für dieses Beispiel sind im *Anhang A.1.3* ausführlich dargestellt.

Bemessungsschnittgrößen

Die Ermittlung der Bemessungsschnittgrößen ist im *Anhang A.1.3* ausführlich beschrieben. An dieser Stelle sollen die Ergebnisse aus dem Anhang übernommen werden; die angesetzten Parameter und der zugehörige Rechengang sind dort im Detail erläutert. Die Momente, Querkräfte und Auflagerreaktionen werden getrennt für die charakteristischen ständigen und die veränderlichen Einwirkungen ermittelt.

Zum Vergleich ist das Ergebnis einer *genauen* Computerberechnung mit $\psi_0 = 0,7$ auch in der Tabelle aufgenommen.

Die Bemessungsschnittgrößen im Grenzzustand der Tragfähigkeit sind in der *Tabelle 2.10* aufgelistet. Sie wurden näherungsweise ($\psi_0 = 1,00$ für alle Nutzlasten) nach *Gl. (2.15)* durch lineare Superposition der ständigen und veränderlichen Einwirkungen errechnet. :

Tabelle 2.10: Charakteristische/Bemessungs- Schnittgrößen (GZT) TS 1.2: 2–Feldunterzug mit Kragarm (Achse 2)

kN / kNm	charakteristisch		Bemessung GZT		kN / kNm	charakteristisch		Bemessung GZT	
	ständig	veränd.	$\psi_0=1,0$	$\psi_0=0,7$		ständig	veränd.	$\psi_0=1,0$	$\psi_0=0,7$
$\min M_A$	$-129,82$	$-58,56$	$-263,10$	$-263,10$	$\min M_B$	$-453,21$	$-224,58$	$-948,71$	$-933,41$
$\max M_1$	$375,64$	$211,63$	$824,56$	$821,63$	$\max M_2$	$39,53$	$91,28$	$190,27$	$157,28$
V_{bl}	$-328,03$	$-157,17$	$-678,59$	$-676,69$	V_{Br}	$252,92$	$118,12$	$518,61$	$501,34$
$\max A$	$385,98$	$178,00$	$788,07$	$757,74$	$\min A$	$385,98$	$-16,14$	$361,78$	$365,54$
$\max B$	$580,94$	$275,29$	$1197,21$	$1159,30$	$\min B$	$580,94$	$-31,67$	$533,44$	$541,64$
$\max C$	$71,63$	$73,11$	$206,37$	$203,47$	$\min C$	$71,63$	$-43,07$	$7,03$	$9,26$

Tabelle 2.11: Charakteristische/Bemessungs- Schnittgrößen (GZGT) TS 1.2: 2–Feldunterzug mit Kragarm

kN / kNm	charakteristisch		Bemessung GZGT		kN / kNm	charakteristisch		Bemessung GZGT	
			häufig	qu-stdg				häufig	qu-stdg
	ständig	veränd.	$\psi_1=0,7$	$\psi_2=0,6$		ständig	veränd.	$\psi_1=0,7$	$\psi_2=0,6$
$\min M_A$	$-129,82$	$-58,56$	$-170,81$	$-164,96$	$\min M_B$	$-453,21$	$-224,58$	$-610,41$	$-587,96$
$\max M_1$	$375,64$	$211,63$	$523,78$	$502,62$	$\max M_2$	$39,53$	$91,28$	$103,43$	$94,30$
V_{bl}	$-328,03$	$-157,17$	$-438,05$	$-422,33$	V_{Br}	$252,92$	$118,12$	$335,60$	$232,79$
$\max A$	$385,98$	$178,00$	$510,58$	$492,78$	$\min A$	$385,98$	$-16,14$	$374,68$	$376,30$
$\max B$	$580,94$	$275,29$	$773,64$	$746,11$	$\min B$	$580,94$	$-31,67$	$558,77$	$561,94$
$\max C$	$71,63$	$73,11$	$122,81$	$115,50$	$\min C$	$71,63$	$-43,07$	$41,48$	$45,79$

Die Bemessungsschnittgrößen im Grenzzustand der Gebrauchstauglichkeit werden im Anhang analog ermittelt und sind in der *Tabelle 2.11* zusammengestellt. Die Superposition wird gemäß *Gl. (2.16)* für die häufige Kombination (Näherung) und die quasi-ständige Kombination (abgekürzt: qu-stdg) durchgeführt.

An jeder Stelle des Unterzuges sind maximale und minimale Bemessungsschnittgrößen abzudecken. Diese Grenzlinien für Biegemoment und Querkraft sind für die eigentliche Bemessung zu ermitteln. Das geschieht mit einem entsprechenden Rechenprogramm. Im *Bild 2.21*

ist das Ergebnis für das Biegemoment M_{Ed} und die Querkraft V_{Ed} im
Grenzzustand der Tragfähigkeit (GZT) dargestellt.

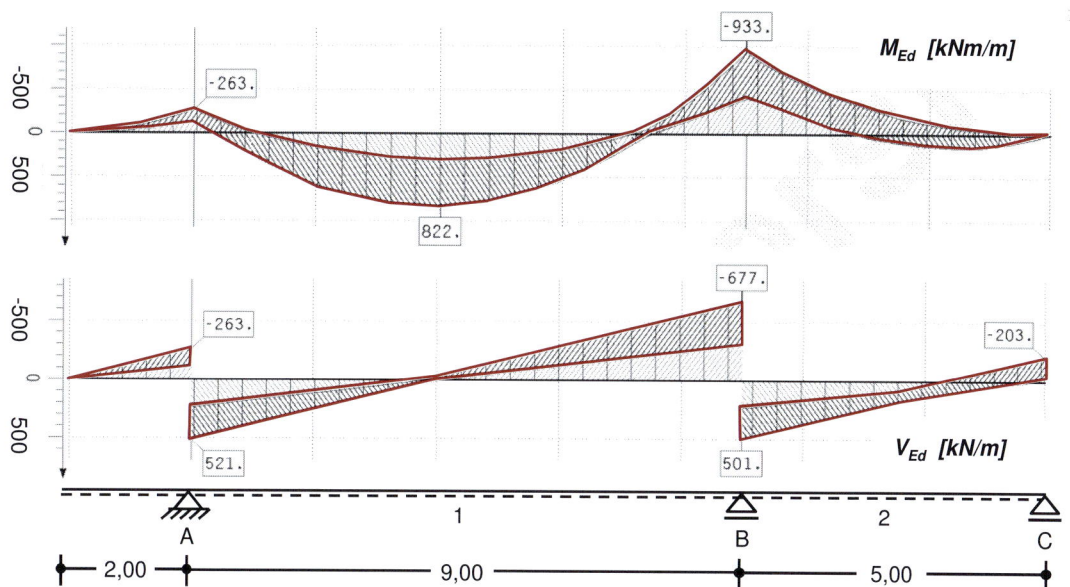

Bild 2.21: Grenzlinien für Biegemoment M_{Ed} und Querkraft V_{Ed} (GZT, $\psi_0 = 0,7$) TS 1.2: 2–Feldunterzug mit Kragarm (Achse 2)

Im weiteren Verlauf der Bearbeitung soll für den Grenzzustand der Tragfähigkeit (GZT) die Weiterleitung aller Auflagerlasten durch die Stützen
erfasst werden. Dafür sind die zuvor durchgeführten Berechnungen für
die Achsen 1 und 6 bzw. 3 und 4 zu wiederholen.

In der *Tabelle 2.12* sind die Ergebnisse der Auflagerkräfte der Pos.1/ T
S1.2 für alle Gebäudeachsen zusammengestellt.

Tabelle 2.12: Auflagerreaktionen Pos.1 / TS 1.2 2–Feldunterzug mit Kragarm (GZT; alle Gebäudeachsen)

Achse	Auflager A			Auflager B			Auflager C			
	G_k	$\max Q_k$	$\min Q_k$	G_k	$\max Q_k$	$\min Q_k$	G_k	$\max Q_k$	$\min Q_k$	
1 + 6	154,01	65,29	-9,04	231,81	101,10	-16,43	28,58	27,46	-17,02	kN
2 + 5	385,98	178,00	-16,14	580,94	275,29	-31,67	71,63	73,11	-43,07	kN
3 + 4	336,21	171,04	-31,77	506,03	265,14	-55,53	62,40	73,61	-47,76	kN

2.5.2.3 Pos. 1 Geschossdecke 1. OG ⇒ TS 1.3: Abfangung im Rasterpunkt C3 als Unterzug

System und Belastung

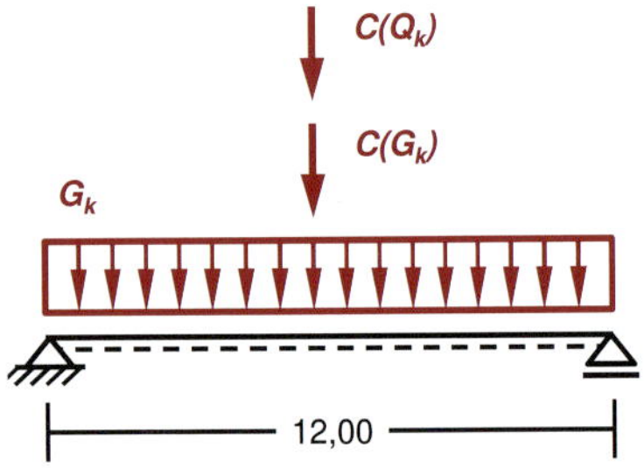

Bild 2.22: Abfangung (TS 1.3)

Im Entwurf des ersten Obergeschosses ist am Rasterpunkt C3 keine Stütze vorgesehen (vgl. *Bild 2.16*). Stattdessen ist eine Abfangung anzuordnen. Sie wird durch einen Unterzug realisiert. Der Unterzug ist mit der Deckenplatte monolithisch verbunden ist und verläuft zwischen den Achspunkten C2–C4.

Zur Vordimensionierung wird der Unterzug beidseitig gelenkig gelagert angenommen. Er hat zwischen den Achspunkten C2 und C4 eine Stützweite von $2 \cdot 6,00 = 12,00$ m.

Der Unterzug wird von der Auflagerkraft C aus der Pos.1 TS 1.2 (vgl. *Tabelle 2.12*) und durch sein Eigengewicht belastet. Es wird ein Unterzugquerschnitt von $b/h = 40/40$ cm angenommen. Damit ergibt sich für das Eigengewicht:

$$G_k = 0,40 \cdot 0,40 \cdot 25 = 4,00 \text{ kN/m} \tag{2.17}$$

Schnittgrößenermittlung

Hinweis: Die hier durchgeführte Systemfindung ist sehr grob und stark auf sicherer Seite liegend. Die in der Mitte der Abfangung angesetzte Auflagerkraft C setzt eine starre Lagerung des hier angeschlossenen 2–Feldunterzugs (TS 1.2) voraus. Tatsächlich wird sich die Abfangung unter Belastung absenken. Das führt zu einer Erhöhung des Stützmomentes und der Auflagerkraft an der Mittelstütze B im TS 1.2 und die von der Abfangung aufzunehmende Auflagerkraft reduziert sich deutlich.

Bemessungsrelevant sind die min/max Werte für das Feldmoment und die Auflagerkraft. Sie ergeben sich unter Berücksichtigung der Teilsicherheitsbeiwerte für den Einfeldträger:

$$M_{Feld} = \gamma_G \left(\frac{C(G_k) \cdot l}{4} + \frac{G_k \cdot l^2}{8} \right) + \gamma_Q \cdot \frac{C(Q_k) \cdot l}{4} \tag{2.18}$$

$$A = B = \gamma_G \left(\frac{C(G_k)}{2} + \frac{G_k \cdot l}{2} \right) + \gamma_Q \cdot \frac{C(Q_k)}{2} \tag{2.19}$$

Ausgewertet für das System der Abfangung ergibt sich entsprechend für das Feldmoment:

$$\max M_{Feld} = 1,35 \cdot \left(\frac{62,40 \cdot 12,00}{4} + \frac{4,00 \cdot 12,00^2}{8} \right)$$
$$+ 1,50 \cdot \frac{73,61 \cdot 12,00}{4} = 681,17 \text{ kNm} \tag{2.20}$$

$$\min M_{Feld} = 1,00 \cdot \left(\frac{62,40 \cdot 12,00}{4} + \frac{4,00 \cdot 12,00^2}{8} \right)$$
$$+ 1,50 \cdot \frac{-47,76 \cdot 12,00}{4} = 44,28 \text{ kNm} \tag{2.21}$$

Die min/max Auflagerkräfte ermitteln sich wie folgt:

$$
\begin{aligned}
\max A \;=\;& 1,35 \cdot \left(\frac{62,40}{2} + \frac{4,00 \cdot 12,00}{2} \right) \\
+\;& 1,50 \cdot \frac{73,61}{2} \;=\; 129,73 \text{ kNm} \quad\quad (2.22)
\end{aligned}
$$

$$
\begin{aligned}
\min A \;=\;& 1,00 \cdot \left(\frac{62,40}{2} + \frac{4,00 \cdot 12,00}{2} \right) \\
+\;& 1,50 \cdot \frac{-47,76}{2} \;=\; 19,38 \text{ kNm} \quad\quad (2.23)
\end{aligned}
$$

Die Abfangung ist in Feldmitte für positive Bemessungsmomente nachzuweisen; an den Auflagern ergeben sich keine abhebenden Kräfte.

2.5.2.4 Pos. 2 Geschossdecke 3. OG ⇒ TS 2.1: 2–achsig gespannte, durchlaufende Platte

Allseitig gelagerte Rechteckplatten tragen Lasten in zwei Richtungen zu den Plattenrändern hin ab. Dabei wird der größere Lastanteil über die kürzere Plattenstützweite L_x hin abgetragen. Bei schmalen, langen Platten ($L_y/L_x > 2$) trägt der mittlere Bereich der Platte nur einachsig über die kurze Stützweite.

Die längere Plattenstützweite wird mit L_y bezeichnet.

Das Tragverhalten wird anhand einer 25 cm dicken Rechteckplatte anschaulich erläutert. Sie ist an ihren Rändern gelenkig gelagert ($L_x/L_y = 6,0/8,0$ m) und wird unter Eigengewicht simuliert. Anwendung findet ein entsprechendes Computerprogramm [18]. Betrachtet wird die Verformung der Platte und ihre Momentenbeanspruchung.

In dem *Bild 2.23* ist oben perspektivisch die Durchbiegung der Platte dargestellt. Es folgen Diagonalschnitte 1–1 mit den Ergebnissen für die vertikale Durchbiegung, die Biegemomentenbeanspruchungen senkrecht zu den Auflagerlinien m_x, m_y sowie die nachfolgend zu erläuternden Drillmomente m_{xy}.

In dem *Bild 2.23* ist für die Momentenbeanspruchungen m_x und m_y farbig das Ergebnis einer Näherungsberechnung nach Pieper-Martens ergänzt. Nach Heft 240 [10] dürfen diese als Grundlage für die Ermittlung von Bemessungsschnittgrößen dienen. Die Beanspruchung aus den Drillmomenten m_{xy} wird in diesem Fall konstruktiv abgedeckt (vgl. *Bild 6.7*).

Die Ergebnisse hängen von der Lagerung der Plattenecken ab. Die Verformung ist in Plattenmitte am größten und nimmt zu den Rändern hin ab. Auf Grund der orthogonalen Krümmungen heben – sofern dieses nicht behindert wird – die Ecken der Platte ab. Dieser Fall ist im rechten Teil des Bildes dargestellt und wird als drillweiche Lagerung einer Platte bezeichnet. Unter den hier gegebenen Bedingungen ergibt sich ein Betrag, der ca. 20 % der Durchbiegung in Feldmitte ausmacht.

Wird das Abheben der Plattenecken verhindert, so spricht man von einer drillsteifen Lagerung der Platte. Dieser Fall ist immer an Auflagerlinien unter durchlaufenden Platten gegeben. Plattenecken können auch durch entsprechende Auflasten (z.B. aus Mauerwerk) heruntergedrückt werden oder durch Bewehrung auf dem Auflager fixiert werden. Damit

I.d.R. können Zwischendecken im Geschossmauerwerksbau als drillsteif gelagert angenommen werden; Flachdachdecken sind, wegen der fehlenden Auflast, i.d.R. drillweich gelagert anzunehmen.

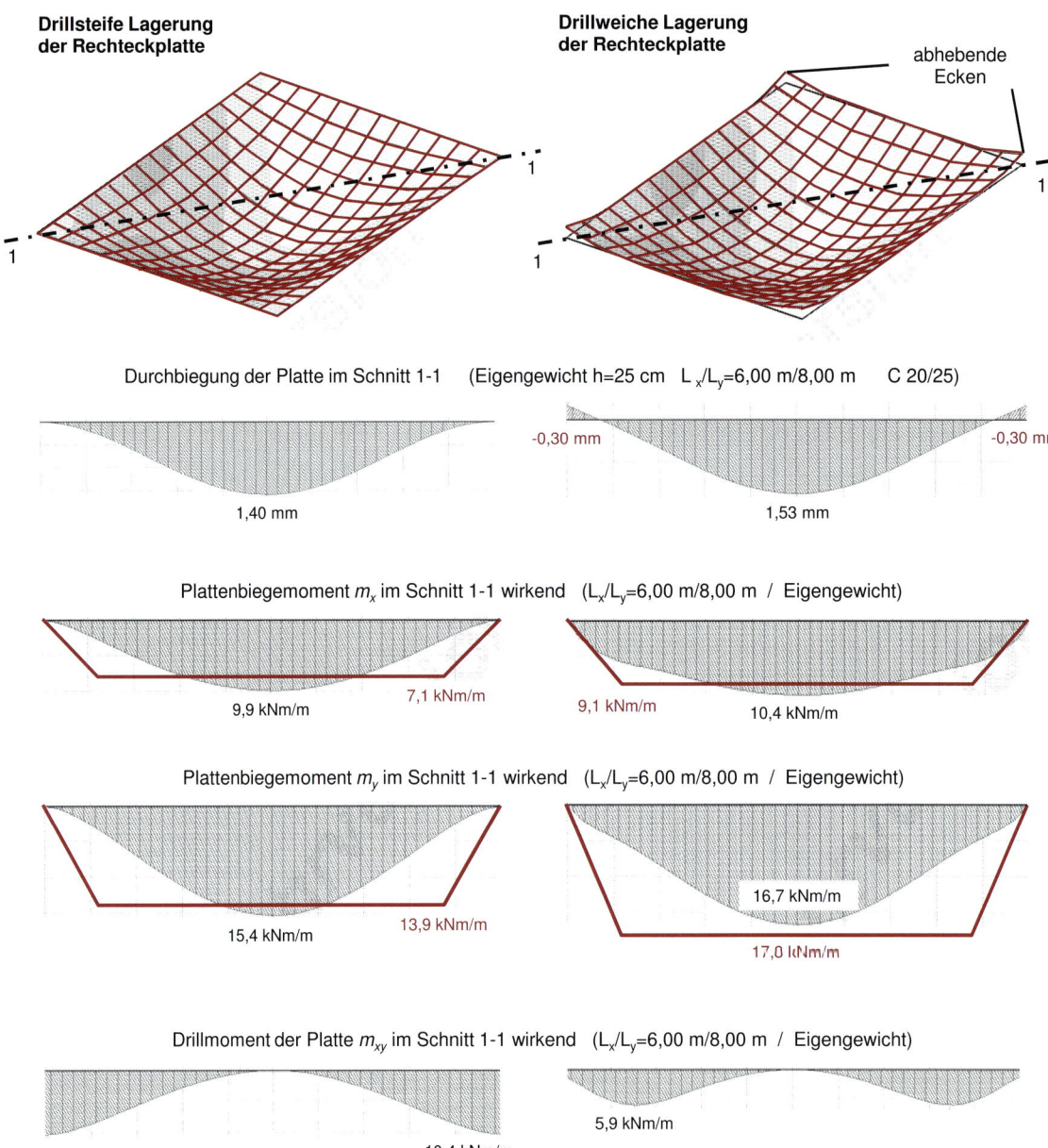

Bild 2.23: Simulation einer Rechteckplatte unter Eigengewicht (Drillsteife vs. drillweiche Lagerung); Werte nach Pieper-Martens farbig

ändert sich das Tragverhalten der Platte. Die Plattenecken verbleiben auf dem Lager und die Verformungen werden insgesamt kleiner. In Feldmitte ist die Durchbiegung jetzt um ca. 10 % geringer als bei der drillweichen Lagerung. Die drillsteife Lagerung der Platte ist im linken Teil des *Bildes 2.23* dargestellt.

Aus der Durchbiegung der Platte ergibt sich ihre Krümmung und kennzeichnet damit die Beanspruchung aus Moment und Querkraft. Im vorliegenden Beispiel sind die Biegemomente m_x und m_y bei der drillweichen Lagerung um bis zu 8 % größer als bei der drillsteifen Lagerung.

Werden die Plattenecken heruntergedrückt, so ergibt sich hier anschaulich eine zusätzliche Biegebeanspruchung. Sie wirkt nicht parallel zu den Plattenrändern, sondern verläuft diagonal. Diese Biegebeanspruchung wird als Drillmoment m_{xy} bezeichnet und erreicht in den Plattenecken die Größenordnung der Feldmomente.

Der *Allgemeine Momentenzustand* mit den Schnittgrößen m_x, m_y und m_{xy} kann in einen Zustand der Haupt-Plattenmomente m_1, m_2 transformiert werden. Die Transformationsbeziehungen sind analog zur Hauptachsentransformation der Trägheitsmomente I_x, I_y, I_{xy} und des ebenen Spannungszustands $\sigma_x, \sigma_y, \tau_{xy}$ (vgl. z.B. [11]). Für die Hauptmomente m_1, m_2 und ihre zugehörige Richtung φ ergeben sich:

Allgemeines System

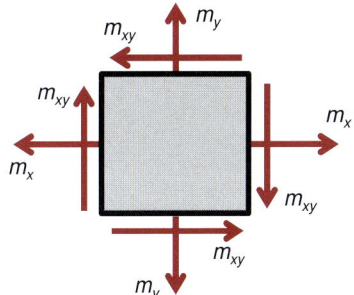

$$m_{1,2} = \frac{m_x + m_y}{2} \pm \sqrt{\frac{m_x - m_y}{4} + m_{xy}^2} \qquad (2.24)$$

$$\tan(2\varphi) = \frac{2 \cdot m_{xy}}{m_x - m_y} \qquad (2.25)$$

Die Haupt-Plattenmomente variieren gemeinsam mit ihrem Richtungswinkel entlang der Platte. Sie kennzeichnen jeweils die resultierende Tragrichtung. Im *Bild 2.24* ist ein entsprechendes Beispiel dargestellt.

Haupt - System

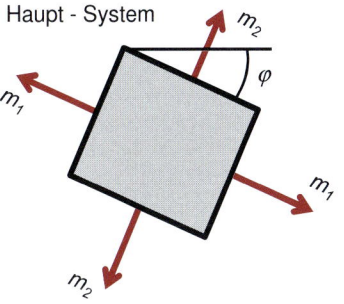

Bild 2.24: Transformation der Plattenmomente

System und Belastung

Im 4–geschossigen Teil des Gebäudes werden die Decken des 2. und 3. Obergeschosses betrachtet. Sie geben ihre senkrechten Lasten auf insgesamt 9 Stützen ab, die in den Kreuzungspunkten der Achsen

    A4—A5—A6, B4—B5—B6 und C4—C5—C6

positioniert sind. In beiden Geschossebenen sind zwischen den Stützen Unterzüge gespannt, die die Decke in 4 Teilfelder zerlegen.

Die charakteristischen Einwirkungen, die der Schnittgrößenermittlung zugrunde gelegt werden, sind in der *Tab. 2.13* zusammengestellt:

Die Geschossdecke ist rechteckig und auf den Unterzügen (starr angenommen) gelagert. In jedem Plattenfeld wird die Belastung 2–achsig auf die Unterzüge abgetragen. Die Platte wird räumlich verformt/verkrümmt

Tabelle 2.13: Ständige und veränderliche Einwirkungen TS 2.1: 2–achsig gespannte, durchlaufende Platte

ständig:	$G_{k,1} = 0,25 \cdot 25 =$	$6,25$ kN/m^2	aus Plattendicke $h = 25$ cm	
ständig:	$G_{k,2} = 0,06 \cdot 22 =$	$1,32$ kN/m^2	aus schwimmendem Estrich $h = 6$ cm	
	$\sum G_{k,i} =$	$7,57$ kN/m^2		
veränderlich:	$Q_{k,1}$ bis $Q_{k,5} =$	$4,00$ kN/m^2	Nutzlast *Versammlung* mit:	$\psi_0/\psi_1/\psi_2 = 0,7/0,7/0,6$

und ist somit für Biegemomente und Querkräfte in 2 orthogonalen Richtungen zu bemessen.

Das Moment m_x erfordert in x-Richtung verlegte Längsbewehrung.
Das Moment m_y erfordert in y-Richtung verlegte Längsbewehrung.

Ermittlung der Biegemomente bei 4–seitig gelagerten Platten nach Pieper-Martens

Praktikable Handrechenverfahren für die Ermittlung von Plattenschnittgrößen basieren zwangsläufig auf vereinfachende Annahmen. Zur Vorbemessung und Verifikation von Computerberechnungen wird für die Bestimmung der maßgebenden Plattenbiegemomente m_x und m_y das Verfahren nach Pieper-Martens [19] angewendet. Damit werden, je nach Auflagerung des Plattenfelds, nur 2-4 (!) Momentenwerte ermittelt, mit denen die Biegebeanspruchung innerhalb des gesamten Plattenfeldes vereinfachend, aber hinreichend genau, beschrieben werden kann (vereinfachende Momentengrenzlinien nach Czerny [4]).

Die Auflagerkräfte der Platte, die von der Unterkonstruktion zu tragen sind (Unterzug, Wand, . . .), werden durch Lasteinzugsflächen ermittelt. Die Flächenfestlegung ist im *Bild A.5* des Anhangs aufgezeigt.

Beide Verfahren beinhalten Vereinfachungen und Definitionen:

- Die Platte ist ein ebenes Tragwerk, das durchlaufend eine gesamte Geschossdecke abdeckt. Sie ist frei drehbar (gelenkig) aber starr auf Linienlagern (z.B. Wände oder Unterzüge) gelagert. Die Linienlager unterteilen die Gesamtplatte in ein System rechteckiger Plattenfelder.

- Die Plattenbelastung erfolgt ausschließlich durch Flächenlasten, die für alle Plattenfelder konstant sind. Berücksichtigt wird ein ständiger (G_d) und ein veränderlicher (Q_d) Anteil, die untereinander in folgenden Verhältnis stehen müssen:

$$Q_d \leq 2 \cdot (G_d + Q_d)/3 \quad \text{und} \quad Q_d \leq 2 \cdot G_k \tag{2.26}$$

- Jedes Plattenfeld wird in einem lokalen Koordinatensystem beschrieben, wobei die kürzere Plattenseite mit L_x und die längere mit L_y bezeichnet wird. Für das Längenverhältnis benachbarter Plattenfelder gilt:

$$L_y \leq 5 \cdot L_x \qquad (2.27)$$

- Betrachtet wird der Grenzzustand der Tragfähigkeit. Die Kombinationsbeiwerte sind konstant $\psi_0 = 1,0$. Die maßgebenden Laststellungen sind in dem Verfahren ausgewertet und die Plattenmomente können in Abhängigkeit zur Randlagerung des Plattenfeldes für drillweiche und drillsteife Lagerung unter Verwendung von Tabellenwerten errechnet werden. Die Feld- und Stützmomente eines Plattenfeldes ergeben sich in lokaler x und y Richtung zu:

$$m_{fx} = \frac{(G_d + Q_d) \cdot L_x^2}{f_x} \qquad m_{fy} = \frac{(G_d + Q_d) \cdot L_x^2}{f_y} \qquad (2.28)$$

$$m_{fx} = \frac{(G_d + Q_d) \cdot L_x^2}{f_x^0} \qquad m_{fy} = \frac{(G_d + Q_d) \cdot L_x^2}{f_y^0} \qquad (2.29)$$

$$m_{s0,x} = -\frac{(G_d + Q_d) \cdot L_x^2}{s_x} \qquad m_{s0,y} = -\frac{(G_d + Q_d) \cdot L_x^2}{s_y} \qquad (2.30)$$

Die Parameter $f_x, f_y, f_x^0, f_y^0, s_x$ und s_y können aus der *Tabelle A.4* des Anhangs entnommen werden. Der hochgestellte Index 0 kennzeichnet die drillweiche Lagerung.

Die Feldmomente können als Bemessungswerte verwendet werden. Die Bemessungswerte der Stützmomente über den Auflagerlinien ergeben sich aus der Wichtung der Stützmomente der benachbarten Plattenfelder. Bei einem Stützweitenverhältnis $L_1 < 5 \cdot L_2$ gilt:

$$m_s \geq \begin{cases} |0,5 \cdot (m_{s0,1} + m_{s0,2})| \\ 0,75 \cdot max\left(|m_{s0,1}| ; |m_{s0,2}|\right) \end{cases} \qquad (2.31)$$

- Bei der Annahme einer drillsteifen Lagerung eines Plattenfeldes sind Eckkräfte R_d erforderlich, die das Abheben der Ecken verhindern. Sie errechnen sich nach der *Gl. (2.32)*, wobei der Parameter κ ebenfalls aus der *Tabelle A.4* des Anhangs zu entnehmen ist.

$$R_d = \frac{(G_d + Q_d) \cdot L_x^2}{\kappa} \qquad (2.32)$$

Die zu berechnende Geschossdecke ist eine Durchlaufplatte, bestehend aus 4 Plattenfeldern. Das System ist symmetrisch und in *Bild 2.25* mit den einzuführenden Bezeichnungen dargestellt.

Die Berechnung der Plattenmomente und der Eckkräfte (bei drillsteifer Lagerung) ist in der *Tabelle 2.14* durchgeführt. Zu Vergleichszwecken sind die drillsteife/drillweiche Lagerung gegenübergestellt; davon sind

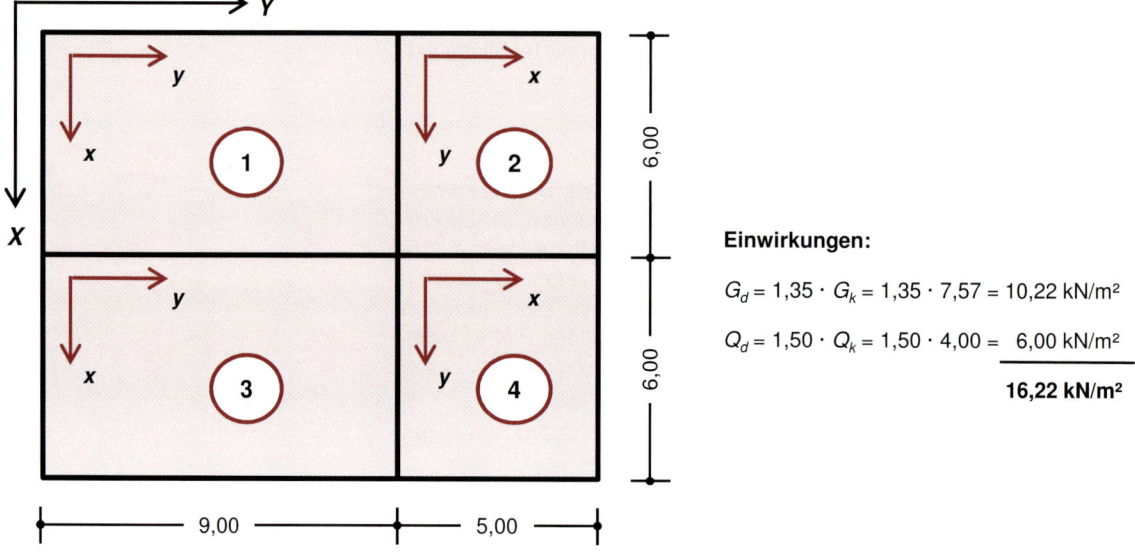

Einwirkungen:

$G_d = 1{,}35 \cdot G_k = 1{,}35 \cdot 7{,}57 = 10{,}22$ kN/m²

$Q_d = 1{,}50 \cdot Q_k = 1{,}50 \cdot 4{,}00 = 6{,}00$ kN/m²

16,22 kN/m²

Bild 2.25: Durchlaufende Platte 2. OG und 3. OG: System und Belastung, globale/lokale Koordinatensysteme

nur die Feldmomente betroffen. Wegen des symmetrischen Systems ergeben sich für die Plattenfelder 1, 3 und 2, 4 die gleichen Ergebnisse.

Die Feldmomente m_{fx}, m_{fy}, m_{fx}^0 und m_{fy}^0 können als Bemessungswerte weiter verwendet werden. Die Stützmomente $m_{s0,x}$ und $m_{s0,y}$ sind vorher, wie in *Gl. (2.31)* beschrieben, über den gemeinsamen Auflagerlinien zu mitteln. In den *Tabellen 2.14* und *2.15* sind die maßgebenden Bemessungsbiegemomente in der Platte bestimmt.

In dem *Bild 2.26* ist die Verteilung der Bemessungsmomente in der Deckenplatte vereinfachend nach *Czerny* für die drillsteife Plattenlagerung dargestellt. Sie werden entlang der Mittellinien eines jeden Plattenfeldes eingetragen.

Tabelle 2.14: Durchlaufende Platte 2. OG und 3. OG: Auswertung Plattenmomente und Eckkräfte nach Pieper-Martens

Pl.feld	Art	L_x	L_y	L_y/L_x	$(G_d + Q_d) \cdot L_x^2$	f_x	f_y	s_x	s_y	f_x^0	f_y^0	κ
		6,00	9,00	1,50	583,9	16,9	41,9	9,6	12,4	14,6	36,2	11,5
1 wie 3	4			Plattenmomente; Eckkraft:		m_{fx}	m_{fy}	$m_{s0,x}$	$m_{s0,y}$	m_{fx}	m_{fy}	R
				kNm/m; kN		34,5	13,9	-60,8	-47,1	40,0	16,1	50,8
		5,00	6,00	1,20	405,5	23,3	35,5	11,5	13,1	19,2	29,2	12,4
2 wie 4	4			Plattenmomente; Eckkraft:		m_{fx}	m_{fy}	$m_{s0,x}$	$m_{s0,y}$	m_{fx}	m_{fy}	R
				kNm/m; kN		17,4	11,4	-35,3	-31,0	21,1	13,9	32,7

In jedem Plattenfeld ergibt sich ein – gestrichelt gekennzeichneter – rechteckiger Bereich, in dem die Plattenfeldmomente m_x, m_y konstant sind und in dem der Übergang vom Feldmoment in das Stützmoment erfolgt. Die Größe des Bereiches ergibt sich aus der kurzen Seite des jeweiligen Teilfeldes mit $a = 0,2 \cdot L_x$ (vgl. *Bild A.6* im Anhang)

Die Werte der Stützmomente sind in der Mitte der Auflagerlinien maximal und nehmen zum Rand hin ab.

Die in den Ecken vorhandenen Drillmomente sind nicht dargestellt. Sie werden nach DIN 1045-1 durch eine immer einzulegende konstruktive Mindestbewehrung abgedeckt (vgl. *Bild 6.7*).

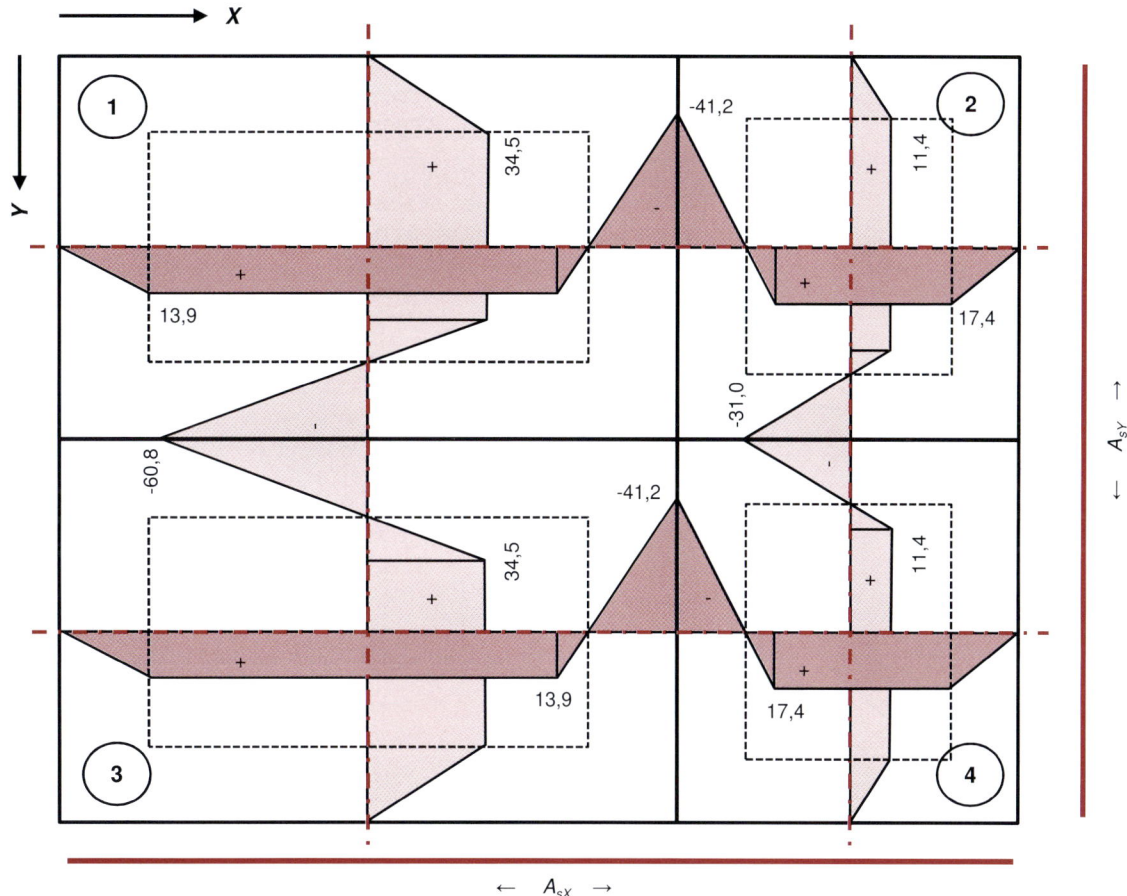

Bild 2.26: Bemessungsbiegemomente nach *Pieper-Martens* in der vereinfachten Darstellung nach *Czerny*

Tabelle 2.15: Bemessungsstützmomente nach Pieper-Martens

Stützung	$m_{s0,1}$	$m_{s0,2}$	$0,5 \cdot (m_{s0,1} + m_{s0,2})$	$0,75 \cdot min\, m_{s0}$
1 — 2	-47,1	-35,3	-41,2	-35,3
1 — 3	-60,8	-60,8	-60,8	-45,6
3 — 4	-47,1	-35,3	-41,2	-35,3
2 — 4	-31,0	-31,0	-31,0	-23,3

Rand-Auflagerkräfte bei vierseitig gelagerten Platten

Die maximalen Auflagerkräfte können im Rahmen einer Handrechnung leicht graphisch über das Verfahren der Lasteinzugsflächen überschlägig ermittelt werden. Dabei wird jedes Plattenfeld in 4 Teilflächen aufgeteilt. Die Aufteilung erfolgt über die Plattenecken:

- Stoßen in der Ecke zwei gleichwertige Auflagerlinien aufeinander (gelenkig–gelenkig oder eingespannt–eingespannt), so wird eine 45°–Linie konstruiert.

- Stoßen in der Ecke zwei unterschiedliche Auflagerlinien aufeinander (gelenkig–eingespannt), so wird eine 30°–Linie ausgehend von der gelenkigen Auflagerlinie konstruiert.

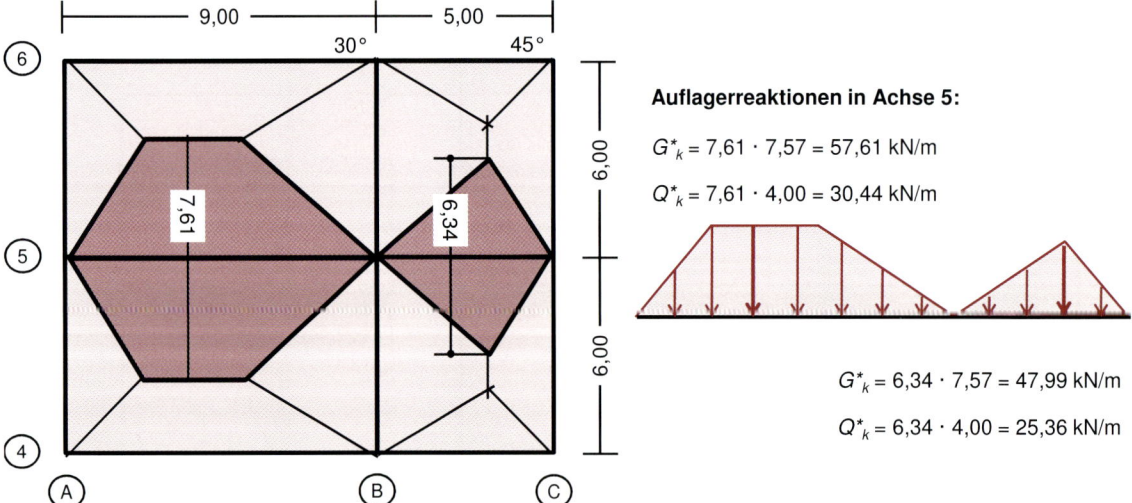

Auflagerreaktionen in Achse 5:

$G^*_k = 7,61 \cdot 7,57 = 57,61$ kN/m

$Q^*_k = 7,61 \cdot 4,00 = 30,44$ kN/m

$G^*_k = 6,34 \cdot 7,57 = 47,99$ kN/m

$Q^*_k = 6,34 \cdot 4,00 = 25,36$ kN/m

Bild 2.27: Durchlaufende Platte 2. OG und 3. OG: Auflagerkräfte nach dem Verfahren der Lasteinzugsflächen

Im *Bild 2.27* ist die Lasteinzugsfläche entlang der mittleren, horizontalen Auflagerlinie dargestellt. Die charakteristische Auflagerkraft beinhaltet ständige und veränderliche Einwirkungen. Sie ergibt sich aus der Geometrie der vier zu beteiligenden Lasteinzugsflächen und ist von der Unterstützung der Platte aufzunehmen. Die beiden zugehörigen Unterzüge sind somit für eine Trapezlast (linker Bereich) und für eine Dreieckslast (rechter Bereich) zu bemessen.

Belastung der Stützen bei durchlaufenden Platten

Größere Bauvorhaben werden in Bau-Abschnitte eingeteilt, die zeitlich sehr weit auseinanderliegen können. Ein Beispiel hierfür ist die Herstellung einer Tiefgarage mit Erdgeschoss. Das Bauwerk muss ggf. so dimensioniert werden, dass (Jahre) später mehrere weitere Obergeschosse darauf aufgebaut werden können.

Zum Zeitpunkt der Bauarbeiten an der Tiefgarage sind die oberen Geschosse nur im Detaillierungsgrad eines Vorentwurfes bekannt (Anzahl und Nutzung der Geschosse, Systemachsen, ...). Deshalb wird es in der Baupraxis manchmal notwendig sein, Gründungskörper herzustellen, ohne dass die Lastabtragung aus den oberen Geschossen im Detail bekannt ist. So könnte das hier betrachtete Deckensystem in unterschiedlichen Varianten hergestellt werden.

- Klassische Ortbetonlösung:
  Die Unterzüge sind Durchlaufträger und mit den Stützen biegesteif verbunden.

- Fertigteil-Bauweise:
  Die Unterzüge liegen an den Stützen auf Konsolen auf und sind damit feldweise als Balken auf zwei Stützen zu betrachten.

- Einsatz einer Flachdecke:
  Auf die Herstellung von Unterzügen wird komplett verzichtet. Die Decke liegt direkt auf den Stützenköpfen auf.
  Bei diesem System ergibt sich eine weitere, für den Hochbau typische, Beanspruchungsart. Zur Sicherstellung der Krafteinleitung am Stützenkopf ist für die Platte ein Durchstanznachweis zu führen.

Diese Varianten beinhalten unterschiedliche Lastabtragungen und damit unterschiedliche Stützenlasten. Im Rahmen einer Vorbemessung sind deshalb Annahmen zu treffen.

Im Bild *2.28* ist eine gebräuchliche, einfache Lösung dargestellt, um aus den vorgegebenen Geometriedaten der Platte Stützenbelastungen zu ermitteln. Dabei wird die gesamte Deckenfläche in Bereiche aufgeteilt, wobei jeder Bereich von einer Stütze getragen wird. Die Bereiche ergeben sich hier als Rechteckflächen, deren Seitenlängen sich aus den halben Stützweiten herleiten lassen. Damit ist sichergestellt, dass alle Einwirkungen weitergeleitet werden. Bei diesem Ansatz werden innen

Tabelle 2.16: Charakteristische Stützenlasten

kN	A5	B5	C5
G_k^*	204	318	114
Q_k^*	108	168	48
kN	A6	B6	C6
G_k^*	102	159	57
Q_k^*	54	108	30

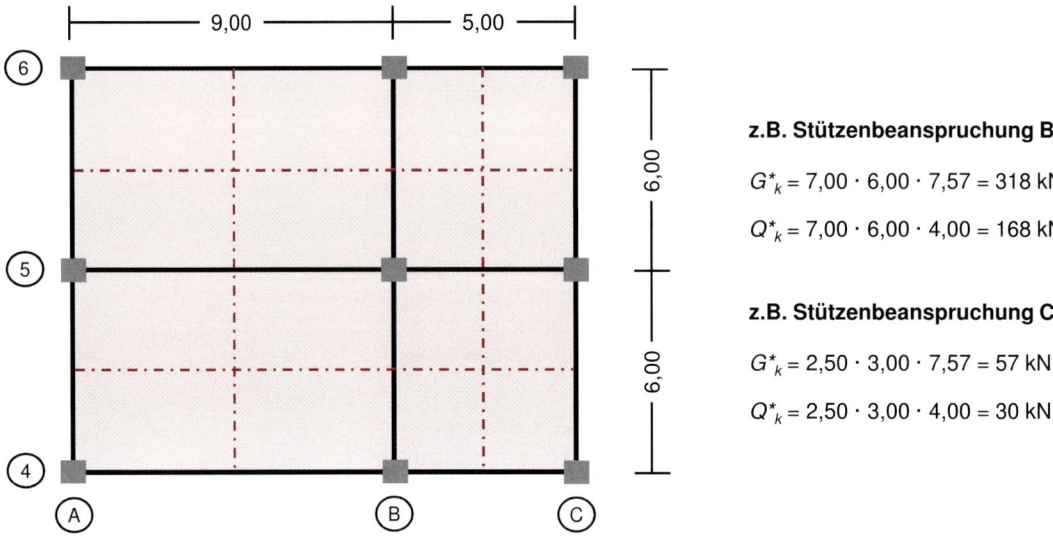

z.B. Stützenbeanspruchung B5

$G^*_k = 7,00 \cdot 6,00 \cdot 7,57 = 318$ kN

$Q^*_k = 7,00 \cdot 6,00 \cdot 4,00 = 168$ kN

z.B. Stützenbeanspruchung C4

$G^*_k = 2,50 \cdot 3,00 \cdot 7,57 = 57$ kN

$Q^*_k = 2,50 \cdot 3,00 \cdot 4,00 = 30$ kN

Bild 2.28: Vereinfachte Betrachtung zur Ermittlung der Beanspruchung von Stützen bei 4–seitig gelagerten Platten

liegenden Stützen tendenziell zu geringe Lasten zugeordnet. Im Rahmen der beabsichtigten Vorbemessung soll diese Genauigkeit aber ausreichend sein und die in der *Tabelle 2.16* ermittelten Stützenlasten werden im Folgenden verwendet.

2.5.2.5 Pos. 2 Geschossdecke 3. OG ⇒ TS 2.1: Unterzugsystem

Feld 1:   **5**   **Feld 2:**

$G_k = 57,61$ kN/m $G_k = 47,99$ kN/m
$Q_k = 30,44$ kN/m $Q_k = 25,36$ kN/m

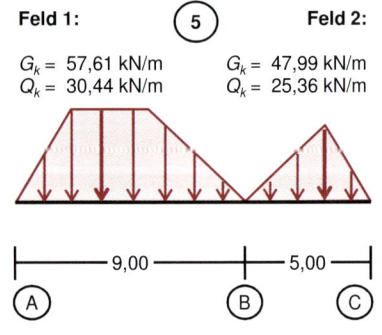

Bild 2.29: Unterzugbelastung Achse 5

System und Belastung

Die Weiterleitung der Auflagerlasten aus der Pos. 2 / TS 2.1 erfolgt über Unterzüge in die Stahlbetonstützen. Die Größe der charakteristischen ständigen und veränderlichen Einwirkungen kann dem *Bild 2.29* entnommen werden. Innen liegende Unterzüge bilden das Auflager zweier benachbarter Plattenfelder; außen liegende Unterzüge sind Auflager eines Plattenfeldes. Im *Bild 2.29* ist als Beispiel System und Belastung für den Unterzug in Achse 5 dargestellt.

Bemessungsschnittgrößen

Es wird angenommen, dass zum Zeitpunkt der durchzuführenden Vorbemessung das Unterzugsystem noch nicht festgelegt werden kann.

Denkbar sind (wie dargestellt) an den Stützen kreuzende Unterzüge, einachsige Unterzüge in den Achsen 4, 5 und 6 aber auch eine Flachdecke.

Auf die Durchführung einer Bemessung wird deshalb verzichtet. Die Bestimmung der Stützenbelastung erfolgt näherungsweise nach *Bild 2.28* (Flachdecke).

2.5.2.6 Pos. 3 Gebäudestützen ⇒ Zusammenfassende Darstellung

In den Rasterpunkten des Tragwerkes werden Stützen angeordnet. Über die kurze Gebäudeseite sind in den Achsen 1-6 die Stützen und Unterzüge miteinander verbunden. Es ergibt sich ein mehrstöckiges, zweifeldriges Rahmensystem, das auch zur Gebäudeaussteifung herangezogen wird (vgl. *Bild 2.32*). Die außen liegenden Stiele (Stützen in den Achsen A und C) sind auf den Fundamenten gelenkig gelagert angenommen.

Der mittlere Stiel (Mittelstütze) in der Achse B trägt den Großteil der vertikalen Lasten ab. Er kann deshalb am sinnvollsten, zur Verbesserung der Systemaussteifung, am Fundament eingespannt angesetzt werden. In der Realität werden alle drei Stiele in Abhängigkeit von der Fundamentgeometrie und dem Baugrund als elastisch eingespannt wirken.

Die Geschossdecken über dem EG und dem 1. OG sind mit den Unterzügen verbunden und sind durchlaufend über 5 Felder hergestellt (Pos. 1 TS 1.1).

Die Geschossdecken über dem 2. OG und dem 3. OG sind 2–achsig gespannt und alternativ als Flachdecke oder auf Unterzügen lagernd geplant. Die Mittelstütze ist in dem *Bild 2.30* für den 4–geschossigen Gebäudeteil dargestellt.

Vertikale Lasten

Die Haupttragfunktion von Stützen innerhalb eines Hochbaus ist die Aufnahme der vertikalen Lasten. Der Lastanteil, den Innenstützen abzutragen haben, ist dabei deutlich größer als die Anteile für die Rand- oder Eckstützen.

In der *Tabelle 2.17* sind die charakteristischen ständigen und veränderlichen Einwirkungen für den 4–geschossigen Gebäudeteil als Deckenlasten zusammengestellt. Für die oberen beiden Geschosse werden die Einwirkungen nach *Tabelle 2.16* angenommen. Die Deckenlasten der unteren beiden Geschosse ergeben sich aus der Auflagerung von TS 1.2 (vgl. *Tabelle 2.12*). Der 2–geschossige Gebäudeteil ergibt sich analog.

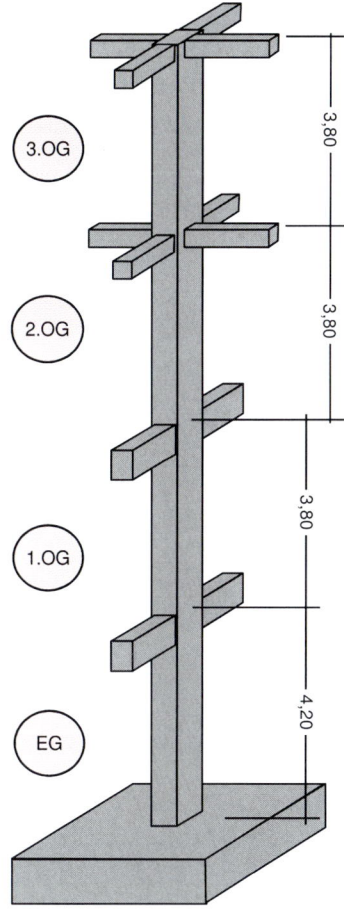

Bild 2.30: Volumendarstellung der Stütze B im 4–geschossigen Gebäudeteil

Die Stütze C4 ist Auflager für die Abfangung. Der entsprechende Lastanteil ist in der Tabelle 2.17 nicht enthalten.

Als weitere ständige Einwirkung ist das Eigengewicht der Stütze anzusetzen. Mit einem vorab geschätzten Querschnitt 50/50 cm ergibt sich:

$$1.\text{--}3.\ \text{OG}\quad G_k\ =\ 0,50^2 \cdot 3,80 \cdot 25 \approx 24\ \text{kN}$$
$$\text{EG}\quad G_k\ =\ 0,50^2 \cdot 4,20 \cdot 25 \approx 26\ \text{kN}$$

Tabelle 2.17: Zusammenstellung der charakteristischen Stützenlasten für den 4–geschossigen Gebäudeteil

[kN]	A6	B6	C6	A5	B5	C5	A4	B4	C4
	Geschossdecken über 3. OG und über 2. OG								
G_k	102	159	57	204	318	114	102	159	57
$\max Q_k$	54	84	30	108	168	60	54	84	30
$\min Q_k$	—	—	—	—	—	—	—	—	—
	Geschossdecken über 1. OG und über EG								
G_k	154	232	29	386	581	72	336	506	62
$\max Q_k$	65	101	27	178	275	73	171	265	74
$\min Q_k$	-9	-16	-17	-16	-32	-43	-32	-56	-48

Unter Verwendung der Teilsicherheitsbeiwerte γ_G, γ_Q können die Bemessungsnormalkräfte N_{Ed} entsprechend *Gl. (2.15)* über die Höhe der Stütze bestimmt werden. Für den konstanten, auf sicherer Seite liegenden, Kombinationsbeiwert $\psi_0 = 1,0$ ergeben sich im Grenzzustand der Tragfähigkeit die in der *Tabelle 2.18* zusammengestellten Bemessungswerte am Stützenfuß. Angegeben sind die min/max Werte für die Stützen im 4–geschossigen Gebäudeteil und als weitere Vergleichswerte die Stützen im 2–geschossigen Randunterzugsystem der Achse 1:

Tabelle 2.18: Bemessungslasten (GZT) für die Stützen im 4–geschossigen Gebäudeteil und in Achse 1

[kN]	A6	B6	C6	A5	B5	C5	A4	B4	C4	A1	B1	C1
N_{Ed}	Schnitt über OK Decke 2. OG (incl. Eigengewicht Stütze im 3. OG)									—	—	—
max	251	373	154	470	714	270	251	373	154			
min	126	183	81	228	342	138	126	183	81	—	—	—
N_{Ed}	Schnitt über OK Decke 1. OG (incl. Eigengewicht Stütze im 2. OG)									—	—	—
max	502	746	309	940	1427	553	502	746	309	—	—	—
min	252	366	162	456	684	276	252	366	162	—	—	—
N_{Ed}	Schnitt über OK Decke EG (incl. Eigengewicht Stütze im 1. OG)											
max	840	1243	421	1760	2657	791	1245	1859	536	338	497	112
min	416	597	189	842	1241	307	565	813	177	164	231	27
N_{Ed}	Schnitt über OK Fundament (incl. Eigengewicht Stütze im EG)											
max	1181	1743	536	2583	3889	1033	1991	2975	766	679	997	227
min	583	830	218	1230	1801	340	879	1261	194	331	464	56

Horizontale Lasten und Gebäudeausteifung

In diesem Beispiel sollen als horizontale Einwirkungen der Wind und die Abtriebskräfte aus Imperfektionen berücksichtigt werden. Maßgebend wird dabei der 4-geschossige Gebäudeteil.

- Die charakteristische Windlast ergibt sich nach DIN 1055-T4. Für unsere Zwecke soll vereinfachend angenommen werden, dass für die Bemssungseinwirkung Wind auf der ganzen Höhe der Fassade eine Druckkraft w_D und eine Sogkraft w_S mit folgenden Ordinaten aufweist (Spitzenwerte an den Gebäudeecken sollen hier unberücksichtigt bleiben):

$$w_D = 0,80 \text{ kN/m}^2 \qquad w_S = -0,50 \text{ kN/m}^2$$

Der Wind wirkt als Flächenlast auf das Bauwerk. Es wird angenommen, dass Fassadenelemente die Windlast zunächst horizontal einachsig zu den Fassadenstützen ableiten. Diese Stützen geben dann die Windlast letztlich in die Geschossdecken ab.

Betrachtet wird die lange Seite des Gebäudes. Die Windlast wird von der Stahlbetonrahmenkonstruktion aufgenommen; sie greift rechnerisch geschossweise in Höhe und in Richtung der Unterzugachsen an (vgl. *Bild 2.31*).

Für jeden innen liegenden Rahmen ergibt sich bei einem Abstand $l = 6,00$ m und einer Geschosshöhe $H_G \approx 4,00$ m die Größe der aufzunehmenden Windlast zu:

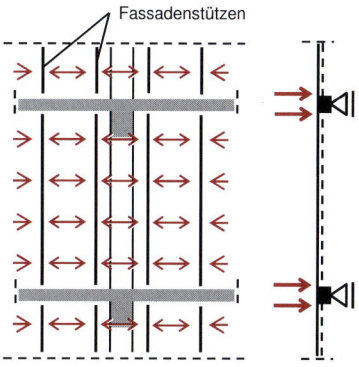

Bild 2.31: Windlast auf die Fassadenkonstruktion

$$W_{D,S} \approx l \cdot H_G \cdot w_{D,S}$$

Zwischendecken: $W_{D,S} \approx 24 \cdot w_{D,S}$ $W_D = 19,20$ kN

$W_S = -12,00$ kN

Dachdecke: $W_{D,S} \approx 12 \cdot w_{D,S}$ $W_D = 9,60$ kN

$W_S = -6,00$ kN

- Die Ermittlung der anzusetzenden Abtriebskräfte aus Imperfektion des gesamten Tragwerkes ist im *Abschnitt 2.4.5* beschrieben. Hier soll der am stärksten belastete Stahlbetonrahmen stellvertretend und auf sicherer Seite liegend untersucht werden. Dieser Rahmen liegt auf der Achse 5 im 4–geschossigen Gebäudeteil.

Der Winkel der Schiefstellung α_{a1} ergibt sich nach *Gl. (2.13)* aus der Gebäudehöhe h_{ges}. Bei $n = 3$ lastabtragenden Stützen kann der Winkel entsprechend *Gl. (2.14)* reduziert werden. Es ergibt sich:

$$\alpha_{a1} = \frac{1}{100 \cdot \sqrt{h_{ges}[\text{m}]}} = \frac{1}{100 \cdot \sqrt{15,60}} = \frac{1}{395} \leq \frac{1}{200}$$

$$\alpha_{an} = \sqrt{\frac{1 + 1/3}{2}} \cdot \alpha_{a1} = \frac{1}{484}$$

Für die Zuordnung der Einwirkungen am 4–geschossigen Gebäudeteil wird folgende Indexdefinition eingeführt:

Dachdecke: *DD*

Decke über 2. OG: *D2*

Decke über 1. OG: *D1*

Decke über EG: *DE*

Hier sind die die Lasten an den Stützenköpfen zu verwenden; insofern ergeben sich Abminderungen für die Dachdecke und für die Erdgeschossdecke.

Die Abtriebskräfte können jetzt geschossweise entsprechend *Gl. (2.12)* angegeben werden. Dafür sind die pro Geschossdecke aufzunehmenden Bemessungswerte der Vertikallasten (z.B. $N_{DD} = (\sum G_d + \sum Q_d)_{DD}$ anzugeben. Sie ergeben sich aus Bemessungslasten für die Stützen und sind der *Tabelle 2.18* entnommen.

$$
\begin{aligned}
N_{DD} &= \quad 470 + 714 + 276 - 3 \cdot 1,35 \cdot 24 & = 1363 \text{ kN} \\
N_{D2} &= \quad 940 + 1427 + 553 - 1460 & = 1460 \text{ kN} \\
N_{D1} &= \quad 1760 + 2657 + 791 - 2 \cdot 1460 & = 2288 \text{ kN} \\
N_{DE} &= \quad 2583 + 3889 + 1033 - 2 \cdot 1460 - 2288 \\
&\quad\; -3 \cdot 1,35 \cdot (26 - 24) & = 2288 \text{ kN}
\end{aligned}
$$

Mit diesen geschossweise ermittelten Bemessungslasten ergeben sich in Höhe der jeweiligen Decke die anzusetzenden $\Delta H_{A,i}$:

$$
\begin{aligned}
\Delta H_{A,DD} &= \quad 1363/484 &= \quad 2,82 \text{ kN} \\
\Delta H_{A,D2} &= \quad 1460/484 &= \quad 3,02 \text{ kN} \\
\Delta H_{A,D1} &= \quad 2288/484 &= \quad 4,73 \text{ kN} \\
\Delta H_{A,DE} &= \quad 2288/484 &= \quad 4,73 \text{ kN}
\end{aligned}
$$

2.5.3 Simulationen des Gesamttragwerkes in der Ausführungsplanung

Nachdem ein schlüssiges Konzept zum Tragverhalten erarbeitet worden ist und die maßgebenden Balken, Stützen, Wände, Platten, Fundamente, ... z.B. mit Handrechenverfahren und/oder Erfahrungswerten vordimensioniert sind, kann anschließend die Feinplanung erfolgen.

Es gilt, das Tragverhalten des Systems genauer zu analysieren, um ggf. Schwachstellen zu erkennen und um die Stahlbetonquerschnitte zu optimieren. Dafür ist eine genauere Berechnung der Schnittgrößen durchzuführen. Beispielsweise sind die wechselseitigen, elastischen Verformungen von Platte und Unterzug zu berücksichtigen. Hierfür sind geeignete Computerprogramme zu verwenden. Sie basieren in der Regel auf der Finite-Element-Methode und prägen in der Praxis die Arbeit des Tragwerksplaners.

Das Tragwerk und sein Verhalten unter Belastung wird in einem mathematischen Modell simuliert. Die Ergebnisse der Simulation sind berechnete Verformungen und Schnittgrößen, die letztlich in der Stahlbetonbemessung umzusetzen sind.

2.5.3.1 Zur Notwendigkeit der Berechnung nach Theorie 2. Ordnung — Prüfung der Verschieblichkeit des Rahmensystems.

Vor jedem Einsatz eines Computerprogrammes ist zu überprüfen, welche Anforderungen in der Simulation zu erfüllen sind.

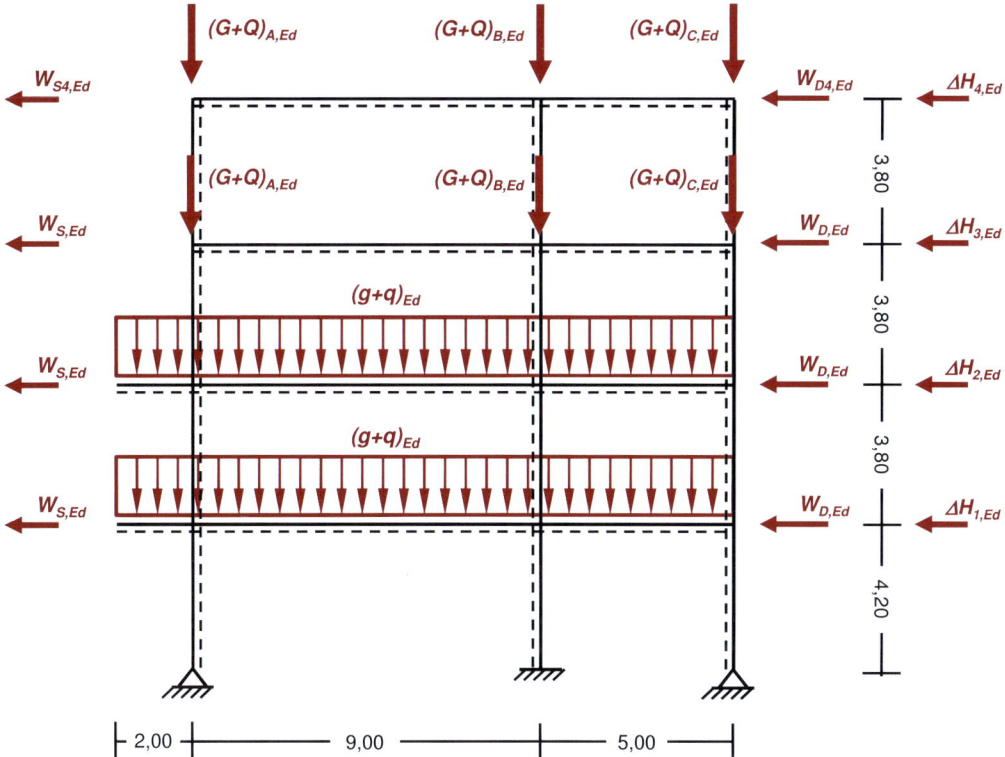

Bild 2.32: Gebäudeaussteifung durch Stockwerkrahmen — System und Belastung

In Systemen, in denen große Normalkräfte aufzunehmen sind, ist für den Nachweis im Grenzzustand der Tragfähigkeit vorab zu klären, ob die Schnittgrößen an dem Gesamtsystem nach Theorie 2. Ordnung bestimmt werden müssen oder ob eine lineare Betrachtung ausreichend ist.

Durch die Anordnung aussteifender Wände (vgl. *Abschnitt 2.5.1.2*) ist das Gesamtsystem für horizontale Lasten, die auf die kurze Seite des Bauwerkes einwirken, unverschieblich. In diesem Fall ist eine Simulation nach Theorie 1. Ordnung ausreichend.

Horizontale Lasten, die auf die lange Seite des Bauwerkes einwirken, werden durch die Rahmenkonstruktionen aufgenommen. Sie verursachen, wie die vertikalen Lasten auch, Schnittgrößen und Verformungen. Das Gesamtsystem kann unverschieblich angenommen und damit linear berechnet werden (Theorie 1. Ordnung; vgl. das Beispiel in dem *Abschnitt 2.3.1.2*), wenn die Verformungen hinreichend klein bleiben.

Hinreichend klein bedeutet: Die rechnerische Tragfähigkeit des Gesamtsystems verringert sich gegenüber der Berechnung nach Theorie 1. Ordnung um weniger als 10 %, wenn das Gleichgewicht am verformten System (Theorie 2. Ordnung) betrachtet wird.

Die Größe der Verformungen ergibt sich aus den Steifigkeitswerten des gesamten Tragwerkes und dem anzusetzenden Lastkollektiv. Die Überprüfung erfolgt rechnerisch, in dem Tragwerke nach Theorie 1. Ordnung und nach Theorie 2. Ordnung simuliert werden. Anschließend werden die Ergebnisse miteinander verglichen. Der Einfluss der Steifigkeit wird untersucht, indem die Querschnitte der Unterzüge und der Stützen für die unteren beiden Geschosse variiert werden. Folgende Parameter wurden verwendet:

- In den beiden Obergeschossen wird auf sicherer Seite liegend eine Flachdecke mit einer Plattendicke $h = 25$ cm angenommen.

- Die Stützen in den beiden Obergeschossen sind quadratisch bei einem Querschnitt von $40/40$ cm.

- Die Unterzüge haben Rechteckquerschnitt mit einer Breite $b = 40$ cm. Es werden die Bauhöhen h von $80, 70$ und 60 cm untersucht.

- Die Stützen haben Rechteckquerschnitt mit einer Breite $b = 40$ cm. Die untersuchten Bauhöhen betragen $60, 50$ und 40 cm.

- Herstellung in Ortbeton der Güte C 20/25 oder besser.

Anzusetzen ist ein Lastkollektiv, das in den Stützen die maximalen Druckkräfte erzeugt und gleichzeitig die horizontalen Einwirkungen aus Wind und Systemimperfektion erfasst. Es ist im *Bild 2.32* dargestellt. Die Bemessungswerte sind in der *Tabelle 2.19* zusammengestellt.

Die Ergebnisse nach Theorie 1. Ordnung und nach Theorie 2. Ordnung werden miteinander verglichen. In dem *Bild 2.33* ist das System mit den kleinsten Unterzug- und Stützenquerschnitten (40/70 bzw 40/40) ausgewertet. Für diesem Fall ist die Steifigkeit des Tragwerkes am geringsten; entsprechend ist der Effekt nach Theorie 2. Ordnung am größten. Dargestellt ist jeweils das verformte System mit der maximalen Horizontalverformung und sowie die Bemessungsbiegemomente an dem maßgebenden Verbindungsknoten zwischen Unterzug und Stütze.

Die Verformungsfigur und die Biegemomente haben in den Simulationen einen sehr ähnlichen Verlauf. Die nach Theorie 2. Ordnung ermittelte Verformung ist um ca. 14 % größer als nach Theorie 1. Ordnung.

Tabelle 2.19: Lastkollektiv zur Bestimmung des Einflusses nach Theorie 2. Ordnung

Bemessungswerte Ed [kN]		
$(G + Q)_A$	W_{D4}	ΔH_4
470	9,60	2,82
$(G + Q)_B$	W_{S4}	ΔH_3
714	-6,00	3,02
$(G + Q)_C$	W_D	ΔH_2
276	19,2	4,73
$(g + q)$	W_D	ΔH_1
132	-12,0	4,73

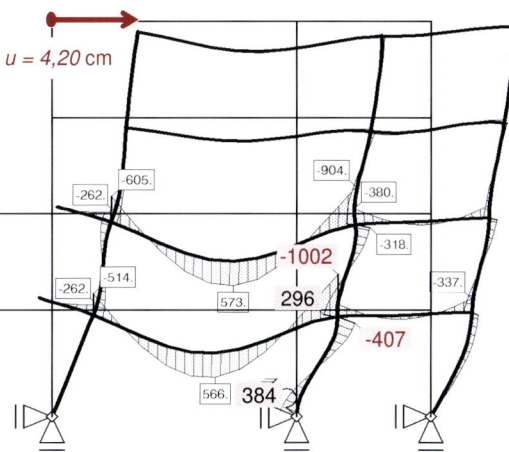

Bild 2.33: Prüfung der Verschieblichkeit durch Vergleichsrechnung; Biegemomente am verformten System nach Theorie 1. Ordnung und nach Theorie 2. Ordnung

Die *Tabelle 2.20* zeigt eine Auswertung für die untersuchten Querschnitte. Angegeben ist die maximale Horizontalverformung $\max u$ [cm] am Kopf des Systems und die Biegemomente [kNm] an der Fußeinspannung und am darüberliegenden Knoten.

Der Einfluss nach Theorie 2. Ordnung ist primär von dem Querschnitt der Stützen abhängig. Der größte relative Einfluss ist am Einspannmoment zu erkennen. Die entsprechenden Werte sind farbig gekennzeichnet. Für den Stützenquerschnitt von 40/40 ist eine Abweichung von bis 14,1 % zu verzeichnen. Diese – und nur diese – Systeme sind deshalb nach Theorie 2. Ordnung zu behandeln. Die Abweichungen für die Systeme mit den dickeren Stützen sind weniger als 10 %. Eine lineare Berechnung nach Theorie 1. Ordnung ist hier hinreichend genau.

Tabelle 2.20: Auswertung zur Prüfung der Systemverschieblichkeit (Bezeichnungen vgl. *Bild 2.33*)

Querschnitt		Theorie 1. Ordnung				Theorie 2. Ordnung				
U.-zug	Stütze	$\max u$	M_l	M_o	M_u	M_e	$\max u$	M_l	M_o	M_u	M_e	$\max \Delta M$
80/40	60/40	1,81	-950	330	-365	334	1,95	-956	333	-377	348	4,0 %
70/40	60/40	1,93	-954	352	-371	347	2,08	-960	356	-384	363	4,4 %
60/40	60/40	2,12	-954	369	-374	366	2,30	-960	373	-388	384	4,7 %
70/40	50/40	2,38	-964	314	-363	333	2,61	-975	318	-385	359	7,2 %
60/40	50/40	2,61	-965	340	-372	349	2,87	-976	345	-395	377	7,4 %
70/40	40/40	3,35	-975	256	-345	316	3,84	-997	262	-390	366	13,7 %
60/40	40/40	3,63	-979	289	-365	330	4,20	-1002	296	-407	384	14,1 %

2.5.3.2   Pos. 1 Geschossdecke 1. OG

Die in der Handrechnung getrennt durchgeführten Berechnungen zur 5–Feldplatte (*Abschnitt 2.5.2.1*) zum 2–Feldunterzug mit Kragarm (*Abschnitt 2.5.2.2*) und zur Abfangung (*Abschnitt 2.5.2.3*) werden jetzt in einem komplexeren Rechenmodell zusammengefasst.

Die Simulation erfolgt in diesem Fall mit dem Programmsystem der Firma PCAE [18]. Darin werden die Unterzüge als Balken betrachtet und mit den Platten verbunden. Das Finite-Element-Programm basiert auf der linearen Elastizitätstheorie und es werden weiterhin ausschließlich die vertikalen Einwirkungen betrachtet.

Das zu betrachtende Deckensystem ist mit den Unterzügen und Stützen als Untersicht (1. OG) in dem *Bild 2.34* dargestellt. Im Bereich der Achsen 4-6 liegt der 4–geschossige Gebäudeteil. Die in der Handrechnung bearbeiteten Teilsysteme sind gekennzeichnet.

Die grundlegende Erweiterung des Rechenmodells besteht darin, dass sich die 2–Feldunterzüge mit Kragarm (TS 1.2) und die Abfangung (TS 1.3) zwischen den Stützen (nach unten und oben) durchbiegen können. Die Platte ist mit beiden Teilsystemen monolithisch verbunden und macht die Verformungen mit. Sie wird dadurch nicht mehr einachsig, sondern 2–achsig gekrümmt und trägt folgerichtig einen Teil ihrer Belastung auch 2–achsig ab.

Wie groß dieser Einfluss ist, hängt von den Steifigkeitsverhältnissen der miteinander verbundenen Teilsysteme ab und ergibt sich aus der Simulation. Bei den gleichen anzusetzenden Einwirkungen findet jetzt innerhalb des Gesamtsystems eine Umlagerung der Schnittgrößen statt.

System und Belastung

Im oberen Teil des *Bildes 2.34* ist zur Orientierung eine Untersicht für das Deckensystem des 1. OG dargestellt. Gekennzeichnet sind die in der Handrechnung bearbeiteten Teilsysteme.

Für die Decke und die Unterzüge wird die Betongüte C30/37 angenommen. Die Dicke der Decke beträgt $h = 30$ cm. Sie ist mit den darunterliegenden Unterzügen verbunden, deren Querschnittsabmessungen $b/h = 40/50$ sind (vgl *Bild 2.35*).

Da die Schnittgrößenermittlung für die komplette Decke von den Steifigkeitsverhältnissen innerhalb des Gesamtsystems abhängt, ist die Systemeingabe entsprechend zu verfeinern. Die Unterzüge sind als Plattenbalken zu berücksichtigen, wobei die mitwirkende Plattenbreite in den Feld- und Stützbereichen variabel ist. Sie wird nachfolgend entsprechend der Erläuterungen aus *Abschnitt 2.4.2* bestimmt und in der Simulation verwendet.

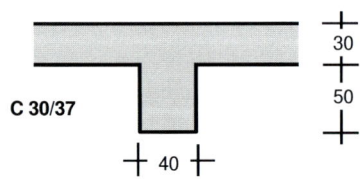

C 30/37

30
50
40

Bild 2.35: Querschnitt des Deckensystems 1. OG

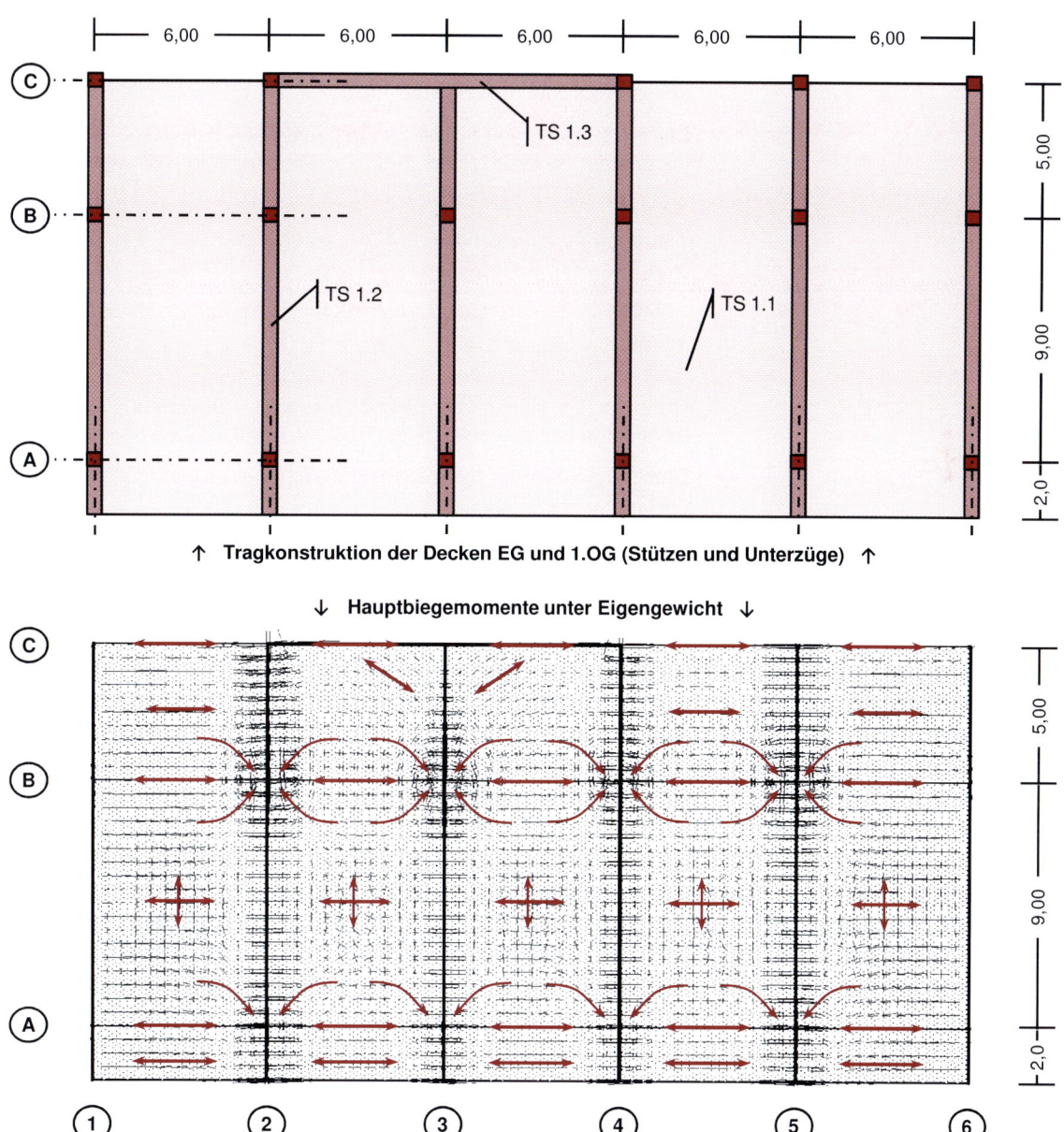

Bild 2.34: Oben: Pos. 1 Geschossdecke 1. OG Orientierungsskizze mit Darstellung der Stützen und Unterzüge
Unten: Darstellung der ebenen Lastabtragung in der Geschossdecke (Hauptbiegemomente unter Eigengewicht)

Ermittlung der mitwirkenden Plattenbreite eines durchlaufenden Unterzuges

Anwendungsbeispiel 2.1:

Das TS 1.2 2–Feldunterzug mit Kragarm ist als Draufsicht im *Bild 2.36* dargestellt. Es hat einen Plattenbalkenquerschnitt mit abschnittsweise unterschiedlicher mitwirkender Breite b_{eff}.

Die Bestimmung von b_{eff} ist abhängig von den Feldweiten und erfolgt anhand der *Bilder 2.11* und *2.12*. Zunächst wird die *Stützweite* L_0 (Abstand der Momentennullpunkte) ermittelt:

Wegen des anschließenden Kragarmes ist Feld 1 einem Innenfeld vergleichbar.

$$
\begin{array}{llll}
\text{Kragarm} & L_k = 2,00 \text{ m} & L_0 = 1,50 \cdot L_k & = 3,00 \text{ m} \\
\text{Feld 1} & L_1 = 9,00 \text{ m} & L_0 = 0,70 \cdot L_1 & = 6,30 \text{ m} \\
\text{Stütze B} & & L_0 = 0,15 \cdot (L_1 + L_2) & = 2,10 \text{ m} \\
\text{Feld 2} & L_2 = 5,00 \text{ m} & L_0 = 0,85 \cdot L_2 & = 4,25 \text{ m}
\end{array}
\tag{2.33}
$$

Die Unterzüge haben eine Stegbreite von $b_w = 0,40$ m und sind untereinander in einem regelmäßigen Abstand von $b^* = 6,00$ m angeordnet.

Damit ergibt sich für die maximal mögliche, einseitige Plattenbreite b_i, die für alle Unterzüge gleich ist:

$$
b_i = 0,5 \cdot (b^* - b_w) = 2,80 \text{ m}
\tag{2.34}
$$

Jetzt erfolgt die Auswertung für die 4 L_0-Bereiche nach *Gl. (2.33)*. Jede einseitig neben dem Unterzug liegende mitwirkende Plattenbreite ergibt sich nach *Gl. (2.7)* aus dem Minimum von 3 Bedingungen. Die jeweils maßgebende Breite $b_{eff,i}$ ist farbig gekennzeichnet:

$$
b_{eff,i} = 0,2 \cdot b_i + 0,1 \cdot L_0 \qquad\qquad \leq 0,2 \cdot L_0 \quad \leq b_i
$$

Kragarm / Stütze A: $L_0 = 3,00$ m
$$
b_{eff,i} = 0,2 \cdot 2,80 + 0,1 \cdot 3,00 = 0,86 \qquad \leq 0,60 \quad \leq 2,80
$$
Feld 1: $L_0 = 6,30$ m
$$
b_{eff,i} = 0,2 \cdot 2,80 + 0,1 \cdot 6,30 = 3,43 \qquad \leq 1,25 \quad \leq 2,80
$$
Stütze B: $L_0 = 2,10$ m
$$
b_{eff,i} = 0,2 \cdot 2,80 + 0,1 \cdot 2,10 = 3,01 \qquad \leq 0,42 \quad \leq 2,80
$$
Feld 2: $L_0 = 4,25$ m
$$
b_{eff,i} = 0,2 \cdot 2,80 + 0,1 \cdot 4,25 = 3,23 \qquad \leq 0,85 \quad \leq 2,80
$$

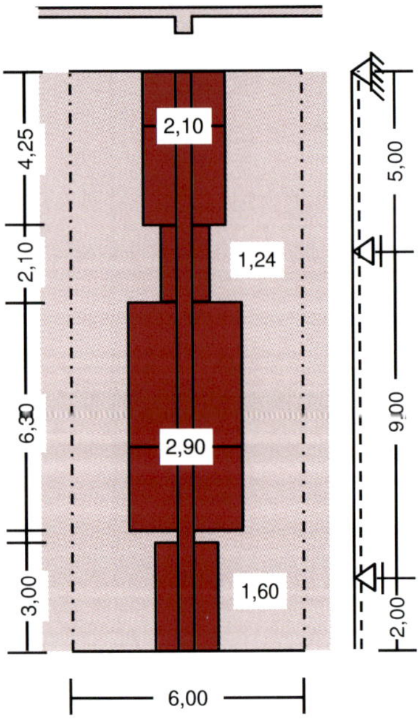

Die mitwirkende Plattenbreite b_{eff} ergibt sich aus den beidseitig zur Verfügung stehenden Werten von $b_{eff,i}$ und der Stegbreite b_w. Für die Stütze B in der Achse 2 (innen liegender Unterzug) erhält man beispielsweise:

$$
\begin{aligned}
b_{eff,B} &= 2 \cdot b_{eff,i} + b_w \\
&= 2 \cdot 0,42 + 0,40 = 1,24 \text{ m}
\end{aligned}
$$

Bild 2.36: Mitwirkende Plattenbreite für einen innen liegenden Unterzug

Die mitwirkenden Plattenbreiten aller Abschnitte sind in der *Tabelle 2.21* zusammengestellt und im *Bild 2.36* dargestellt.

Tabelle 2.21: Mitwirkende Plattenbreite: TS 1.2 2–Feldunterzug mit Kragarm

	Kragarm	Feld 1	Stütze B	Feld 2
Rand-Unterzug:	1,00	1,65	0,82	1,25
innen liegender Unterzug:	1,60	2,90	1,24	2,10

Simulation und Verformung

Gegenüber der Handrechnung sind Art und Größe der Einwirkungen unverändert. Für die Ermittlung der Bemessungsschnittgrößen und Auflagerreaktionen sind die ungünstigen Laststellungen der veränderlichen Einwirkungen auszuwerten.

Im unteren Teil des *Bildes 2.34* ist die sich rechnerische ergebende Verteilung der Hauptbiegemomente für das Eigengewicht der Geschossdecke dargestellt. Die Richtung, in der die Belastung zu den Unterzügen und den Stützen hin abgetragen wird, ist deutlich zu erkennen. Anhand der Länge der Richtungsstriche ist die Intensität der Biegebelastung abzulesen. Doppelte Richtungsstriche stehen für besonders starke Intensitäten. Das Tragverhalten der Decke kann anhand der Hauptbiegemomente qualitativ charakterisiert werden.

Zwischen 2 Unterzügen werden jeweils 3 Felder definiert. Damit ergeben sich insgesamt 15 unabhängige charakteristische Flächenlasten. So können beispielsweise für die Ermittlung der Plattenfeldmomente die schachbrettartigen, ungünstigen Laststellungen ausgewertet werden.

- Im Bereich der Kragarme ist die vorherrschende Lastabtragung einachsig zu den Unterzügen hin. Das Gleiche ist zwischen den Stützen der Fall. In der Mitte der Plattenfelder zwischen den Achsen A und B ist die Tragwirkung 2–achsig.

- Die Stützen erhalten ihre Belastung aus den Unterzügen und auch aus der Platte selbst. Die Hauptbiegemomente laufen unter einem Winkel von beinahe 45° auf den Stützenkopf zu. Um den Stützenkopf herum ist die Lastabtragung zweiachsig/kreisförmig.

- Die Wirkung der Abfangung ist ebenfalls offensichtlich. Durch die fehlende Stütze im Rasterpunkt C3 ist der Unterzug (Achse 3) nur elastisch gelagert. Dadurch ergeben sich deutlich verminderte Stützmomente und die Platte trägt ihre Belastung schräg zu der Abfangung (TS 1.3) hin ab.

Dieses Tragverhalten spiegelt sich in der zugehörigen Darstellung der Plattenverformung sehr anschaulich wider. Das *Bild 2.37* zeigt das entsprechende Ergebnis. Überall dort, wo die Platte in zwei (orthogonlen) Richtungen gekrümmt ist, liegt eine 2–achsige Lastabtragung vor. Die Kragarme verformen sich nach oben.

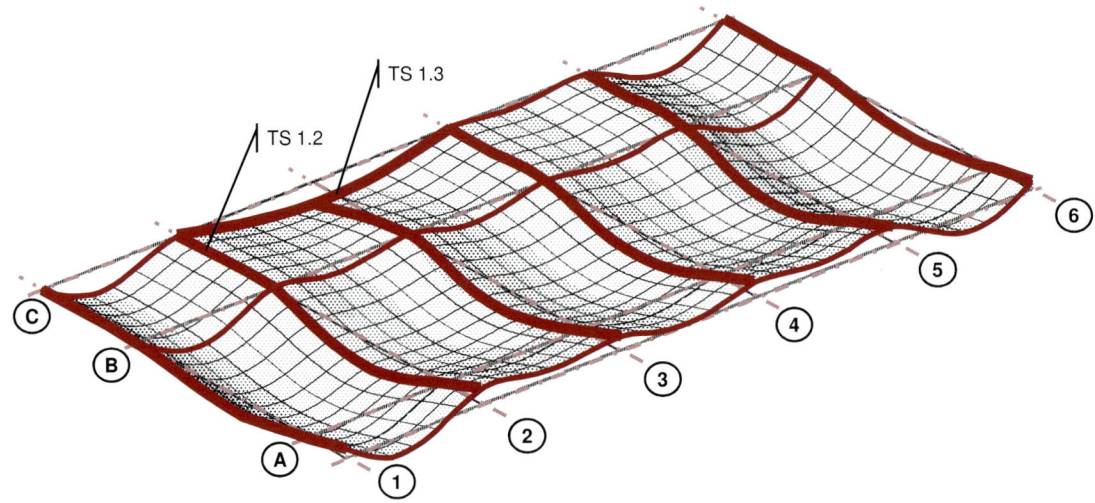

Bild 2.37: Pos. 1 Verformung der Decke 1. OG unter Eigengewicht

Bemessungsbiegemomente in der Deckenplatte (TS 1.1)

Mit der linearen Superposition aller charakteristischen Schnittgrößen der unabhängigen ständigen und veränderlichen Einwirkungen werden die Bemessungsschnittgrößen ermittelt. Nachfolgend werden die Bemessungsbiegemomente betrachtet. Die Haupttragrichtung der Geschossdecke verläuft in Gebäudelängsrichtung; die Lasten werden zu den Unterzügen in den Achsen 1-6 hin abgetragen.

Aufgrund der Verformung der Unterzüge erhält die Geschossdecke eine räumliche Krümmung mit einer zusätzlichen Lastabtragung über die kurze Gebäudeseite. Im Bereich der Stützenköpfe entstehen die höchsten Beanspruchungen in der Platte. Die Verteilung der ermittelten Bemessungsbiegemomente ist in den *Bildern B.2* und *B.3* des Anhangs zusammenfassend dargestellt.

Nachfolgend soll ein Vergleich zwischen der Handrechnung (d.h. einachsig gespannter, starr gelagerter, durchlaufender Plattenstreifen über 5 Felder) und der Computersimulation (auf einem Unterzug/Stützen System elastisch gelagerte, durchlaufende Platte) durchgeführt werden.

Es werden 2 Schnittführungen in Gebäudelängsrichtung betrachtet, in denen Momentengrenzlinien ausgewertet werden. Das Moment in der Haupttragrichtung wird mit $m_{y,Ed}$ bezeichnet; für die Nebentragrichtung entsprechend $m_{x,Ed}$. Die Haupttragrichtung kann direkt mit der Handrechnung verglichen werden; die entsprechenden Werte sind jeweils *in Klammern* angegeben.

- Schnittführung in Feldmitte zwischen den Stützen A und B (vgl. *Bild 2.38*)
  Hier ist die Platte (entlang Achse 1 bis 6) in der Mitte der Unterzüge aufgelagert. Die Unterzüge biegen sich infolge Lasteinwirkung durch, sodass sich gegenüber der in der Handrechnung angesetzten starren Lagerung deutlich verringerte Bemessungsstützmomente $m_{y,Ed}$ in der Haupttragrichtung ($-67,5 \Rightarrow -46,2$ kNm/m) ergeben.

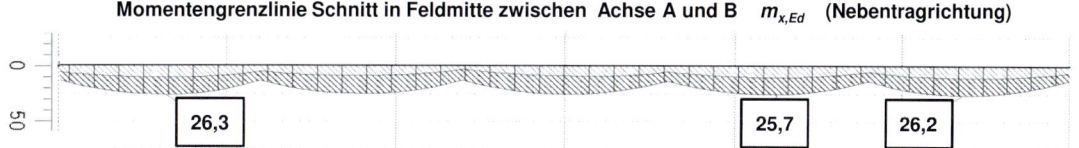

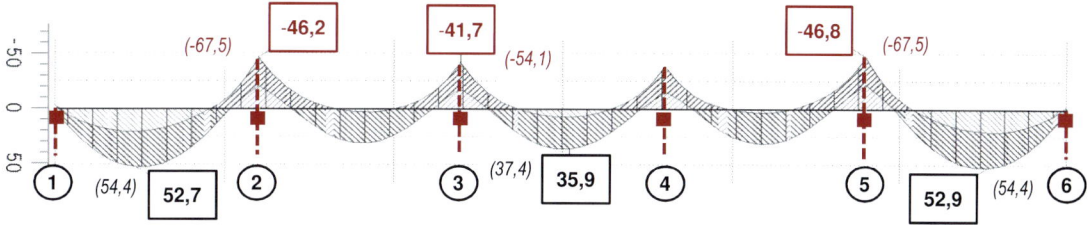

Bild 2.38: Momentengrenzlinien in der Decke 1. OG für Neben- und Haupttragrichtung aus Computersimulation: Schnittführung in Gebäudelängsrichtung in Feldmitte zwischen den Achsen A und B

In den Feldbereichen ist die sich einstellende 2–achsige Lastabtragung anhand der Bemessungsmomente ablesbar. Das Bemessungsfeldmoment reduziert sich dabei gegenüber der Handrechnung geringfügig (z.B. $54,4 \Rightarrow 52,7$ kNm/m).

Die Momentenbeanspruchung in der Nebentragrichtung ist über die gesamte Gebäudelänge positiv und erfordert damit untenliegende Bewehrung. Die Beanspruchung erreicht ca. 50 % der Haupttragrichtung.

- Schnittführung über den Stützen der Achse B (vgl. *Bild 2.39*)
  Hier liegt die Platte (entlang Achse 1 bis 6) durchlaufend auf den Köpfen der Stütze B. Eine Durchbiegung ist systembedingt ausgeschlossen. Die Verformung der Decke 1. OG (vgl. z.B. *Bild 2.37*) zeigt, dass die Stützen ihre Belastung nicht nur aus dem Auflager der Unterzüge erhalten, sondern auch aus Plattenbiegung in Nebentragrichtung. Deshalb ergibt sich gegenüber der in der Handrechnung angesetzten starren Lagerung eine deutliche Vergrößerung der Bemessungsstützmomente $m_{y,Ed}$ in der Haupttragrichtung ($-67,5 \Rightarrow -95,9$ kNm/m).

Ggf. sind Stützensenkungen infolge Baugrundbewegungen separat zu untersuchen.

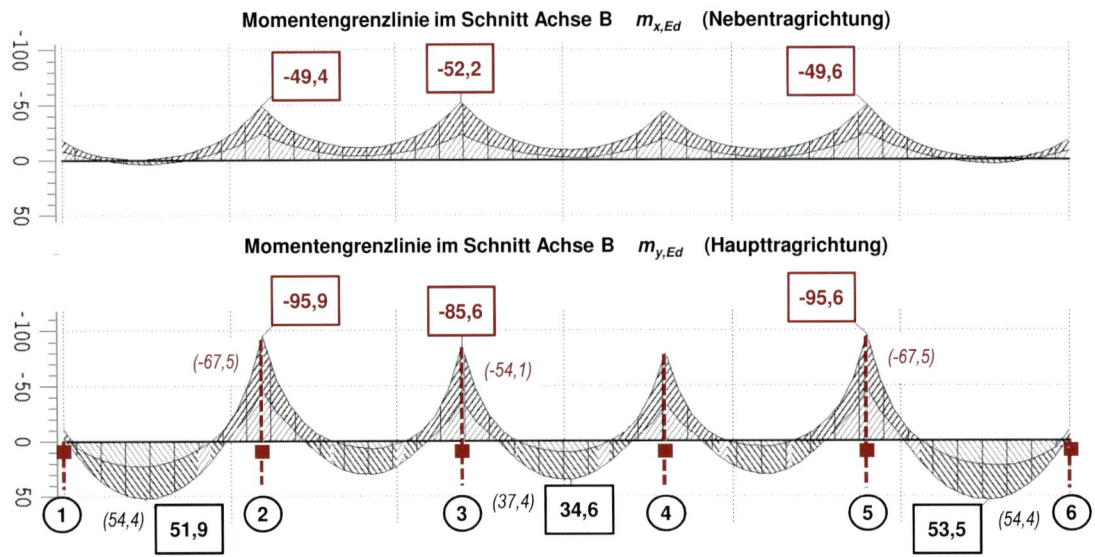

Bild 2.39: Momentengrenzlinien in der Decke 1. OG für Neben- und Haupttragrichtung aus Computersimulation: Schnittführung in Gebäudelängsrichtung über den Stützen der Achse B

Vergleicht man die Handrechnung (starre Lagerung der Platte) mit der Simulation (elastische Lagerung auf Unterzügen), so ergibt sich wegen der sich einstellenden 2–achsigen Lastabtragung eine geringfügige Verminderung der Bemessungsmomente $m_{y,Ed}$ in den Feldbereichen (z.B. $54,4 \Rightarrow 52,7$ kNm/m).

Die Bemessungsmomente in der Nebentragrichtung $m_{x,Ed}$ sind über die gesamte Gebäudelänge negativ und erfordern damit obenliegende Bewehrung. Die Beanspruchung ist zum Teil mehr als 50 % der Haupttragrichtung.

Bei der konkreten Bemessung können die Stützmomente gemäß *Abschnitt 2.4.3* abgemindert werden. Die dafür erforderliche Breite der Unterzüge ist maßstäblich in den *Bildern 2.38* und *2.39* eingetragen.

Bemessungsbiegemomente in den Unterzügen (TS 1.2)

Wird die Abfangung vernachlässigt, so ist die Decke symmetrisch. Deshalb gilt:
Unterzug Achse 5 ≈ Achse 2
(bzw. Unterzug Achse 6 ≈ Achse 2).

Die Simulation der Geschossdecke 1. OG stellt eine Vielzahl von Ergebnissen zur Verfügung. In dem *Bild 2.40* sind die Momentengrenzlinien für die Unterzüge in den Achsen 1–4 ausgewertet. Zum Vergleich ist das Ergebnis der Handrechnung ebenfalls dargestellt.

Die Randunterzüge in Achse 1 und in Achse 6 sind am wenigsten beansprucht, *weil sie ihre Belastung nur von einer Seite erhalten.*

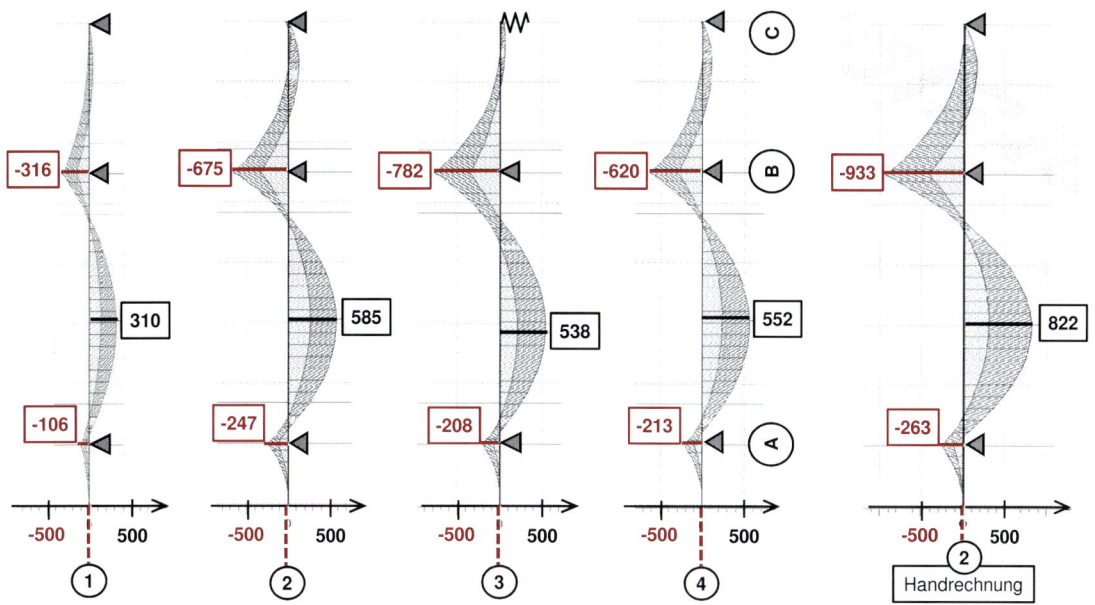

Bild 2.40: Momentengrenzlinien in den Unterzügen der Decke 1. OG aus Computersimulation: Achsen 1–4 / Handrechnung zum Vergleich (Werte in [kN/m])

Die stärkste Beanspruchung erhalten die innen liegenden Unterzüge in den Randfeldern (Achsen 2 und 5). Deswegen wurde auch in der Handrechnung ein solcher Unterzug als Referenz für die gesamte Geschossdecke verwendet. Der Vergleich der Ergebnisse zeigt allerdings, dass die Handrechnung hier sehr stark auf der sicheren Seite liegt. Grund dafür ist die in der Handrechnung unberücksichtigte 2–achsige Lastabtragung der Deckenplatte; sie verursacht eine starke Entlastung der Unterzüge. Es ist deshalb ein Gebot der Wirtschaftlichkeit, im Rahmen der Bemessung die hier vorgestellte genauere Berechnung anzustellen und ggf. die Querschnitte zu verkleinern.

In der Achse 3 ist in der Darstellung (vgl. *Bild 2.40*) das Auflager C durch eine Feder ersetzt worden. Sie kennzeichnet die Abfangung durch den mit dem Teilsystem TS 1.3 beschriebenen Unterzug. Hier wird an der Mittelstütze B das maßgebende minimale Stützmoment ermittelt.

$$\min M_{B,Ed} = -782 \text{ kN/m} \tag{2.35}$$

Es ist die stärkste Momentenbeanspruchung in den Unterzügen und eignet sich deshalb zur Festlegung der Stahlbeton-Querschnitte (h/b) aller Unterzüge. Je nach Achse erhalten die Unterzüge entsprechend ihrer Momenenbeanspruchung dann unterschiedliche Bewehrungsmengen.

Zu Vereinfachung der Arbeiten auf der Baustelle ist es zielführend, die Bewehrungskonstruktion zu vereinheitlichen. Z.B. können alle innenliegenden Unterzüge die gleiche Bewehrung erhalten. Die Randunterzüge erhalten weniger Bewehrung und der von der Abfangung betroffene Unterzug in der Achse 3 erhält über der Stütze B eine Bewehrungszulage.

Bemessungsschnittgrößen in der Abfangung (TS 1.3)

Anmerkung: Die Biegebelastung im GZT ist nicht bemessungsrelevant für die Abfangung. Die Größe des erforderlichen Stahlbetonquerschnitts ergibt sich vielmehr aus der Begrenzung der Durchbiegung im GZGT.

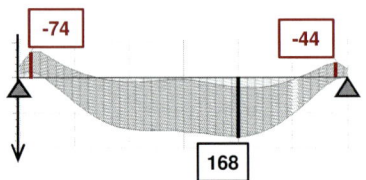

Bild 2.41: Simulation Abfangung: Momentengrenzlinie

Bereits bei der Betrachtung der Unterzüge zeigte der Vergleich zwischen Handrechnung und Simulation deutliche Unterschiede. Die Lastabtragung durch die Abfangung ist noch stärker von den sich im System Decke–Unterzug einstellenden Verformungen abhängig. Im Ergebnis liegt die Handrechnung zwar wieder auf sicherer Seite, ist aber wegen zu großer Abweichungen unbrauchbar.

Das *Bild 2.41* zeigt die Bemessungsmomente in der Abfangung nach Simulation. Für die Abfangung wurde ein mit der Decke verbundener Unterzug mit Rechteck-Querschnitt (40/40) angenommen. Wegen der durchlaufenden Platte ergeben sich über den (gelenkig angenommenen) Auflagern geringe Stützmomente. Das Feldmoment erreicht einen Maximalwert von $M_{F,Ed} = 168$ kNm.

2.5.3.3   Pos. 2 Geschossdecke 3. OG

Die mit dem Verfahren nach Pieper-Martens durchgeführte Handrechnung für 2–achsig gespannte, durchlaufende Rechteckplatten setzt eine starre Lagerung der Plattenränder voraus. Im vorliegenden Fall ist dieses nur annähernd richtig, da die Deckenplatte auf den Unterzügen elastisch gelagert ist. Dieser Sachverhalt soll in der Computersimulation berücksichtigt und der Einfluss auf die Bemessungsmomente der Platte quantifiziert werden.

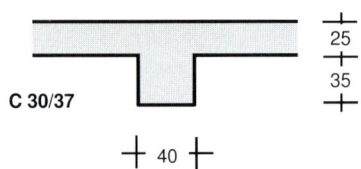

Bild 2.42: Querschnitt des Deckensystems 3. OG

System und Belastung

Für die Decke und Unterzüge wird die Betongüte C30/37 angenommen. Die Dicke der Decke beträgt $h = 25$ cm. Sie ist mit den darunterliegenden Unterzügen verbunden, deren Querschnittsabmessungen $b/h = 40/35$ sind (vgl *Bild 2.42*). Für die Unterzüge werden Plattenbalken angesetzt; die mitwirkende Plattenbreite wird entsprechend *Abschnitt 2.4.2* berücksichtigt.

Die Belastung ist gegenüber der Handrechnung unverändert und ist in der *Tabelle 2.13* zusammengestellt. Ergänzend hierzu ist noch das Eigengewicht des Unterzuges zu berücksichtigen.

Simulation und Bemessungsmomente

Am anschaulichsten wird die unterschiedliche Lagerung der Plattenränder in den simulierten Verformungen. In dem *Bild 2.43* sind die jeweiligen Verformungen unter Eigengewicht dargestellt.

2

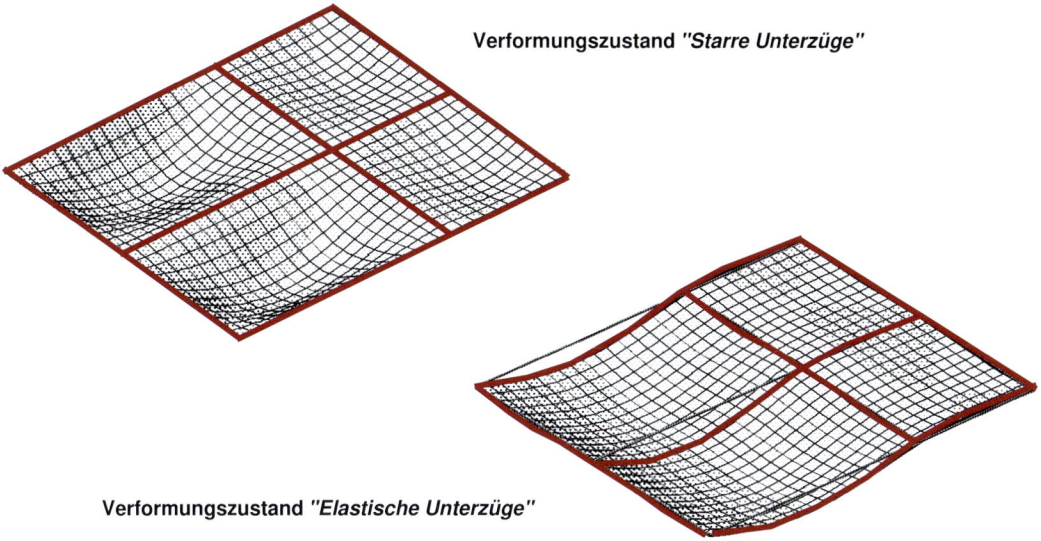

Bild 2.43: Deckenplatte 3. OG: Vergleichende Darstellung der Verformungen unter Eigengewicht bei unterschiedlichen Lagerungsbedingungen

Die in der Simulation ermittelten Momentengrenzlinien $m_{y,Ed}$ und $m_{x,Ed}$ sind im Schnitt entlang der Mittellinien der Plattenfelder in dem *Bild 2.44* dargestellt. Um die Vergleichbarkeit mit der Handrechnung zu vereinfachen, ist der Bildaufbau vollkommen analog zur Ergebnisdarstellung der Handrechnung (vgl. *Bild 2.26*).

Die Verteilung der Biegemomente $m_{x,Ed}$ und $m_{y,Ed}$ ist in den *Bildern B.5* und *B.6* des Anhangs dargestellt.

Der Einfluss der Unterzugverformung auf die Momentenbeanspruchung in der Platte ist gravierend. Über sich durchbiegende Unterzüge wird nur ein verringertes Stützmoment aufgenommen. Wegen des einzuhaltenden Gleichgewichtes muss sich das Feldmoment in den benachbarten Plattenfeldern gleichzeitig vergrößern.

Um diesen Sachverhalt zu veranschaulichen, ist die Ergebnisdarstellung in dem *Bild 2.44* inhaltlich zweigeteilt.

- Oberer Teil des *Bildes 2.44* mit den Plattenfeldern 1 und 2:
  Es sind steife Unterzüge angenommen, d.h. die Platte liegt mit ihren Rändern starr auf. Das ist der gleiche Ansatz wie in der Handrechnung nach Pieper-Martens. Die Ergebnisse aus Simulation und Handrechnung stimmen daher gut miteinander überein (vgl. *Bild 2.26*). Die Stützmomente der Handrechnung betragen an der Übergängen zu den Plattenfeldern:

$$\text{Stützung 1–3:} \quad m_{sy(1-3),Ed} \quad = \quad -60,8 \text{ kNm/m}$$
$$2\text{–}4: \quad m_{sy(2-4),Ed} \quad = \quad -41,2 \text{ kNm/m}$$

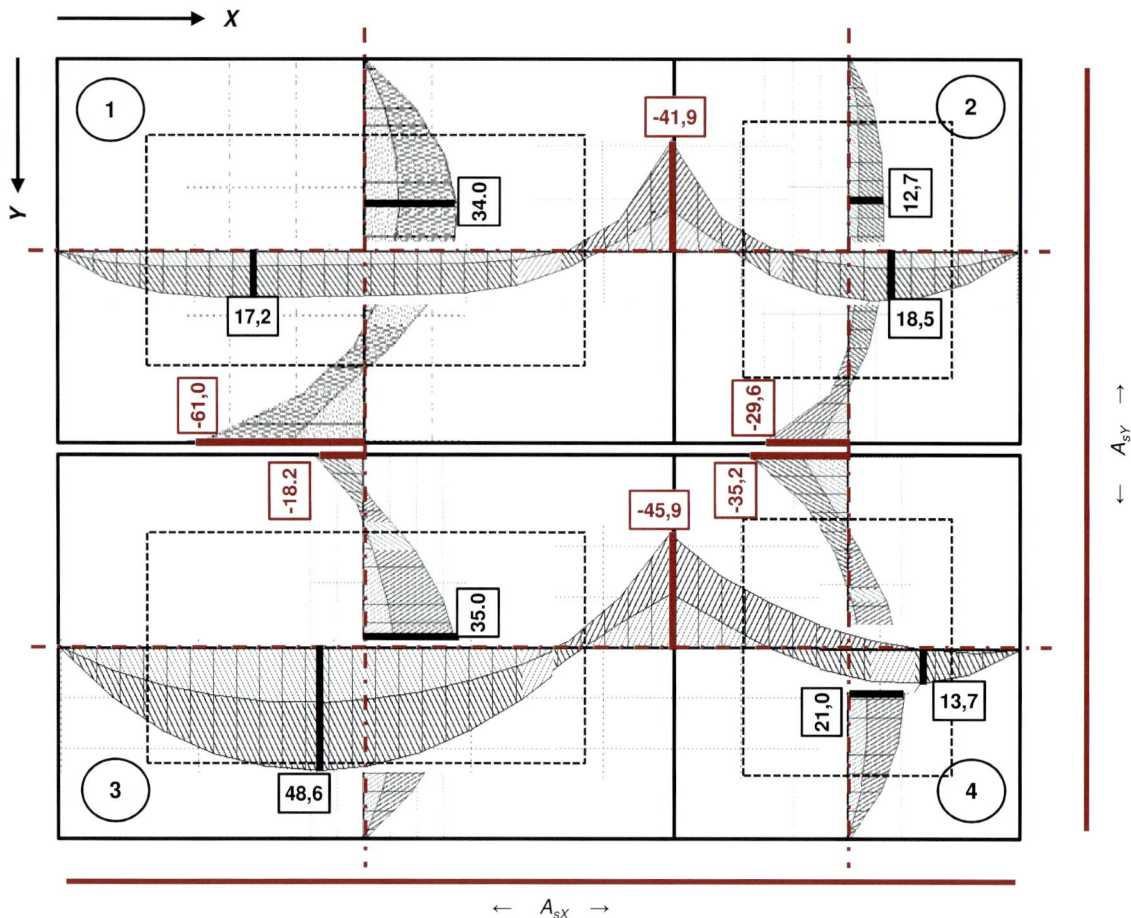

Bild 2.44: Pos. 2 Geschossdecke 3. OG: Momentengrenzlinien
Oben: Starre Lagerung der Plattenränder
Unten: Lagerung der Plattenränder auf sich durchsenkende Unterzüge

• Unterer Teil des *Bildes 2.44* mit den Plattenfeldern 3 und 4:
Hier sind die Unterzugverformungen Teil der Simulation, wobei die Querschnittswerte eines Plattenbalkens (vgl. *Bild 2.42*) zugrunde gelegt sind. Die Unterzüge in den langen linken Feldern senken sich infolge der Belastung ab und heben sich gleichzeitig etwas im kurzen Feld an. Es findet eine Umlagerung der Schnittgrößen statt. Qualitativ gilt allgemein in der Statik:

In statisch unbestimmten Systemen werden Schnittgrößen von weicheren zu steiferen Bereichen des Tragwerkes hin angezogen.

Das ist auch hier der Fall. Die Auswirkungen sind direkt ablesbar. Die Unterzüge verhalten sich aufgrund ihrer Länge unterschiedlich steif.

Für die Stützung 1–3 ergibt sich eine drastische Reduzierung
$m_{y,Ed}$: $-61,0 \Rightarrow -18,2$.

Für die Stützung 1–4 ergibt sich eine spürbare Erhöhung
$m_{y,Ed}$: $-29,6 \Rightarrow -35,2$.

Die alternativ durchgeführten Simulationen zeigen deutliche Unterschiede. Insbesondere ist anzumerken, dass im Falle der weichen Plattenlagerung auf den Unterzügen die Ergebnisse der Handrechnung nicht mehr auf der sicheren Seite liegen. Für die dauerhafte und sichere Konstruktion in einer Ausführungsplanung ist deshalb – insbesondere bei *weichen* statisch unbestimmten Systemen – eine entsprechende Simulation unumgänglich.

2.5.3.4 Pos. 3 Stützen- und Rahmensystem / Gebäudeaussteifung

Die Anforderungen, die an die durchzuführende Simulation gestellt werden, sind umfangreich. Es ist ein 3-dimensionales Rechenmodell mit 4 Deckenplatten zu generieren. Die Deckenplatten, die Unterzüge und die Stützen sind alle miteinander monolithisch verbunden und verformen sich in gegenseitiger Wechselwirkung.

Die Einwirkungen sind durch die Berücksichtigung der horizontalen Einwirkungen ebenfalls 3-dimensional. Das Gleiche gilt für die sich ergebenden Schnittgrößen. Damit wird gleichermaßen die Systemerfassung als auch die Ergebnisauswertung sehr aufwendig.

Obwohl das Tragwerk noch nach Theorie 1. Ordnung nachgewiesen werden darf, geht der Aufwand für die Simulation und deren Auswertung deutlich über den hier beabsichtigten Detaillierungsgrad hinaus. Überdies wäre es unbedingt erforderlich, in größerem Umfang die Grundlagen der mathematischen Modellierung zu erläutern und anzugeben, wie im Detail ein räumlicher Knoten Stütze/Unterzug/Platte zu diskretisieren ist.

Im 2. Band wird auf die Abbildung großformatiger, gekoppelter Bauteile in ein mathematisches Modell näher eingegangen. Man spricht von an dieser Stelle von der Diskretisierung.

> Es wird dringend davon abgeraten, ohne entsprechende Kenntnisse oder Erfahrungen derartige Simulationen durchzuführen. Ein verantwortlicher Tragwerksplaner verwendet keine BLACK-BOX, um statisch/konstruktive Aufgaben zu lösen.

Im betrachteten Rahmensystem (vgl. *Bild 2.45*) kommen die durchlaufende Stütze, 2 sich kreuzende Unterzüge und die darauf liegenden Platten in gemeinsamen Knotenpunkten zusammen. Alle diese Bauteile sind monolithisch miteinander verbunden. Im mathematischen Modell ist dieses nur ein Schnittpunkt von Systemlinien in dem Schnittgrößen berechnet werden.

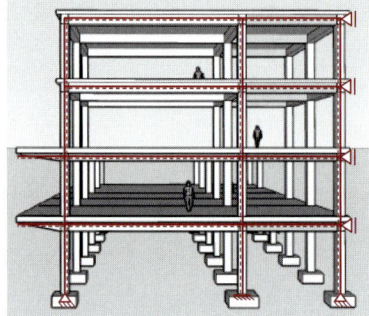

Bild 2.45: Horizontal ausgesteiftes Rahmensystem

In der Wirklichkeit des Bauwerkes hat dieser Knoten ganz erhebliche Abmessungen und die dort wirkenden Spannungen und Verzerrungen sind nicht mit einer Stabachse oder einer Plattenmittelfläche zu beschreiben. Es herrschen räumliche Spannungszustände, die andere Betrachtungsweisen erfordern.

Ein moderner Ansatz hierfür sind die in der DIN 1045-1 beschriebenen so genannten Stabwerksmodelle. Sie sind – im weitesten Sinn – eine Weiterentwicklung der Fachwerkanalogie und werden im 2. Band behandelt.

System und Belastung

Für die im *Kapitel 4* anstehenden Bemessungsaufgaben wird das Rahmen-System mit seinen Belastungen noch einmal deutlich vereinfacht. Es wird angenommen, dass das Tragwerk auch in Richtung der kurzen Gebäudeseite durch Wandscheiben ausgesteift ist. Das zugehörige statische System ist im Bild 2.45 dargestellt. Die Aussteifung wird durch die an den Geschossdecken angebrachten vertikal verschieblichen Auflager realisiert.

Es wird das in Achse 5 liegende Rahmensystem betrachtet. Für die Unterzüge in den beiden oberen Geschossdecken wird ein Querschnitt entsprechend *Bild 2.42* angenommen. Für die Unterzüge in den unteren beiden Geschossdecken wird ein Querschnitt entsprechend *Bild 2.35* angenommen. Die Querschnitte der Stützen betragen im 2. und 3. OG $40/40$ cm und im EG und 1.OG $40/60$ cm.

Die Belastung des Rahmensystems aus den Decken wird vereinfachend aus den Ergebnissen der Handrechnungen übernommen. Für die Decke EG und 1. OG werden die Ergebnisse aus der *Tabelle 2.7* verwendet. Das ist – wie im *Abschnitt 2.5.3.2* quantifiziert – stark auf sicherer Seite liegend. Die Belastungen der Decken aus dem 2. OG und dem 3. OG werden nach *Bild 2.28* ermittelt und als Streckenlast Q_k für eine Breite von $6,00$ m angesetzt:

$$G_k = 6,00 \cdot 7,57 = 45,42 \text{ kN/m} \qquad Q_k = 6,00 \cdot 4,00 = 24,00 \text{ kN/m}$$

Die vertikalen ständigen und veränderlichen Deckenbelastungen sind in der *Tabelle 2.22* zusammengestellt.

Als weitere vertikale Einwirkungen sind die Eigengewichte der Stützen und Unterzüge anzunehmen.

Die horizontalen Belastungen des Tragwerkes greifen (vgl. *Bild 2.32*) in Höhe der Deckenplatten an und werden durch die Aussteifung aufgenommen, ohne dass im Rahmensystem dadurch eine Biegemomentenbelastung entsteht.

Tabelle 2.22: Einwirkungen aus Deckenauflager

[kN/m]	G_k	Q_k
3. OG	45,42	24,00
2. OG	45,42	24,00
1. OG	59,91	29,28
EG	59,91	29,28

Bemessungsschnittgrößen

Die charakteristischen Schnittgrößen und Auflagerkräfte sowie ihre lineare Superposition zur Ermittlung der Bemessungsschnittgrößen wird in der Computersimulation durchgeführt. Im *Bild 2.46* sind die Ergebnisse für die Normalkraft N_{Ed} und das Biegemoment M_{Ed} dargestellt.

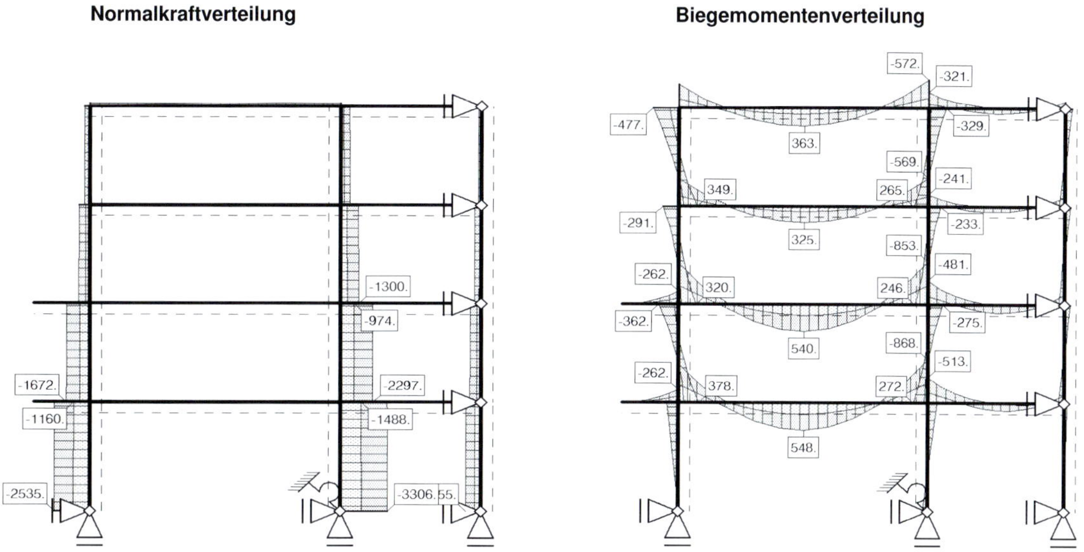

Normalkraftverteilung   **Biegemomentenverteilung**

Bild 2.46: Bemessungsschnittgrößen am ausgesteiften Rahmensystem

Der Großteil der vertikalen Einwirkungen wird von der Mittelstütze getragen. Deshalb kann an ihrer Gründung am sinnvollsten eine elastische Einspannung realisiert werden. Die planmäßige Aufnahme von Biegemomenten bei geringen Normalkräften ist bei Flachgründungen problematisch, da leicht unzulässig große rechnerische Klaffende Fugen am Übergang Fundamentsohle $\leftrightarrow$ Baugrund auftreten können.

3 Festigkeit und Verformungsverhalten von Stahlbetonbauteilen

Die Tragfähigkeit eines Stahlbetonbauteiles ergibt sich aus dem Zusammenwirken der Baustoffe Beton und Stahl. Es ist so zu konstruieren, dass es den Beanspruchungen gemäß *Kapitel 2* sicher widerstehen kann.

In diesem Kapitel werden allgemein die Werkstoffeigenschaften von Beton und Stahl sowie ihre Verbundwirkung betrachtet. Dazu zählen insbesondere das Festigkeits- und Verformungsverhalten.

In der DIN 1045-1 sind die im Stahlbetonbau einzuhaltenden Materialkennwerte festgelegt. Sie sind ein Ergebnis aus der Auswertung empirischer Versuche und sind Grundlage für das in dem *Kapitel 4* behandelte Bemessungskonzept zur Bestimmung des Tragwiderstands eines Stahlbetonquerschnittes.

Die heute im Stahlbetonbau vorwiegend verwendeten Baustoffe sind der Normalbeton der Güten C12/15 bis C50/60 und der Betonstahl BSt 500/550. Deshalb konzentrierten sich die nachfolgenden Eräuterungen darauf.

Die Ausführungen sind aber aus gutem Grund allgemeiner gehalten: Ein immer weiter wachsender Anteil des Umsatzes im Baugewerbe wird heute mit dem Bauen im Bestand erzielt.

Umbaumaßnahmen an bestehenden Bauwerken beinhalten oft anspruchsvolle Aufgaben des Ingenieurbaus. Sie werden erforderlich, wenn während der Lebensdauer des Bauwerkes Nutzungsänderungen, veränderte Nutzungsgewohnheiten oder energetische Ertüchtigungen in einer zu verändernden Konstruktion zu berücksichtigen sind. So können aus Lagern Verkaufs- oder Büroräume werden; Wohngebäude werden entkernt; Brückenbauwerke erhalten veränderte Verkehrslasten. Entsprechend vielfältig sind die entsprechenden Planungs- und Bauleistungen: Gegebenenfalls sind tragende Wände zu entfernen oder zu versetzen. Neue Wand- und Deckendurchbrüche entstehen. Unterzüge, Stützen und Fundamente erhalten nach dem Umbau veränderte Belastungen.

Zu Beginn von Umbauten steht die Untersuchung von Tragverhalten und Tragfähigkeit der Gebäudesubstanz. Selbstverständlich sind dabei die damals verwendeten Baustoffe zu berücksichtigen. Vor 50 Jahren wurden andere Beton- und Betonstahlgüten verwendet als heute.

Darüber hinaus sind Wartungs- und Instandsetzungsarbeiten durchzuführen, um die bestehenden Bauwerke dauerhaft zu sichern und in guter Qualität zu erhalten. Auch hier sind ggf. andere als die heute gebräuchlichen Materialkennwerte zu berücksichtigen.

Das Kapitel schließt mit einer Zusammenfassung von Material- und Querschnittdaten in Konstruktionstabellen.

3.1 Beton

Im Rahmen dieses Buches wird die Konstruktion von Stahlbetonbauteilen und mit ihren Nachweisen in den Grenzzuständen von Tragfähigkeit und Gebrauchstauglichkeit behandelt.

Die Herstellung und Güteüberwachung von Beton ist nicht Gegenstand der Ausführungen. Es wird davon ausgegangen, dass die auf der Baustelle benötigte Betonqualität entweder vor Ort hergestellt werden kann oder von Transportbetonfirmen auf die Baustelle geliefert wird. Deshalb sind im folgenden *Abschnitt 3.1.1* nur in Ansätzen einige betontechnologische Zusammenhänge wiedergegeben. Für eine vertiefende Betrachtung wird auf einschlägige Literatur verwiesen.

Bild 3.1: Einbau von Transportbeton

3.1.1 Allgemeines

Beton besteht im Wesentlichen aus Zement, Zuschlagstoffen und Zugabewasser. Je nach den Anforderungen, die an das fertige Bauteil oder seinen Herstellungsprozess gestellt werden, ist seine Zusammensetzung zu wählen.

Von besonderer Bedeutung ist der Zement. Zement ist ein hydraulisches Bindemittel, d.h. es härtet (anders als z.B. Gips) auch unter Wasser aus. Bereits die Römer hatten einen entsprechenden Baustoff, den sie am Fuße des Vesuvs in großen Mengen beim Ort *Puteoli* (jetzt *Puzzuoli*) abbauten. Diese Vulkanasche wurde dann für römischen Beton (*opus caementicium*) verarbeitet.

Die heute vorwiegend verwendeten Zementsorten sind Portlandzement, Hochofenzement, Puzzolanzement und Mischungen davon. Einzelheiten sind in der DIN EN 197-1 normiert. Zemente werden in unterschiedlichen Festigkeitsklassen und mit besonderen Eigenschaften angeboten. Damit können gezielt Betone hergestellt werden. Hier eine Auswahl:

Für weitergehende Informationen zur Herstellung von Betonen mit definierten Eigenschaften bieten sich die Zement-Merkblätter von dem Verein Deutscher Zementwerke e.V [20] an. Unter *www.vdz-online.de* werden umfangreiche Informationen bereitgehalten.

- HS-Zement (Hoher Sulfatwiderstand): Das Einsatzgebiet sind Umgebungen mit entsprechendem chemischen Angriff, wie er beispielsweise durch Taumitteleinsatz an Straßenverkehrsanlagen (Brücken, Stützwände, . . .) oder bei aggressivem Grundwasser gegeben ist.

- NA-Zement (Niedriger Alkaligehalt): Eine bekannte Form der Betonschädigung ist das Alkalitreiben. Diese chemische Reaktion, an der auch die Zuschlagstoffe beteiligt sind, tritt nur in feuchten Umgebungen auf. Entsprechend ist das Einsatzgebiet diesen Zementes.

- FE-Zement (Frühes Erstarren): Der Abbindeprozess vollzieht sich in kürzerer Zeit, sodass ein schnellerer Bauablauf möglich ist. FE-Zemente werden bei der Herstellung von Betonfertigteilen eingesetzt.

- LH-Zement (Niedrige *Low* Hydratationswärme): Beim chemischen Abbindeprozess entsteht Hydratationswärme. Insbesondere bei massiven Bauteilen wie dicken Fundamentkörpern führt das zu Eigenspannungen mit Rissbildung im erhärtenden Beton. LH-Zement vermindert diesen Effekt.

- VLH-Zement (Sehr niedrige *Very Low* Hydratationswärme): Das Einsatzgebiet sind entsprechend sehr massige Bauteile.

Von zentraler Bedeutung für die Qualität eines Betons ist der so genannte Wasserzementwert w/z. Er ist das gewichtsbezogene Verhältnis von Wasser w zu Zement z bei der Herstellung von Beton.

$$w/z = \frac{w \,[\text{kg}]}{z \,[\text{kg}]} \qquad \approx 0.50 \quad \text{für vollständige Reaktion} \qquad (3.1)$$

Bei der Erhärtung des Betons reagiert das zugegebene Wasser chemisch mit dem Zement. Bei einer vollständigen Reaktion liegt der Wasserzementwert bei ca. 0,5. Überschusswasser im Frischbeton kann nicht chemisch gebunden werden. Es verdunstet nach der abgeschlossenen Betonerhärtung und hinterlässt Porenräume. Sie haben Einfluss auf die Festigkeits- und Dauerhaftigkeitseigenschaften des Betons.

Ein erhöhter oder verringerter Wasserzementwert kann in Verbindung mit einer gewählten Zementfestigkeitsklasse gezielt zur Einstellung einer bestimmten Festigkeitsklasse oder eines bestimmten Porenanteils eingesetzt werden.

Zuschlagstoffe für den Beton sind i.d.R. natürliche Gesteinskörnungen aus ungebrochenem (Sand, Kies) oder gebrochenem (Splitt, Schotter, ...) Material. Sie müssen frei von Verunreinigungen wie z.B. Humus sein und dürfen keine schädlichen, chemisch reagierenden Bestandteile aufweisen. Künstliche Zuschlagstoffe wie Hochofenschlacke oder in zunehmenden Maße recycelter Betonsplitt werden ebenfalls bei der Herstellung von Beton verwendet.

Eine Einteilung erfahren die Zuschlagstoffe hinsichtlich ihrer Rohdichte ρ. Man unterscheidet:

Bild 3.2: Kies mit unterschiedlichen Körnungen

Normalzuschlag:	$2200 \text{ kg/m}^3 < \rho < 3200 \text{ kg/m}^3$	für Normalbeton
Leichtzuschlag:	$\rho < 2200 \text{ kg/m}^3$	für Leichtbeton
Schwerzuschlag:	$\rho > 3200 \text{ Kg/m}^3$	für Schwerbeton

Das Zuschlagmaterial muss verschiedene, aufeinander abgestimmte Korndurchmesser beinhalten, um eine gute Betonqualität zu erreichen. Die zu verwendenden Gesteinskörnungen sind genormt und können der

DIN EN 206-1 bzw. der DIN 1045-2 entnommen werden. Als Größtkorn ist 8, 16, 32 oder 63 mm üblich. Große Durchmesser sind von Vorteil, weil dann geringere Zementmengen möglich werden. Das einsetzbare Größtkorn ist aber durch Bauteilabmessungen und Bewehrungsdichte konstruktiv begrenzt.

Es stehen darüber hinaus eine große Anzahl von Betonzusatzmitteln und Betonzusatzstoffen bei der Herstellung zur Verfügung, mit denen die chemischen und physikalischen Eigenschaften des Betons gezielt beeinflusst werden können.

3.1.2 Festigkeit und Verformbarkeit

Im *Abschnitt 1.3* wurde das grundsätzliche Tragverhalten von Bauteilen aus Stahlbeton erläutert. Der Beton wird zur Aufnahme von Druckspannungen innerhalb eines Querschnitts herangezogen. Demnach ist seine bei weitem wichtigste Materialeigenschaft die Druckfestigkeit.

Güteüberwachung und Prüfung

Die Betonherstellung ist in der DIN 1045-2 normiert. Durch die Verwendung vorgegebener Rezepturen (Zementfestigkeit, Wasserzementwert, ...) wird eine vorgegebene Betongüte erreicht. Je nach den statisch/konstruktiven Anforderungen, die an den eingebauten Beton und an das Bauwerk selbst gestellt werden, sind unterschiedlich intensive Verfahren zur Überwachung und Sicherstellung der Betongüte vorgeschrieben.

So werden im Fertigteilwerk, im Spannbetonbau oder allgemein im Ingenieurbau während des laufenden Produktionsprozesses Betonprobekörper hergestellt. Zur Verfügung stehen ein normierter Würfel mit der Kantenlänge von 10 cm sowie ein normierter Zylinder mit dem Durchmesser von 15 cm bei einer Höhe von 30 cm. Sie sind im *Bild 3.3* dargestellt.

Bild 3.3: Betonprobekörper

Die Probekörper werden getestet, indem sie nach Erhärtung in einer Prüfmaschine zwischen zwei Stahlplatten abgedrückt werden. Die Druckkraft wird so lange gesteigert, bis die Probekörper versagen. Aus dem Bruchverhalten der Probekörper lassen sich sichere Rückschlüsse auf die Güte des hergestellten Betons ziehen.

Während des Versuches wird die Verformung des Probekörper aufgezeichnet (vgl. Spannungs-Stauchungs-Beziehungen in *Bild 3.4*). Kennzeichnende Werte sind die maximal aufgenommene Druckkraft und die maximale Stauchung bei seiner Zerstörung.

Die zugehörigen Druckspannungen, die sich im Beton während des Versuches einstellen, werden mit σ_c bezeichnet; die entsprechenden Maximalwerte mit f_c.

Die Querkontraktionszahl für Beton ist $\nu = 0,2$. Sie sagt aus, dass sich senkrecht zur Verformung ϵ_x in Belastungsrichtung eine Querdehnung $\epsilon_x = \nu \cdot \epsilon_x$ einstellt.

Jedes unter Druck stehende Material dehnt sich quer zur Richtung der Druckspannung aus. Diese Querdehnung des Betons ist unmittelbar an den Stahlplatten durch Reibung behindert. Es stellt sich ein räumlicher Spannungszustand ein, der festigkeitssteigernd wirkt. Der Effekt ist bei dem gedrungenen Würfel stärker als bei dem hohen Zylinder. Die Würfel-Probekörper können deshalb deutlich größere Druckspannungen aufnehmen als die Zylinder. Die Betongüte wird über die charakteristische Betondruckfestigkeit gekennzeichnet. Es gilt:

Die Beton-Bezeichnung C 30/37 bedeutet:
→ charakteristische Zylinderdruckfestigkeit 30 MN/m^2
→ charakteristische Würfeldruckfestigkeit 37 MN/m^2

Die wirklichkeitsnahe Spannungs-Stauchungs-Beziehung

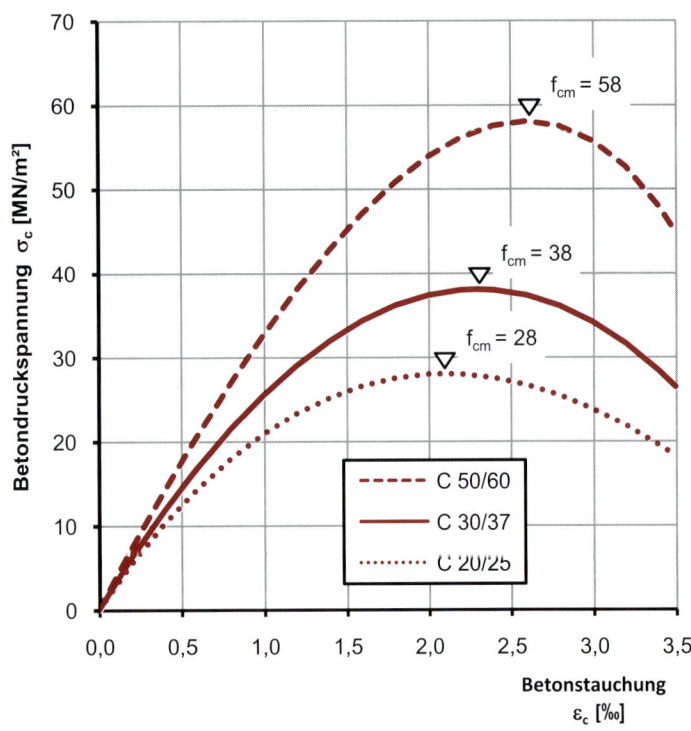

Bild 3.4: Wirklichkeitsnahe Spannungs-Stauchungs-Beziehung des Betons nach DIN 1045-1

Selbst bei einer – mittels Rezeptur angestrebten – konstanten Betondruckfestigkeit f_c streuen die Versuchsergebnisse um einen Mittelwert.

In den Versuchen werden geringere und höhere Druckfestigkeiten bzw. Verformungswerte gemessen.

In der DIN 1045-1 ist eine Spannungs-Stauchungs-Beziehung normiert, mit der die Mittelwerte der Versuchsergebnisse erfasst werden. Sie wird als wirklichkeitsnahe Funktion bezeichnet und ist im *Bild 3.4* für 3 Betongüten dargestellt.

Der Verlauf der wirklichkeitsnahen Funktion ist durch die folgende Parabel definiert:

$$\sigma_c \quad = \quad -f_{cm} \cdot \frac{k \cdot \eta - \eta^2}{1 + (k-2) \cdot \eta} \tag{3.2}$$

$$\text{mit:} \quad k = -E_{c0m} \cdot \frac{\epsilon_{c1}}{f_{cm}} \qquad \text{und:} \quad \eta = \frac{\epsilon_c}{\epsilon_{c1}} \tag{3.3}$$

Die Parameter der *Gl. (3.2)* sind von der Betongüte abhängig. Sie ergeben sich aus der maximalen, mittleren Betondruckspannung f_{cm}, die für den Stauchungswert ϵ_{c1} erreicht wird, sowie aus dem Tangentenmodul E_{c0m}.

Eine Zusammenstellung der Parameter findet sich in den *Tabellen 3.3* und *3.4*.

> Die wirklichkeitsnahe Funktion ist nichtlinear und beschreibt das tatsächliche (mittlere) Verformungsverhalten von Beton unter Druckbeanspruchung. Sie ist die Grundlage für den rechnerischen Nachweis von Systemverformungen.

Das Parabel-Rechteck-Diagramm

Aus der wirklichkeitsnahen Funktion wird für die Bemessung von Querschnitten das so genannte Parabel-Rechteck- Diagramm entwickelt. Basis sind die Ergebnisse der Würfeldruckversuche.

Die in den Versuchen ermittelten maximal aufnehmbaren Betonspannungen variieren um den Mittelwert f_{cm}. Ein Verfahren zur Stahlbetonbemessung kann nicht von rechnerischen mittleren Betonfestigkeiten ausgehen, da sie in der Praxis relativ oft nicht erreicht werden. Statt dessen wird ein charakteristischer Wert der Betondruckfestigkeit f_{ck} zugrunde gelegt, der fast immer erreicht wird.

> Die charakteristische Betondruckfestigkeit ist definiert als 5 % Fraktile aller Versuchsergebnisse. Es bedeutet, dass in 95 % der Versuche bei den Probezylindern höhere Druckfestigkeiten festgestellt werden — aber in 5 % der Versuche auch geringere (vgl. *Bild 3.5*).
> Die Spannungs-Stauchungs-Beziehung wird näherungsweise durch ein Parabel-Rechteck-Diagramm beschrieben.

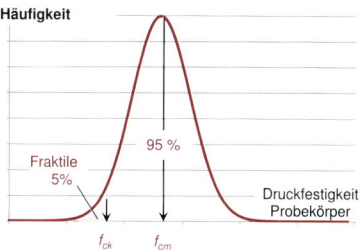

Bild 3.5: Betondruckfestigkeiten Mittelwert f_{cm} charakteristischer Wert f_{ck}

Das Parabel-Rechteck-Diagramm beschreibt den Verlauf der Betondruckspannung σ_c in Abhängigkeit zur Betonstauchung ϵ_c. Der Verlauf ist in dem *Bild 3.6* für die Betongüten C 12/16 bis C 50/60 dargestellt.

Bei höherfestem Beton (C 55/67 bis C 100/115) variieren die Dehnungswerte ϵ_{c2} und ϵ_{c2u} mit der Betongüte (vgl. *Tabelle 3.4*).

- Er beginnt für geringe Stauchungswerte mit einer Parabel. Das ist der Bereich: $0,0\,‰ < \epsilon_c < 2,0‰ = \epsilon_{c2}$

- Die Parabel geht bei einer Stauchung von $\epsilon_{c2} = 2,0\,‰$ in eine Horizontale über. Hier wird die charakteristische Betondruckspannung f_{ck} erreicht.

- Für stärkere Betonstauchungen $2,0\,‰ < \epsilon_c < 3,5‰ = \epsilon_{c2u}$ bleibt die Betonspannung f_{ck} konstant. Das heißt, es schließt ein Rechteck an.

Für Normalbeton der Güten C 12/15 bis C 50/60 ergeben sich damit bei unterschiedlichen f_{ck}-Werten einheitliche Spannungsdehnunglinien. Die analytischen Beziehungen lauten:

$$f_{ck} = f_{cm} - 8\,[\text{MN/m}^2] \tag{3.4}$$

$$\sigma_c = 1000 \cdot (\epsilon_c + 250 \cdot \epsilon_c^2) \cdot f_{ck} \qquad 0 \le \epsilon_c \le \epsilon_{c2} \tag{3.5}$$

$$\sigma_c = f_{ck} \qquad \epsilon_{c2} \le \epsilon_c \le \epsilon_{c2u} \tag{3.6}$$

Der Bemessungswert der Betondruckspannung

Nach dem Sicherheitskonzept der DIN 1045-1 dürfen die charakteristischen Druckspannungen f_{ck} für den Nachweis im Grenzzustand der Tragfähigkeit (GZT) nicht in vollem Umfang ausgenutzt werden. Je nach Sicherheitsanforderung, die an das Bauwerk und die Bemessungssituation gestellt wird, sind Abminderungen erforderlich:

- Für die Berücksichtigung von Langzeitwirkungen ist unabhängig von der Bemessungssituation der Ansatz des Faktors $\alpha = 0,85$ vorgeschrieben.

- Zur Absicherung gegenüber Materialversagen ist ein Teilsicherheitsbeiwert γ_c anzusetzen. Er ist abhängig von der Bemessungssituation (vgl. *Abschnitt 2.2.1*) und dem verwendeten Stahlbeton. In der *Tabelle 3.1* sind die entsprechenden Parameter für den Beton zusammengestellt.

Tabelle 3.1: Teilsicherheitsbeiwerte γ_c für Beton (C 12/15 bis C 50/60)

Bemessungssituation	unbewehrter Beton	Stahlbeton Spannbeton	Beton-fertigteile
ständig und vorübergehend	1,80	1,50	1,35
außergewöhnlich	1,55	1,30	-

Die Bemessungsbetondruckspannung f_{cd} ergibt sich unter Berücksichtigung von Betongüte, dem Faktor α und den Teilsicherheitsbeiwerten zu:

$$f_{cd} = \frac{\alpha}{\gamma_c} \cdot f_{ck} \tag{3.7}$$

Die nachfolgenden Ausführungen konzentrieren sich auf Stahlbeton unter der ständigen und vorübergehenden Bemessungssituation. Hierfür sind die entsprechenden Zahlenwerte in die *Gleichung (3.7)* einzusetzen. Es ergibt sich:

$$f_{cd} = \frac{\alpha}{\gamma_c} \cdot f_{ck} = \frac{0,85}{1,50} \cdot f_{ck} = 0,567 \cdot f_{ck} \tag{3.8}$$

In dem *Bild 3.6* ist der Verlauf der Betondruckspannungen als Parabel-Rechteck-Diagramm dargestellt. In Verbindung mit der Bemessungsdruckspannung f_{cd} ist er Grundlage für die Querschnittsbemessung im Grenzzustand der Tragfähigkeit (GZT).

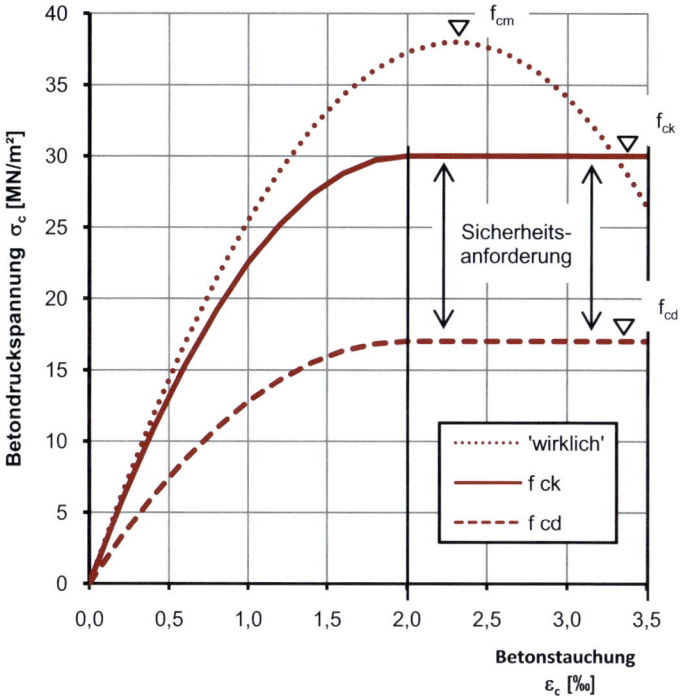

Bild 3.6: Spannungs-Stauchungs-Beziehung für Beton C30/37 nach DIN 1045-1 (f_{cd} für die ständige und vorübergehende Bemessungssituation)

Der Verlauf der Bemessungsdruckspannungen unterscheidet sich entsprechend der Betongüte nur in den Druckspannungsordinaten. In dem

Bild 3.6 ist beispielhaft die Auswertung für einen Beton der Güte C 30/37 bei einer ständigen und vorübergehenden Bemessungssituation dargestellt. Zur besseren Einordnung ist die zugehörige wirklichkeitsnahe Funktion ebenfalls mit angegeben. Folgende Ordinaten sind der *Tabelle 3.3* entnommen:

$$f_{ck} = 30MN/m^2 \qquad f_{cd} = 17MN/m^2 \qquad f_{cm} = 38MN/m^2$$

Werkstoffkennwerte für Normalbeton

Die aus Versuchen gewonnenen Materialkennwerte sind nach DIN 1045-1 für die einzelnen Betonfestigkeitsklassen normiert. Sie sind, neben weiteren Bemessungsparametern, in der *Tab. 3.3* für Normalbeton der Güten C 12/15 bis C 50/60 zusammengestellt. Bei diesen Betongüten variiert der Stauchungswert ϵ_{c1} für die maximale Betondruckspannung f_{cm}, während die maximal zulässige Betonstauchung einheitlich ist ($\epsilon_{c1u} = 3,5 \permil$).

In der Zeile 11 der *Tabelle 3.3* ist die Bemessungsdruckspannung f_{cd} für die Betongüten C 12/15 bis C 50/60 in der ständigen und vorübergehenden Bemessungssituation ausgewertet.

3.1.3 Zeitabhängiges Verformungsverhalten infolge Schwinden und Kriechen

Schwinden und Kriechen sind Eigenschaften des Betons, die ein zeitabhängiges Verformungsverhalten beschreiben. Sie sind von den verwendeten Betonrezepturen, den Bauteilabmessungen, dem Zeitpunkt des Belastungsbeginns und den Umgebungsbedingungen (Luftfeuchtigkeit) abhängig. Die DIN 1045-1 (9.1.4) stellt Hilfsmittel zur Erfassung dieser Betoneigenschaften bereit.

Im 1. Band wird auf eine quantitative Erfassung von *Schwinden und Kriechen* verzichtet. Im Bereich des üblichen Hochbaus ist eine qualitative Beschreibung im Regelfall ausreichend.

Beton-Schwinden

Mit Schwinden bezeichnet man eine Volumenverringerung des unbelasteten Betons, die sich bei der Betonerhärtung und bei der Austrocknung des Betons einstellt. Es ergeben sich daraus Eigenspannungen, die zu Rissbildung im Beton führen.

Betrachtet wird ein Beton, der in die Schalung eingebracht ist und erhärtet. Bei diesem Vorgang entsteht im Inneren des Querschnitts Hydratationswärme, die über die Oberfläche abgegeben wird. Damit ergibt sich innerhalb des Querschnitts ein Temperaturgefälle und die kältere Oberfläche verkürzt sich gegenüber dem wärmeren Querschnittsinneren. Eigenspannungen mit Rissbildung an der Oberfläche sind die Folgen. Die Risse sind dem Grunde nach nicht zu verhindern. Sie können aber durch entsprechende Nachbehandlung und durch den Einsatz von Bewehrung in ihrer Breite auf ein verträgliches Maß begrenzt werden.

Das eigentliche Betonschwinden ergibt sich aber durch die Austrocknung des Beton bei/nach seiner Erhärtung. Mit der Austrocknung ist eine Volumenverringerung verbunden, die an der Oberfläche des Querschnitts eher eintritt als in seinem Inneren. Auch dabei entstehen Eigenspannungen mit der Tendenz der Rissbildung an der Oberfläche. Ohne auf die Details im Einzelnen eingehen zu wollen, kann angenommen werden, dass ein Betonbauteil infolge Schwinden im Mittel eine Betonstauchung von $\epsilon_{cs} \geq -0,5$ ‰ erfährt. Ein 2 m langer Balken verkürzt sich also an der Oberfläche um bis zu 1 mm.

Die entstehenden Risse sind an der Betonoberfläche durch entsprechende Bewehrung in ihrer Breite zu begrenzen und/oder konstruktiv geplant an Bauwerksfugen schadlos zu konzentrieren.

Die Rissbildung kann außerdem vermindert werden, indem der Austrocknungsvorgang verzögert wird. In der Nachbehandlung werden frische Betonflächen – insbesondere bei heißen Außentemperaturen – regelmäßig gewässert.

Geeignet sind alle Maßnahmen, die das Entstehen der Hydratationswärme verlangsamen oder begrenzen (z.B. Verwendung von LH-Zement) und ein schnelles Abfließen der Hydratationswärme verhindern. So wird erforderlichenfalls der erhärtende Beton mit wärmedämmender Folie abgedeckt.

Beton-Kriechen

Unter Kriechen versteht man eine zeitabhängige Zunahme von Betonverformungen unter Dauerlast. Betrachtet wird ein Balken auf zwei Stützen unter seinem Eigengewicht G_k gemäß *Bild 3.7*. Mit dem Ausschalen beginnt das Eigengewicht auf den Balken einzuwirken. Er senkt er sich in Feldmitte um den Betrag f_{el} (nach Elastizitätstheorie) ab:

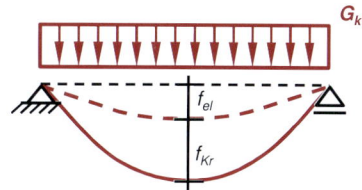

Bild 3.7: Kriechverformung

$$f_{el} = \frac{5}{384} \cdot \frac{G_k \cdot l^4}{E_{cm} \cdot I} \qquad (3.9)$$

Mit der Zeit wird sich, ohne dass die Belastung erhöht wird, die Absenkung in Feldmitte um das Maß f_{Kr} (aus Beton-Kriechen) erhöhen. Die ständige wirkende Druckspannung in der Betondruckzone führt zu einer bleibenden Stauchung. Die Gesamtdurchbiegung f_{ges} kann analog zur *Gl.(3.9)* mit dem effektiven E-Modul des Betons $E_{c,eff}$ berechnet werden.

Das Trägheitsmoment I berücksichtigt die gerissenen und ungerissenen Bereiche entlang der Balkenachse.

$$f_{ges} = f_{el} + f_{Kr} = \frac{5}{384} \cdot \frac{G_k \cdot l^4}{E_{c,eff} \cdot I} \qquad (3.10)$$

Der effektive E-Modul des Betons beinhaltet den Einfluss des Beton-Kriechens und wird mit der Kriechzahl $\varphi(t, t_0)$ berechnet:

$$E_{c,\text{eff}} \;=\; \frac{E_{cm}}{1 + \varphi(t, t_0)} \tag{3.11}$$

t_0: Betonalter zu Belastungsbeginn
t: Belastungsdauer

Für einen typischen Hochbau liegt die (End)kriechzahl $\varphi(28, \infty)$ in dem folgenden Wertebereich (relative Luftfeuchtigkeit 60 %):

$$\text{C 30/37} \;\longrightarrow\; 2,0 \le \varphi(28, \infty) \le 3,0 \;\longleftarrow\; \text{C 20/25} \tag{3.12}$$

Der effektive E-Modul sinkt damit deutlich ab und die sich am Ende unter Kriecheinfluss einstellende Durchbiegung f_{ges} ist um das 3 bis 4-fache größer als die Anfangsdurchbiegung f_{el} (vgl. *Bild 3.7*).

Im GZT wird das Kriechen bemessungsrelevant, wenn die Nachweisführung nach Theorie 2. Ordnung zu erfolgen hat und kriecherzeugende Dauerlasten zu berücksichtigen sind.

Besondere Bedeutung kommt dem Beton-Kriechen in der Spannbetonbauweise zu. Kriechen führt zu einer Verkürzung der Stahlbetonbauteile und damit zu einem Abfall an Vorspannkraft. Das Bauen mit Spannbeton wird im 2. Band behandelt.

Bild 3.8: Betonstabstahl

3.2 Betonstahl

Nach DIN 1045-1 wird heute im Stahlbetonbau für die Bewehrung ausschließlich die Betonstahlgüte BSt 500/550 eingesetzt. Anwendung finden Stabstahl (S) und Betonstahlmatten (M). Der Betonstahl wird in zwei Duktilitätsklassen (normale Duktilität und hohe Duktilität) angeboten. Ihre Festigkeitseigenschaften sind gleich; sie unterscheiden sich nur in der Grenzdehnung. Die für die Stahlbetonbemessung wichtigsten Materialkennwerte sind in der *Tabelle 3.2* zusammengestellt.

Tabelle 3.2: Materialkennwerte Betonstahl BSt 500/550

Elastizitätsmodul	E	=	200.000 MN/m^2
Charakteristische Streckgrenze	f_{yk}	=	500 MN/m^2
Charakteristische Zugfestigkeit	f_{tk}	=	550 MN/m^2
Grenzdehnung (normale Duktilität)	ϵ_{su}	=	25 ‰
Grenzdehnung (hohe Duktilität)	ϵ_{su}	=	50 ‰

Betonstähle haben zur Verbesserung des Verbundes zwischen Stahl und Beton eine profilierte Oberfläche. Sie ist in den *Bildern 3.8* und *3.9* erkennbar. Die üblichen Lieferlängen von Stabstahl betragen 12-15 m; die gängigen Durchmesser für die Bewehrungskonstruktion liegen zwischen 6-28 mm.

Die Spannungs-Dehnungs-Beziehung von Betonstahl

Die Zugfestigkeit des Betonstahls wird im Zugversuch ermittelt. Der Probestab wird unter Steigerung der Belastung gezogen, bis er reißt. Das *Bild 3.9* zeigt einen solchen Probestab. Links ist der Stab unmittelbar vor dem Zerreißen dargestellt. Die örtliche Einschnürung ist das Ergebniss der plastischen Verformungen nach dem Überschreiten der Fließgrenze. Rechts ist der gerissene Betonstahl zu sehen.

Die im Versuch gemessene Spannungs-Dehnungs-Beziehung wird mit charakteristischen Werten beschrieben und der Bemessung zugrunde gelegt. Sie ist für Betonstahl BSt 500/550 in dem *Bild 3.10* in idealisierter Form dargestellt.

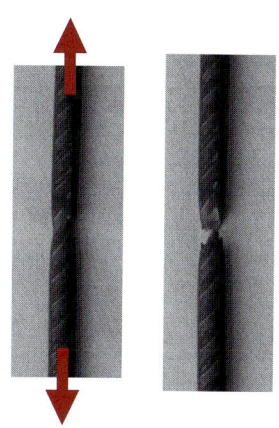

Bild 3.9: Betonstahl im Zugversuch

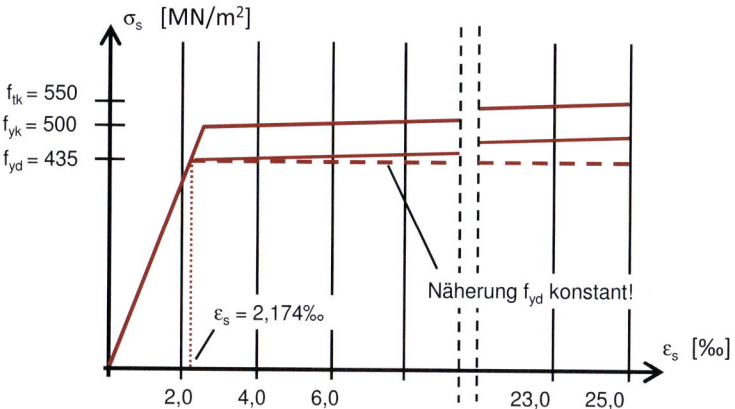

Bild 3.10: Spannungs-Dehnungs-Beziehung des Betonstahls BSt 500/550 nach DIN 1045-1

Die Spannungs-Dehnungs-Beziehung beginnt bei zunehmender Zugbeanspruchung mit einem linearen Anstieg. Die Steigung ergibt sich aus dem Elastizitätsmodul E. Bei fortgesetzter Laststeigerung wird die charakteristische Streckgrenze f_{yk} des Betonstahls erreicht. Ab jetzt kann der Betonstahl nur noch eine geringfügig höhere Beanspruchungen aufnehmen – allerdings bei sehr großen Dehnungen.

Bis zum Erreichen der Steckgrenze verhält sich der Betonstahl idealelastisch. Die Betonstahlspannung σ_s ergibt sich aus der Dehnung ϵ_s und dem Elastizitätsmodul E_s. Bei Entlastung geht die eingetretene Verformung vollständig zurück. Dieses Werkstoffverhalten wird durch das Hooke´sche Gesetz beschrieben.

Das Hooke´sche Gesetz gilt auch für Stauchungen des Betonstahls.

$$\sigma_s = E_s \cdot \epsilon_s \tag{3.13}$$

Wird im Belastungsfall die Streckgrenze des Betonstahls überschritten, so bleibt auch nach Entlastung eine plastische Dehnung zurück (plastisches Werkstoffverhalten). Das betreffende Stahlbetonbauteil erfährt eine dauerhafte Verformung. Dieses bedeutet aber nicht zwangsläufig, dass damit eine akute Einsturzgefahr besteht, vielmehr ist die Dauerhaftigkeit und die Gebrauchstauglichkeit der Konstruktion kritisch zu bewerten.

Der Bemessungswert Zugspannung im Betonstahl

Anmerkung: Genau genommen ist eine Absicherung gegenüber der charakteristischen Zugfestigkeit f_{tk} erforderlich – und diese liegt noch ca. 10 % höher. Die gebräuchlichen, hier verwendeten Bemessungsverfahren verzichten jedoch, auf sicherer Seite liegend, darauf.

Für die Nachweisführung im Grenzzustand der Tragfähigkeit wird der Betonstahl gegen das Überschreiten seiner charakteristischen Streckgrenze f_{yk} abgesichert. Dem Sicherheitskonzept folgend darf die charakteristische Streckgrenze f_{yk} nicht in vollem Umfang ausgenutzt werden. Je nach Bemessungssituation ist sie um den Teilsicherheitsbeiwert für Stahl γ_s zu reduzieren.

$$
\begin{aligned}
f_{yd} &= f_{yk}/\gamma_s \\
&= 500/1,15 = 435 \,\text{MN/m}^2 \quad \text{ständig und vorübergehend} \quad (3.14)\\
&= 500/1,00 = 500 \,\text{MN/m}^2 \quad \text{außergewöhnlich}
\end{aligned}
$$

Die in der Bemessung anzusetzende Betonstahlspannung beträgt in der ständigen und vorübergehenden Bemessungssituation für den Grenzzustand der Tragfähigkeit: $f_{yd} = 43,5 kN/cm^2$

3.3 Der Verbund zwischen Stahl und Beton

Die Tragfähigkeit von Stahlbeton ergibt sich aus dem Zusammenwirken von Stahl und Beton. Richtig konstruiert weisen Bewehrung und Beton örtlich im Querschnitt die gleichen Dehnungen oder Stauchungen auf. Dabei werden Kräfte zwischen Beton und Stahl übertragen. Der Verbund ist sichergestellt, wenn die an der Oberfläche der Bewehrung aktivierten Verbundspannungen σ_{bd} mit den Normalspannungen im Bewehrungsquerschnitt in Gleichgewicht stehen (vgl. *Bild 3.11*).

Die aufnehmbaren Verbundspannungen σ_{bd} sind vom Bauteil abhängig und werden anschließend erläutert (vgl. *Bild 3.13*). Die maximal übertragbare Kraft ergibt sich bei vorgegebenen σ_{bd} aus der Bemessungszugfestigkeit F_{sd} des Bewehrungsstahles.

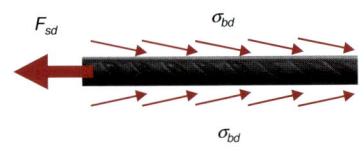

Bild 3.11: Kraftübertragung zwischen Bewehrung und Beton

Die Verbundbedingungen

Die Qualität des Verbundes zwischen dem zugelassenen, profiliert hergestellten Betonstahl und dem Beton hängt von Abmessungen des Bauteils, der Betongüte und seiner Lage beim Betoniervorgang ab.

Beim Erhärten des Betons tritt teilweise eine Entmischung zwischen dem schweren Korngerüst und der leichten, noch flüssigen Zement-Wasser-Suspension ein. An der Oberseite horizontal verlegter Bewehrungsstäbe ist deshalb generell von schlechteren Verbundeigenschaften auszugehen. Dieser Effekt ist umso größer, je dicker ein Bauteil ist (oder je länger der Aushärtungsprozess dauert) und umso näher der Bewehrungsstab an der Oberfläche liegt. Die DIN 1045 unterscheidet vereinfachend gute (VB I) und mäßige (VB II) Verbundbedingungen.

Bild 3.12: Profilierter Betonstahl

Das *Bild 3.13* zeigt die anzusetzenden Verbundbedingungen. Unten liegende Bewehrung und Bewehrungsstäbe, die steiler als 45° eingebaut werden (Bügel) liegen generell im guten Verbundbereich (VB I). Bei Bauteilen, die dicker als 30 cm sind, befindet sich die oben liegende Bewehrung im mäßigen Verbundbereich (VB II).

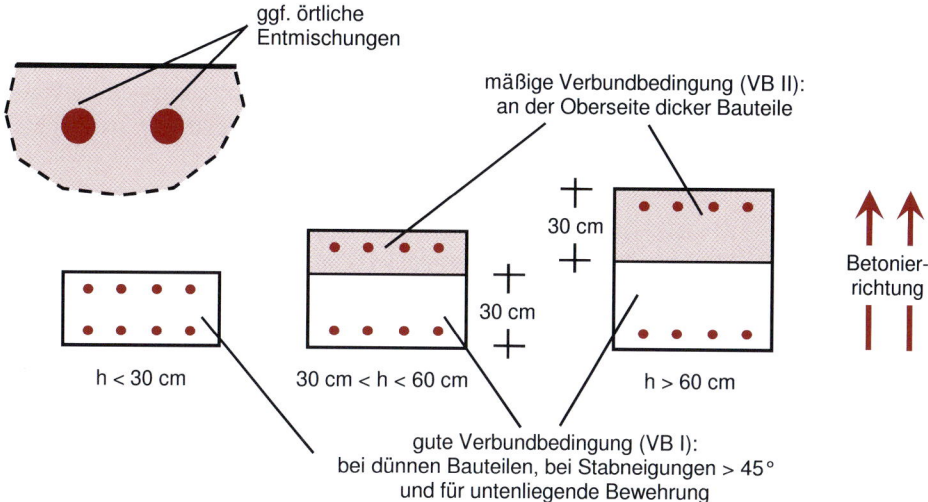

Bild 3.13: Definitionen: Gute und mäßige Verbundbedingungen

Das Grundmaß der Verankerungslänge

Die erforderliche Länge, um die Zug- oder Druckkraft F_{sd} von einem ausgelasteten Bewehrungsstab in den umgebenden Beton zu übertragen, wird mit Grundmaß der Verankerungslänge l_b bezeichnet.

Rechnerisch tritt das Versagen der Verankerung ein, wenn der Bemessungswert der vom Beton aufnehmbaren Verbundspannungen σ_{bd} überschritten wird.

Für Bewehrungen mit Kreisquerschnitt errechnet sich aus dieser Bedingung das Grundmaß der Verankerungslänge l_b. Es kann in Abhängigkeit

Das Grundmaß der Verankerungslänge l_b ist eine zentrale Größe für die Bewehrungskonstruktion. Zugkräfte müssen im Querschnitt verankert werden und Bewehrungsstäbe sind zu stoßen.

von der Betongüte als ein Vielfaches des Stabdurchmessers d_s angegeben werden (vgl. *Tab. 3.3*).

$$l_b \cdot \pi \cdot d_s \cdot \sigma_{bd} \; = \; F_{sd} \; = \; \frac{\pi \cdot d_s^2}{4} \cdot f_{yd} \qquad (3.15)$$

$$\Rightarrow l_b \; = \; \frac{f_{yd}}{4 \cdot f_{bd}} \cdot d_s \qquad (3.16)$$

3.4   Tabellen für Bemessung und Konstruktion

Die Baustoffkennwerte, die in diesem Kapitel erläutert wurden, sind nachfolgend als Konstruktionshilfe tabellarisch zusammengestellt.

3.4.1   Kennwerte des Betons

Die Kennwerte von Normalbeton (C 12/15 bis C 50/60) sind in der *Tabelle 3.3* zusammengefasst. Die Kennwerte für Normalbeton mit höheren Festigkeiten (C 55/67 bis C 100/115) sind in der *Tabelle 3.4* zusammengefasst.

Die Kennwerte beider Tabellen beinhalten unterschiedliche Dehnungen, mit denen das Parabel-Rechteck-Diagramm definiert wird. So haben die *Normalbetone mit höheren Festigkeiten* beispielsweise geringere Grenzdehnungen ϵ_{c2} und ϵ_{c2u}.

Die Bemessungsverfahren sind jedoch vollkommen analog aufgebaut. Die Bemessungswerte f_{cd} und f_{yd} sind für die ständige und vorübergehende Bemessungssituation angegeben.

Einige Parameter sind bereits erläutert worden, die Erläuterung der anderen erfolgt später. Sie werden im Einzelnen für die folgenden Nachweise benötigt:

f_{ck}	charakteristische Druckfestigkeit	Querkrafttragfähigkeit des nur längsbewehrten Betonquerschnitts
f_{ctm}	mittlere Zugfestigkeit	Mindestbewehrung zur Begrenzung der Rissbreite infolge Hydratationswärme
$f_{ctk;0,05}$	5 % Fraktile von f_{ctm}	Nachweis von Verbundfugen
E_{cm}	(Sekanten) E-Modul	Verformungsberechnungen
ϵ-Werte	Betonstauchungen	Beschreibung der Spannungsdehnungslinien
f_{cd}	Bemessungswert der Betondruckfestigkeit	Nachweise im GZT
f_{yd}/f_{cd}	Verhältnis Bemessungswerte	Ermittlung der Bewehrung im GZT
l_b/d_s	Verhältniswert	Grundmaß der Verankerungslänge
ρ	empirischer Parameter	Ermittlung der Mindestbewehrung

Tabelle 3.3: Festigkeiten f_c, E-Modul, Stauchungswerte ϵ_c und Bemessungsparameter (GZT) von Normalbeton (C 12/15 bis C 50/60)

		Betonfestigkeitsklassen									
		12/15	16/20	20/25	25/30	30/37	35/45	40/50	45/55	50/60	
1	f_{ck}	12	16	20	25	30	35	40	45	50	MN/m^2
2	f_{cm}	20	24	28	33	38	43	48	53	58	MN/m^2
3	f_{ctm}	1,6	1,9	2,2	2,6	2,9	3,2	3,5	3,8	4,1	MN/m^2
4	$f_{ctk;0,05}$	1,1	1,3	1,5	1,8	2,0	2,2	2,5	2,7	2,9	MN/m^2
5	E_{c0m}	25.800	27.400	28.800	30.500	31.900	33.300	34.500	35.700	36.800	MN/m^2
6	E_{cm}	21.800	23.400	24.900	26.700	28.300	29.900	31.400	32.800	34.300	MN/m^2
7	ϵ_{c1}	-1,80	-1,90	-2,10	-2,20	-2,30	-2,40	-2,50	-2,55	-2,60	‰
8	ϵ_{c1u}					-3,50					‰
9	ϵ_{c2}					-2,00					‰
10	ϵ_{c2u}					-3,50					‰
11	f_{cd}	6,8	9,1	11,3	14,2	17,0	19,8	22,7	25,5	28,3	MN/m^2
12	f_{yd}/f_{cd}	63,9	50,0	38,4	30,7	25,6	21,9	19,2	17,1	15,3	[-]
13	l_b/d_s	66	54	47	40	36	32	30	27	25	VB I [-]
14	l_b/d_s	94	78	67	58	51	46	42	39	36	VB II [-]
15	ρ	0,51	0,61	0,70	0,83	0,93	1,02	1,12	1,21	1,30	‰

Tabelle 3.4: Festigkeiten f_c, E-Modul, Stauchungswerte ϵ_c und Bemessungsparameter (GZT) von *höherfestem* Normalbeton (C 55/67 bis C 100/115)

		Betonfestigkeitsklassen						
		55/67	60/75	70/85	80/95	90/105	100/115	
1	f_{ck}	55	60	70	80	90	100	MN/m^2
2	f_{cm}	63	68	78	88	98	108	MN/m^2
3	f_{ctm}	4,2	4,4	4,6	4,8	5,0	5,2	MN/m^2
4	$f_{ctk;0,05}$	3,0	3,1	3,2	3,4	3,5	3,7	MN/m^2
5	E_{c0m}	37.800	38.800	40.600	42.300	43.800	45.200	MN/m^2
6	E_{cm}	35.700	37.000	39.700	42.300	43.800	45.200	MN/m^2
7	ϵ_{c1}	-2,65	-2,70	-2,80	-2,90	-2,95	-3,00	‰
8	ϵ_{c1u}	-3,40	-3,30	-3,20	-3,10	-3,00	-3,00	‰
9	ϵ_{c2}	-2,03	-2,06	-2,10	-2,14	-2,17	-2,20	‰
10	ϵ_{c2u}	-3,10	-2,70	-2,50	-2,40	-2,30	-2,20	‰
11	f_{cd}	30,9	33,3	38,1	42,6	46,9	51,0	MN/m^2
12	f_{yd}/f_{cd}	14,1	13,1	11,4	10,2	9,3	8,5	[-]
13	l_b/d_s	25	24	23	23	22	22	VB I [-]
14	l_b/d_s	35	35	33	33	32	31	VB II [-]
15	ρ	1,34	1,41	1,47	1,54	1,60	1,66	‰

3.4.2   Querschnitte von Längsbewehrungen

Stabstahl

Die Bewehrungskonstruktion erfolgt mit handelsüblichem Betonstahl. In der *Tabelle 3.5* sind die Querschnittswerte von Längsbewehrungen aus Stabstahl in Abhängigkeit vom Stabdurchmesser d_s und der Stabanzahl zusammengestellt.

Tabelle 3.5: Querschnittswerte einer Längsbewehrung A_{s1}[cm^2]

Anzahl	Stabdurchmesser d_s [mm]								
	6	8	10	12	14	16	20	25	28
1	0,28	0,50	0,79	1,13	1,54	2,01	3,14	4,91	6,16
2	0,57	1,01	1,57	2,26	3,08	4,02	6,28	9,82	12,3
3	0,85	1,51	2,36	3,39	4,62	6,03	9,42	14,7	18,5
4	1,13	2,01	3,14	4,52	6,16	8,04	12,6	19,6	24,6
5	1,41	2,51	3,93	5,65	7,70	10,1	15,7	24,5	30,8
6	1,70	3,02	4,71	6,79	9,24	12,1	18,8	29,5	36,9
7	1,98	3,52	5,50	7,92	10,8	14,1	22,0	34,4	43,1
8	2,26	4,02	6,28	9,05	12,3	16,1	25,1	39,3	49,3
9	2,54	4,52	7,07	10,2	13,9	18,1	28,3	44,2	55,4
10	2,83	5,03	7,85	11,3	15,4	20,1	31,4	49,1	61,6

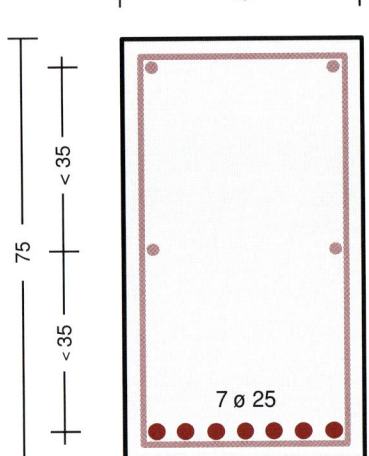

Bild 3.14: Bewehrungsskizze für einen Balken

Die *Tabelle 3.5* wird u.a. für die Auslegung von Balkenbewehrungen verwendet. Es ist dabei zu überprüfen, wie die statisch erforderlichen Bewehrungsstäbe im Querschnitt angeordnet werden können. Sie werden unten auf dem Bügel nebeneinander fixiert (vgl. *Bild 3.14*).

Um den dauerhaften Verbund zwischen Beton und Bewehrung sicherzustellen, sind Mindestmaße für die Überdeckung der Bewehrung c_{nom} und für die Abstände der einzelnen Längseisen untereinander einzuhalten (vgl. auch *Bild 6.2*).

In der *Tabelle 3.6* ist für 2 Überdeckungen angegeben, wie viele Stäbe Längsbewehrung in einem Balken der Breite b einlagig eingebaut werden können.

Betonstahlmatten

Stahlbetonplatten werden im üblichen Hochbau nicht mit Stabstahl, sondern mit Betonstahlmatten bewehrt. In der *Tabelle 3.7* ist das aktuell eingeführte Lagermattenprogramm wiedergegeben. Jede Bemessung sollte sich zunächst auf die Verwendung dieser Matten konzentrieren. Bei der Betonstahlindustrie können darüber hinaus Listenmatten mit den jeweiligen statischen Erfordernissen angepassten Querschnittswerten

Tabelle 3.6: Maximale Stabanzahl bei einlagiger Balkenbewehrung für unterschiedliche Betonüberdeckungen (Größtkorn der Zuschläge 15mm)

Balkenbreite b in [cm]	Stabdurchmesser d_s [mm]							Stabdurchmesser d_s [mm]						
	10	12	14	16	20	25	28	10	12	14	16	20	25	28
15	3	3	3	3	2	2	1	2	2	2	2	1	1	1
20	5	5	4	4	4	3	2	3	3	3	3	3	2	2
25	6	6	6	6	5	4	3	5	5	5	4	4	3	3
30	8	8	7	7	6	5	4	7	6	6	6	5	4	3
35	10	9	9	8	7	6	5	8	8	8	7	6	5	4
40	11	11	10	10	9	7	6	10	10	9	9	8	6	5
45	13	12	12	11	10	8	7	12	11	11	10	9	7	6
50	15	14	13	13	11	9	8	13	13	12	11	10	8	7
55	16	16	15	14	12	10	9	15	14	13	13	11	9	8
60	18	17	16	15	14	11	9	17	16	15	14	13	10	9
Bügel	gilt bei c_{nom} = 20 mm und $d_{s,Bu}$							gilt bei c_{nom} = 40 mm und $d_{s,Bu}$						
$d_{s,Bu}$	≤ 8	≤ 8	≤ 8	≤ 8	≤ 10	≤ 12	≤ 16	≤ 8	≤ 8	≤ 8	≤ 8	≤ 10	≤ 12	≤ 16

hergestellt werden. Das wird mit größer werdenden Abnahmemengen wirtschaftlich.

R-Matten enthalten die statisch wirksame Biegebewehrung nur in einer Richtung. Orthogonal dazu ist konstruktiv geforderte Mindestbewehrung angeordnet (Ø 6, Abstand 250 mm). Dieser Mattentyp wird eingesetzt, wenn eine einachsige Tragwirkung vorliegt. Das ist z.B. bei der Aufnahme von Stützmomenten über Wänden gegeben.

Q-Matten enthalten in beiden Richtungen die gleiche Bewehrungsmenge. Sie werden deshalb in Stahlbetonplatten mit zweiachsiger Tragwirkung eingesetzt.

Bild 3.15: Betonstahlmatten auf der Baustelle

Die Mattenbezeichnung Q 524A bedeutet:

Q:	Biegebewehrung für zweiachsige Lastabtragung
524:	Stahlquerschnitt je Tragrichtung 5,24 cm²/m

3.4.3   Querschnitte von Bügelbewehrungen

In dem *Bild 3.14* ist eine Bewehrungsskizze für einen Balken dargestellt. Aus der Querkraftbemessung wird die umlaufende Bügelbewehrung bemessen. Der Bügel ist 2-schnittig .

Die Querschnittswerte von senkrecht eingebauten Bügelbewehrungen ergeben sich aus dem verwendeten Stabdurchmesser d_{sw} und dem Abstand der Bügel s_w untereinander. Sie sind in der *Tabelle 3.8* zusammengestellt.

2-schnittig: Die über die Querschnittshöhe wirkenden Zugkräfte aus Querkraft werden von 2 Stabdurchmessern (links und rechts) aufgenommen.

Tabelle 3.7: Lagermattenprogramm (ab 01.01.2008)

Matten-typ	Querschnitte längs quer [cm²/m]		Länge Breite [m]	Gewicht je Matte je m² [kg]	Stab-abstände [mm]	Stab-durchmesser [mm]
Q188A	1,88			41,7	150	6,0
		1,88		3,02	150	6,0
Q257A	2,57			56,8	150	7,0
		2,57		4,12	150	7,0
Q335A	3,35		6,00	74,3	150	8,0
		3,35	2,30	5,38	150	8,0
Q424A	4,24			84,4	150	9,0
		4,24		6,12	150	9,0
Q524A	5,24			100,9	150	10,0
		5,24		7,31	150	10,0
Q636A	6,36		6,00	132,9	100	9,0
		6,28	2,35	9,36	125	10,0
R188A	1,88			33,6	150	6,0
		1,13		2,43	250	6,0
R257A	2,57			41,2	150	7,0
		1,13		2,99	250	6,0
R335A	3,35		6,00	50,2	150	8,0
		1,13	2,30	3,64	250	6,0
R424A	4,24			67,2	150	9,0
		2,01		4,87	250	8,0
R524A	5,24			75,7	150	10,0
		2,01		5,49	250	8,0

3.4.4 Das Grundmaß der Verankerungslänge [cm]

Das Grundmaß der Verankerungslänge l_b kennzeichnet die Länge, die erforderlich ist, die Zugkraft eines bis zur Fließgrenze f_{yd} ausgenutzten Betonstahls über Verbundspannungen σ_{bd} in den umgebenden Beton zu übertragen

Das Maß l_b ist abhängig von dem Stabdurchmesser d_s, der Betongüte und der Verbundbedingung (vgl. *Bild 3.13* und *Tabelle 3.9*):

Tabelle 3.8: Querschnittswerte je Längeneinheit [cm^2/m] zweischnittiger Bügel

Abstand s_w cm	Bügeldurchmesser d_{sw} [mm]						Bügel pro m -
	6	8	10	12	14	16	
6,0	9,42	16,76	26,18	37,70	51,31	67,02	16,7
7,0	8,08	14,36	33,44	32,31	43,98	57,45	14,3
7,5	7,54	13,40	20,94	30,16	41,05	53,62	13,3
8,0	7,07	12,57	19,63	28,27	38,48	50,27	12,5
9,0	6,28	11,17	17,45	25,13	34,21	44,68	11,1
10,0	5,65	10,05	15,71	22,62	30,79	40,21	10,0
12,5	4,52	8,04	12,57	18,10	24,63	32,17	8,0
15,0	3,77	6,70	10,47	15,08	20,53	26,81	6,7
20,0	2,83	5,03	7,85	11,31	15,39	20,11	5,0
25,0	2,26	4,02	6,28	9,05	12,32	16,08	4,0
30,0	1,86	3,35	5,24	7,54	10,26	13,40	3,3

Tabelle 3.9: Das Grundmaß der Verankerungslänge l_b [mm] für Normalbeton (C 12/15 bis C 50/60)

Beton- güte	Verbund- bedingung	Stabdurchmesser d_s in mm								
		6	8	10	12	14	16	20	25	28
C 12/15	gut	40	53	66	79	92	105	132	165	184
	mäßig	56	75	94	113	132	150	188	235	263
C 16/20	gut	33	43	54	65	76	87	109	136	152
	mäßig	47	62	78	93	109	124	155	194	217
C 20/25	gut	28	37	47	56	66	75	94	117	131
	mäßig	40	54	67	80	94	107	134	167	187
C 25/30	gut	24	32	40	48	57	65	81	101	113
	mäßig	35	46	58	69	81	92	115	144	161
C 30/37	gut	21	29	36	43	50	57	71	89	100
	mäßig	31	41	51	61	71	82	102	128	143
C 35/45	gut	19	26	32	39	45	52	64	81	90
	mäßig	28	37	46	55	64	74	92	115	129
C 40/50	gut	18	24	30	35	41	47	59	74	83
	mäßig	25	34	42	51	59	67	84	105	118
C 45/55	gut	16	22	27	33	38	44	55	68	76
	mäßig	23	31	39	47	55	62	78	97	109
C 50/60	gut	15	20	25	31	36	41	51	64	71
	mäßig	22	29	36	44	51	58	73	91	102

4 Bemessung im Grenzzustand der Tragfähigkeit (GZT)

4.1 Biegung mit Normalkraft in Balken und Platten

Es werden Stahlbetonbauteile mit einfachsymmetrischen Querschnitten betrachtet, die durch einachsige Biegung mit Normalkraft beansprucht werden. Die Bemessungsschnittgrößen (M_{Ed} und N_{Ed}) werden als bekannt vorausgesetzt.

Die Eigenschaften der verwendeten Baustoffe wurden im *Kapitel 3* erläutert. Die Materialkennwerte, mit denen anschließend die Tragwiderstände ermittelt werden, sind für Betonstahl und Beton in den *Tabellen 3.2* und *3.3* zusammengestellt.

4.1.1 Grundlagen

In dem nachfolgend erläuterten Bemessungsverfahren wird die Gültigkeit der Bernoulli-Hypothese vorausgesetzt (vgl. *Bild 4.2*).

Bernoulli-Hypothese ↔ Ebenbleiben der Querschnitte:
Ebene, senkrecht zur Balkenachse geführte Schnitte verbleiben auch im verformten Balken senkrecht und eben.
Sie verdrehen sich lediglich!

Diese Annahme gilt für Stahlbetonbalken, deren Stützweite L ein Vielfaches ihrer Querschnittshöhe h ist ($L \geq 4 \cdot h$).

Die in der Stahlbetonbemessung verwendeten Bezeichnungen werden anhand *Bild 4.1* erläutert:

Durch Biegung wird ein Rand des Querschnittes gedrückt (2) und der gegenüberliegende Rand wird gezogen (1). Die statisch wirksamen Lagen der Längsbewehrung A_{s1} und (ggf.) A_{s2} verlaufen parallel zur Achse des Stahlbetonbalkens und sind randnah eingebaut. Die Betonüberdeckungen d_1 und d_2 geben den Abstand des Schwerpunktes der Bewehrungslagen vom Rand an. Sie ergeben sich aus der Expositionsklasse und den Anforderungen an die Dauerhaftigkeit des Bauteils (vgl. *Tabelle 6.1*).

Die Konstruktionshöhe des Trägers wird mit h bezeichnet. Der Abstand zwischen dem gedrückten Querschnittsrand (2) und dem Schwerpunkt der Zug-Bewehrung A_{s1} ist die statische Höhe d. Die Betondruckzone hat die Breite b und die Höhe x. Sie kann durch Druckbewehrung A_{s2} verstärkt werden.

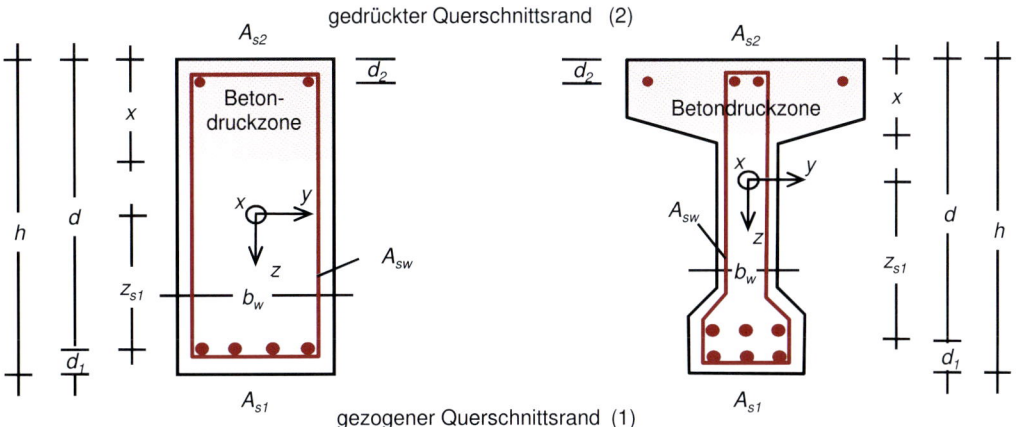

Bild 4.1: Bezeichnungen in der Stahlbetonbemessung — Rechteck- und beliebige Querschnitte

Die Lagen der Längsbewehrung A_{s1} (am gezogenen Rand) und A_{s2} (am gedrückten Rand) werden durch so genannte Bügel umschlossen. Der Abstand des Schwerpunktes der Längsbewehrung vom Rand wird mit Betonüberdeckung d_1 bzw. d_2 bezeichnet.

Im *Abschnitt 4.2* wird gezeigt, dass sich der Querschnitt der Bügelbewehrung A_{sw} aus der Querkraftbelastung des Balkens ergibt.

Im Rahmen von Vorbemessungen im üblichen Hochbau kann für die Betonüberdeckungen der Längsbewehrung eines Balkens vereinfachend angenommen werden:
$$d_1 = d_2 = 5 \text{ cm}$$

Die Bemessungsschnittgrößen N_{Ed} und M_{Ed} werden bei der Schnittgrößenermittlung immer bezogen auf die Koordinaten der Schwerachse (x, y, z) des Querschnitts errechnet. Für das Bemessungsverfahren werden sie auf die Schwerpunktlage der Bewehrung A_{s1} bezogen. Das Moment M_{Eds} ergibt sich:

$$M_{Eds} \quad = \quad M_{Ed} - N_{Ed} \cdot z_{s1} \tag{4.1}$$

Im gesamten Querschnitt wird ein vollständiger Verbund zwischen dem Betonstahl und dem umgebenden Beton angenommen, sodass sich an den Bewehrungslagen die gleichen Querschnittsverzerrungen einstellen:

$$\epsilon_s = \epsilon_c \qquad \text{bei } A_{s1} \text{ und } A_{s2}$$

Für die Herleitung des Bemessungsverfahrens wird zunächst Beton der Güteklassen C 12/15 bis C 50/60 betrachtet. Der gedrückte Betonrand ist maximal gestaucht (ϵ_{c2u}). In der Druckzone ergibt sich dann für die Betonspannungen das Parabel-Rechteck-Diagramm nach *Bild 3.6*.

Die untenliegende Zugbewehrung A_{s1} wird gedehnt. Die Dehnung ist abhängig von der Höhe der Betondruckzone x und begrenzt ($\epsilon_{s1} \leq 25\,‰$). Die Festigkeit des Betonstahls f_{yd} wird ausgenutzt, wenn seine Dehnung (oder Stauchung), mindestens $2,174\,‰$ beträgt. Es ergeben sich dann im Stahlbetonquerschnitt folgende innere Kräfte, die in dem *Bild 4.2* qualitativ dargestellt sind:

• Bemessungswert der Beton-Druckkraft D_{cd}:
  Dieser Wert errechnet sich aus der Integration der Betonspannungen über die Druckzone A_c^-. Die Resultierende greift mit dem Abstand z (Hebelarm der inneren Kräfte) von der Bewehrungslage A_{s1} an.

$$D_{cd} = \int\limits_{A_c^-} \sigma_c(x, z^*) \cdot \mathrm{d}y \cdot \mathrm{d}z^* \tag{4.2}$$

$$z = d - z_0 = d - \frac{\int\limits_{A_c^-} z^* \cdot \sigma_c(x, z^*) \cdot \mathrm{d}y \cdot \mathrm{d}z^*}{D_{cd}} \tag{4.3}$$

• Bemessungswert der Stahl-Zugkraft Z_{sd}:
  Diese Kraft wird von der in der Zugzone liegenden Bewehrung A_{s1} aufgenommen. Die Stahlspannung σ_{s1d}, die sich aufgrund der Dehnung einstellt, ergibt sich nach *Bild 3.10*. Vereinfachend und auf sicherer Seite liegend wird nach Erreichen der Fließgrenze mit der konstant bleibenden Bemessungs-Fließspannung f_{yd} gerechnet.

$$Z_{sd} = A_{s1} \cdot \sigma_{s1d} \approx A_{s1} \cdot f_{yd} \tag{4.4}$$

• Bemessungswert der Stahl-Druckkraft D_{sd}:
  Die Biegedruckbewehrung A_{s2} wird wie der umgebende Beton gestaucht. Die Stahldruckspannung ergibt sich analog *Bild 3.10*.

$$D_{sd} = A_{s2} \cdot \sigma_{s2d} \qquad\qquad |\epsilon_{s2} \leq 2,174\,‰| \tag{4.5}$$

$$D_{sd} = A_{s2} \cdot f_{yd} \qquad\qquad |\epsilon_{s2} > 2,174\,‰| \tag{4.6}$$

M_{Rds} ist wie M_{Eds} bezogen auf die Schwerpunktlage der Zugbewehrung A_{s1} angegeben.

Mit diesen inneren Kräften kann der Bemessungswiderstand des Stahlbetonquerschnittes gegenüber Biegebeanspruchung M_{Rds} und Normalkraft N_{Rd} errechnet werden. Der Querschnitt ist nachgewiesen, wenn diese Bemessungswiderstände größer als die Bemessungseinwirkungen M_{Eds} und N_{Ed} sind.

$$M_{Rds} = D_{cd} \cdot z + D_{sd} \cdot (d - d_2) \qquad\qquad \geq M_{Eds} \tag{4.7}$$

$$N_{Rd} = Z_{sd} - D_{cd} - D_{sd} \qquad\qquad \geq N_{Ed} \tag{4.8}$$

Der Tragwiderstand eines Stahlbetonquerschnitts gegenüber Biegung mit Normalkraft wird durch ein inneres Kräftepaar erreicht, das mit dem Hebelarm z wirkt.
   Beton-Druckkraft D_{cd} Stahl-Zugkraft Z_{sd}

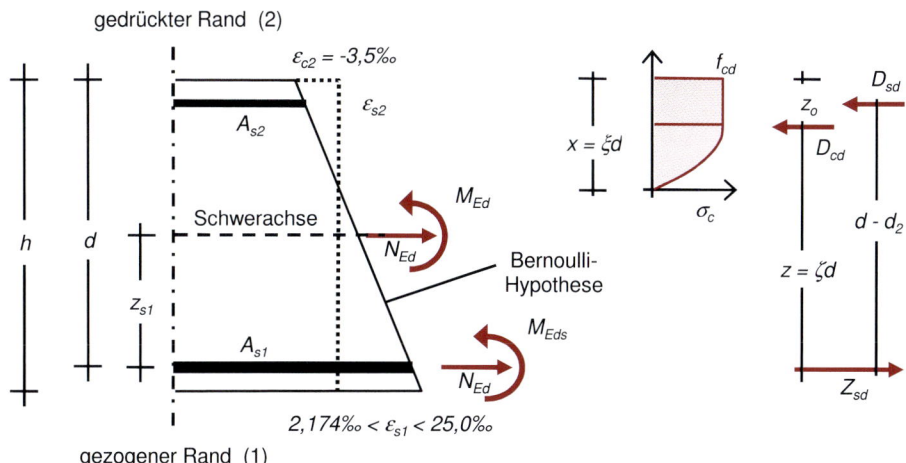

Bild 4.2: Bernoulli-Hypothese, Querschnittsverzerrung und innere Kräfte

Die Beton-Druckkraft kann ggf. durch Druckbewehrung verstärkt werden. In der folgenden Nachweisführung wird die Höhe der Betondruckzone x und der Hebelarm der inneren Kräfte z als ein Vielfaches der Querschnittshöhe d dargestellt. Es ergeben sich damit die dimensionslosen Bemessungsparameter ξ und ζ.

$$x = \xi \cdot d \quad \text{und} \quad z = \zeta \cdot d \tag{4.9}$$

Die Tragfähigkeit eines Stahlbetonquerschnitts ist gegeben, wenn sowohl die auf den Beton als auch die auf den Betonstahl wirkenden Kräfte aufgenommen werden können. Der Nachweis erfolgt deshalb zweistufig. In der Regel wird beim Entwurf eines neuen Bauteils seine Querschnittsgeometrie solange variiert, bis die Betondruckzone ausreicht, um das Moment M_{Eds} aufzunehmen. Daran anschließend wird die dafür erforderliche Bewehrungsmenge ermittelt.

Eine zentrale Rolle in der Nachweisführung nimmt die Höhe der Betondruckzone x ein. Sie ist einerseits zu begrenzen, um die theoretischen Voraussetzungen für die Ermittlung der Schnittgrößen zu erfüllen (vgl. *Abschnitt 2.3*), andererseits sind wirtschaftliche Gründe zu berücksichtigen:

- Sicherstellung der Rotationsfähigkeit: $x \leq 0,25 \cdot d$
  Randbedingung für die maximale Momentenumlagerung und Sonderfall für die Bemessung nach Plastizitätstheorie.

- Regelfall der Bemessung des Biegebalkens: $x \leq 0,45 \cdot d$
  Überschreitet die Höhe der Betondruckzone diesen Grenzwert in Bie-

geträgern, so wird eine linear-elastische Ermittlung der Schnittgrößen zunehmend problematisch und es ist eine besondere Bewehrung zur Umschnürung der Betonbiegedruckzone erforderlich (DIN
1045-1, 13.1.1 (5)).

- Maximale Tragfähigkeit des Querschnitts: $x \leq 0,617 \cdot d$
  Mit zunehmender Momentenbelastung vergrößert sich die Betondruckzone x und die Stahldehnung ϵ_{s1} verringert sich. Sie erreicht
  bei diesem Grenzwert die Streckgrenze von $2,174$ ‰. Bei größeren
  Betondruckzonen wird sie nicht mehr erreicht, die Zugspannung in
  der Bewehrung verringert sich; die Festigkeit des Stahls wird nicht
  mehr ausgenutzt und die Konstruktion wird dadurch unwirtschaftlich.

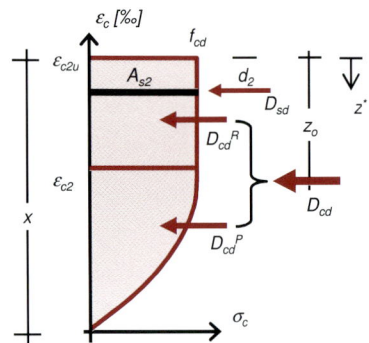

Bild 4.3: Betondruckzone —
Bezeichnungen

4.1.2 Rechteckige Betondruckzone (Normalbeton C 12/15 bis C 50/60)

Die exakte Integration der Betondruckspannungen mit der Bestimmung
der Schwerpunktlage ihrer Resultierenden ist bei beliebig umrandeten
Druckzonen aufwändig. Für die rechteckige Druckzone mit der Höhe x
und der Breite b können aber Bemessungsformeln angegeben werden,
die auch für eine Handrechnung geeignet sind.

Mit den Stauchungsgrößen ϵ_{c2} und ϵ_{c2u} (vgl. *Tab. 3.3*) ergibt sich:

- Die Beton-Druckkraft D_{cd} setzt sich aus einem Rechteck- und einem
  Parabelanteil zusammen.

$$
\begin{aligned}
D_{cd} &= D_{cd}^R + D_{cd}^P \\
&= \frac{\epsilon_{c2u} - \epsilon_{c2}}{\epsilon_{c2u}} \cdot x \cdot b \cdot f_{cd} + \frac{\epsilon_{c2}}{\epsilon_{c2u}} \cdot \frac{2}{3} \cdot x \cdot b \cdot f_{cd}
\end{aligned} \tag{4.10}
$$

- Für die Schwerpunktlage der Beton-Druckkraft z_o ergibt sich – gemessen vom Druckrand – entsprechend:

$$
z_0 = \frac{D_{cd}^R}{D_{cd}} \cdot \frac{\epsilon_{c2u} - \epsilon_{c2}}{2 \cdot \epsilon_{c2}} + \frac{D_{cd}^P}{D_{cd}} \cdot \left(\frac{\epsilon_{c2u} - \epsilon_{c2}}{\epsilon_{c2u}} + \frac{\epsilon_{c2}}{\epsilon_{c2u}} \cdot \frac{3}{8} \right) \tag{4.11}
$$

Nachfolgend soll der vorwiegend verwendete Beton der Güten C 12/15
bis C 50/60 behandelt werden. Hierfür sind die Stauchungswerte konstant:

$$\epsilon_{c2} = 2,0\text{‰} \qquad\qquad \text{und} \qquad\qquad \epsilon_{c2u} = 3,5\text{‰}$$

Für Bemessung von Beton höherer
Festigkeitsklassen und von Leichtbeton variieren die Stauchungswer-
te ϵ_{c2} und ϵ_{c2u} in Abhängigkeit von
der Festigkeitsklasse. Die Vorge-
hensweise ist vollkommen analog.
In der *Tabelle C.1* des Anhangs ist
als Beispiel ein Bemessungshilfs-
mittel für einen C 70/85 wiedergegeben.

Aus diesen Vorgaben errechnet sich die Beton-Druckkraft D_{cd} mit ihrer
Schwerpunktlage z_0: Nach dem Einsetzen in die *Gl. (4.10)* und *Gl. (4.11)*
sowie mehreren Umformungen ergibt sich:

$$D_{cd} = \frac{17}{21} \cdot x \cdot b \cdot f_{cd} \tag{4.12}$$

$$z_0 = \frac{99}{238} \cdot x \tag{4.13}$$

Nach Einführung der dimensionslosen Größe ξ für die Höhe der Betondruckzone (nach *Gl. (4.9)*) ergibt sich für den Hebelarm der inneren Kräfte z schließlich:

$$z = d - z_0 = d - \frac{99}{238} \cdot x = \left(1 - \frac{99}{238} \cdot \xi\right) \cdot d = \zeta \cdot d \qquad (4.14)$$

Für den Hebelarm der inneren Kräfte z ist im Stahlbetonbau ein Näherungswert gebräuchlich, auf den nachfolgend häufig zurückgegriffen werden wird:

$$z \approx 0,9 \cdot d \qquad (4.15)$$

Unter der Voraussetzung, dass die maximal mögliche Betonstauchung ϵ_{c2u} am gedrückten Querschnittsrand erreicht wird, kann jetzt ein effizientes Bemessungsverfahren abgeleitet werden: Für jede zulässige Höhe der Betondruckzone ξ (bzw. x) kann das vom Beton und der Druckbewehrung D_{sd} aufzunehmende einwirkende Moment M_{Eds} ermittelt werden.

$$
\begin{aligned}
M_{Eds} &= & D_{cd} \cdot \zeta \cdot d & + & D_{sd} \cdot (d - d_2) \\
&= & \left(\frac{17}{21} \cdot \xi - \frac{33}{98} \cdot \xi^2\right) \cdot bd^2 f_{cd} & + & \Delta M
\end{aligned}
\qquad (4.16)
$$

Die Dehnung des Bewehrungsstahls in der Zugzone des Querschnitts errechnet sich geometrisch über den Strahlensatz. Sie ist zu begrenzen:

$$\epsilon_{s1} = \frac{\xi}{1 - \xi} \cdot \epsilon_{c2u} \leq 25\,\text{‰} \qquad\qquad \epsilon_{c2u} = 3,5\,\text{‰} \qquad (4.17)$$

Die von dem Querschnitt aufzunehmende einwirkende Normalkraft N_{Ed} errechnet sich aus einer Gleichgewichtsbedingung (vgl. *Bild 4.2*)

$$
\begin{aligned}
N_{Ed} &= & -D_{cd} & - & D_{sd} & + & Z_{sd} \\
&= & -\frac{17}{21} \cdot \xi \cdot bd \cdot f_{cd} & - & A_{s2} \cdot \sigma_{sd} & + & A_{s1} \cdot f_{yd}
\end{aligned}
\qquad (4.18)
$$

Für den weiteren Verlauf der Herleitung werden die beiden dimensionslosen Bemessungsparameter μ_{Eds} und ω_1 definiert.

$$
\begin{aligned}
\mu_{Eds} &= \frac{M_{Eds}}{b \cdot d^2 \cdot f_{cd}} = \frac{M_{Ed} - N_{Ed} \cdot z_{s1}}{b \cdot d^2 \cdot f_{cd}} & (4.19) \\
\omega_1 &= \frac{17}{21} \cdot \xi & (4.20)
\end{aligned}
$$

Nachfolgend werden aus den bisher hergeleiteten Gleichungen Bemessungsverfahren ohne und mit Druckbewehrung entwickelt.

4.1.2.1 ... ohne Druckbewehrung

Es soll zunächst auf die Berücksichtigung der Druckbewehrung verzichtet werden. Damit ergibt sich aus *Gl. (4.16)* eine quadratische Gleichung zur Bestimmung der Druckzone ξ. Mit dem dimensionslosen Bemessungsparameter *Gl. (4.19)* ergibt sich:

$$0 = -\frac{33}{98} \cdot \xi^2 + \frac{17}{21} \cdot \xi - \frac{M_{Eds}}{b \cdot d^2 \cdot f_{cd}}$$

$$0 = -\frac{33}{98} \cdot \xi^2 + \frac{17}{21} \cdot \xi - \mu_{Eds} \tag{4.21}$$

Entsprechend ergibt sich, nachdem die Höhe der Betondruckzone ξ bestimmt ist, aus *Gl. (4.18)* und *Gl. (4.20)* der dann erforderliche Querschnitt der Längsbewehrung A_{s1}.

$$A_{s1} = \frac{17}{21} \cdot \xi \cdot \frac{bd}{f_{yd}/f_{cd}} + \frac{N_{Ed}}{f_{yd}}$$

$$= \omega_1 \cdot \frac{bd}{f_{yd}/f_{cd}} + \frac{N_{Ed}}{f_{yd}} \tag{4.22}$$

Alternativ kann die Bewehrungsmenge auch direkt mit dem Hebelarm der inneren Kräfte berechnet werden:

$$A_{s1} = \frac{1}{f_{yd}} \left(\frac{M_{Eds}}{z} + N_{Ed} \right) \tag{4.23}$$

Für die Aufbereitung der Bemessungsgleichungen *Gl. (4.21)* und *Gl. (4.22)* sind 3 Verfahren gebräuchlich, die hier vorgestellt werden.

Das Allgemeine Bemessungsdiagramm

In Abhängigkeit von dem Parameter μ_{Eds} werden die Höhe der Betondruckzone $x = \xi \cdot d$, der Hebelarm der inneren Kräfte $z = \zeta \cdot d$ sowie die Dehnungs- und Stauchungswerte der Bewehrungslagen (ϵ_{s1}, ϵ_{s2}) ermittelt und graphisch dargestellt (vgl. *Bild 4.4*).

Die dimensionslose μ_{Eds}-Bemessungstabelle

In der *Tabelle 4.1* sind die Bemessungsgleichungen tabellarisch ausgewertet. Jedem aufzunehmenden dimensionslosen Biegemoment μ_{Eds} sind die Parameter ξ, ζ, ϵ_{s1} sowie die Größe ω_1 zur Bestimmung des Bewehrungsquerschnitts zugeordnet.

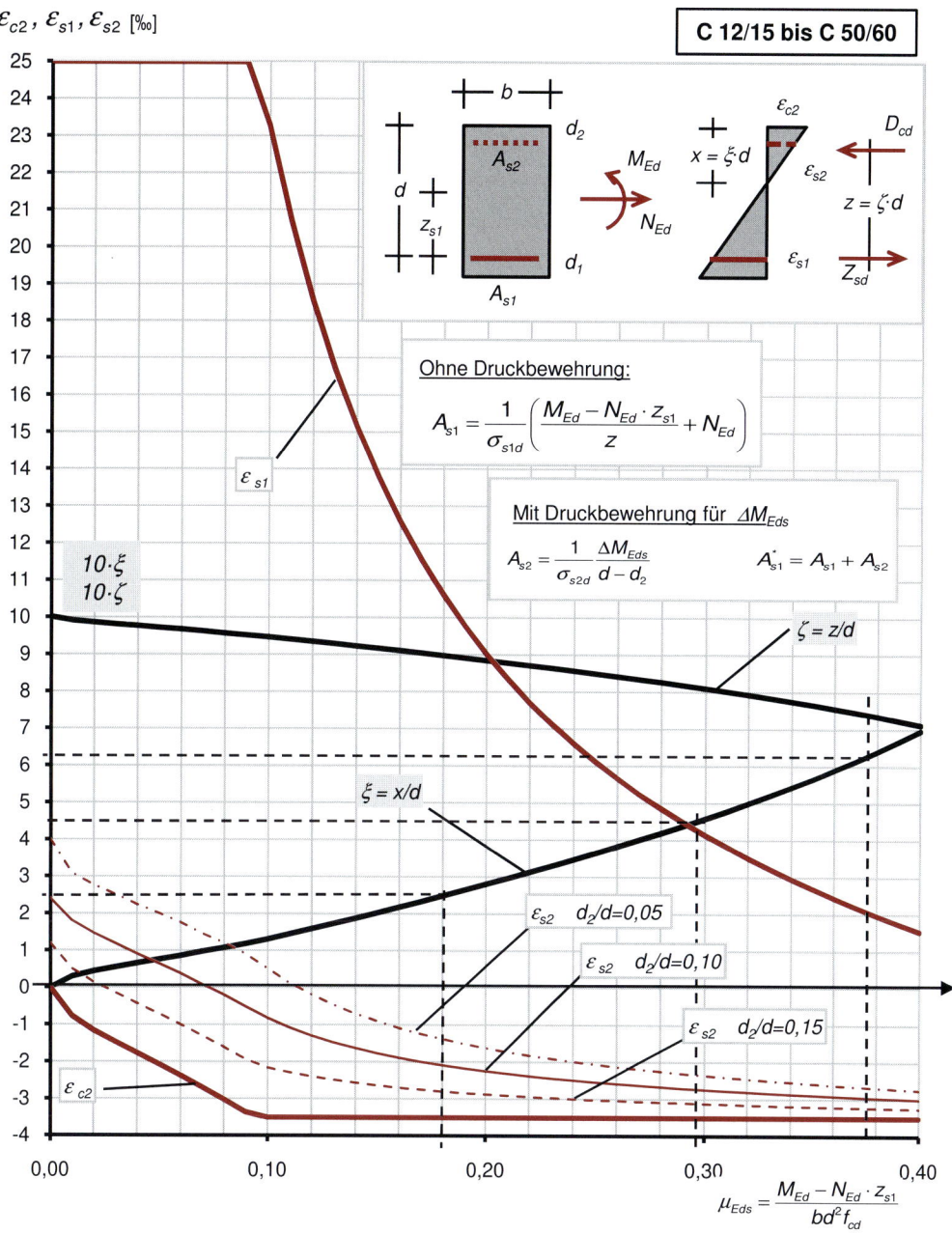

Bild 4.4: Allgemeines Bemessungsdiagramm (C 12/15 bis C 50/60)

In der Regel werden zur Bemessung die Spannungen im Betonstahl bei Dehnungen (oder Stauchungen), die größer als der Bemessungswert der Fließgrenze sind, vereinfachend als konstant f_{yd} angenommen. In der *Tab. 4.1* sind in der Spalte σ_{s1d} die Spannungen angegeben, die unter Berücksichtigung der Verfestigung bei größeren Dehnungen ansetzbar sind (vgl. *Bild 3.10*; ansteigender Ast der Spannungs-Dehnungslinie).

Die dimensionsgebundene k_d–Bemessungstabelle

Es ist für die ständige und vorübergehende Bemessungssituation entwickelt. Ausgangspunkt ist eine umgestellte μ_{Eds}-Gleichung, in der die entsprechenden Bemessungsspannungen des Betons f_{cd} und des Betonstahls f_{yd} in ihrer absoluten Größe eingesetzt werden.

$$\sqrt{\left(\frac{1}{\mu_{Eds}}\right)} \;=\; \frac{d \cdot \sqrt{f_{cd}}}{\sqrt{M_{Eds}/b}}$$

Um handhabbare Zahlenwerte zu erreichen, werden die dimensionsgebundenen Parameter k_d und k_s definiert.

$$k_d \;=\; \frac{d\,[\text{cm}]}{\sqrt{M_{Eds}\,[\text{kNm}]/b\,[\text{m}]}} \tag{4.24}$$

$$A_{s1}\,[\text{cm}^2] \;=\; k_s \cdot \frac{M_{Eds}\,[\text{kNm}]}{d\,[\text{cm}]} + \frac{N_{Ed}\,[\text{kN}]}{43,5} \tag{4.25}$$

In der *Tabelle 4.2* sind die oberen Gleichungen spaltenweise für die Betonfestigkeitsklassen C 12/15 bis C 50/60 ausgewertet.

4.1.2.2   ...mit Druckbewehrung

Unter den einwirkenden Schnittgrößen M_{Ed} und N_{Ed} staucht sich die in der Druckzone verlegte Bewehrung A_{s2}. Sie staucht sich wie der umgebende Beton. Es ergibt sich damit (vgl. *Bild 4.2*) ein zusätzliches, durch die Druckbewehrung aufnehmbares Biegemoment ΔM:

$$\Delta M \;=\; D_{sd} \cdot (d - d_2) \;=\; A_{s2} \cdot \sigma_{sd} \cdot (d - d_2) \tag{4.26}$$

Das insgesamt aufnehmbare Biegemoment M_{Eds} ergibt sich dann aus den beiden Anteilen:

$$M_{Eds} \;=\; M_{Eds,lim} + \Delta M$$

Wobei $M_{Eds,lim}$ per Definition das – für eine vorgegebene Betondruckzone – aus dem Kräftepaar Betondruckkraft D_{cd} und Stahl-Zugkraft Z_{sd} resultierende Moment ist (vgl. *Gl. (4.21)*).

Tabelle 4.1: Bemessung für rechteckige Beton-Druckzone C12/16 bis C50/60 (ohne Druckbewehrung)

μ_{Eds}	ω_1	ξ	ζ	ϵ_{c2}	ϵ_{s1}	f_{yd}	σ_{s1d}
[-]	[-]	[-]	[-]	[‰]	[‰]	kN/cm²	kN/cm²
0,01	0,0101	0,030	0,990	-0,77	25,00	43,5	45,7
0,02	0,0203	0,044	0,985	-1,15	25,00	43,5	45,7
0,03	0,0306	0,055	0,980	-1,46	25,00	43,5	45,7
0,03	0,0410	0,066	0,976	-1,76	25,00	43,5	45,7
0,05	0,0515	0,076	0,971	-2,06	25,00	43,5	45,7
0,06	0,0621	0,086	0,967	-2,37	25,00	43,5	45,7
0,07	0,0728	0,097	0,962	-2,68	25,00	43,5	45,7
0,08	0,0836	0,107	0,956	-3,01	25,00	43,5	45,7
0,09	0,0946	0,118	0,951	-3,35	25,00	43,5	45,7
0,10	0,1057	0,131	0,946	-3,50	23,29	43,5	45,5
0,11	0,1170	0,145	0,940	-3,50	20,71	43,5	45,2
0,12	0,1285	0,159	0,934	-3,50	18,55	43,5	45,0
0,13	0,1401	0,173	0,928	-3,50	16,73	43,5	44,9
0,14	0,1518	0,188	0,922	-3,50	15,16	43,5	44,7
0,15	0,1638	0,202	0,916	-3,50	13,80	43,5	44,6
0,16	0,1759	0,217	0,910	-3,50	12,61	43,5	44,5
0,17	0,1882	0,232	0,903	-3,50	11,55	43,5	44,4
0,18	0,2007	0,248	0,897	-3,50	10,62	43,5	44,3
0,181	0,2024	0,250	0,896	-3,50	10,50	43,5	44,3
0,19	0,2134	0,264	0,890	-3,50	9,78	43,5	44,2
0,20	0,2263	0,280	0,884	-3,50	9,02	43,5	44,1
0,21	0,2395	0,296	0,877	-3,50	8,33	43,5	44,1
0,22	0,2529	0,312	0,870	-3,50	7,71	43,5	44,0
0,23	0,2665	0,329	0,863	-3,50	7,13	43,5	44,0
0,24	0,2804	0,346	0,856	-3,50	6,60	43,5	43,9
0,25	0,2946	0,364	0,849	-3,50	6,12	43,5	43,9
0,26	0,3091	0,382	0,841	-3,50	5,67	43,5	43,8
0,27	0,3239	0,400	0,834	-3,50	5,25	43,5	3,8
0,28	0,3391	0,419	0,826	-3,50	4,86	43,5	43,7
0,29	0,3546	0,438	0,818	-3,50	4,49	43,5	43,7
0,296	0,3643	0,450	0,813	-3,50	4,28	43,5	43,7
0,30	0,3706	0,458	0,810	-3,50	4,15	43,5	43,7
0,31	0,3869	0,478	0,801	-3,50	3,82	43,5	43,6
0,32	0,4038	0,499	0,793	-3,50	3,52	43,5	43,6
0,33	0,4211	0,520	0,784	-3,50	3,23	43,5	43,6
0,34	0,4391	0,542	0,774	-3,50	2,95	43,5	43,6
0,35	0,4576	0,565	0,765	-3,50	2,69	43,5	43,5
0,36	0,4768	0,589	0,755	-3,50	2,44	43,5	43,5
0,37	0,4968	0,614	0,745	-3,50	2,20	43,5	43,5
0,371	0,4994	0,617	0,743	-3,50	2,174	43,5	43,5
0,38	0,5177	0,640	0,734	-3,50	1,97	39,5	39,5
0,39	0,5396	0,667	0,723	-3,50	1,75	35,0	35,0
0,40	0,5627	0,695	0,711	-3,50	1,54	30,7	30,7

f_{yd}, σ_{s1d} : Stahlspannungen ständige und vorübergehende Bemessungssituation

Querschnitt und Schnittgrößen:

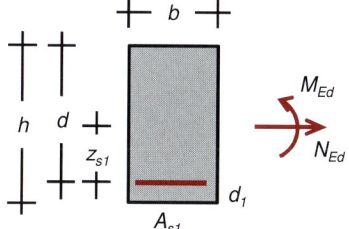

Verzerrungen:

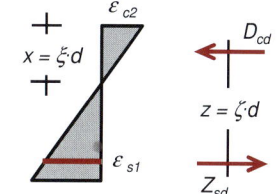

Gleichungen:

$$M_{Eds} = M_{Ed} - N_{Ed} \cdot z_{s1}$$

$$\mu_{Eds} = \frac{M_{Eds}}{b \cdot d^2 \cdot f_{cd}}$$

$$A_{s1} = \omega_1 \cdot \frac{b \cdot d}{\sigma_{s1d}/f_{cd}} + \frac{N_{Ed}}{\sigma_{s1d}}$$

$$\leq \omega_1 \cdot \frac{b \cdot d}{f_{yd}/f_{cd}} + \frac{N_{Ed}}{f_{yd}}$$

$$Z_{sd} = A_{s1} \cdot \sigma_{s1d} \leq A_{s1} \cdot f_{yd}$$

$$D_{cd} = \omega_1 \cdot b \cdot d \cdot f_{cd}$$

4

Tabelle 4.2: Dimensionsgebundene Bemessungstabelle (k_d-Verfahren)

$$k_d = \frac{d \text{ [cm]}}{\sqrt{M_{Eds} \text{ [kNm]}/b \text{ [m]}}} \qquad A_s \text{ [cm}^2] = k_s \cdot \frac{M_{Eds} \text{ [kNm]}}{d \text{ [m]}} + \frac{N_{Ed} \text{ [kN]}}{43,5}$$

k_d für Betonfestigkeitsklasse									k_s	ξ	ζ	ϵ_{c2} ‰	ϵ_{s1} ‰
12/15	16/20	20/25	25/30	30/37	35/45	40/50	45/55	50/60					
14,37	12,44	11,13	9,95	9,09	8,41	7,87	7,42	7,04	2,32	0,025	0,991	-0,64	25,00
7,90	6,48	6,12	5,47	5,00	4,63	4,33	4,08	3,87	2,34	0,048	0,983	-1,26	25,00
5,87	5,08	4,55	4,07	3,71	3,44	3,22	3,03	2,88	2,36	0,069	0,975	-1,84	25,00
4,94	4,27	3,82	3,42	3,12	2,89	2,70	2,55	2,42	2,38	0,087	0,966	-2,38	25,00
4,38	3,80	3,40	3,04	2,77	2,57	2,40	2,26	2,15	2,40	0,104	0,958	-2,89	25,00
4,00	3,47	3,10	2,78	2,53	2,35	2,20	2,07	1,96	2,42	0,120	0,950	-3,40	25,00
3,63	3,14	2,81	2,61	2,29	2,12	1,99	1,87	1,78	2,45	0,147	0,939	-3,50	20,29
3,35	2,90	2,60	2,32	2,12	1,96	1,84	1,73	1,64	2,48	0,174	0,927	-3,50	16,56
3,14	2,72	2,43	2,18	1,99	1,84	1,72	1,62	1,54	2,51	0,201	0,916	-3,50	13,90
2,97	2,57	2,30	2,06	1,88	1,74	1,63	1,53	1,46	2,54	0,227	0,906	-3,50	11,91
2,85	2,47	2,21	1,97	1,80	1,67	1,56	1,47	1,40	2,57	0,250	0,896	-3,50	10,52
2,72	2,36	2,11	1,89	1,72	1,59	1,49	1,31	1,33	2,60	0,277	0,885	-3,50	9,12
2,62	2,27	2,03	1,82	1,66	1,54	1,44	1,36	1,29	2,63	0,302	0,875	-3,50	8,10
2,54	2,20	1,97	1,76	1,61	1,49	1,39	1,31	1,24	2,66	0,325	0,865	-3,50	7,26
2,47	2,14	1,91	1,71	1,56	1,44	1,35	1,27	1,21	2,69	0,350	0,854	-3,50	6,50
2,41	2,08	1,86	1,67	1,52	1,41	1,32	1,24	1,18	2,72	0,371	0,846	-3,50	5,93
2,35	2,03	1,82	1,63	1,49	1,38	1,29	1,21	1,15	2,75	0,393	0,836	-3,50	5,40
2,28	1,98	1,77	1,58	1,44	1,34	1,25	1,18	1,12	2,79	0,422	0,824	-3,50	4,79
2,23	1,93	1,73	1,54	1,41	1,30	1,22	1,15	1,09	2,83	0,450	0,813	-3,50	4,27
2,18	1,89	1,69	1,51	1,38	1,28	1,19	1,13	1,07	2,87	0,477	0,801	-3,50	3,83
2,14	1,85	1,65	1,48	1,35	1,25	1,17	1,10	1,05	2,91	0,504	0,790	-3,50	3,44
2,10	1,82	1,62	1,45	1,33	1,23	1,15	1,08	1,03	2,95	0,530	0,780	-3,50	3,11
2,06	1,79	1,60	1,43	1,30	1,20	1,13	1,07	1,01	2,99	0,555	0,769	-3,50	2,81
2,03	1,75	1,57	1,40	1,28	1,19	1,11	1,05	0,99	3,04	0,585	0,757	-3,50	2,48
1,99	1,72	1,54	1,38	1,26	1,17	1,09	1,03	0,98	3,09	0,617	0,743	-3,50	2,17

Ständige und vorübergehende Bemessungssituation

Der planmäßige Einbau von Druckbewehrung A_{s2} zur Steigerung der Biegetragfähigkeit ist nur dann sinnvoll, wenn die Druckbewehrung ausgonutzt wird. Dazu muss der Betrag der Stahlstauchung den Wert $\epsilon_{s2} \geq$ 2,174 ‰ erreichen (vgl. *Bild 3.10*). Für die maximal zulässige Betonstauchung ($\epsilon_{c2u} = 3,5$ ‰) ergibt sich aus der Geometrie der Betondruckzone (vgl. *Bild 4.3*) eine entsprechende statische Mindestquerschnittshöhe d.

Mithilfe des Strahlensatzes erhält man unter Berücksichtigung der Überdeckung d_2 und der Höhe der Betondruckzone x:

$$\frac{\xi \cdot d}{\epsilon_{c2u}} = \frac{\xi \cdot d - d_2}{\epsilon_{s2}} \quad \Rightarrow \quad d = \frac{\epsilon_{c2u}}{\epsilon_{c2u} - \epsilon_{s2}} \cdot \frac{d_2}{\xi} \tag{4.27}$$

Ausgewertet für die o.g. Grenzwerte der Betondruckzone ergibt sich für die statische Querschnittshöhe d:

$$\xi = 0,250 \qquad \Rightarrow \qquad d \geq 10,6 \cdot d_2$$
$$\xi = 0,450 \qquad \Rightarrow \qquad d \geq 5,9 \cdot d_2 \qquad (4.28)$$
$$\xi = 0,617 \qquad \Rightarrow \qquad d \geq 4,3 \cdot d_2$$

4.1.3 Beliebige, nicht rechteckige Betondruckzone

Bei einer beliebig umrandeten, nicht rechteckigen Betondruckzone lassen sich wegen der nichtlinearen Spannungs-Stauchungs-Beziehung des Betons i.d.R. keine geschlossenen Bemessungsformeln angeben. Nach DIN 1045-1 kann eine Näherung verwendet werden, die auch für die Handrechnung geeignet ist. Dabei wird in der Druckzone eine konstante Betonspannung, der Spannungsblock, verwendet. Die geometrischen Verhältnisse sind in dem *Bild 4.5* erläutert.

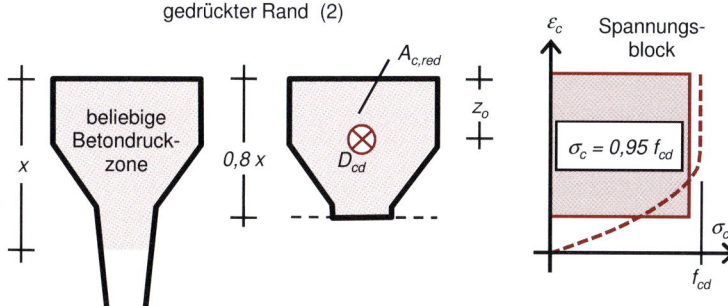

Bild 4.5: Spannungsblock für eine beliebige Betondruckzone

Die Fläche, auf der der Spannungsblock wirkt, ist mit $A_{c,red}$ bezeichnet. Sie wird in ihrer Höhe auf 80 % der Druckzonenhöhe x angenommen. Die ansetzbare Druckspannung ist gegenüber f_{cd} um 5 % reduziert. Die resultierende Beton-Druckkraft D_{cd} greift im Schwerpunkt der Fläche $A_{c,red}$ an. Sie ergibt sich zu:

Anmerkung: Falls sich die Breite der Betondruckzone zum Rand (2) hin verringert, so ist σ_c um weitere 10% abzumindern.

$$D_{cd} = \sigma_c \cdot A_{c,red} = 0,95 \cdot A_{c,red} \cdot f_{cd} \qquad (4.29)$$

Das aufnehmbare Moment M_{Eds} ergibt sich mit dem Hebelarm der inneren Kräfte z:

$$M_{Eds} = D_{cd} \cdot z \qquad (4.30)$$

Die dazugehörige, erforderliche Längsbewehrung A_{s1} errechnet sich nach Umformung aus der Gleichgewichtsbedingung (4.18). Ohne Druckbewehrung ergibt sich:

$$A_{s1} = \frac{D_{cd}}{f_{yd}} + \frac{N_{Ed}}{f_{yd}} \qquad (4.31)$$

4.1.4 Ergänzende Betrachtungen am Plattenbalken

Die mit dem Rechteckquerschnitt durchgeführten Bemessungsbeispiele zeigen, dass ein Stahlbetonbalken dem Grunde nach immer auf zwei Arten versagen kann:

- Die Zugzone versagt. Es ist zuwenig Bewehrungsstahl eingebaut.

- Die Betondruckzone versagt bzw. die Bemessung wird unwirtschaftlich. Das ist immer der Fall, wenn der Bemessungsparameter μ_{Eds} eine Grenze überschreitet. Das ist gleichbedeutet mit der Begrenzung der Höhe der Betondruckzone. Im Einzelnen:

$$\mu_{Eds} = \frac{M_{Eds}}{b \cdot d^2 \cdot f_{cd}} \leq 0,181 \qquad \Leftrightarrow \xi \leq 0,25$$
$$\leq 0,296 \qquad \Leftrightarrow \xi \leq 0,45$$
$$\leq 0,371 \qquad \Leftrightarrow \xi \leq 0,617 \qquad (4.32)$$

Die Ertüchtigung der Zugzone ist unproblematisch. Im Bedarfsfalle wird unter Beachtung der zulässigen Mindestabstände (vgl. *Bild 6.2* und *Gl. (6.3)*) eine mehrlagige Bewehrung angeordnet. Es ist dann lediglich zu berücksichtigen, dass bei gleicher Konstruktionshöhe h sich die statische Höhe d etwas verringert.

Die Tragfähigkeit der Betondruckzone kann auch durch Verwendung höherer Betongüten (f_{cd}) erreicht werden. Das soll aber in diesem Zusammenhang nicht interessieren.

Das Versagen der Betondruckzone lässt sich durch eine angepasste Konstruktion des Querschnitts verhindern. Die Tragfähigkeit der Druckzone vergrößert sich, wenn ihre Fläche vergrößert wird. Bei Rechteckquerschnitten sind die Breite b und/oder die Höhe h entsprechend zu erhöhen.

In der Regel ist die mögliche Bauhöhe d immer beschränkt, da für die Gebäudenutzung meist lichte Höhen einzuhalten sind. Gegen die Erhöhung der Betongüte sprechen herstellungtechnische Gründe (aufwendige Güteüberwachung auf der Baustelle). Die einfachste Möglichkeit, die Druckzone zu verstärken, ist der schon erläuterte Einsatz von Druckbewehrung und/oder ihre Verbreiterung.

Auch das ist ein Grund, warum der Plattenbalken ein so häufig vorkommendes tragendes Stahlbetonbauteil ist. Ergänzend zu den Bezeichnungen am Rechteckquerschnitt wird die Geometrie der obenliegenden Platte eingeführt (Der Index f ist eine Anlehnung an den im Stahlbau gebräuchlichen Begriff *Flansch*):

- $h_f \Rightarrow$ Konstruktionshöhe der Platte

- $b_f \Rightarrow$ Plattenbreite

- $b_w \Rightarrow$ Stegbreite.

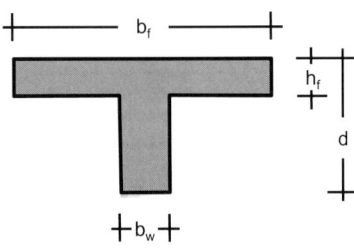

Bild 4.6: Bezeichnungen am Plattenbalken

Tabelle 4.3: Bemessung Plattenbalken (C12/16 bis C50/60)

$$\mu_{Eds} = \frac{M_{Ed} - N_{Ed} \cdot z_{s1}}{b_f \cdot d^2 \cdot f_{cd}} \qquad\qquad A_{s1} = \omega_1 \cdot \frac{b_f \cdot d}{f_{yd}/f_{cd}} + \frac{N_{Ed}}{f_{yd}}$$

μ_{Eds}	$h_f/d = 0,10$		ω_1-Werte für b_f/b_w			$h_f/d = 0,20$		ω_1-Werte für b_f/b_w		
	1	2	3	5	≥ 10	1	2	3	5	≥ 10
0,01	0,0101	0,0101	0,0101	0,0101	0,0101	0,0101	0,0101	0,0101	0,0101	0,0101
0,02	0,0203	0,0203	0,0203	0,0203	0,0203	0,0203	0,0203	0,0203	0,0203	0,0203
0,03	0,0306	0,0306	0,0306	0,0306	0,0306	0,0306	0,0306	0,0306	0,0306	0,0306
0,04	0,0410	0,0410	0,0410	0,0410	0,0410	0,0410	0,0410	0,0410	0,0410	0,0410
0,05	0,0515	0,0515	0,0515	0,0515	0,0515	0,0515	0,0515	0,0515	0,0515	0,0515
0,06	0,0621	0,0621	0,0621	0,0621	0,0621	0,0621	0,0621	0,0621	0,0621	0,0621
0,07	0,0728	0,0728	0,0728	0,0728	0,0728	0,0728	0,0728	0,0728	0,0728	0,0728
0,08	0,0836	0,0836	0,0836	0,0836	0,0836	0,0836	0,0836	0,0836	0,0836	0,0836
0,09	0,0946	0,0946	0,0946	0,0946	0,0945	0,0946	0,0946	0,0946	0,0946	0,0946
0,10	0,1057	0,1058	0,1058	0,1059	0,1060	0,1057	0,1057	0,1057	0,1057	0,1057
0,11	0,1170	0,1173	0,1175	0,1179	0,1192	0,1170	0,1170	0,1170	0,1170	0,1170
0,12	0,1285	0,1292	0,1298	0,1311		0,1285	0,1285	0,1285	0,1285	0,1285
0,13	0,1401	0,1415	0,1427	0,1459		0,1401	0,1401	0,1401	0,1400	0,1400
0,14	0,1518	0,1542	0,1565			0,1518	0,1519	0,1519	0,1519	0,1519
0,15	0,1638	0,1674	0,1712			0,1638	0,1638	0,1638	0,1638	0,1638
0,16	0,1759	0,1812				0,1759	0,1759	0,1758	0,1758	0,1758
0,17	0,1882	0,1955				0,1882	0,1881	0,1881	0,1880	0,1880
0,18	0,2007	0,2106				0,2007	0,2007	0,2007	0,2006	0,2006
0,19	0,2134	0,2266				0,2134	0,2137	0,2139	0,2141	0,2149
0,20	0,2263					0,2263	0,2272	0,2278	0,2290	
0,21	0,2395					0,2395	0,2413	0,2427		
0,22	0,2529					0,2529	0,2560	0,2589		
0,23	0,2665					0,2665	0,2715			
0,24	0,2804					0,2804	0,2879			
0,25	0,2946					0,2946				
0,26	0,3091					0,3091				
0,27	0,3240					0,3240				
0,28	0,3391					0,3391				
0,29	0,3546					0,3546				
0,30	0,3706					0,3706				
0,31	0,3870					0,3870				
0,32	0,4038					0,4038				
0,33	0,4212					0,4212				
0,34	0,4391					0,4391				
0,35	0,4577					0,4577				
0,36	0,4769					0,4769				
0,37	0,4969					0,4969				

farbige Zellen kennzeichnen Druckzonenhöhen mit $\xi > 0,45$

Für die Bemessung des Querschnittstyps Plattenbalken stehen Tabellen zur Verfügung. Sie basieren auf der exakten Lösung der *Gleichungen (4.2)* und *(4.3)*. Sie benutzen ebenfalls die schon bekannten dimensionslosen Parameter μ_{Eds} und ω_1.

So lange sich die Druckzone x ausschließlich in der Platte befindet, kann die Bemessung nach *Tabelle 4.1* erfolgen. Ragt sie teilweise in den Steg hinein, so ist sie ist nicht mehr rechteckig. Die Integration der Betondruckspannungen liefert dann entsprechend modifizierte dimensionslose Parameter μ_{Eds} und ω_1.

Die Auswertung erfolgt für die geometrischen Querschnittsverhältnisse d/h_f und b_f/b_w. In der *Bemessungstabelle 4.3* können die Parameter μ_{Eds} und ω_1 entsprechend abgelesen werden. Die farbig markierten Zellen kennzeichnen Beanspruchungsbereiche, in denen die Höhe der Betondruckzone den Wert $\xi = 0,45$ überschreitet.

4.1.5 Beispiele zur Bemessung auf Biegung mit Normalkraft

Die Nachweisführung für einen Querschnitt im Grenzzustand der Tragfähigkeit unter einer Beanspruchung aus Biegung mit Längskraft wurde zuvor ausführlich erläutert. Jedes Stahlbetonbauteil kann versagen, weil entweder der Beton, der Stahl oder der Verbund zwischen Stahl und Beton überlastet ist.

Es wurden alternativ 3 gleichwertige Bemessungsverfahren vorgestellt, die für eine rechteckige Betondruckzone – oder ergänzend für den Plattenbalken – ausgewertet wurden. Entsprechend sind folgende Unterlagen verwendbar:

1. Allgemeines Bemessungsdiagramm (*Bild 4.4*)

2. Dimensionsloses Bemessungsverfahren (μ_{Eds}-Tabelle 4.1)

3. Dimensionsgebundenes Bemessungsverfahren (k_d-Tabelle 4.2, nur für die ständige und vorübergehende Bemessungssituation)

4. Dimensionsloses Bemessungsverfahren für den Plattenbalken (μ_{Eds}-Tabelle 4.3)

Voraussetzungen

Für die Verwendung von Betonen mit höheren Güten ist in der *Tabelle C.1* des Anhangs für den C 70/85 beispielhaft die $\mu_{Ed,s}$-Tabelle angegeben.

Die nachfolgenden Beispiele sollen für die ständige und vorübergehende Bemessungssituation gelten. Weiterhin soll der überwiegend verwendete Normalbeton der Güten C 12/15 bis C 50/60 betrachtet werden. Dann können die zulässigen Bemessungsspannungen für den Beton f_{cd} und den Betonstahl f_{yd} der *Tab. 4.4* entnommen werden.

Die Bemessungsverfahren eignen sich für die Planung neu herzustellender Balken und für die Überprüfung der Tragfähigkeiten von bereits bestehenden Balken (Bauen im Bestand).

Tabelle 4.4: Bemessungswerte für Beton und Betonstahl (ständige und vorübergehende Bemessungssituation)

Beton C:	\multicolumn{9}{c}{Ständige und Vorübergehende Bemessungsituation}	

Beton C:	12/15	16/20	20/25	25/30	30/37	35/45	40/50	45/55	50/60	
f_{cd}	6,8	9,1	11,3	14,2	17,0	19,8	22,7	25,5	28,3	MN/m^2
f_{yd}/f_{cd}	63,9	50,0	38,4	30,7	25,6	21,9	19,2	17,1	15,3	[-]
\multicolumn{5}{c}{Betonstahl:}	\multicolumn{5}{c}{$f_{yd} = 45,3$}	kN/cm^2

Sind im Rahmen einer Neuplanung die Einwirkungen auf einen gegebenen Querschnitt bekannt, so ergibt sich – eine festgelegte Querschnittsbreite b vorausgesetzt – die erforderliche Betongüte immer aus der Begrenzung der Höhe der Betondruckzone x bzw. ξ. Ist diese Betongüte nicht realisierbar, so ist der Querschnitt der Betondruckzone zu vergrößern. Das geschieht durch eine Anpassung der Querschnittshöhe h oder der Querschnittsbreite b.

Die Betondruckzone kann auch alternativ durch den gezielten Einsatz von Druckbewehrung verstärkt werden.

Anschließend ist die statisch erforderliche Bewehrung zu ermitteln. Ausgerechnet wird der Stahlquerschnitt in der Zugzone A_{s1}. Er ist durch handelsüblichen Betonstahl abzudecken. In der *Tabelle 3.5* sind die Querschnittswerte von Längsbewehrungen in Abhängigkeit vom Stabdurchmesser d_s und der Stabanzahl zusammengestellt.

Im *Abschnitt D.1* des Anhangs sind die in der Biegebemessung zu beachtenden Randbedingungen und die Nachweisführung in Form zweier Leitfäden (Vordimensionierung und Tragfähigkeitsuntersuchung) strukturiert zusammengestellt.

Abschließend muss noch überprüft werden, wie die statisch erforderlichen Bewehrungsstäbe im Querschnitt angeordnet werden können. Die Längseisen werden unten auf dem Bügel nebeneinander fixiert. Um den dauerhaften Verbund zwischen Beton und Bewehrung sicherzustellen, sind Mindestmaße für die Überdeckung der Bewehrung und für die Abstände der einzelnen Längseisen untereinander einzuhalten (vgl. auch *Bild 6.2*). In der *Tab. 3.6* ist angegeben, wie viele Stäbe Längsbewehrung in einem Balken der Breite b einlagig eingebaut werden können.

Wenn die Querschnittsbreite des Balkens in der Zugzone so gering ist, dass eine einlagige Bewehrung nicht ausführbar ist, so bietet eine mehrlagige Bewehrungsführung Abhilfe. Ein entsprechendes Beispiel zeigt das *Bild 4.15*. Mit der mehrlagigen Bewehrungsführung ergibt sich ein vergrößerter Randabstand d_1 / d_2 der Schwerpunktlage der Längsbewehrung. Dieser ist zu ermitteln und in der Bemessung durch eine angepasste (verringerte) statischen Höhe d zu berücksichtigen.

Anwendungsbeispiel 4.1.1:

In Anlehnung an die Schnittgrößenermittlung am TS 1.2: 2-Feld-Unterzug mit Kragarm soll eine Querschnittsbemessung im GZT für das maximale Bemessungsmoment im Feld 1 $M_{Ed,1}$ durchgeführt werden. Zur Vereinfachung wird ein Rechteckquerschnitt betrachtet.

Dieses Anwendungsbeispiel soll nacheinander mit den 3 vorgestellten Bemessungsverfahren (Allgemeines Bemessungsdiagramm, μ_{Eds}-

Rechteckquerschnitt unter Biegebelastung: Vergleichende Anwendung von 3 Bemessungsverfahren

Gegeben:	N_{Ed}	=	0 kN		
	M_{Ed}	=	825 kNm		
	b	=	40 cm		
	d_1	=	5 cm	Überdeckung	
	Betongüte:	C 25/30		$\rightarrow f_{cd} = 14{,}2$ MN/m^2	
Gesucht:	d	=	- ? -	cm	
	A_{s1}	=	- ? -	cm^2	zu wählen: **n** Ø20

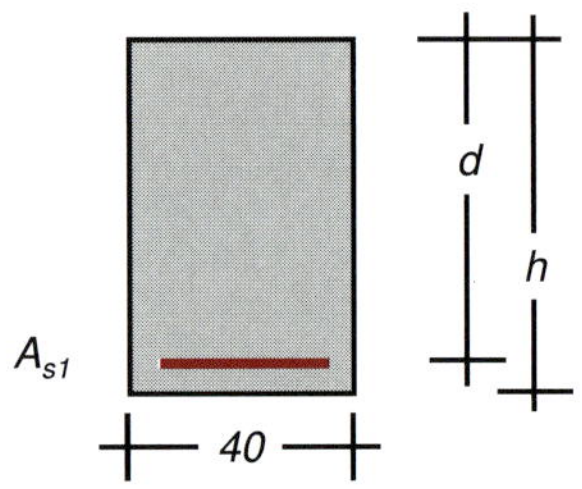

Bild 4.7: Bemessung Rechteckquerschnitt unter reiner Biegung ($N_{Ed} = 0$)

Tabelle, k_d-Tabelle) bearbeitet werden. Dabei wird deren Vergleichbarkeit in der Anwendung und den Ergebnissen offensichtlich.

Alle weiteren Anwendungsbeispiele mit Rechteckquerschnitt werden danach nur noch mit der μ_{Eds}-Tabelle bearbeitet.

Anwendungsbeispiel 4.1.1
(a): Dimensionsloses Bemessungsverfahren
μ_{Eds}-**Tabelle (siehe *Tabelle 4.1*)**

Bemessungskriterium: $\xi \leq 0{,}45 \quad \Rightarrow \quad \mu_{Eds} \leq 0{,}296$

Das auf die Bewehrungslage A_{s1} bezogene Moment M_{Eds} ergibt sich zu:

$$M_{Eds} = M_{Ed} + N_{Ed} \cdot z_{s1} = \qquad 825 + 0 \cdot z_{s1} \qquad = \qquad 825 \text{ kNm}$$

Die Bestimmungsgleichung für die statische Höhe d ist:

$$\mu_{Eds} = \frac{M_{Eds}}{b \cdot d^2 \cdot f_{cd}} \qquad \Rightarrow \qquad d = \sqrt{\frac{M_{Eds}}{\mu_{Eds} \cdot b \cdot f_{cd}}}$$

Mit den entsprechenden Zahlenwerten unter Beachtung der Einheiten ergibt sich der Mindestwert der statischen Höhe:

$$d \geq \sqrt{\frac{M_{Eds}}{\mu_{Eds} \cdot b \cdot f_{cd}}} = \sqrt{\frac{0{,}825}{0{,}296 \cdot 0{,}40 \cdot 14{,}2}} = 0{,}70 \text{ m}$$

An dieser Stelle sollen alternativ für den Rechteckquerschnitt zwei unterschiedliche statische Höhen d gewählt und jeweils die zugehörige Bewehrung bestimmt werden:

• Gewählt Variante A: $d = 75$ cm $\Rightarrow$ $h = 80$ cm.

Für diese statische Höhe d ist jetzt der erforderliche Bewehrungsquerschnitt A_{s1} zu berechnen. Das erfolgt über die Bestimmung des dimensionslosen Parameters μ_{Eds} und dem anschließenden Ablesen des Parameters ω_1 aus *Tabelle 4.1*. Im Einzelnen:

$$\mu_{Eds} = \frac{M_{Eds}}{b \cdot d^2 \cdot f_{cd}} = \frac{0,825}{0,40 \cdot 0,75^2 \cdot 14,2} = 0,258$$
$$\Rightarrow \omega_1(\mu_{Eds} = 0,260) = 0,3091$$

Die untenliegende Längsbewehrung A_{s1} ist durch handelsüblichen Betonstahl abzudecken. Der statisch erforderliche Querschnitt errechnet sich (vgl. *Gl. (4.22)*) zu:

$$
\begin{aligned}
A_{s1} &= \omega_1 \cdot \frac{b \cdot d}{f_{yd}/f_{cd}} + \frac{N_{Ed}}{f_{yd}} \\[2mm]
&= 0,3091 \cdot \frac{40 \cdot 75}{30,7} + \frac{0}{43,5} = 30,21 \text{ cm}^2
\end{aligned}
$$

In einem 40 cm breiten Stahlbetonbalken können einlagig 8 Bewehrungsstäbe Ø 20 eingebaut werden.

> Gewählt: untenliegend 10 Ø 20
>
>   zweilagig eingebaut (8+2)   mit: A_{s1} = 31,42 cm²

Obwohl zweilagig, kann diese Bewehrung wirtschaftlich eingebaut werden. Die beiden Ø 20 der oberen Lage können, ohne dass weitere konstruktive Bewehrung erforderlich ist, an den Bügeln befestigt werden. Eine entsprechende Bewehrungsskizze zeigt das *Bild 4.8*. Die für den GZT einzubauenden Längseisen A_{s1} sind kräftiger dargestellt, als weitere Eisen, die in jedem Fall konstruktiv erforderlich sind.

> • Gewählt Variante B: d = 70 cm   ⇒ h = 75 cm.

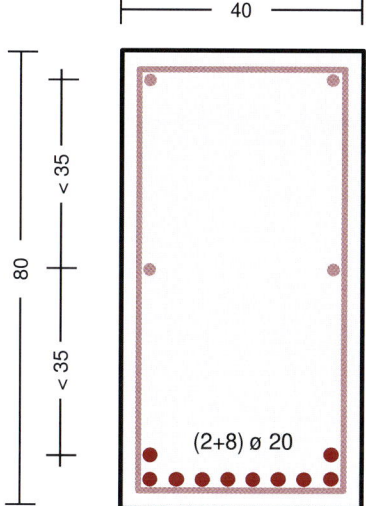

Bild 4.8: Bewehrungsskizze $b/d = 40/75$

Für diese statische Höhe d ist jetzt der erforderliche Bewehrungsquerschnitt A_{s1} zu berechnen. Das erfolgt über die Bestimmung des dimensionslosen Parameters μ_{Eds} und dem anschließenden Ablesen des Parameters ω_1 aus *Tabelle 4.1*. Im Einzelnen:

$$\mu_{Eds} = \frac{M_{Eds}}{b \cdot d^2 \cdot f_{cd}} = \frac{0,825}{0,40 \cdot 0,70^2 \cdot 14,2} = 0,296$$
$$\Rightarrow \omega_1(\mu_{Eds} = 0,296) = 0,3643$$

Die untenliegende Längsbewehrung A_{s1} ist durch handelsüblichen Betonstahl abzudecken. Wegen der verringerten statischen Höhe d ist der erforderliche Bewehrungsquerschnitt jetzt größer. Er errechnet

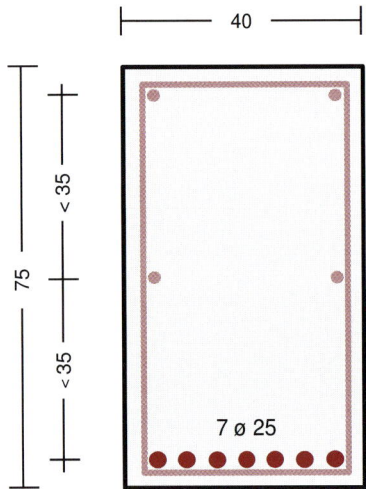

Bild 4.9: Bewehrungsskizze
$b/d = 40/70$

sich (vgl. *Gl. (4.22)*) zu:

$$A_{s1} \;=\; \omega_1 \cdot \frac{b \cdot d}{f_{yd}/f_{cd}} \;+\; \frac{N_{Ed}}{f_{yd}}$$

$$\;=\; 0,3643 \cdot \frac{40 \cdot 70}{30,7} \;+\; \frac{0}{43,5} \;=\; 33,23 \,\text{cm}^2$$

In einem 40 cm breiten Stahlbetonbalken können einlagig 8 Ø 20 eingebaut werden. Hier sind aber rechnerisch 11 Ø 20 erforderlich, d.h. 3 Eisen in der 2. Lage. Hierfür wäre es erforderlich, eine konstruktive Traverse vorzusehen.

Einfacher ist es, in Änderung der Aufgabenstellung einlagig 7 Ø 25 einlagig einzubauen. Diese Bewehrung ist darüber hinaus mit weniger Arbeitsaufwand einzubauen. Eine entsprechende Bewehrungsskizze zeigt das *Bild 4.9*. Die für den GZT einzubauenden Längseisen A_{s1} sind kräftiger dargestellt als weitere Eisen, die in jedem Fall konstruktiv erforderlich sind.

Gewählt:	untenliegend 7 Ø 25
	einlagig eingebaut mit: A_{s1} = 34,36 cm^2

Anwendungsbeispiel 4.1.1:
**(b) Allgemeines Bemessungsdiagramm
(siehe *Bild 4.4*)**

Bemessungskriterium: $\xi \leq 0,45 \;\Rightarrow\; \mu_{Eds} \leq 0,296$

Das Moment M_{Eds} ergibt sich wie zuvor:

$$M_{Eds} \;=\; M_{Ed} + N_{Ed} \cdot z_{s1} \;=\; 825 + 0 \cdot z_{s1} \;=\; 825 \,\text{kNm}$$

Die Bestimmungsgleichung für die statische Höhe d ist:

$$\mu_{Eds} = \frac{M_{Eds}}{b \cdot d^2 \cdot f_{cd}} \qquad\Rightarrow\qquad d = \sqrt{\frac{M_{Eds}}{\mu_{Eds} \cdot b \cdot f_{cd}}}$$

Mit den entsprechenden Zahlenwerten unter Beachtung der Einheiten ergibt sich der Mindestwert der statischen Höhe:

$$d \geq \sqrt{\frac{M_{Eds}}{\mu_{Eds} \cdot b \cdot f_{cd}}} = \sqrt{\frac{0,825}{0,296 \cdot 0,40 \cdot 14,2}} = 0,70 \,\text{m}$$

Gewählt Variante A: d = 75 cm $\Rightarrow$ h = 80 cm.

Für diese statische Höhe d ist jetzt der Bewehrungsquerschnitt A_{s1} zu berechnen. Das erfolgt über die Bestimmung des dimensionslosen Parameters μ_{Eds} und dem anschließenden Ablesen des Parameters ζ aus dem Allgemeinen Bemessungsdiagramm (vgl. Bild 4.4). Im Einzelnen:

$$\mu_{Eds} = \frac{M_{Eds}}{b \cdot d^2 \cdot f_{cd}} = \frac{0,825}{0,40 \cdot 0,75^2 \cdot 14,2} = 0,258$$

$$\Rightarrow \zeta(\mu_{Eds} = 0,258) = 0,84$$

Die untenliegende Längsbewehrung A_{s1} ist durch handelsüblichen Betonstahl abzudecken. Der statisch erforderliche Querschnitt errechnet sich (vgl. Gl. (4.22)) zu:

$$A_{s1} = \frac{1}{f_{yd}} \left(\frac{M_{Eds}}{\zeta \cdot d} + N_{Ed} \right)$$

$$= \frac{1}{43,5} \left(\frac{825}{0,84 \cdot 0,75} + 0 \right) = 30,10 \text{ cm}^2$$

Gewählt: untenliegend 10 Ø 20

zweilagig eingebaut (8+2)   mit: $A_{s1} = 31,42$ cm²

Der geringfügige Unterschied zur Lösung mit der μ_{Eds}–Tabelle ergibt sich durch Ablesung und/oder Rundung

Anwendungsbeispiel 4.1.1:
(c) Dimensionsgebundenes Bemessungsverfahren k_d-Tabelle (siehe Tabelle 4.2)

Die Bemessungstabelle ist für die ständige und vorübergehende Bemessungssituation ausgewertet. Das Verfahren ist deshalb sehr zielführend. Die Parameter k_d und k_s können für den verwendeten Beton (hier C 25/30) direkt abgelesen werden.

Bemessungskriterium: $\xi \leq 0,45 \Rightarrow k_d = 1,54$

Das Moment M_{Eds} ergibt sich wie zuvor:

$$M_{Eds} = M_{Ed} + N_{Ed} \cdot z_{s1} = 825 + 0 \cdot z_{s1} = 825 \text{ kNm}$$

Die Bestimmungsgleichung für die statische Höhe d ergibt sich unter Beachtung der einzusetzenden Einheiten:

$$k_d = \frac{d}{\sqrt{M_{Eds}/b}} \quad \Rightarrow \quad d \text{ [cm]} = k_d \cdot \sqrt{M_{Eds} \text{ [kNm]}/b \text{ [m]}}$$

Mit den entsprechenden Zahlenwerten ergibt sich für die Höhe d:

$$d \geq 1,54 \cdot \sqrt{825/0,4} = 69,9 \text{ cm}$$

Querschnittswahl um die Vergleichbarkeit mit der μ_{Eds}–Tabelle und dem Allgemeinen Bemessungsdiagramm zu gewährleisten.

Es wurde ohne Interpolation der auf sicherer Seite liegende höhere k_s-Wert verwendet!

Eine tolerierbare, rundungsbedingte Abweichung zu den zuvor verwendeten Verfahren!

Gewählt Variante A: $d = 75$ cm $\Rightarrow$ $h = 80$ cm.

Für diese statische Höhe d ist jetzt der erforderliche Bewehrungsquerschnitt A_{s1} zu berechnen. Das erfolgt über die Bestimmung des dimensionslosen Parameters k_d und dem Ablesen des zugehörigen Parameters k_s aus der *Tab. 4.2*. Im Einzelnen:

$$k_d = \frac{d}{\sqrt{M_{Eds}/b}} = \frac{75}{\sqrt{825/0,4}} = 1,65 \quad \Rightarrow k_s = 2,75$$

Die untenliegende Längsbewehrung A_{s1} ist durch handelsüblichen Betonstahl abzudecken. Der statisch erforderliche Querschnitt errechnet sich (vgl. *Gl. (4.25)*) zu:

$$A_{s1}\,[\text{cm}^2] \;=\; k_s \cdot \frac{M_{Eds}\,[\text{kNm}]}{d\,[\text{cm}]} \;+\; \frac{N_{Ed}\,[\text{kN}]}{43,5}$$

$$=\quad 2,75 \cdot \frac{825}{75} \quad + \quad \frac{0}{43,5} \quad = \quad 30,25\ \text{cm}^2$$

Gewählt: untenliegend 10 Ø 20
                 zweilagig eingebaut (8+2)   mit: $A_{s1} = 31,42$ cm²

Untersuchung der Biegetragfähigkeit an einem Rechteckquerschnitt

Anwendungsbeispiel 4.1.2:

Der Träger aus dem vorherigen Beispiel ist bei einer Bauhöhe von $h = 80$ cm betoniert worden. Eine Überprüfung durch die Bauaufsicht hat ergeben, dass versehentlich eine andere als die vorgesehene Betongüte (C25/30) eingebaut wurde. Welches Biegemoment M_{Ed} kann der Träger im GZT aufnehmen, wenn die eingebaute Betongüte schlechter (C16/20) oder besser (C30/37) ist?

Die Höhe der Betondruckzone ist unverändert zu begrenzen. Der Nachweis wird mit der μ_{Eds}-Tabelle (vgl. *Tabelle 4.1*) bearbeitet.

Vorgabe des Bemessungskriteriums: $\xi \leq 0,45$ $\Rightarrow$ $\mu_{Eds} \leq 0,296$

Ein Stahlbetonquerschnitt versagt, wenn entweder die Tragfähigkeit des Betons oder die des eingebauten Stahles erreicht wird. Insofern sind beide Anteile zu bestimmen!

Die Größe eines vom Beton aufnehmbaren Biegemomentes $M_{Rds} \geq M_{Eds}$ ergibt sich aus der Beanspruchbarkeit der Betondruckzone. Sie ist von der Betongüte (f_{cd}) und von der Fläche der Betondruckzone abhängig. Für den vorliegenden Rechteckquerschnitt ergibt sich die Lösung aus dem Parmeter μ_{Eds}:

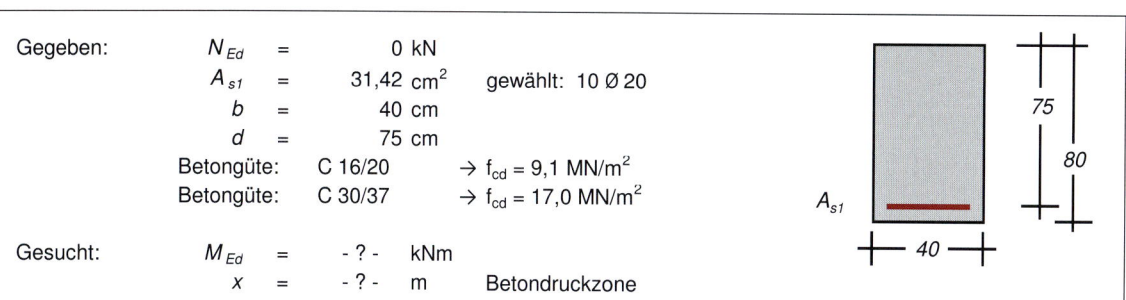

Bild 4.10: Bestimmung der Tragfähigkeit eines Rechteckquerschnitts

$$\mu_{Eds} = \frac{M_{Eds}}{b \cdot d^2 \cdot f_{cd}} \qquad \Rightarrow \qquad M_{Rds} = \mu_{Eds} \cdot b \cdot d^2 \cdot f_{cd}$$

Die Größe des von der Längsbewehrung aufnehmbaren Biegemomentes M_{Rds} errechnet sich bei Verwendung der dimensionslosen μ_{Eds}-Tabelle aus dem Parameter ω_1:

Bei Verwendung des Allgemeinen Bemessungsdiagramms errechnet sich das aufnehmbare Biegemoment entsprechend aus dem Parameter ζ; bei Verwendung des k_d-Verfahrens aus dem Parameter k_s.

$$A_{s1} = \omega_1 \cdot \frac{b \cdot d}{f_{yd}/f_{cd}} + \frac{N_{Ed}}{f_{yd}} \quad \Rightarrow \quad \omega_1 = \left(A_{s1} - \frac{N_{Ed}}{f_{yd}} \right) \cdot \frac{f_{yd}/f_{cd}}{b \cdot d}$$

• Für die Betongüte C 16/20 ergibt sich:

Das vom Beton aufnehmbare Biegemoment errechnet mit den entsprechenden Zahlenwerten und unter Beachtung der Einheiten:

$$\begin{aligned} M_{Rds} &= 0,296 \cdot 0,40 \cdot 0,75^2 \cdot 9,1 = 0,606 \text{ MNm} \\ &= 606 \text{ kNm} \end{aligned}$$

Das vom eingebauten Bewehrungsquerschnitt A_{s1} aufnehmbare Biegemoment M_{Rds} errechnet sich über den Bewehrungsparameter ω_1 und den zugehörigen Parameter μ_{Eds}:

$$\begin{aligned} \omega_1 &= (31,42 - 0) \cdot \frac{50,0}{40 \cdot 75} = 0,524 \\ &\Rightarrow \text{ zugehörig: } \mu_{Eds} > 0,296 \end{aligned}$$

Der Beton C 16/20 versagt rechnerisch bei einer Belastung von $M_{Eds} = 606$ kNm, ohne dass der vorhandene Bewehrungsquerschnitt A_{s1} ausgenutzt werden kann.

• Für die Betongüte C 30/37 ergibt sich entsprechend: Das vom Beton aufnehmbare Biegemoment errechnet mit den entsprechenden Zahlenwerten und unter Beachtung der Einheiten:

$$
\begin{aligned}
M_{Rds} &= 0,296 \cdot 0,40 \cdot 0,75^2 \cdot 17,0 = 1,132 \text{ MNm} \\
&= 1132 \text{ kNm}
\end{aligned}
$$

Das vom eingebauten Bewehrungsquerschnitt A_{s1} aufnehmbare Biegemoment M_{Rds} errechnet sich über den Bewehrungsparameter ω_1 und den zugehörigen Parameter μ_{Eds}:

Anmerkung: μ_{eds} wurde sicher Seite liegend ohne Interpolation aus der *Tabelle 4.1* abgelesen.

$$
\begin{aligned}
\omega_1 &= (31,42 - 0) \cdot \frac{25,6}{40 \cdot 75} = 0,2681 \\
\Rightarrow \quad &\text{zugehörig:} \quad \mu_{Eds} = 0,23 \\
&M_{Rds} = 0,23 \cdot 0,40 \cdot 0,75^2 \cdot 17,0 = 0,880 \text{ MNm}
\end{aligned}
$$

> Bei der Betongüte C 30/37 versagt der vorhandene Bewehrungsquerschnitt A_{s1} bei einer Belastung von $M_{Eds} = 880$ kNm, ohne dass die Festigkeit des Betons ausgenutzt werden kann.

Die Ergebnisse sind in der *Tab. 4.5* zusammengefasst. Die vorgesehene Betonfestigkeitsklasse C20/25 ist zur Information im Vergleich aufgenommen. In der oberen Zeile wird die Tragfähigkeit des Trägers durch Betonversagen erreicht; in der unteren Zeile durch das Versagen der Bewehrung. Die mittlere Zeile ist ein Bemessungsergebnis. Angegeben ist die erforderliche Bewehrung bei einer gegebenen Betongüte.

Tabelle 4.5: Vergleich der aufnehmbaren Bemessungsmomente

C 16/20	$A_{s1} = 31,42$ cm^2	$\mu = 0,296$ $\xi = 0,450$	$M_{Rds} = 606$ kNm
C 20/25	$A_{s1} = 30,21$ cm^2	$\mu = 0,260$ $\xi = 0,382$	$M_{Rds} = 825$ kNm
C 30/37	$A_{s1} = 31,42$ cm^2	$\mu = 0,230$ $\xi = 0,329$	$M_{Rds} = 880$ kNm

Bemessung Rechteckquerschnitt mit Begrenzung der Betondruckzone

Anwendungsbeispiel 4.1.3:

In Anlehnung an die Schnittgrößenermittlung am TS 1.2: 2-Feld-Unterzug mit Kragarm soll eine Querschnittsbemessung im GZT für das minimale Bemessungsmoment über der Mittelstütze B $M_{Ed,B}$ durchgeführt werden. Um die Möglichkeit der maximalen Momentenumlagerung sicherzustellen, soll die Höhe der Betondruckzone auf $\xi \leq 0,25$ begrenzt werden (vgl. *Abschnitt 2.3.2*). Die Betondruckzone liegt nun unten!

Es wird vereinfachend wieder von einem Rechteckquerschnitt ausgegangen, dessen Abmessungen b / h bereits bei der Bemessung für

das Feldmoment festgelegt worden sind. Er soll, um die Schalungs-
und Bewehrungsarbeiten gering zu halten, auch über der Stütze eingesetzt werden. Aus konstruktiven Gründen sind immer in den 4 Ecken
des Betonquerschnitts Bewehrungseisen anzuordnen. Außerdem sollen
untenliegend zwei weitere Bewehrungseisen der Feldbewehrung über
die Stütze hinweg verlegt sein. Diese Bewehrung kann nachfolgend als
statisch wirksam angesetzt werden.

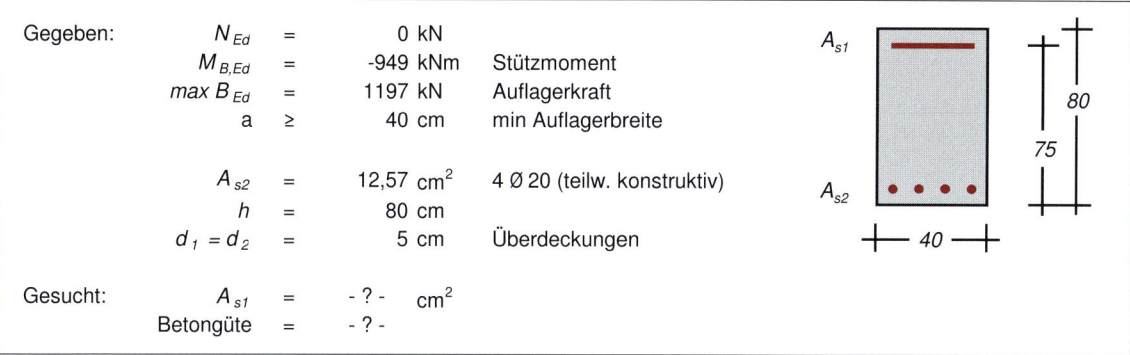

Bild 4.11: Rechteckquerschnitt: Begrenzung der Betondruckzone

Hier: Anwendung der μ_{Eds}-Tabelle (vgl. *Tabelle 4.1*)

Bemessungskriterium: $\xi \leq 0,25 \quad \Rightarrow \quad \mu_{Eds} \leq 0,181$
Der Beton muss in der Lage sein, entsprechende Druckkräfte aufzunehmen. Ist er es nicht, so ist in der Betondruckzone Druckbewehrung
anzuordnen.

Das Bemessungsstützmoment kann abgemindert werden. Es wird angenommen, dass der Unterzug auf einer Betonstütze gelagert ist, deren Querschnitt mindestens 40/40 cm ist. Für die Momentenausrundung
nach *Bild 2.13* ergibt sich hier:

Die mögliche Momentenumlagerung mit Abminderung dieses Stützmomentes bei gleichzeitiger Erhöhung der Feldmomente ist eine stille
Tragreserve.

$$M_{B,Ed} = M^*_{B,Ed} - \max B_{Ed} \cdot \frac{a}{8} = 949 - 1197 \cdot \frac{0,40}{8}$$
$$= 889 \text{ kNm}$$

• Bemessungsansatz 1:
  Der Beton soll ohne Druckbewehrung und unter Begrenzung der
  Druckzonenhöhe die Druckkräfte aufnehmen.

  Die Bestimmungsgleichung für die erforderliche Betondruckfestigkeit
  ergibt sich aus dem Parmeter μ_{Eds}:

$$\mu_{eds} = \frac{M_{Eds}}{b \cdot d^2 \cdot f_{cd}} \qquad \Rightarrow \qquad f_{cd} = \frac{M_{Eds}}{\mu_{Eds} \cdot b \cdot d^2}$$

Mit den entsprechenden Zahlenwerten und unter Beachtung der Einheiten ergibt sich ein Mindestwert für den Bemessungswert der Betondruckfestigkeit:

$$f_{cd} \geq \frac{0,889}{0,181 \cdot 0,40 \cdot 0,75^2} = 21,8\ \text{MN/m}^2$$

Gewählt: C40/50 $\Rightarrow$ $f_{cd} = 22,7\ \text{MN/m}^2$

Für diese Betongüte ist jetzt der erforderliche Bewehrungsquerschnitt A_{s1} zu berechnen. Das erfolgt über die Bestimmung des dimensionslosen Parameters μ_{Eds} und dem anschließenden Ablesen des Parameters ω_1 aus *Tabelle 4.1*. Im Einzelnen:

$$\mu_{Eds} = \frac{M_{Eds}}{b \cdot d^2 \cdot f_{cd}} = \frac{0,889}{0,40 \cdot 0,75^2 \cdot 22,7} = 0,174$$
$$\Rightarrow \omega_1(\mu_{Eds} = 0,175) = 0,1945$$

Zur Aufnahme des Stützmomentes ist eine obenliegende Längsbewehrung A_{s1} anzuordnen. Sie ist durch handelsüblichen Betonstahl abzudecken. Der statisch erforderliche Querschnitt errechnet sich (vgl. *Gl. (4.22)*) zu:

$$A_{s1} = \omega_1 \cdot \frac{b \cdot d}{f_{yd}/f_{cd}} + \frac{N_{Ed}}{f_{yd}}$$

$$= 0,1945 \cdot \frac{40 \cdot 75}{19,2} + \frac{0}{43,5} = 30,39\ \text{cm}^2$$

Gewählt: obenliegend 10 Ø 20

zweilagig eingebaut (8+2)   mit: $A_{s1} = 31,42\ \text{cm}^2$

- Bemessungsansatz 2:
  Die Druckzone soll durch die konstruktiven Bewehrung A_{s2} verstärkt werden.

Ein Teil des aufzunehmenden Bemessungsmomentes M_{Eds} wird durch die Druckbewehrung aufgenommen. Es wird angenommen, dass unter der vorliegenden Beanspruchung die Bewehrung A_{s2} so stark gestaucht wird, dass sie die Bemessungsstreckgrenze erreicht. Damit ergibt sich ein durch Druck- und Zugbewehrung (je 4 Ø 20) aufnehmbares Moment ΔM von:

Diese Annahme ist anschließend zu überprüfen!

$$\Delta M = A_{s2} \cdot f_{yd} \cdot (d - d_2)$$
$$= 12,57 \cdot 43,5 \cdot (0,75 - 0,05) = 383\ \text{kNm}$$

Es verbleibt damit der Anteil $M_{Eds,lim}$ des Bemessungsmomentes, der durch ein Kräftepaar aus Beton-Druckkraft und Zugbewehrung A_{s1} aufzunehmen ist:

$$M_{Eds,lim} = M_{Eds} - \Delta M = 889 - 383 = 506\ \text{kNm}$$

Für diesen Anteil wird eine Standardbemessung mit der μ_{Eds}-Tabelle durchgeführt. Die für den Feldquerschnitt erforderliche Betongüte C25/30 soll auch über der Stütze eingesetzt werden.

Aus der dimensionslosen Bemessungsgröße $\mu_{Eds,lim}$ wird der Parameter ω_1 ohne Interpolation, auf sicherer Seite liegend aus der *Tab. 4.1* abgelesen. Die Betondruckzone wird überprüft. Im Einzelnen:

$$\mu_{Eds,lim} = \frac{M_{Eds}}{b \cdot d^2 \cdot f_{cd}} = \frac{0,506}{0,40 \cdot 0,75^2 \cdot 14,2} = 0,158$$
$$\Rightarrow \quad \omega_1(\mu_{Eds} = 0,160) = 0,1759$$
$$\xi = 0,217 \leq 0,25$$

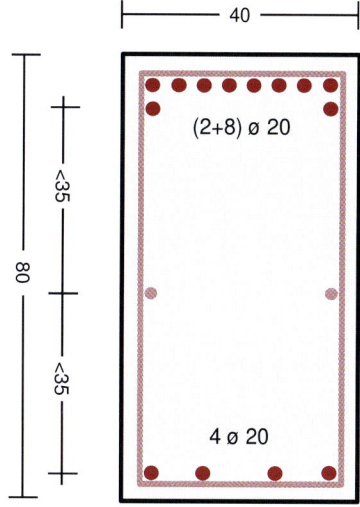

Es ist nun zu überprüfen, ob durch die Stauchung der Druckbewehrung A_{s2} die Bemessungsstreckgrenze erreicht wird. Hierfür kann *Gl. (4.28)* verwendet werden. Die Bedingung ist erfüllt, denn es gilt:

$$\xi = 0,250 \quad \Rightarrow \quad d \geq 10,6 \cdot d_2 = 10,6 \cdot 5 = 53 \text{ cm}$$

Die zur Aufnahme des Stützmomentes $M_{Eds,lim}$ obenliegende Längsbewehrung A_{s1} ist durch handelsüblichen Betonstahl abzudecken. Der statisch erforderliche Querschnitt errechnet sich (vgl. *Gl. (4.22)*) zu:

$$A_{s1} = \omega_1 \cdot \frac{b \cdot d}{f_{yd}/f_{cd}} + \frac{N_{Ed}}{f_{yd}}$$

$$= 0,1759 \cdot \frac{40 \cdot 75}{30,7} + \frac{0}{43,5} = 17,19 \text{ cm}^2$$

Bild 4.12: Stützquerschnitt mit untenliegender Druckbewehrung

> Die statisch erforderliche Bewehrung ergibt sich aus der Berücksichtigung beider Anteile (ΔM und $M_{Eds,lim}$):
>
> Gewählt: untenliegend 4 Ø 20   mit: A_{s2} = 12,57 cm^2
>
> obenliegend 4+6 = 10 Ø 20
>
> zweilagig eingebaut (8+2)   mit: A_{s1} = 31,42 cm^2

Über einer Stütze liegt die Zugbewehrung A_{s1} im Querschnitt oben.

Die Berechnungsergebnisse zeigen, dass der statisch erforderliche Bewehrungsquerschnitt der Zugbewehrung A_{s1} sich in den beiden Bemessungsansätzen kaum unterscheidet. Vielmehr ist es entscheidend, dass sich die Höhe der Betondruckzone x über den Einbau einer Druckbewehrung A_{s2} effizient verringern lässt. Dieser Querschnitt ist im *Bild 4.12* skizziert.

In diesem Beispiel konnte allein durch die Berücksichtigung der konstruktiven Längsbewehrung die erforderliche Betongüte von C 40/50 auf C 25/30 abgesenkt werden!

Untersuchung zur Biegetragfähigkeit bei unterschiedlichen Querschnittsformen und Betongüten

Anwendungsbeispiel 4.1.4:

Die Tragfähigkeit eines Balkens soll für Biegung mit Normalkraft untersucht werden. Die Konstruktionshöhe und die (Steg-)Breite des Querschnitts sind durch den Bauwerksentwurf vorgegeben. Querschnitt und Betongüte sollen variiert werden. Im Einzelnen:

1. Rechteckquerschnitt mit der Betongüte C 16/20

2. Plattenbalken mit der Betongüte C 16/20

3. Rechteckquerschnitt mit der Betongüte C 30/37

4. Plattenbalken mit der Betongüte C 30/37

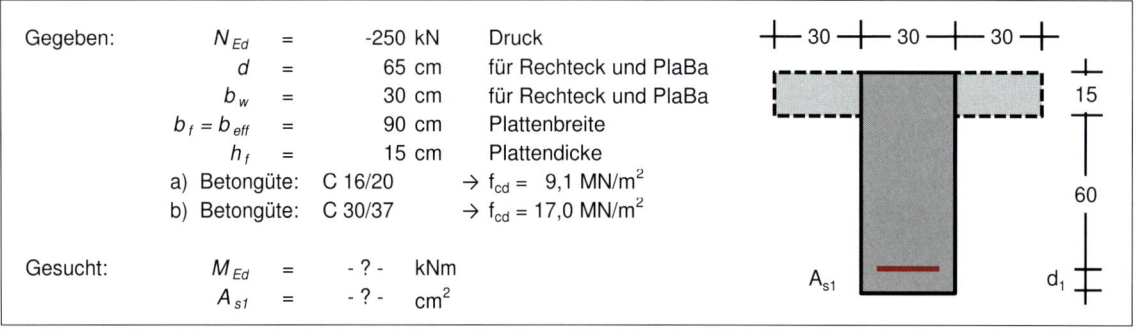

Gegeben:					
	N_{Ed}	=	-250	kN	Druck
	d	=	65	cm	für Rechteck und PlaBa
	b_w	=	30	cm	für Rechteck und PlaBa
	$b_f = b_{eff}$	=	90	cm	Plattenbreite
	h_f	=	15	cm	Plattendicke
	a) Betongüte:	C 16/20	→ f_{cd} =	9,1 MN/m^2	
	b) Betongüte:	C 30/37	→ f_{cd} =	17,0 MN/m^2	
Gesucht:	M_{Ed}	=	- ? -	kNm	
	A_{s1}	=	- ? -	cm^2	

Bild 4.13: Tragfähigkeitsuntersuchungen für Rechteck-/Plattenbalkenquerschnitt

Zur Vereinfachung der Berechnung wird Druckbewehrung (auch konstruktiv vorhandene) nicht zur Bestimmung der Tragfähigkeit angesetzt. Im Verlauf der Bearbeitung sind die Schwerpunktlagen vom Rechteck- und Plattenbalkenquerschnitt zu verwenden. Gemessen von der Trägeroberkante ergibt sich für den 80 cm hohen Balken der Abstand z_o:

Rechteck: $z_o = \dfrac{h}{2} = \dfrac{80}{2} = 40,0\,\text{cm}$

Plattenbalken: $z_o = \dfrac{90 \cdot 15 \cdot 7,5 + 30 \cdot 65 \cdot 47,5}{90 \cdot 15 + 30 \cdot 65} = 31,1\,\text{cm}$

Hier: Anwendung der μ_{Eds}-Tabelle (vgl. *Tabelle 4.1*) für den Rechteckquerschnitt; bzw. *Tabelle 4.3* für den Plattenbalken oder Näherung Spannungsblock (vgl. *Abschnitt 4.1.3*)

Bemessungskriterium: $\xi \leq 0,45 \Rightarrow \mu_{Eds} \leq 0,296$

1. Rechteckquerschnitt mit der Betongüte C 16/20

Der Beton soll unter Begrenzung der Druckzonenhöhe die Druckkräfte aufnehmen. Die Bestimmungsgleichung für das aufnehmbare Moment M_{Eds} ergibt sich aus dem Parmeter μ_{Eds}:

$$\mu_{Eds} = \frac{M_{Eds}}{b \cdot d^2 \cdot f_{cd}} \quad \Rightarrow \quad M_{Eds} = \mu_{Eds} \cdot b \cdot d^2 \cdot f_{cd}$$

Mit den entsprechenden Zahlenwerten und unter Beachtung der Einheiten ergibt sich das (bezogen auf die Bewehrung A_{s1}) aufnehmbare Biegemoment M_{Rds}:

$$\begin{aligned}
M_{Rds} &= \quad 0,296 \cdot 0,30 \cdot 0,75^2 \cdot 9,1 \; = \; 0,455 \text{ MNm} \\
&= \quad 455 \text{ kNm}
\end{aligned}$$

Der erforderliche Bewehrungsquerschnitt A_{s1} ist jetzt zu berechnen.
Das erfolgt unter Beachtung des dimensionslosen Parameters μ_{Eds}
mit dem zugehörigen Parameter ω_1 aus *Tabelle 4.1*. Im Einzelnen:

$$\mu_{Eds} = 0,296 \quad \Rightarrow \quad \omega_1 = 0,3643$$

Die für die Aufnahme des Momentes untenliegende Längsbewehrung
ist durch handelsüblichen Betonstahl abzudecken. Der statisch erforderliche Querschnitt A_{s1} errechnet sich aus *Gl. (4.22)*, wobei Druckkräfte negativ einzusetzen sind:

$$\begin{aligned}
A_{s1} &= \quad \omega_1 \cdot \frac{b \cdot d}{f_{yd}/f_{cd}} \quad + \quad \frac{N_{Ed}}{f_{yd}} \\
&= \quad 0,3643 \cdot \frac{30 \cdot 75}{48,0} \quad + \quad \frac{-250}{43,5} \; = \; 10,65 \text{ cm}^2
\end{aligned}$$

Gewählt:	untenliegend 4 Ø 20		
	einlagig eingebaut	mit:	A_{s1} = 12,6 cm^2

Abschließend kann jetzt das auf die Schwerachse des Rechteckquerschnitts bezogene Biegemoment M_{Ed} ermittelt werden. Druckkräfte
sind negativ einzusetzen:

$$\begin{aligned}
M_{Ed} &= \quad M_{Eds} \quad + \quad N_{Ed} \cdot z_{s1} \\
&= \quad 455 \quad + \quad (-250) \cdot (0,75 - \tfrac{0,80}{2}) \; = \; 367 \text{ kNm}
\end{aligned}$$

2. Plattenbalken der Betongüte C 16/20

Die Druckplatte soll auf ihrer gesamten Breite als mitwirkend angenommen werden. Sie hat die Abmessungen b_f/h_f = 90/15. Die Bemessung erfolgt vergleichend mit den μ_{Eds}-Tabellen für den Plattenbalken 4.3 und mit Hilfe des Spannungsblocks (vgl. *Abschnitt 4.1.3*).

In der Bemessungstabelle für den Plattenbalken sind die Überschreitungen der Druckzonenhöhe $\xi > 0,45$ farbig markiert.

• Bemessungstabellen für den Plattenbalken (vgl. *Tab. 4.3*):

Aus der Geometrie des Plattenbalkens ergeben sich die Parameter:

$$\frac{b_f}{b_w} = \frac{0,9}{0,3} = 3,0 \qquad \text{und:} \qquad \frac{h_f}{d} = \frac{0,15}{0,75} = 0,20$$

Der Beton soll unter Begrenzung der Druckzonenhöhe ($\xi \leq 0,45$) die Druckkräfte aufnehmen. Der zugehörige Parameter μ_{Eds} kann aus der entsprechenden Tabelle direkt abgelesen werden. In diesem Fall:

$$\frac{b_f}{b_w} = 3,0 \qquad \frac{h_f}{d} = 0,20 \qquad \Rightarrow \qquad \mu_{Eds} = 0,20$$

$$\omega_1 = 0,2278$$

Die Bestimmungsgleichung für das aufnehmbare Moment M_{Rds} ergibt sich wie zuvor aus dem Parmeter μ_{Eds}:

$$\begin{aligned} M_{Rds} &= \mu_{Eds} \cdot b_f \cdot d^2 \cdot f_{cd} = 0,20 \cdot 0,90 \cdot 0,75^2 \cdot 9,1 \\ &= 0,921 \text{ MNm} = 921 \text{ kNm} \end{aligned}$$

Der erforderliche Bewehrungsquerschnitt A_{s1} ist jetzt über den Parameter ω_1 zu berechnen, wobei Druckkräfte negativ einzusetzen sind:

$$\begin{aligned} A_{s1} &= \omega_1 \cdot \frac{b_f \cdot d}{f_{yd}/f_{cd}} + \frac{N_{Ed}}{f_{yd}} \\ &= 0,2278 \cdot \frac{90 \cdot 75}{50,0} + \frac{-250}{43,5} = 25,00 \text{ cm}^2 \end{aligned}$$

> Gewählt: untenliegend 4+4 = 8 Ø 20
>
>   in 2 Lagen eingebaut $\Rightarrow$ mit: A_{s1} = 25,1 cm^2

Abschließend kann jetzt das auf die Schwerachse des Plattenbalkens bezogene Biegemoment M_{Ed} ermittelt werden. Druckkräfte sind negativ einzusetzen. Unter der Voraussetzung $d = 75$ cm ergibt sich:

$$\begin{aligned} M_{Ed} &= M_{Eds} + N_{Ed} \cdot z_{s1} \\ &= 921 + (-250) \cdot (0,75 - 0,311) = 811 \text{ kNm} \end{aligned}$$

• Anwendung des Spannungsblocks:

Zu Vergleichszwecken soll jetzt die Bemessung des Plattenbalkens mit dem Spannungsblock erfolgen. Er wird auf einer reduzierten Betondruckzone $A_{c,red}$ angesetzt. Die entsprechende Geometrie ist in dem *Bild 4.14* dargestellt.

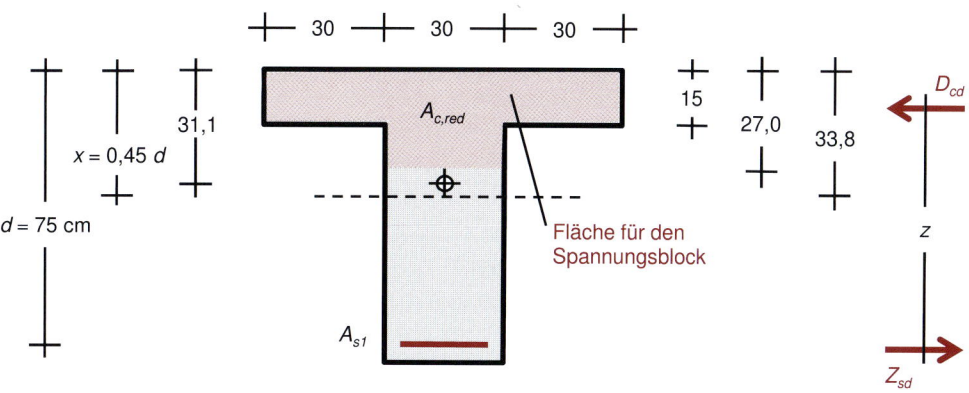

Bild 4.14: Spannungsblock am Plattenbalkenquerschnitt

Die Höhe der Betondruckzone x und der Anteil x^*, auf dem der Spannungsblock wirkt, ergeben sich zu:

$$x = 0,45 \cdot d = 0,45 \cdot 75 = 33,8 \text{ cm}$$
$$x^* = 0,80 \cdot x = 0,8 \cdot 33,8 = 27,0 \text{ cm}$$

Für die durch den Beton aufnehmbare Druckkraft D_{cd} ergibt sich (vgl. Gl. *(4.29)*):

$$
\begin{aligned}
D_{cd} &= 0,95 \cdot A_{c,red} \cdot f_{cd} \\
&= 0,95 \cdot (0,90 \cdot 0,15 + 0,30 \cdot 0,12) \cdot 9,1 \\
&= 1,478 \text{ MN}
\end{aligned}
$$

Der Hebelarm der inneren Kräfte verläuft durch den Schwerpunkt der Fläche $A_{c,red}$:

$$
\begin{aligned}
z &= d - z_o \\
&= 75 - \frac{90 \cdot 15 \cdot 7,5 + 30 \cdot 12,0 \cdot (15 + 6,0)}{90 \cdot 15 + 30 \cdot 12,0} = 64,7 \text{ cm}
\end{aligned}
$$

Somit ergibt sich das aufnehmbare Moment M_{Eds} zu:

$$M_{Eds} = D_{cd} \cdot z = 1478 \cdot 0,647 = 956 \text{ kNm}$$

Die erforderliche Bewehrung A_{s1} errechnet sich aus *Gl. (4.31)*:

$$A_{s1} = \frac{D_{cd}}{f_{yd}} + \frac{N_{Ed}}{f_{yd}} = \frac{1478}{43,5} + \frac{-250}{43,5} = 28,23 \text{ cm}^2$$

Gewählt: untenliegend 5+4 = 9 Ø 20

in 2 Lagen eingebaut ⇒ mit: $A_{s1} = 28,3 \text{ cm}^2$

Abschließend kann jetzt das auf die Schwerachse des Plattenbalkens bezogene Biegemoment M_{Ed} ermittelt werden. Druckkräfte sind negativ einzusetzen. Unter der Voraussetzung $d = 75$ cm ergibt sich:

$$
\begin{aligned}
M_{Ed} &= M_{Eds} &+& N_{Ed} \cdot z_{s1} \\
&= 956 &+& (-250) \cdot (0,75 - 0,311) &=& 846\,\text{kNm}
\end{aligned}
$$

Die erzielten Bemessungsergebnisse aus der Bemessungstabelle für den Rechteckquerschnitt und aus der Anwendung des Spannungsblocks unterscheiden sich geringfügig mit einer Größenordnung um weniger als 5%. Die *Tab. 4.3* liefert die geringere Tragfähigkeit, weil sich der Bemessungsparameter ($\xi = 0,45$) nicht exakt ablesen lässt.

Die Längsbewehrung ist bei diesem Plattenbalken wegen der begrenzten Stegbreite in jedem Fall in 2 Lagen einzubauen. Soll die Bauhöhe $h = 80$ cm konstant bleiben, so geschieht das auf Kosten der statischen Höhe d. Dieser Einfluss wird später untersucht.

3. Rechteckquerschnitt mit der Betongüte C 30/37

Die Nachweisführung erfolgt vollkommen analog zum Rechteckquerschnitt mit der Betongüte C 16/20. Im Einzelnen gilt für die Bemessungsparameter wieder:

$$
\mu_{Eds} = 0,296 \quad \Rightarrow \quad \omega_1 = 0,3643
$$

Das vom Beton aufnehmbare Moment M_{Rds} ergibt sich aus dem Parameter μ_{Eds}:

$$
\begin{aligned}
M_{Rds} = 0,296 \cdot 0,30 \cdot 0,75^2 \cdot 17,0 &= 0,849\,\text{MNm} \\
&= 849\,\text{kNm}
\end{aligned}
$$

Für den Bewehrungsquerschnitt A_{s1} erhält man:

$$
\begin{aligned}
A_{s1} &= \omega_1 \cdot \frac{b \cdot d}{f_{yd}/f_{cd}} &+& \frac{N_{Ed}}{f_{yd}} \\[2mm]
&= 0,3643 \cdot \frac{30 \cdot 75}{25,6} &+& \frac{-250}{43,5} &=& 20,27\,\text{cm}^2
\end{aligned}
$$

> Gewählt: untenliegend 5+4 Ø 20
>
>   zweilagig eingebaut   mit: $A_{s1} = 28{,}27$ cm^2

Das Biegemoment M_{Ed} bezogen auf die Schwerachse des Rechteckquerschnitts ergibt:

$$
\begin{aligned}
M_{Ed} &= M_{Eds} &+& N_{Ed} \cdot z_{s1} \\
&= 849 &+& (-250) \cdot \left(0,75 - \frac{0,80}{2}\right) &=& 762\,\text{kNm}
\end{aligned}
$$

4. Plattenbalken der Betongüte C 30/37

Die Druckplatte soll auf ihrer gesamten Breite als mitwirkend angenommen werden. Sie hat die Abmessungen b_f/h_f = 90/15.

Die Bemessung erfolgt (hier nur) mit Hilfe des Spannungsblocks (vgl. *Abschnitt 4.1.3*). Die Nachweisführung ist vollkommen analog zu der entsprechenden vorangegangenen. Die Geometrie ist identisch und kann dem *Bild 4.14* entnommen werden.

$$
\begin{aligned}
D_{cd} &= 0,95 \cdot A_{c,red} \cdot f_{cd} \\
&= 0,95 \cdot (0,90 \cdot 0,15 + 0,30 \cdot 0,123) \cdot 17,0 \\
&= 2,776 \text{ MN}
\end{aligned}
$$

Der Hebelarm der inneren Kräfte verläuft durch den Schwerpunkt der Fläche $A_{c,red}$. Er ergibt sich wie zuvor:

$$ z = 64,6 \text{ cm} $$

Somit ergibt sich das aufnehmbare Moment M_{Rds} zu:

$$ M_{Rds} = D_{cd} \cdot z = 2,776 \cdot 0,646 = 1793 \text{ kNm} $$

Die erforderliche Bewehrung A_{s1} errechnet sich aus *Gl. (4.31)*:

$$ A_{s1} = \frac{D_{cd}}{f_{yd}} + \frac{N_{Ed}}{f_{yd}} = \frac{2776}{43,5} + \frac{-250}{43,5} = 58,07 \text{ cm}^2 $$

> Gewählt: untenliegend 5+5+5+4 = 19 Ø 20
>
> in 4 Lagen eingebaut ⇒ mit: A_{s1} = 59,69 cm^2

Abschließend kann jetzt das auf die Schwerachse des Plattenbalkens bezogene Biegemoment M_{Ed} ermittelt werden. Druckkräfte sind negativ einzusetzen. Unter der Voraussetzung $d = 75$ cm ergibt sich:

$$
\begin{aligned}
M_{Ed} &= M_{Eds} &+& & N_{Ed} \cdot z_{s1} & \\
&= 1793 &+& & (-250) \cdot (0,75 - 0,311) &= 1683 \text{ kNm}
\end{aligned}
$$

Zu Vergleichszwecken wurde der Ø 20 beigehalten. Daraus ergibt sich die gewählte 4-lagige Ausführung.

In den vorangegangenen Betrachtungen wurde immer davon ausgegangen, dass die statische Höhe d konstant ist. Von stärkerer praktischer Relevanz ist es aber gerade im Hochbau, dass die Konstruktionshöhe h eines Trägers konstant bleibt. Für mehrlagige Bewehrungsführungen können dann ergänzende Betrachtungen notwendig werden.

Wird Stabstahl Ø ≤ 20 verwendet, so ist der minimale lichte Abstand zwischen zwei Lagen der Durchmesser Ø!

Das *Bild 4.15* zeigt den unteren Bereich des Steges. Die zuvor ermittelten 2- bzw. 4-lagigen Bewehrungen sind eingezeichnet. Der minimal zulässige lichte Abstand zwischen zwei Lagen beträgt 2 cm. Die bisher verwendeten Parameter d_1 kennzeichnen den Randabstand des Schwerpunktes der Bewehrung. Im Rahmen der Vorbemessung wurde er mit 5 cm vorgegeben. Das entspricht dem Schwerpunkt der untersten Lage.

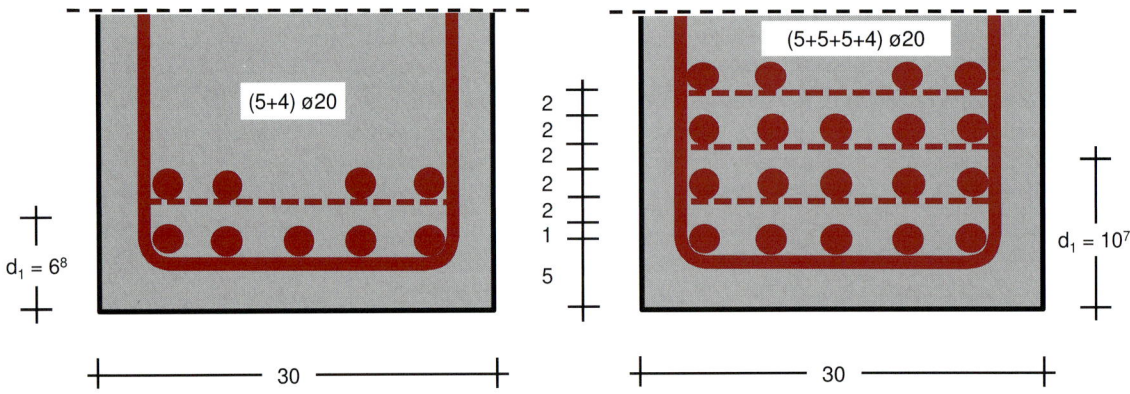

Bild 4.15: Skizzen der 2- und 4- lagigen Stegbewehrung (mit Darstellung der vergrößerten Betonüberdeckung d_1)

Bei mehrlagiger Bewehrungsführung ist der Schwerpunktsabstand d_1 der gesamten Längsbewehrung vom Rand A_{s1} nach *Gl. 4.33* zu berechnen. Dabei sind alle in der Zugzone eingebauten Längseisen mit ihren Querschnitten A_{si} und Randabständen d_i zu berücksichtigen.

$$d_1 = \frac{\sum(d_i \cdot A_{s,i})}{\sum(A_{s,i})} \tag{4.33}$$

In den vorliegenden Beispielen haben die Längseisen eine konstante Querschnittsfläche $A_{s,i}$. Damit ergibt sich für die in dem *Bild 4.15* dargestellten Bewehrungsführungen:

2-lagig: $d_1 = \dfrac{(5 \cdot 5 + 4 \cdot 9) \cdot A_{s,i}}{(5 + 4) \cdot A_{s,i}} = 6,8\,\text{cm}$

$\Rightarrow d = 80,0 - 6,8 = 73,2\,\text{cm}$ vorher: 75 cm

4-lagig: $d_1 = \dfrac{(5 \cdot 5 \mid 5 \cdot 0 \mid 5 \cdot 13 \mid 4 \cdot 17) \cdot A_{s,i}}{(5 + 5 + 5 + 4) \cdot A_{s,i}} = 10,7\,\text{cm}$

$\Rightarrow d = 80,0 - 10,7 = 69,3\,\text{cm}$ vorher: 75 cm

Mit den verringerten statischen Höhen d sind dem Grunde nach die Nachweise erneut zu führen. Die ingenieurmäßige Vorgehensweise ist, vorab zu beurteilen, ob die Auswirkungen bedeutend sind oder nicht. Bei der vierlagigen Bewehrungsführung ändert sich die statische Höhe d um immerhin ca. 8 %. Hierfür soll der Nachweis jetzt wiederholt werden:

Uuntersucht wird der Plattenbalken der Betongüte C 30/37.
Die Druckplatte hat die Abmessungen b_f/h_f = 90/15. Die Bemessung erfolgt mit Hilfe des Spannungsblocks (vgl. *Abschnitt 4.1.3*). Die Nach-

weisführung ist vollkommen analog zu der entsprechenden vorangegangenen. Die Geometrie ist hinsichtlich der statischen Höhe d anzupassen und kann sinngemäß *Bild 4.14* entnommen werden. Die Höhe der ansetzbaren Druckzone x^* und $A_{c,red}$ ergibt sich demnach zu:

$$x^* = 0,8 \cdot \xi \cdot d = 0,8 \cdot 0,45 \cdot (0,80 - 0,107)$$
$$= 24,9 \text{ cm}$$

Damit ergibt sich die durch den Beton aufnehmbare Druckkraft D_{cd} (vgl. *Gl. (4.29)*):

$$D_{cd} = 0,95 \cdot (0,90 \cdot 0,15 + 0,30 \cdot 0,099) \cdot 17,0 = 2,660 \text{ MN}$$

Der Hebelarm der inneren Kräfte z verläuft durch den Schwerpunkt der Fläche $A_{c,red}$:

$$z = d - z_o = 69,3 - \frac{90 \cdot 15 \cdot 7,5 + 30 \cdot 9,9 \cdot (15 + 4,95)}{90 \cdot 15 + 30 \cdot 9,9} = 59,6 \text{ cm}$$

Somit ergibt sich das aufnehmbare Moment M_{Eds} zu:

$$\begin{aligned} M_{Eds} &= D_{cd} \cdot z = 2660 \cdot 0,596 \\ &= 1585 \text{ kNm} \quad \text{vorher: } 1787 \text{ kNm} \end{aligned}$$

Die erforderliche Bewehrung A_{s1} errechnet sich nach *Gl. (4.31)*:

$$\begin{aligned} A_{s1} &= \frac{D_{cd}}{f_{yd}} + \frac{N_{Ed}}{f_{yd}} = \frac{2660}{43,5} + \frac{-250}{43,5} \\ &= 55,40 \text{ cm}^2 \quad \text{vorher: } 57,75 \text{ cm}^2 \end{aligned}$$

> Gewählt: untenliegend 5+5+4+4 = 18 Ø 20
>
> in 4 Lagen eingebaut ⇒ mit: A_{s1} = 56,55 cm²

Mit der angepassten statischen Höhe $d = 69,3$ cm ergibt sich das auf die Schwerachse des Plattenbalkens bezogene verringerte Biegemoment M_{Ed} zu:

$$\begin{aligned} M_{Ed} &= M_{Eds} & + & \quad N_{Ed} \cdot z_{s1} \\ &= 1585 & + & \quad (-250) \cdot (0,693 - 0,311) \\ &= 1490 \text{ kNm} & & \quad (\text{vorher: } 1683 \text{ kNm}) \end{aligned}$$

Die gewählte 4-lagige Ausführung der Zugbewehrung ist einfacher zu betonieren als die ebenfalls mögliche 3-lagige Ausführung mit 6+6+6 Ø 20.

Anwendungsbeispiel 4.1.5:

Bemessung eines durchlaufenden Plattenbalkens für Stütz- und Feldmoment

Der Unterzug des Deckensystems TS 1.2: 2-Feld-Unterzug mit Kragarm (vgl. *Bild 2.21*) wird für die maßgebenden Feld- und Stützmomente bemessen. Dieses System wurde als Rechteckquerschnitt bereits im *Anwendungsbeispiel 4.1.1* behandelt.

Jetzt wird ein Plattenbalkenquerschnitt bemessen. Zur Vergleichbarkeit der Ergebnisse werden die statische Höhe d, die Stegbreite b_w und das Bemessungskriterium beibehalten.

Im *Bild 4.16* sind die für die Bemessung notwendigen geometrischen Querschnittsdaten unmaßstäblich skizziert.

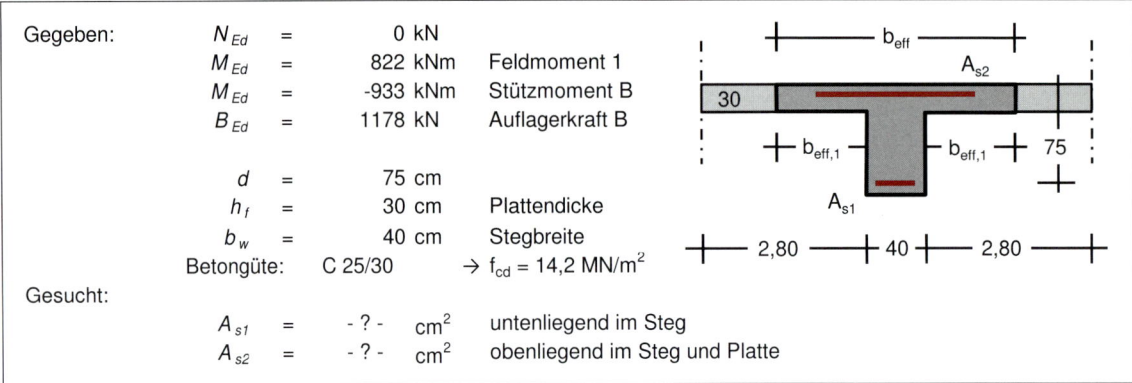

Gegeben:

N_{Ed} = 0 kN
M_{Ed} = 822 kNm   Feldmoment 1
M_{Ed} = -933 kNm   Stützmoment B
B_{Ed} = 1178 kN   Auflagerkraft B

d = 75 cm
h_f = 30 cm   Plattendicke
b_w = 40 cm   Stegbreite
Betongüte: C 25/30   → f_{cd} = 14,2 MN/m²

Gesucht:

A_{s1} = - ? - cm²   untenliegend im Steg
A_{s2} = - ? - cm²   obenliegend im Steg und Platte

Bild 4.16: Bemessung Plattenbalkenquerschnitt (Stütz- und Feldmoment)

Zunächst ist der Tragquerschnitt des Plattenbalkens zu bestimmen. Die mitwirkende Plattenbreite b_{eff} ergibt sich aus der Geometrie des Deckensystems und ist im *Beispiel 2.1 (Seite 80)* berechnet worden. Sie ist für den Feld- und den Stützquerschnitt unterschiedlich.

Feld 1: $b_{eff,1} = 2,90$ m   Stütze B: $b_{eff,B} = 1,24$ m

Mit diesen Geometriedaten kann die Bemessung durchgeführt werden. Der Unterzug-Querschnitt wird – wegen der einfacheren Schalungsarbeiten – auf seiner gesamten Länge konstant angenommen. Ebenso ist die Betongüte konstant.

Bemessungskriterium: $\xi \leq 0,25 \;\Rightarrow\; \mu_{Eds} \leq 0,181$

• Nachweis des maßgebenden Feldquerschnittes

Die Richtigkeit dieser Annahme ist im Verlauf der Nachweisführung zu überprüfen!

Die Betondruckzone liegt in der Platte, die durchlaufend und mono- litisch über die Unterzüge angeordnet ist. Die mitwirkende Platten- breite beträgt $b_{eff,1} = 2,90$ m. Es wird nun zunächst angenommen, dass sich die Betondruckzone ausschließlich in der Platte befindet. Die Druckzone ist damit rechteckig und die Bemessung erfolgt mit der μ_{Eds}-Tabelle 4.1.

Die Parameter ω_1 und ξ werden nach Bestimmung von μ_{Eds} abgele- sen. Im Einzelnen:

$$\mu_{Eds} = \frac{M_{Eds}}{b \cdot d^2 \cdot f_{cd}} = \frac{0,822}{2,90 \cdot 0,75^2 \cdot 14,2} = 0,035$$

$$\Rightarrow \quad \omega_1 = 0,0358 \quad \xi = 0,061 \quad \zeta = 0,978$$

$$\Rightarrow \quad x \leq 0,061 \cdot 75 = 5\,\text{cm} \leq 30\,\text{cm (Platte)}$$

Die Druckzone liegt also, wie angenommen, ausschließlich in der Platte. Die untenliegende Feldbewehrung A_{s1} ist durch handelsüblichen Betonstahl abzudecken. Der statisch erforderliche Querschnitt errechnet sich (vgl. *Gl. (4.22)*) zu:

ω_1, ξ und ζ wurden interpoliert.

$$A_{s1} = \omega_1 \cdot \frac{b \cdot d}{f_{yd}/f_{cd}} + \frac{N_{Ed}}{f_{yd}}$$

$$= 0,0358 \cdot \frac{290 \cdot 75}{30,7} + \frac{0}{43,5} = 25,36\,\text{cm}^2$$

Aufgrund des größeren inneren Hebelarmes z ergibt sich ca 20 % weniger Bewehrung als beim gleich belasteten Rechteckquerschnitt.

> Gewählt: untenliegend 8 Ø 20
>
> einlagig eingebaut   mit: A_{s1} = 25,13 cm^2

- ## Nachweis des Stützquerschnittes

Über der Stütze liegt die Betondruckzone unten und die Zugzone oben in der Platte. Somit ist unabhängig von der mitwirkenden Plattenbreite $b_{eff} = 1,24$ m die Bemessung für einen Rechteckquerschnitt der Breite $b = 40$ cm durchzuführen. Die obenliegende mitwirkende Plattenbreite kann zur Verteilung der Zugbewehrung genutzt werden. Sie darf links und rechts vom Steg jeweils auf der Hälfte der Breite $b_{eff,1}$ verteilt werden, d.h. es stehen insgesamt 82 cm zur Verfügung!

Nun zur Bemessung des Rechteckquerschnittes. Wegen der geforderten Begrenzung der Druckzone $\xi \leq 0,25$ kann durch das Kräftepaar aus Beton-Druckkraft und Stahl-Zugkraft nur das Moment $M_{Eds,lim}$ aufgenommen werden:

$$M_{Eds,lim} = \mu_{Eds,lim} \cdot b \cdot d^2 \cdot f_{cd}$$

$$= 0,181 \cdot 0,40 \cdot 0,75^2 \cdot 14,2$$

$$= 0,578\,\text{MNm} = 578\,\text{kNm}$$

Hierfür ist obenliegende Zugbewehrung A_{s1} erforderlich:

Die Parameter $\mu_{Eds,lim}$ und ω_1 ergeben sich aus der Begrenzung der Betondruckzone $\xi \leq 0,25$.

$$A_{s1} = \omega_1 \cdot \frac{b \cdot d}{f_{yd}/f_{cd}} + \frac{N_{Ed}}{f_{yd}}$$

$$= 0,2024 \cdot \frac{40 \cdot 75}{30,7} + \frac{0}{43,5} = 19,78\,\text{cm}^2$$

Das aufzunehmende Stützmoment ist aber größer. Berücksichtigt man die Momentenausrundung nach *Bild 2.13*, so ergibt sich mit der Auflagerbreite a:

$$M^*_{Eds} = M_{Eds} - B_{Ed} \cdot a/8 = 933 - 1178 \cdot 0,40/8 = 874 \text{ kNm}$$

Die Betondruckzone ist entsprechend zu verstärken. Es wird untenliegende Druckbewehrung A_{s2} eingebaut. Das zugehörige noch aufzunehmende Moment ΔM ergibt sich zu:

$$\Delta M = M^*_{Eds} - M_{Eds,lim} = 874 - 578 = 296 \text{ kNm}$$

Die Bedingung nach *Gl. (4.28)* ist erfüllt: $d \geq 10,6 \cdot d_2$

Unter der Voraussetzung, dass die Stauchung der Druckbewehrung so groß ist, dass die Bemessungsstreckgrenze erreicht wird ($\epsilon_s \geq 2,174 \text{ ‰}$), ergibt sich für die untenliegende Druckbewehrung A_{s2} der folgende, statisch erforderliche Bewehrungsquerschnitt:

$$A_{s2} = \frac{1}{f_{yd}} \cdot \frac{\Delta M}{d - d_2} = \frac{1}{43,5} \cdot \frac{296}{0,75 - 0,05} = 9,72 \text{ cm}^2$$

Druck- und Zugbewehrung bilden ein Kräftepaar, das ΔM aufnimmt.

Der Querschnitt der Druckbewehrung ist auch in der Platte als Zugbewehrung einzubauen. Somit ist insgesamt folgende Bewehrung einzubauen:

obenliegend:	A_{s1}	19,78 + 9,72 = 29,50 cm^2	Zug!
untenliegend:	A_{s2}	9,72 cm^2	Druck!

Gewählt:	obenliegend 10 Ø 20	mit:	A_{s1} = 31,42 cm^2
	untenliegend 4 Ø 20	mit:	A_{s1} = 12,57 cm^2

Biegebemessung einer Stahlbetonplatte

Anwendungsbeispiel 4.1.6:

Zunächst werden einige allgemein gültige Vorbemerkungen zur Bemessung und Bewehrung von Platten im Hochbau vorangestellt:

Die Bemessung von Platten erfolgt an einem 1,00 m breiten Ersatzbalken. Die Beanspruchung und die Bewehrung werden jeweils pro lfdm angegeben (kNm/m; kN/m; cm^2/m).

Die Bewehrung in Platten hat neben den ermittelten statisch erforderlichen Querschnitten auch konstruktive Bedingungen zu erfüllen (vgl. *Abschnitt 6.4.2*). So ist senkrecht zur Haupttragrichtung mindestens 1/5 der ermittelten Bewehrungsmenge zu verlegen und der Abstand aller Bewehrungsstäbe darf 25 cm nicht überschreiten.

Im Hochbau werden in der Regel standardisierte Betonstahlmatten verwendet. Sie erfüllen diese konstruktiven Randbedingungen, vereinfachen die Bewehrungsarbeiten und sorgen für einen schnelleren Baufortschritt. Das aktuell eingeführte Lagermattenprogramm ist in der *Tab.*

3.7 wiedergegeben. Die Stäbe der Betonstahlmatten sind in zwei ortho- gonalen Richtungen übereinander verlegt. Sie sind in den Kreuzungs- punkten miteinander verschweißt.

R-Matten enthalten die statisch wirksame Biegebewehrung nur in einer Richtung. Orthogonal dazu ist konstruktiv geforderte Mindestbewehrung angeordnet (Ø 6, Abstand 250 mm). Dieser Mattentyp wird eingesetzt, wenn eine einachsige Tragwirkung vorliegt. Das ist z.B. bei der Aufnah- me von Stützmomenten über Wänden gegeben.

Aus der Verschweißung ergibt sich tendenziell eine örtliche Versprö- dung des Materials, deshalb sind Matten nur für ruhende Belastungen zugelassen. Sie dürfen nicht in dy- namisch belasteten Bauteilen (z.B. Brücken) eingesetzt werden.

Q-Matten enthalten in beiden Richtungen die gleiche Bewehrungsmen- ge. Sie werden deshalb in Stahlbetonplatten mit zweiachsiger Tragwir- kung eingesetzt.

Die Überdeckung der Biegezugbewehrung ist bei Platten des üblichen Hochbaus geringer als bei Stahlbetonbalken. Das liegt daran, dass i.d.R. in Platten der Einbau von Bügeln vermieden wird, in den Matten gerin- gere Stabdurchmesser verbaut werden und dass die Betonüberdeckung i.d.R. wegen der Expositionsklasse XC1 (vgl. *Tab. 6.1*) gering ist.

Betonüberdeckung Balken:
$d_1 = d_2 = 5$ cm

Für die Vorbemessung von Stahlbetonplatten im Hochbau kann für die Betonüberdeckung $d_1 = d_2 = 2,5$ cm angenommen werden.

Nun aber zum eigentlichen Bemessungsbeispiel: Die Platte aus dem Deckensystem (TS 1.1: Einachsig gespannte Platte über 5 Felder) wird betrachtet. Sie ist durchlaufend und leitet ihre Lasten in die 6,00 m von- einander entfernten Unterzüge ein.

Die Momentengrenzlinie ist im *Bild 2.19* dargestellt.

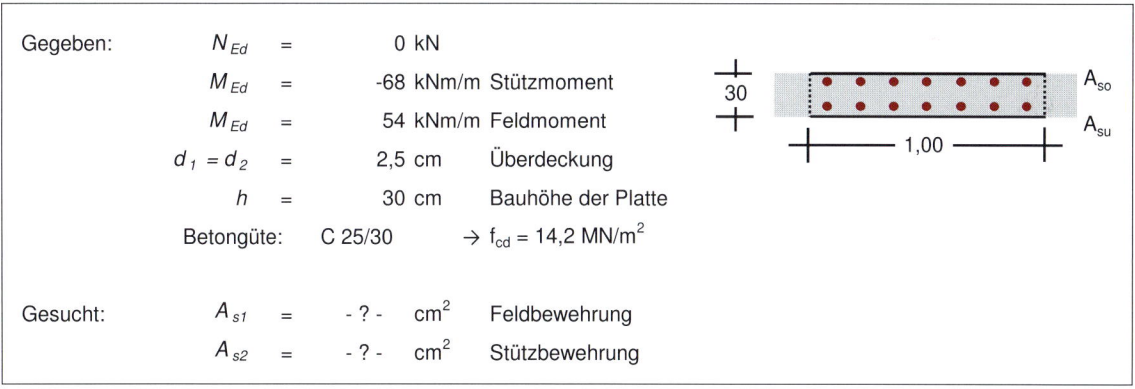

Gegeben:	N_{Ed}	=	0 kN	
	M_{Ed}	=	-68 kNm/m	Stützmoment
	M_{Ed}	=	54 kNm/m	Feldmoment
	$d_1 = d_2$	=	2,5 cm	Überdeckung
	h	=	30 cm	Bauhöhe der Platte
	Betongüte:	C 25/30	$\rightarrow f_{cd} = 14,2$ MN/m^2	
Gesucht:	A_{s1}	=	- ? - cm^2	Feldbewehrung
	A_{s2}	=	- ? - cm^2	Stützbewehrung

Bild 4.17: Bemessung einer Stahlbetonplatte

In der Platte sind Stütz- und Feldmomente aufzunehmen. Die Bemes- sungsmomente sind angegeben. Die Plattentragwirkung ist (vorwie- gend) einachsig. Die Bemessung erfolgt für einen 1,00 m breiten Er- satzbalken (Rechteckquerschnitt).

Bemessungskriterium: $\xi \leq 0,45 \Rightarrow \mu_{Eds} \leq 0,296$

Die statische Höhe der Platte d ergibt sich zu:

$$d = h - d_1 = 30 - 2,5 = 27,5 \text{ cm}$$

Auf die mögliche Abminderung des Stützmomentes durch Momentenausrundung wird verzichtet.

Die Ablesung erfolgt auf sicherer Seite liegend ohne Interpolation.

Aus den einwirkenden Bemessungsmomenten werden für das Feld und die Stütze die Parameter μ_{Eds} bestimmt. Aus der μ_{Eds}-Tabelle (vgl. *Tab. 4.1*) werden anschließend die Parameter ξ zur Überprüfung der Höhe der Betondruckzone und ω_1 zur Bestimmung der statisch erforderlichen Bewehrung abgelesen.

Für die Querschnitte im Feld und über der Stütze ergeben sich:

$$\text{Feld:} \quad \mu_{Eds} = \frac{M_{Eds}}{b \cdot d^2 \cdot fcd} = \frac{0,054}{1,00 \cdot 0,275^2 \cdot 14,2} = 0,050$$

$$\xi(\mu_{Eds} = 0,05) = 0,076 < 0,45$$

$$\omega_1 = 0,0515$$

$$\text{Stütze:} \quad \mu_{Eds} = \frac{M_{Eds}}{b \cdot d^2 \cdot fcd} = \frac{0,068}{1,00 \cdot 0,275^2 \cdot 14,2} = 0,063$$

$$\xi(\mu_{Eds} = 0,07) = 0,097 < 0,45$$

$$\omega_1 = 0,0728$$

Die abgelesenen ξ-Werte liegen deutlich unter dem angesetzten Bemessungskriterium. Jetzt wird die Bewehrung für den Feld- und den Stützquerschnitt pro lfdm Plattenbreite bestimmt.

$$\text{Feld:} \quad A_{s1} = \omega_1 \cdot \frac{b \cdot d}{f_{yd}/f_{cd}} + \frac{N_{Ed}}{f_{yd}}$$

$$= 0,0515 \cdot \frac{100 \cdot 27,5}{30,7} + 0 = 4,61 \text{ cm}^2$$

$$\text{Stütze:} \quad A_{s1} = 0,0728 \cdot \frac{100 \cdot 27,5}{30,7} + 0 = 6,52 \text{ cm}^2$$

Die Bewehrung wird mit Betonstahlmatten ausgeführt. Wegen der einachsigen Lastabtragung werden R-Matten verwendet. Für die Aufnahme des Feldmomentes kann eine handelsübliche Lagermatte eingesetzt werden. Für die Aufnahme des Stützmomentes über dem Unterzug steht keine Lagermatte zur Verfügung. Es können zwei Lagermatten übereinander gelegt werden, oder es werden entsprechende Listenmatten hergestellt.

Gewählt Feld:	untenliegend R 524A (Lagermatte)
	mit: A_{s1} = 5,24 cm^2/m
Gewählt Stütze:	obenliegend R 524A + R 188A (Lagermatten)
	mit: A_{s1} = 5,24+1,88 = 7,12 cm^2/m

Durch den erforderlichen zweilagigen Einbau der Lagermatten verringert sich die statische Höhe d über der Stütze. Die Auswirkung wird auf Relevanz hin überprüft, indem die Überdeckungen d_o und d_u genau berechnet werden. Die geometrischen Angaben finden sich in dem *Bild 4.18*. Für die Überdeckung d_u im Feld ergibt sich für die einlagige

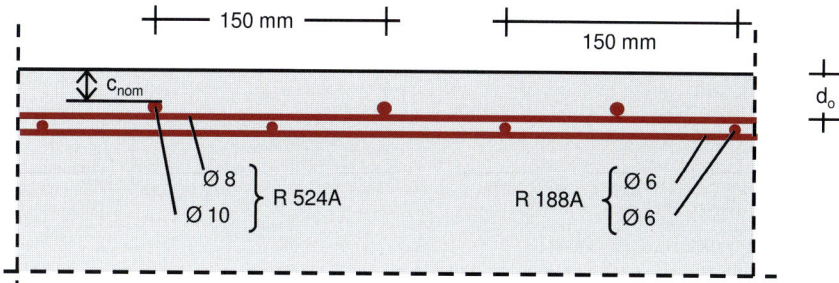

Bild 4.18: Überdeckung bei mehrlagiger Mattenbewehrung

Mattenbewehrung R 524A bei einer für den Hochbau typischen Expositionsklasse XC1 vgl. (*Tabelle 6.1*) ohne große Rechnung ungefähr der in der Aufgabenstellung vorgegebene Wert:

$$d_u = c_{nom} + \frac{d}{2} \quad \text{XC1:} \Rightarrow \quad d_u = 20 + \frac{8}{2} = 24,0 \text{ mm} \approx 2,5 \text{ cm}$$

Bei mehrlagiger Mattenbewehrung werden die Matten so übereinander gelegt, dass die statisch erforderliche Bewehrung möglichst randnah eingebaut wird (vgl. *Bild 4.18*). Bei der gleichen Expositionsklasse XC1 ergibt sich für die Überdeckung d_o:

$$d_o = \frac{5,24 \cdot (20 + 10/2) + 1,88 \cdot (20 + 10 + 8 + 6/2)}{5,24 + 1,88} = 32,9 \text{ mm}$$

Die Abweichung zur angesetzten Überdeckung $d_1 = 2,5$ cm ist relativ groß. Deshalb wird für den Stützquerschnitt eine Nachrechnung mit der angepassten Überdeckung $d_1 = 3,3$ cm durchgeführt. Es ergibt sich entsprechend:

$$\mu_{Eds} = \frac{M_{Eds}}{b \cdot d^2 \cdot fcd} = \frac{0,068}{1,00 \cdot (0,30 - 0,033)^2 \cdot 14,2} = 0,067$$

$$\xi(\mu_{Eds} = 0,07) = 0,097 < 0,45$$

$$\omega_1 = 0,0728$$

Für die Bewehrung pro lfdm Plattenbreite ergibt sich ohne Nachrechnung annähernd die gleiche Bewehrungsmenge!

Biegetragfähigkeit eines Balkens mit einer nichtrechteckigen Betondruckzone

Anwendungsbeispiel 4.1.7:

Für einen symmetrischen, schweren Stahlbetonbinder soll der Grenzzustand der Tragfähigkeit mit Hilfe des Spannungsblockes untersucht werden. Der Querschnitt und die Bemessungsschnittgrößen sind im *Bild 4.19* zusammengestellt.

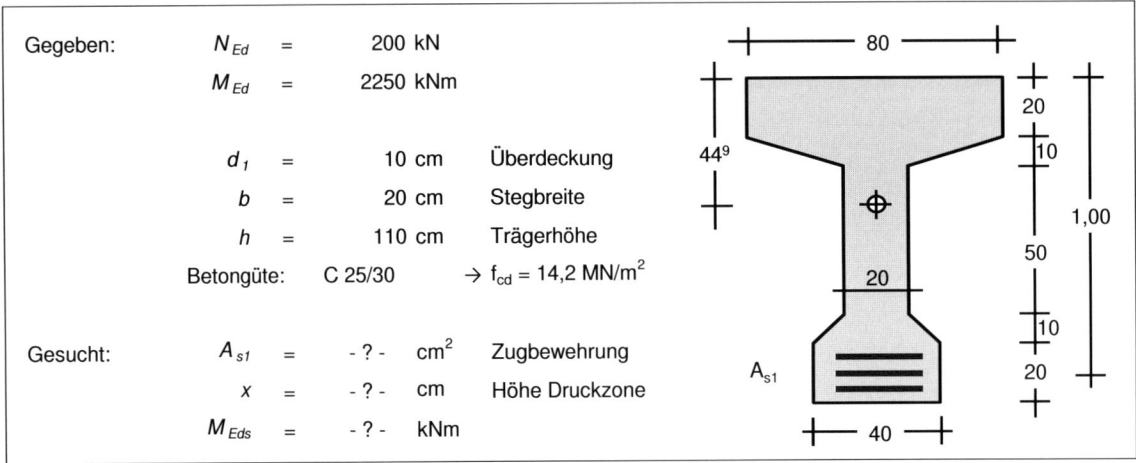

Gegeben:

N_{Ed} = 200 kN

M_{Ed} = 2250 kNm

d_1 = 10 cm   Überdeckung

b = 20 cm   Stegbreite

h = 110 cm   Trägerhöhe

Betongüte: C 25/30   → f_{cd} = 14,2 MN/m²

Gesucht:

A_{s1} = - ? - cm²   Zugbewehrung

x = - ? - cm   Höhe Druckzone

M_{Eds} = - ? - kNm

Bild 4.19: Bemessung eines schweren Stahlbetonbinders mit Spannungsblock

Für die Bestimmung des Biegemomentes aus Einwirkungen M_{Eds} ist die Schwerpunktlage des Querschnitts zu ermitteln. Das erfolgt in der *Tab. 4.6*. Die verwendeten Bezeichnungen sind im *Bild 4.20* zusammengestellt und erläutert.

Tabelle 4.6: Schwerpunktermittlung des Querschnitts

		Fläche [m²]	$z_{0,i}$ [m]	$z_{0,i} \cdot A_i$ [m³]
A_{c1}:	$0,20 \cdot 0,80 =$	0,1600	$0,20/2$	0,0160
A_{c2}:	$0,70 \cdot 0,20 =$	0,1400	$0,20 + 0,70/2$	0,0770
$2 \cdot A_{c3}$:	$2 \cdot 0,30 \cdot 0,10/2 =$	0,0300	$0,20 + 0,10/3$	0,0070
A_{c4}:	$0,20 \cdot 0,40 =$	0,0800	$0,90 + 0,20/2$	0,0800
$2 \cdot A_{c5}$:	$2 \cdot 0,10 \cdot 0,10/2 =$	0,0100	$0,90 - 0,10/3$	0,0087
	$\sum A_i$	0,4200	$\sum A_i \cdot z_{0,i}$	0,1887
	Schwerpunktabstand $z_0 = 0,1887/0,4200 = 0,449$ m			

Das bezogen auf die Schwerpunktlage der Zugbewehrung A_{s1} aufzunehmende Biegemoment M_{Eds} errechnet sich:

$$M_{Eds} = M_{Ed} - N_{Ed} \cdot z_{s1} = 2250 - 200 \cdot (1,00 - 0,449) = 2140 \text{ kNm}$$

Der Nachweis im Grenzzustand der Tragfähigkeit erfolgt iterativ, da die Höhe der sich unter der Beanspruchung M_{Eds} einstellenden Betondruckzone x zunächst unbekannt ist (vgl. *Bild 4.20*). Sie ist abzuschätzen. Daraus ergibt sich dann die vom Beton aufnehmbare Druckkraft D_{cd} und daran anschließend das aufnehmbare Moment M_{Rds}.

Das aufnehmbare Moment M_{Rds} wird dem aufzunehmenden Moment M_{Eds} gegenübergestellt. Der Vergleich liefert eine verbesserte Schätzung der Betondruckzone x. Der Vorgang wird so lange wiederholt, bis M_{Rds} und M_{Eds} hinreichend genau übereinstimmen.

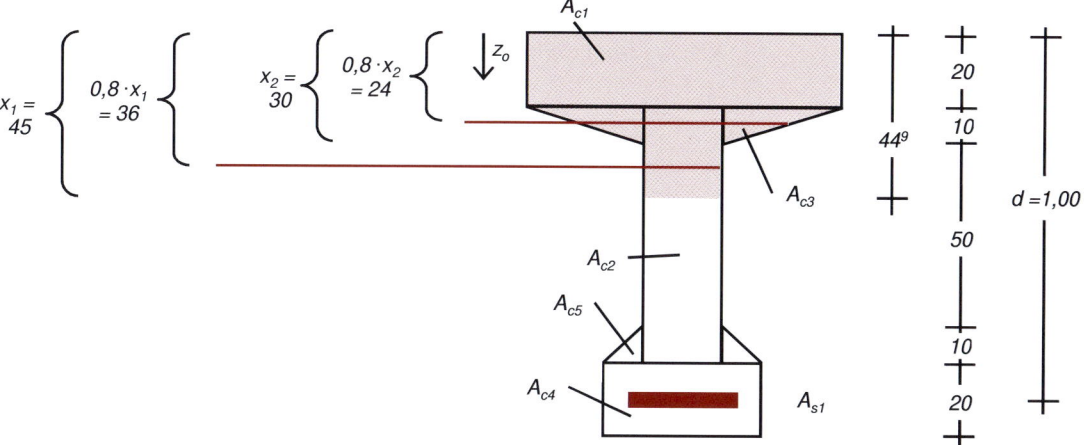

Bild 4.20: Anwendung Spannungsblock: Die Iteration der Größe der Betondruckzone

1. Iterationsschritt: $\xi = 0,45 \Rightarrow x_1 = 0,45$ m

Im 1. Iterationsschritt wird für die maximal zulässige Höhe der Betondruckzone $\xi = 0,45$ angenommen. Damit ist die Geometrie der Betondruckzone eindeutig festgelegt. Der Spannungsblock wirkt in einer reduzierten Druckzone $A_{c,red}$, die eine Höhe von 80% der Betondruckzone x aufweist. Die Ermittlung der Querschnittswerte erfolgt in der *Tab. 4.7*.

Tabelle 4.7: Ermittlung $A_{c,red}$ mit Schwerpunktlage (1. Iterationsschritt)

		Fläche [m²]	$z_{0,i}$ [m]	$z_{0,i} \cdot A_i$ [m³]
A_{c1}:	$0,20 \cdot 0,80 =$	$0,1600$	$0,20/2$	$0,0160$
A_{c2}^*:	$0,16 \cdot 0,20 =$	$0,0320$	$0,20 + 0,16/2$	$0,0090$
$2 \cdot A_{c3}$:	$2 \cdot 0,30 \cdot 0,10/2 =$	$0,0300$	$0,20 + 0,10/3$	$0,0070$
	$\sum A_i = A_{c,red}$	$0,2220$	$\sum A_i \cdot z_{0,i}$	$0,0320$
Schwerpunktabstand $z_0 = 0,0320/0,2220 = 0,144$ m (Iterationsschritt 1)				

Die vom Beton aufnehmbare Druckkraft D_{cd} ergibt sich zu:

$$
\begin{aligned}
D_{cd} &= 0,95 \cdot A_{c,red} \cdot f_{cd} = 0,95 \cdot 0,2220 \cdot 14,2 = 2,995 \,\text{MN} \\
&= 2995 \,\text{kNm}
\end{aligned}
$$

Damit errechnet sich das maximal aufnehmbare Moment M_{Rds}.

$$
\begin{aligned}
M_{Rds} &= D_{cd} \cdot (d - z_0) = 2995 \cdot (1,00 - 0,144) = 2564 \,\text{kNm} \\
&> M_{Eds} = 2140 \,\text{kNm}
\end{aligned}
$$

Das aufnehmbare Moment ist größer als das aufzunehmende. Die Fläche der Betondruckzone $A_{c,red}$ wurde zu groß abgeschätzt und kann jetzt reduziert werden. Das erfolgt im Verhältnis der Biegemomente:

$$
\begin{aligned}
A_{c,red}^{neu} &= A_{c,red} \cdot \frac{M_{Eds}}{M_{Rds}} = 0,2220 \cdot \frac{2140}{2564} \\
&= 0,1853 \,\text{m}^2
\end{aligned}
$$

2. Iterationsschritt: $\xi = 0,45 \;\Rightarrow\; x_2 = 0,30 \,\text{m}$

Die verbesserte Schätzung der Höhe der Betondruckzone $x = 0,30 \,\text{m}$ legt die Geometrie der Betondruckzone eindeutig fest. Der Spannungsblock wirkt in einer reduzierten Druckzone $A_{c,red}$, die eine Höhe von 80% der Betondruckzone x aufweist. Die Ermittlung der Querschnittswerte erfolgt in der *Tab. 4.8*.

Tabelle 4.8: Ermittlung $A_{c,red}$ mit Schwerpunktlage (2. Iterationsschritt)

		Fläche [m^2]	$z_{0,i}$ [m]	$z_{0,i} \cdot A_i$ [m^3]
A_{c1}:	$0,20 \cdot 0,80 =$	$0,1600$	$0,20/2$	$0,0160$
A_{c2}^*:	$0,04 \cdot 0,44 =$	$0,0176$	$0,20 + 0,04/2$	$0,0039$
$2 \cdot A_{c3}^*$:	$2 \cdot 0,08 \cdot 0,04/2 =$	$0,0032$	$0,20 + 0,04/3$	$0,0026$
	$\sum A_i = A_{c,red}$	$0,1808$	$\sum A_i \cdot z_{0,i}$	$0,0225$
Schwerpunktabstand $z_0 = 0,0225/0,1808 = 0,124 \,\text{m}$ (Iterationsschritt 2)				

Die vom Beton aufnehmbare Druckkraft D_{cd} ergibt sich zu:

$$
\begin{aligned}
D_{cd} &= 0,95 \cdot A_{c,red} \cdot f_{cd} = 0,95 \cdot 0,1808 \cdot 14,2 = 2,439 \,\text{MN} \\
&= 2439 \,\text{kNm}
\end{aligned}
$$

Damit errechnet sich das maximal aufnehmbare Moment M_{Rds}.

$$
\begin{aligned}
M_{Rds} &= D_{cd} \cdot (d - z_0) = 2439 \cdot (1,00 - 0,124) = 2137 \,\text{kNm} \\
&> M_{Eds} = 2140 \,\text{kNm}
\end{aligned}
$$

Das aufnehmbare Moment M_{Rds} und das aufzunehmende Moment M_{Eds} sind in etwa gleich groß, sodass die Iteration beendet wird. Es ist jetzt noch der erforderliche Stahlquerschnitt der Zugbewehrung zu ermitteln. Sie ergibt sich aus der Stahl-Zugkraft Z_{sd}:

$$Z_{sd} = D_{cd} - N_{Ed} \;\; = \;\; 2439 - 200 \;=\; 2239\,kN$$
$$\Rightarrow \;\; A_{s1} = \frac{2239}{43,5} \;=\; 51,5\,\text{cm}^2$$

Der Bewehrungsquerschnitt ist durch handelsüblichen Betonstahl abzudecken.

Gewählt:	untenliegend 17 Ø 20
	in 3 Lagen 6+6+5 Ø mit: A_{s1} = 53,4 cm^2

4

4.2 Querkraft

In der DIN 1045-1 wird zwischen Bauteilen ohne und mit erforderlicher Querkraftbewehrung unterschieden.

4.2.1 Bauteile ohne rechnerisch erforderliche Querkraftbewehrung

Aus der Biegebemessung eines Stahlbetonbauteiles ergibt sich eine statisch erforderliche Längsbewehrung. Erfahrungswerte der Praxis und Versuchsergebnisse zeigen, dass mit dieser Bewehrung gleichzeitig eine – wenn auch geringe – Querkrafttragfähigkeit erreicht wird.

Das hierbei zugrunde liegende Tragverhalten wird für einen Balken mit Auflagerbereich anhand des *Bilds 4.21* erläutert. Aus der Biegebelastung M_{Ed} ergeben sich Druck- und Zugrand am Balken. Die Stahl-Zugkraft Z_{sd} wird von der untenliegenden Bewehrung aufgenommen und die Beton-Druckkraft D_{cd} wird vom oberen, ungerissenen Querschnittsteil übertragen.

Infolge Querkraftbelastung stellen sich am Auflager schräg verlaufende Schubrisse ein. Die in der Zugzone des Balkens unten verlegte Längsbewehrung begrenzt die Breite der Risse auf ein verträgliches Maß. Der ungerissene Teil des Betonquerschnitts zwischen zwei Schubrissen wird als Betonzahn bezeichnet.

Eine Querkrafttragfähigkeit ist gegeben, wenn zwischen den Betonzähnen senkrecht zur Balkenachse wirkende Kraftkomponenten planmäßig übertragen werden können. Das ist im Wesentlichen durch 2 gekoppelte Mechanismen möglich.

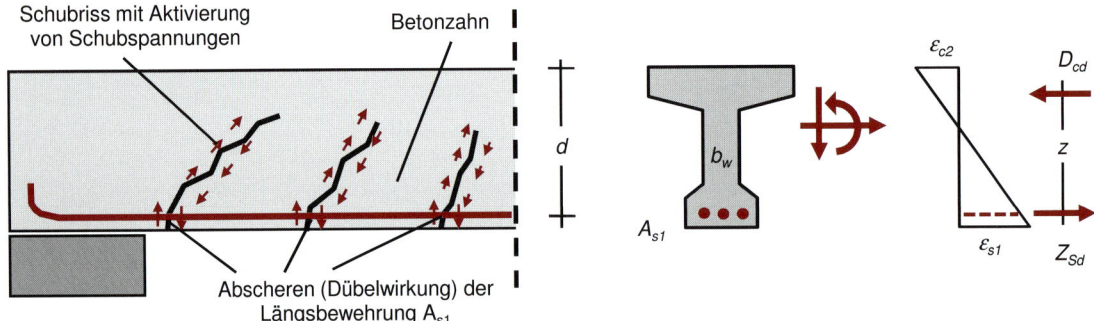

Bild 4.21: Zur Plausibilisierung der Querkrafttragfähigkeit eines nur längsbewehrten Querschnitts

- In den Rissen liegt das Korngerüst frei. Die Flächen sind rau, sodass hier schräg verlaufende Schubspannungen aktiviert werden. Die Querkrafttragfähigkeit wird damit umso höher, je größer diese Flächen sind.

- Die in der Zugzone verlegte Längsbewehrung wird zwischen den Betonzähnen auf Abscheren beansprucht.

Die Querkrafttragfähigkeit des nur längsbewehrten Stahlbetonquerschnittes $V_{Rd,ct}$ wird in der Praxis über die empirisch abgeleitete Bestimmungsgleichung *Gl. 4.35* ermittelt.

$$V_{Rd,ct} = \left(\frac{0,15}{\gamma_c} \cdot \kappa \cdot \eta_1 \cdot (100 \cdot \rho_l \cdot f_{ck})^{1/3} - 0,12 \cdot \sigma_{cd} \right) \qquad (4.34)$$
$$\cdot \; b_w \cdot d$$

mit: b_w kleinste Querschnittsbreite in der Zugzone

d statische Querschnittshöhe

γ_c Teilsicherheitsbeiwert für Beton (*Tabelle 3.1*)

$\kappa = 1 + \sqrt{200/d[\text{mm}]} \leq 2,0$

Formparameter für die Bauteilhöhe

η_1 Tragfähigkeitsbeiwert

$\eta_1 = 1$ für Normalbeton

$\rho_l = A_{s1}/(b_w \cdot d) \leq 0,02$

Längsbewehrungsgrad der Zugbewehrung

f_{ck} charakteristische Betondruckfestigkeit

$\sigma_{cd} = N_{Ed}/A_c$

Betonnormalspannung

Bei Bauteilen aus Leichtbeton ist die – verglichen mit Normalbeton – geringere Festigkeit der Zuschlagstoffe zu beachten. Damit werden die an den Rissflächen aktivierbaren Schubspannungen geringer. Dieser Effekt wird durch den Parameter $\eta_1 < 1,0$ erfasst.

Stahlbetontragwerke können somit allein aufgrund ihrer in der Zugzone verlegten Längsbewehrung Querkräfte aufnehmen. Allerdings haben die schrägverlaufenden Schubrisse einen negativen Einfluss auf die Dauerhaftigkeit der Konstruktion.

- In Stahlbetonbalken verlaufen die Schubrisse bei großen Rissbreiten über die gesamte Querschnittsbreite. Es ist deshalb zwingend erforderlich, eine konstruktive Mindestquerkraftbewehrung einzubauen.

- In Platten aus Stahlbeton treten an den Auflagern die größten Querkräfte auf. Auswertungen von Versuchen und Erfahrungen aus der Praxis zeigen, dass nur örtlich begrenzte Schubrisse mit kleinen Rissbreiten auftreten. Eine konstruktive Mindestquerkraftbewehrung ist deshalb nicht erforderlich. In der Praxis wird die Dicke d von Platten i.d.R. so gewählt, dass $V_{Ed} \leq V_{Rd,ct}$ eingehalten wird.

Bei gleichbleibender Querschnittshöhe h wird mit zunehmender Breite b aus einem Balken eine Platte. Für den praktischen Umgang kann als Grenze angegeben werden:
$b \geq 4 \cdot h$.

4.2.2 Bauteile mit rechnerisch erforderlicher Querkraftbewehrung

Der Tragwiderstand eines Stahlbetonquerschnitts gegenüber Querkraft wird durch die Fachwerkanalogie ermittelt. Dabei wird angenommen, dass sich unter Beanspruchung im Stahlbetonträger ein statisch bestimmtes Fachwerk mit Druck und Zugstäben ausbildet, *vgl. Bild 4.22*. Dem Konstruktionsgrundsatz folgend, ist überall dort wo Zugkräfte auftreten, in ausreichendem Umfang Bewehrung einzubauen.

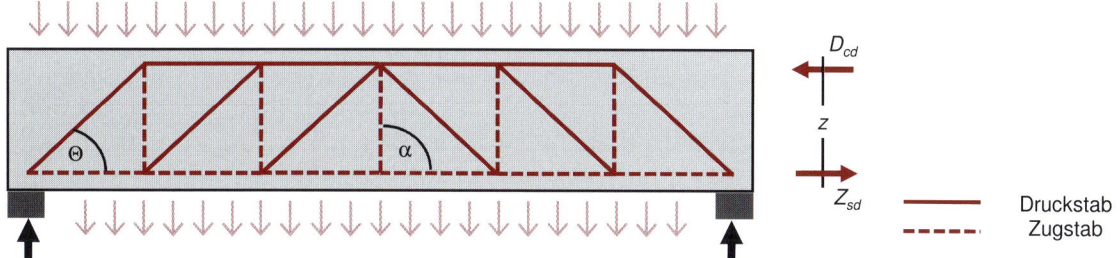

Bild 4.22: Fachwerkanalogie zur Querkraftbemessung

Die Beton-Druckkräfte D_{cd} des Obergurtes und die Stahl-Zugkräfte Z_{sd} des Untergurtes ergeben den Widerstand des Querschnittes gegenüber Biegung (M_{Rd}) mit Normalkraft (N_{Rd}).

Zur Querkraftbemessung sind jetzt die über die Trägerhöhe verlaufenden Fachwerkstäbe zu betrachten. Gedrückten Stäben wird ein Betonquerschnitt zugeordnet. Zugkräfte werden durch Bewehrung A_{sw} aufgenommen, die im Winkel α zur Balkenachse eingebaut wird. So kann die Richtung der Zugstäbe konstruktiv festgelegt werden. Im *Bild 4.22* ist entsprechend eine zur Balkenachse senkrecht verlaufende Bewehrung angenommen.

Aus der Fachwerkanalogie werden die Bemessungsformeln zur Querkrafttragfähigkeit entwickelt. Die auf und im Querschnit wirkenden Kräfte sind für einen Auflagerbereich mit den zugehörigen geometrischen Verhältnissen im *Bild 4.23* dargestellt.

Die Abmessungen des Fachwerkes ergeben sich aus dem Hebelarm der inneren Kräfte z, der Neigung der Bügelbewehrung α und der Neigung der Betondruckstreben Θ.

Die Länge eines Fachwerkfeldes l_F und der (senkrecht gemessene) Abstand der Betondruckdiagonalen d_F errechen sich zu:

$$l_F \quad = \quad z \cdot (\cot \Theta + \cot \alpha) \tag{4.35}$$
$$d_F \quad = \quad l_F \cdot \sin \Theta \tag{4.36}$$

In den Knoten des Fachwerkes werden Gleichgewichtsbedingungen betrachtet. Der Knoten 1 liegt in Höhe der Längsbewehrung A_{S1}. Hier liegen die Auflagerkraft A (=Querkraft V), die Betondruckdiagonale D_{cw} und die Stahlzugkraft Z_s der untenliegenden Längsbewehrung im Gleichgewicht. Im schräg darüber liegenden Knoten 2 stehen die Betondruckkräfte D_{cw} und D_c sowie die über die Querschnittshöhe verlaufende Stahlzugkraft Z_{sw} im Gleichgewicht.

Die horizontal wirkenden Kräfte D_c und Z_s sind dem Grunde nach aus der Betrachtung zur Biegebeanspruchung bekannt und sollen hier zunächst nicht weiter betrachtet werden.

Die für die Querkraftbemessung relevanten Fachwerkstäbe verlaufen nach Fachwerkanalogie über die Höhe und Breite b_w des Steges. Die zugehörigen Stabkräfte D_{cw} und Z_{sw} errechnen sich aus dem Gleichgewicht an den Knoten 1 und 2:

$$D_{cw} \quad = \quad V_{Ed} / \sin \Theta \tag{4.37}$$
$$Z_{sw} \quad = \quad V_{Ed} \cdot \sin \alpha \tag{4.38}$$

Die Kräfte D_{cw} und Z_{sw} wirken entlang der Fachwerklängen l_F und d_F und können entsprechend verteilt angesetzt werden.

Zunächst wird die Druckkraft D_{cw} betrachtet, die vom Beton aufzunehmen ist. Die entsprechenden Druckspannungen wirken auf der in *Bild 4.23* dargestellten, mit dem Winkel Θ geneigt verlaufenden Fläche mit

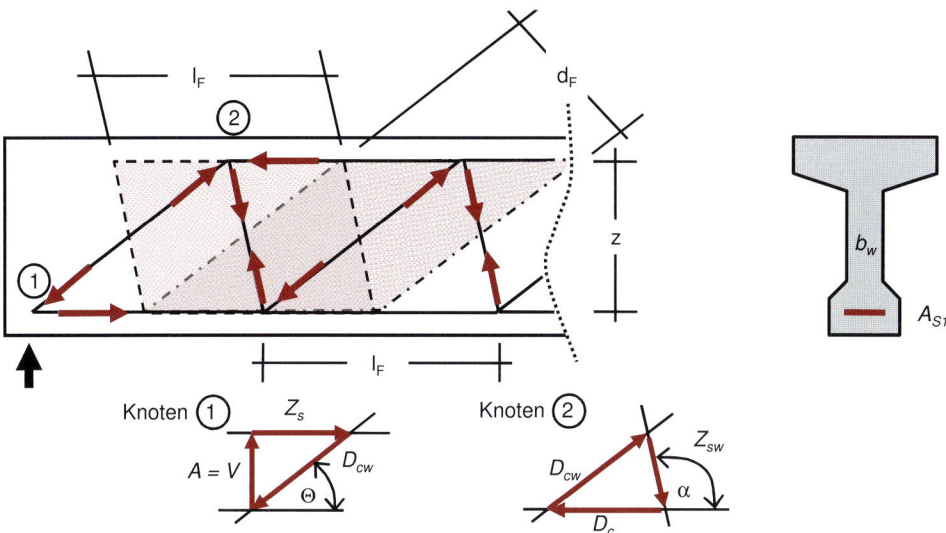

Bild 4.23: Herleitung der Bemessungsgleichungen Querkraft (Auflagerbereich)

der minimalen Breite b_w. Anders als bei der Bemessung für Biegung mit Normalkraft kann die Bemessungsbetondruckspannung f_{cd} hier nicht in vollem Umfang ausgenutzt werden, denn es ist gleichzeitig eine kreuzende Zugbeanspruchung zu berücksichtigen.

Die Reduzierung der im GZT ansetzbaren Betondruckspannung f_{cd} wird mit dem empirisch ermittelten Faktor α_c erreicht. Damit ergibt sich die Bestimmungsgleichung für die Betondruckkraft D_{cw} in der Diagonalen zu:

$$
\begin{aligned}
D_{cw} &= V_{Ed}/\sin\Theta \\
&\leq b_w \cdot d_F \cdot \alpha_c \cdot f_{cd}
\end{aligned}
\tag{4.39}
$$

Ein entsprechender Ansatz erfolgt für die Zugkraft Z_{sw}. Sie ist vom Bewehrungsquerschnitt der Bügel A_{sw} mit dem Bemessungswert der Streckgrenze f_{yd} aufzunehmen. Die Bügel sind im Abstand s_w verlegt und wirken entlang der Länge l_F:

$$
\begin{aligned}
V_{Ed} &\leq Z_{sw}/\sin\alpha \\
&\leq \frac{A_{sw} \cdot f_{yd}}{\sin\alpha} = \frac{A_{sw}}{s_w} \cdot \frac{f_{yd} \cdot l_F}{\sin\alpha}
\end{aligned}
\tag{4.40}
$$

Der Widerstand des Querschnitts gegenüber Querkraftversagen beinhaltet also die Betrachtung von zwei Anteilen.

Das ist in Analogie zur Biegebemessung.

> Querkrafttragfähigkeit ist gegeben, wenn sowohl die aufnehmbare Betondruckkraft ($V_{Rd,max}$) als auch die aufnehmbare Stahlzugkraft ($V_{Rd,sy}$) größer als die Beanspruchung durch die einwirkende Querkraft V_{Ed} sind.

Nach weiteren Umformungen erhält man schließlich die folgenden Gleichungen für die Bemessung eines Stahlbetonquerschnitts auf Querkraft:

$$V_{Ed} \leq V_{Rd,max} \quad = \quad b_w \cdot z \cdot \alpha_c \cdot f_{cd} \cdot \frac{\cot\Theta + \cot\alpha}{1 + \cot^2\Theta} \tag{4.41}$$

$$V_{Ed} \leq V_{Rd,sy} \quad = \quad \frac{A_{sw}}{s_w} \cdot f_{yd} \cdot z \cdot (\cot\Theta + \cot\alpha) \cdot \sin\alpha \tag{4.42}$$

Die Gleichungen *(4.41)*, *(4.42)* beinhalten den folgenden Parametersatz:

b_w	minimale Stegbreite
$z \approx 0,9 \cdot d$	Hebelarm der inneren Kräfte
$\alpha_c = 0,75 \cdot \eta_1$	Normalbeton: $\eta_1 = 1$
f_{cd}	Bemessungswert Betonfestigkeit
Θ	Neigung der Betondruckstreben
α	Neigung der Querkraftbewehrung
s_w	Bewehrungsabstand auf Balkenachse
f_{yd}	Bemessungswert Stahlstreckgrenze

Mit der Querkraftbewehrung werden Zugkräfte aufgenommen, die über die Höhe des Trägers verlaufen. Der Winkel α beschreibt die Neigung der Bewehrung bezogen auf die Balkenachse. Wird sie schräg eingebaut, so lässt sich der Bewehrungsquerschnitt reduzieren. Allerdings ist der Einbau senkrechter Bügel am einfachsten herzustellen, sodass diese Form der Querkraftbewehrung am häufigsten eingesetzt wird. Mit $\alpha = 90^0$ ergeben sich dann aus den oberen Gleichungen:

$$V_{Ed} < V_{Rd,max} \quad = \quad \frac{b_w \cdot z \cdot \alpha_c \cdot f_{cd}}{\cot\Theta + \tan\Theta} \tag{4.43}$$

$$V_{Ed} \leq V_{Rd,sy} \quad = \quad \frac{A_{sw}}{s_w} \cdot f_{yd} \cdot z \cdot \cot\Theta \tag{4.44}$$

Nach Umformung ergibt sich der statisch erforderliche Querschnitt der Querkraftbewehrung a_{sw} bei Verwendung senkrechter Bügel zu:

$$a_{sw} = \frac{A_{sw}}{s_w} \quad = \quad \frac{V_{Ed}}{f_{yd} \cdot z \cdot \cot\Theta} \tag{4.45}$$

Die vom Beton und von der Querkraftbewehrung aufzunehmenden Kräfte sind direkt von der Neigung Θ der Betondruckstrebe abhängig: Mit

steiler werdender Betondruckstrebe wird die Länge l_F, auf der die Querkraftbewehrung zu *verschmieren* ist, kürzer. Damit wird der erforderliche
Bewehrungsquerschnitt A_{sw}/s_w größer und die von den Betonstreben
aufzunehmenden Druckkräfte werden geringer. Flacher werdende Betondruckstreben haben die entgegengesetzten Wirkung. Die Länge l_F,
auf der die Querkraftbewehrung zu *verschmieren* ist, wird länger. Damit
wird der erforderliche Bewehrungsquerschnitt A_{sw}/s_w geringer und die
von den Betonstreben aufzunehmenden Druckkräfte werden größer.

Um die Bemessungsformeln *Gl. (4.43), (4.44)* und *(4.45)* anwenden zu
können, fehlen jetzt noch Angaben zur Neigung der Betondruckstreben
θ. Die Auswertung von Versuchen zeigt, dass sie begrenzt ist und die
DIN 1045-1 gibt einen Wertebereich vor, in denen sich Θ bewegen darf:

$$60° \leq \Theta \leq \begin{cases} 18,5° & \text{Normalbeton} \\ 26,5° & \text{Leichtbeton} \end{cases} \tag{4.46}$$

Der Winkel Θ stellt sich in Abhängigkeit von der Betondruckfestigkeit
(f_{cd} bzw. f_{ck}) sowie der Trägerbeanspruchung aus Querkraft V_{Ed} und
Normalkraft ($\sigma_{cd} = N_{Ed}/A_c$) ein. Die DIN 1045-1 gibt anhand der o.g.
Grenzen die folgende, empirisch gewonnene Formel vor, in denen sich
der $\cot \Theta$ bewegt:

$$0,58 \leq \cot \Theta \leq \frac{1,2 - 1,4 \cdot \sigma_{cd}/f_{cd}}{1 - V_{Rd,c}/V_{Ed}} \begin{cases} \leq 3,0 & \text{Normalbeton} \\ \leq 2,0 & \text{Leichtbeton} \end{cases} \tag{4.47}$$

$$\text{mit:} \quad V_{Rd,c} = \left[\beta_{ct} \cdot \eta_1 \cdot 0,10 \cdot f_{ck}^{1/3} \cdot \left(1 + 1,2 \cdot \frac{\sigma_{cd}}{f_{cd}} \right) \right] \cdot b_w \cdot z \tag{4.48}$$

$$\text{wobei:} \quad \beta_{cd} = 2,4 \quad \text{empirischer Parameter.}$$

Die *Gl. (4.47)* ist für die Auswertung als Handrechnung ungeeignet. Zur
Ermittlung der sich einstellenden (und ansetzbaren) flachen Druckstrebenneigung sind die Bemessungsschnittgrößen anzugeben. Das ist
dem Grunde nach für jede Einwirkungskombination (V_{Ed} und zugehörigem N_{Ed}) auszuwerten, was wirtschaftlich sinnvoll mit entsprechenden
Bemessungsprogrammen durchzuführen ist.

Für die Durchführung von Vorbemessungen und zur Plausibilisierung
von Computerberechnungen ist eine einfache Form der Vorgabe einer
flachen Neigung der Betondruckstrebe (mit dem Bemessungsparameter
$\cot \Theta$) zwingend erforderlich. Nach DIN 1045-1 kann vereinfachend und
näherungsweise angenommen werden:

$$\cot \Theta = \begin{cases} 1,2 & \text{Biegung mit Längsdruck} \\ 1,2 & \text{reine Biegung, d.h. } N_{Ed} = 0 \\ 1,0 & \text{Biegung mit Längszug} \end{cases} \tag{4.49}$$

4.2.3   Zugkraftverankerung am Endauflager

Die der Bemessung zugrunde liegende Fachwerkanalogie idealisiert alle Stäbe durch ihre Systemachsen. Die realen Abmessungen der Querschnitte erfordern zusätzliche Detailbetrachtungen. So müssen an den Endauflagern Zugkräfte verankert werden und der Bemessungswert der Querkräfte V_{Ed} kann für die Auslegung der Querkraftbewehrung abgemindert werden. Die zugrunde liegenden geometrischen Randbedingungen sind für ein Endauflager im *Bild 4.24* zusammengestellt.

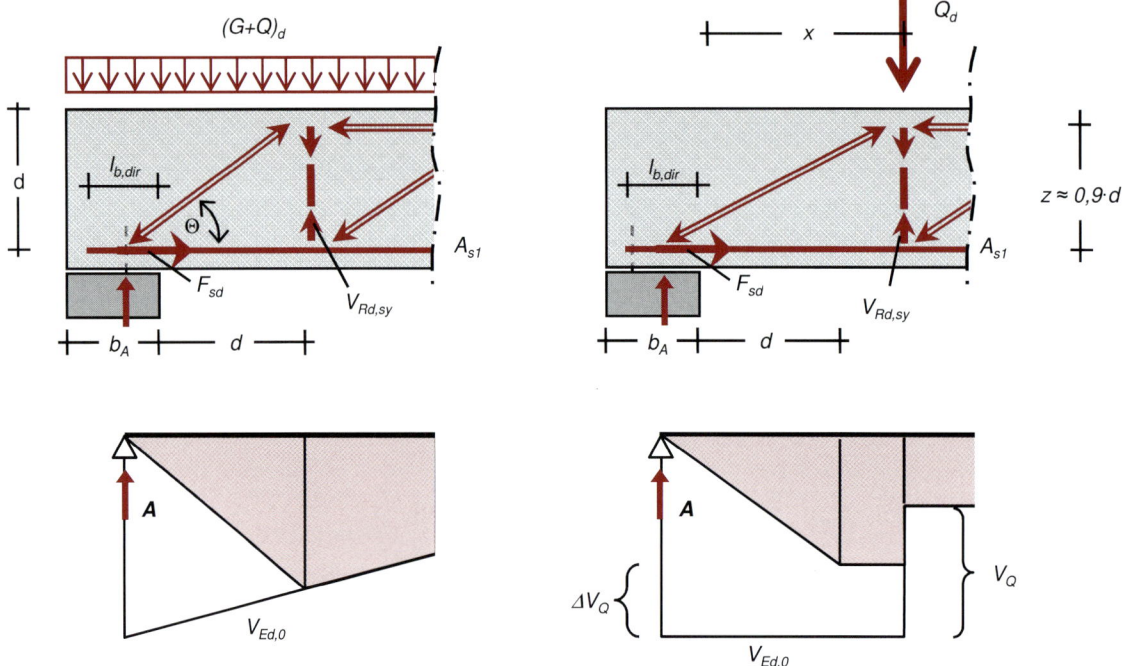

Bild 4.24: Abminderung der Bemessungsquerkraft, Zugkraftverankerung und Querkraftbewehrung am Endauflager

Die Resultierende der Auflagerkraft A greift im Drittelpunkt der Auflagerbreite b_A an und bildet ein Kräftegleichgewicht mit der Stahlzugkraft F_{sd} und der im Winkel Θ angreifenden Betondruckkraft F_{cw}. Die Kraft F_{sd} muss über dem Endauflager verankert werden, d.h. sie muss in den umgebenden Beton übertragen werden. Hierfür steht rechnerisch die Verankerungslänge $l_{b,dir}$ zur Verfügung. Die DIN 1045-1 gibt zur Nachweisführung folgende Formeln vor. Die zu verankernde Kraft ergibt sich nach DIN 1045-1 zu:

$$F_{sd} \;=\; \frac{V_{Ed}}{2} \cdot \cot\Theta + N_{Ed} \;\geq\; \frac{V_{Ed}}{2} \tag{4.50}$$

Die im Auflagerbereich für die Verankerung der Kraft F_{sd} zur Verfügung stehende Verankerungslänge $l_{b,dir}$ muss für die gerade endende Zugbewehrung A_{s1} folgender Bedingung genügen (wobei d_s der Stabdurchmesser der Bewehrung ist):

$$l_{b,dir} \geq \frac{2}{3} \cdot l_{b,net} = \frac{2}{3} \cdot \frac{F_{sd}}{A_{s1} \cdot f_{yd}} \cdot l_b \geq 6 \cdot d_s \qquad (4.51)$$

Die Verankerungslänge $l_{b,net}$ kann reduziert werden, wenn der Bewehrungsstab nicht gerade endet, sondern aufgebogen wird, in einer Schlaufe eingebaut wird, oder wenn Querstäbe angeschweißt sind (vgl. *Bild 6.4*).

4.2.4 Reduzierung des Bemessungswertes für die Ermittlung der Querkraftbewehrung

Betrachtet man die wirklichen geometrischen Abmessungen an einem Träger, so wird im Auflagerbereich ein Teil der Querkraftbeanspruchung direkt durch die geneigten Betondruckstreben und nicht von der Querkraftbewehrung abgetragen. Die Bemessung der Querkraftbewehrung muss deshalb nicht direkt am rechnerischen Auflager erfolgen, sondern darf nach DIN 1045-1 im Abstand d vom Auflagerrand entfernt durchgeführt werden.

Zur Begründung und Verdeutlichung dieses Sachverhaltes wird der Auflagerbereich näher betrachtet (siehe *Bild 4.24*). Die aus der statischen Berechnung ermittelte Bemessungsquerkraft erhält im Auflagerbereich die Bezeichnung $V_{Ed,0}$ und ab einem Abstand d vom Auflagerrand die Bezeichnung V_{Ed}. Die Abminderung der Querkraft ist von den äußeren Einwirkungen abhängig.

Abminderungen der Bemessungsquerkraft sind darüber hinaus bei gevouteten Trägern und im Spannbetonbau möglich. Sie werden im 2. Band behandelt.

- Gleichstreckenbelastung:
  Im linken Teil des *Bildes 4.24* ist ein Balken unter Gleichstreckenbelastung dargestellt. Die rechnerische Auflagerkraft $V_{Ed,0}$ und die Bemessungsquerkraft V_{Ed} unterscheiden sich durch die auf der Oberseite des Trägers angreifende Bemessungseinwirkung. Sie stehen in folgender Beziehung:

$$V_{Rd,sy} \geq V_{Ed} = V_{Ed,0} - \left(\frac{b_A}{3} + d\right) \cdot (G + Q)_d \qquad (4.52)$$

- Auflagernahe Einzellast:
  Greift eine Einzellast unmittelbar über der Auflagerbreite b_A an, so wird sie über Betondruck abgetragen, ohne dass hierfür Querkraftbewehrung erforderlich ist. Mit zunehmender Entfernung vom Auflagerrand x ist die Einzellast von der Querkraftbewehrung abzutragen (rechter Teil des *Bildes 4.24*). Nach DIN 1045-1 können sich ab $x > 2,5 \cdot d$ keine direkten Druckstreben zum Auflager hin ausbilden und es ist keine Abminderung der Bemessungsquerkraft mehr möglich. Der Querkraftanteil einer Einzellast V_Q darf im auflagernahen Bereich x wie folgt auf den Wert ΔV_Q abgemindert werden:

$$\Delta V_Q = V_Q \cdot \left(1 - \frac{x}{2,5 \cdot d}\right) \quad \text{mit: } 0 < x < 2,5 \cdot d \qquad (4.53)$$

Die Abminderungen der Bemessungsquerkraft zum Nachweis der Querkraftbewehrung $V_{Rd,sy}$ infolge Gleichstreckenbelastung und Einzellast können gleichzeitig erfolgen.

Für den Nachweis der Betondruckstrebe $V_{Rd,max}$ darf keine Abminderung angesetzt werden. Der Querkraftnachweis ist nach DIN 1045-1 mit der vollen rechnerischen Auflagerkraft $A = V_{Ed,0}$ zu führen.

4.2.5 Bemessungsbeispiele

Im Anhang sind die in der Querkraftbemessung zu beachtenden Randbedingungen und die Nachweisführung in Form eines Leitfadens (*Abschnitt D.3*) strukturiert zusammengestellt.

Die Querkraftbemessung erfolgt nach Fachwerkanalogie für die durch den Steg des Querschnitts verlaufenden Ersatzstäbe. Der Querkraftwiderstand eines Querschnitts ist erschöpft, wenn entweder der Beton ($V_{Ed} > V_{Rd,max}$) oder die eingebaute Bewehrung ($V_{Ed} > V_{Rd,sy}$) versagt.

Es sollen in allen Bemessungsbeispielen senkrechte Bügel verwendet werden, die im bestimmten Abstand s_w verlegt sind. Pro Bügel werden 2 Stabquerschnitte (zweischnittig) durch die Querkraft beansprucht. Die Querkraftbewehrung wird in cm^2/m angegeben (vgl. *Tabelle 3.8*).

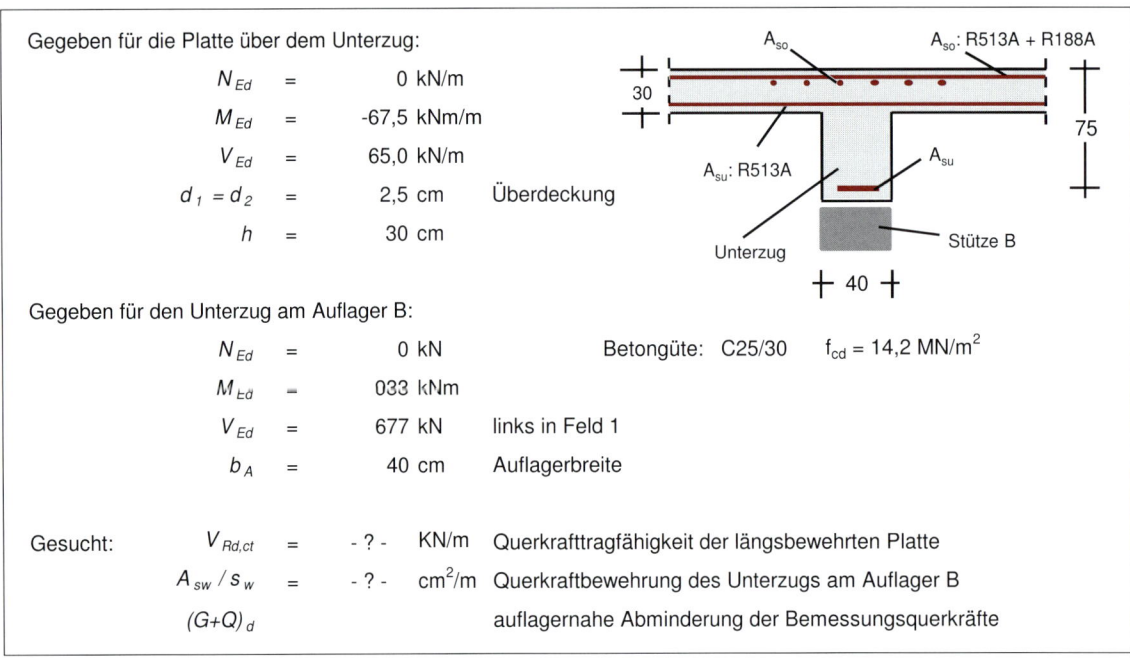

Gegeben für die Platte über dem Unterzug:

N_{Ed} = 0 kN/m

M_{Ed} = -67,5 kNm/m

V_{Ed} = 65,0 kN/m

$d_1 = d_2$ = 2,5 cm   Überdeckung

h = 30 cm

Gegeben für den Unterzug am Auflager B:

N_{Ed} = 0 kN   Betongüte: C25/30 f_{cd} = 14,2 MN/m^2

M_{Ed} = 033 kNm

V_{Ed} = 677 kN   links in Feld 1

b_A = 40 cm   Auflagerbreite

Gesucht: $V_{Rd,ct}$ = - ? - KN/m   Querkrafttragfähigkeit der längsbewehrten Platte

A_{sw}/s_w = - ? - cm^2/m   Querkraftbewehrung des Unterzugs am Auflager B

$(G+Q)_d$ auflagernahe Abminderung der Bemessungsquerkräfte

Bild 4.25: Querkraftbemessung am System Platte-Unterzug

Anwendungsbeispiel 4.2.1:

Das System Platte/Unterzug des Beispiels Deckensystem 1.OG wird betrachtet (vgl. *Bild 2.16*).

System Platte–Unterzug: Querkraftnachweis ohne/mit rechnerisch erforderlicher Querkraftbewehrung

Die Platte ist auf dem Unterzug gelagert und mit ihm monolithisch verbunden; die verwendete Betongüte ist C25/30. Die oben und unten verlegte Mattenbewehrung ist das Ergebnis einer Biegebemessung. Sie verlaufen in der Platte durchgehend über den Unterzug. Der Knotenpunkt ist in dem *Bild 4.25* dargestellt.

Gesucht ist die Querkrafttragfähigkeit $V_{Rd,ct}$ der nur längsbewehrten Platte (TS: 1.1 5-Feld-Platte) und der Nachweis der Querkrafttragfähigkeit des Unterzuges über der Mittelstütze B. Die Bemessungsschnittgrößen können den *Bildern 2.19* und *2.21* entnommen werden.

Zunächst wird die Querkrafttragfähigkeit der Platte nachgewiesen, daran anschließend wird der Nachweis für den mit der Platte monolithisch verbundenen Unterzug geführt.

Querkrafttragfähigkeit der längsbewehrten Platte

Bei Stahlbetonplatten wird i.d.R. der Einbau einer Querkraftbewehrung vermieden, um die Herstellkosten gering zu halten. Die Nachweisführung erfolgt deshalb für die nur längsbewehrte Platte. Die Querkrafttragfähigkeit des Plattenquerschnitts ist nachgewiesen, wenn $V_{Rd,ct}$ größer als die einwirkende Querkraft V_{Ed} ist.

Betrachtet wird ein 1,00 m breiter Plattenstreifen, der mit der empirischen Formel *Gl. (4.35)* bearbeitet wird.

$$V_{Rd,ct} = \left(\frac{0,15}{\gamma_c} \cdot \kappa \cdot \eta_1 \cdot (100 \cdot \rho_l \cdot f_{ck})^{1/3} - 0,12 \cdot \sigma_{cd} \right) \cdot b_w \cdot d$$

Zu beachten sind die zu verwendenden Einheiten und dass der Längsbewehrungsgrad ρ_1 mit der Bewehrung der Zugzone (hier obenliegend) zu berechnen ist.

Die in der Biegebemessung ermittelten Bewehrungsmatten (R513A und R188A) werden bei der Bestimmung von ρ_l eingesetzt.

mit:
$$b_w = 1,00 \text{ m}$$
$$d = 0,30 - 0,033 = 0,267 \text{ m}$$
$$\gamma_c = 1,5$$
$$\kappa = 1 + \sqrt{200/267} = 1,87 \leq 2,0 \ \kappa = 1,87$$
$$\eta_1 = 1 \quad \text{Tragfähigkeitsbeiwert für Normalbeton}$$
$$\rho_l = (5,13 + 1,88)/(100 \cdot 26,7) = 0,0026 \leq 0,02$$
$$f_{ck} = 25 \text{ MN/m}^2 \quad \text{C } \underline{25}/30$$
$$\sigma_{cd} = 0,00/(1,00 \cdot 0,267)$$

Mit den ermittelten Parametern ergibt sich:

$$
\begin{aligned}
V_{Rd,ct} &= \left(0,1 \cdot 1,87 \cdot 1,00 \cdot (0,26 \cdot 25)^{1/3} - 0,12 \cdot 0,00\right) \\
&\quad \cdot 1,00 \cdot 0,267 \\
&= 0,093 \, \text{MN/m} = 93 \, \text{kN/m} \geq 65 \, \text{kN/m} = V_{Ed}
\end{aligned}
$$

Der Nachweis ist damit erbracht. Die Querkrafttragfähigkeit $V_{Rd,ct}$ ist größer als die einwirkende Querkraft V_{Ed}. Querkraftbewehrung ist nicht erforderlich. Anders als in Balken ist bei Platten keine konstruktive Mindestquerkraftbewehrung erforderlich!

Die Nachweisführung erfolgte auf sicherer Seite liegend, weil auf die Abminderung der Bemessungsquerkraft verzichtet wurde.

Querkrafttragfähigkeit des Unterzugs am Mittelauflager für den Näherungswert von $cot\Theta$

Der Nachweis der Querkrafttragfähigkeit des Querschnitts ist erbracht, wenn sowohl die Tragfähigkeit der Betondruckstreben ($V_{Rd,max}$) als auch die Tragfähigkeit der Zugstreben ($V_{Rd,sy}$) größer als die einwirkende Bemessungsquerkraft V_{Ed} ist. Als Eingangsparameter werden die folgenden Standardbemessungsparameter gewählt:

$$
\begin{aligned}
\cot\Theta &= 1,2 && \text{Näherung für \textit{reine Biegung}} \\
\alpha &= 90^0 && \text{senkrechte Bügel} \\
z &\approx 0,9 \cdot d && \text{Hebelarm der inneren Kräfte} \\
\alpha_c &= 0,75 && \text{Tragfähigkeitsbeiwert für Normalbeton}
\end{aligned}
$$

Damit ergibt sich für die Querkrafttragfähigkeit der Betondruckstreben nach *Gl. (4.43)*:

$$
\begin{aligned}
V_{Rd,max} &= \frac{b_w \cdot z \cdot \alpha_c \cdot f_{cd}}{\cot\Theta + \tan\Theta} \\
&= \frac{0,4 \cdot 0,9 \cdot 0,75 \cdot 0,75 \cdot 14,2}{1,2 + 1/1,2} = 1,414 \, \text{MN/m}
\end{aligned}
$$

Die einwirkende Querkraft $V_{Ed} = 677$ kN ist damit bei großen Reserven im gegebenen Betonquerschnitt aufnehmbar.

Als Nächstes ist jetzt die Tragfähigkeit der Querkraftbewehrung nachzuweisen. Die aufzunehmende Bemessungsquerkraft kann im Auflagerbereich entsprechend *Gl. (4.52)* abgemindert werden. Dazu ist zunächst die über der Stütze wirkende (Bemessungs-)Gleichstreckenbelastung zu ermitteln. Sie setzt sich aus ständig und veränderlich einwirkenden Anteilen zusammen. Sie wird nachfolgend mit $(G + Q)_d$ bezeichnet. Zu berücksichtigen ist die maximale Auflagerkraft der Platte (vgl. *Tabelle 2.7 rechte Spalte*) und das Eigengewicht des Unterzuges (vgl. *Bild 4.25*).

Für den Unterzug gilt:
$d/h = 75/80$ cm

$$
(G + Q)_d = 119 + 1,35 \cdot 0,40 \cdot 0,40 \cdot 25 = 124,4 \, \text{kN/m}
$$

Die Bemessungsquerkraft zur Bestimmung der Querkraftbewehrung wird im Abstand d vom Auflagerrand der Mittelstütze bestimmt.

$$
\begin{aligned}
V_{Ed} &= V_{Ed,0} - (b_A/2 + d) \cdot (G + Q)_d \\
&= 677 - (0,40/2 + 0,75) \cdot 124 = 559\,\text{kN}
\end{aligned}
$$

Bei einem Endauflager greift die resultierende Auflagerkraft im Drittelspunkt der Auflagerbreite an; bei einem Zwischenauflager in der Mitte.

Es ergibt sich eine Reduzierung von fast 20%. Der nun hierfür statisch erforderliche Querschnitt ergibt sich nach *Gl. (4.45)*:

$$
\begin{aligned}
a_{sw} = \frac{A_{sw}}{s_w} &= \frac{V_{Ed}}{f_{yd} \cdot z \cdot \cot \Theta} \\
&= \frac{559}{43,5 \cdot 0,9 \cdot 0,75 \cdot 1,2} = 15,86\,\text{cm}^2/\text{m}
\end{aligned}
$$

Der Querschnitt der Querkraftbewehrung wird durch senkrecht eingebaute Bügel abgedeckt. Es ist auf einen unter Baustellenbedingung einfach herzustellenden Bügelabstand zu achten.

Gewählt: Bügel, 2-schnittig
            Ø10, s_w=10,0   mit: A_{sw}/s_w = 15,71 cm²/m

Die geringfügige Unterschreitung der rechnerisch erforderlichen Bügelbewehrung wird toleriert.

Anwendungsbeispiel 4.2.2:

Bestimmung der Querkrafttragfähigkeit eines schweren Binders

Der Querschnitt eines schweren Binders ist vorgegeben. Untersucht werden soll seine maximale Querkrafttragfähigkeit.

Die Querkrafttragfähigkeit eines jeden Trägers ergibt sich durch die Tragfähigkeit von Betondruck- und Stahlzugstreben im Rahmen der Fachwerkanalogie. Es werden die nachfolgenden Bemessungsparameter verwendet:

$$
\begin{aligned}
\alpha &= 90^0 \qquad &&\text{Senkrechte Bügel} \\
z &\approx 0,9 \cdot d \qquad &&\text{Hebelarm der inneren Kräfte} \\
\alpha_c &= 0,75 \qquad &&\text{Tragfähigkeitsbeiwert für Normalbeton} \\
\cot \Theta &= 1,2 \qquad &&\text{Näherung für \textit{reine Biegung} } (N_{Ed} = 0)
\end{aligned}
$$

Bei dem hier zu untersuchenden gegliederten Trägertyp ist in der Regel die Betonfestigkeit im schmalen Steg maßgebend. Für die Querkrafttragfähigkeit der Betondruckstreben ergibt sich:

$$
\begin{aligned}
V_{Rd,max} &= \frac{b_w \cdot z \cdot \alpha_c \cdot f_{cd}}{\cot \Theta + \tan \Theta} \\
&= \frac{0,20 \cdot 0,9 \cdot 1,00 \cdot 0,75 \cdot 14,2}{1,2 + 1/1,2} = 0,943\,\text{MN}
\end{aligned}
$$

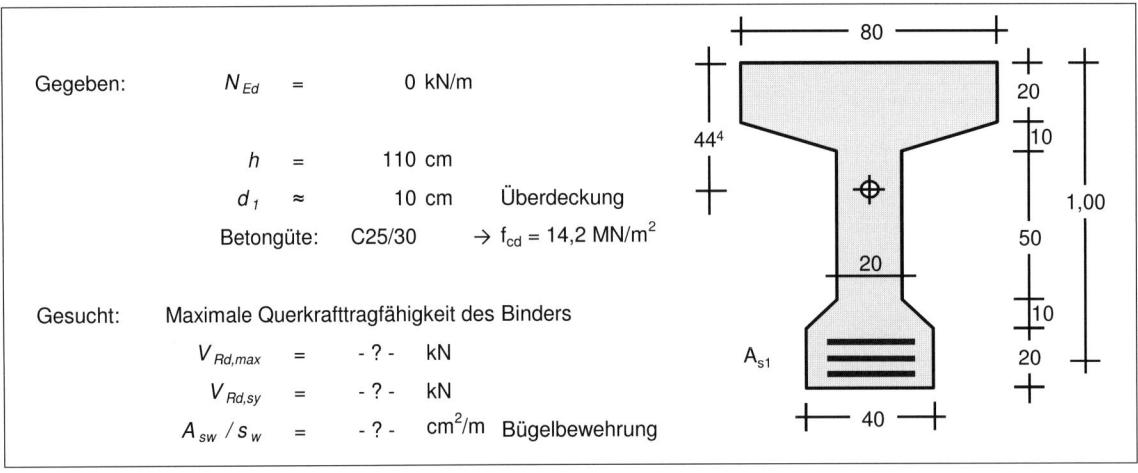

Gegeben: N_{Ed} =   0 kN/m

                  h =   110 cm

                  d_1 ≈   10 cm   Überdeckung

                  Betongüte: C25/30   → f_{cd} = 14,2 MN/m²

Gesucht: Maximale Querkrafttragfähigkeit des Binders

              $V_{Rd,max}$ =   - ? -   kN

              $V_{Rd,sy}$ =   - ? -   kN

              A_{sw}/s_w =   - ? -   cm²/m   Bügelbewehrung

Bild 4.26: Bestimmung der Querkrafttragfähigkeit für einen schweren Binder

Für diesen Wert der Querkraft muss eine entsprechende Bügelbeweh-rung eingebaut werden. Sie errechnet sich nach:

$$a_{sw} = \frac{A_{sw}}{s_w} = \frac{V_{Ed}}{f_{yd} \cdot z \cdot \cot \Theta}$$

$$= \frac{943}{43,5 \cdot 0,9 \cdot 1,00 \cdot 1,2} = 20,07 \text{ cm}^2/\text{m}$$

Der Querschnitt der Querkraftbewehrung wird durch senkrecht einge-baute Bügel abgedeckt.

Gewählt: Bügel, 2-schnittig
            Ø12, s_w=10,0   mit: A_{sw}/s_w = 22,62 cm²/m

Nachweisführung an einem End-auflager: Querkraft und Zugkraft-verankerung

Anwendungsbeispiel 4.2.3:

Das Endauflager C eines Unterzuges mit Rechteckquerschnitt soll nach-gewiesen werden. Das System ist im *Bild 4.27* dargestellt.

Die Querkrafttragfähigkeit des Trägers infolge der Festigkeit der Be-tondruckstreben ($V_{Rd,max}$) wird als erstes überprüft. Dabei werden die nachfolgenden Bemessungsparameter verwendet:

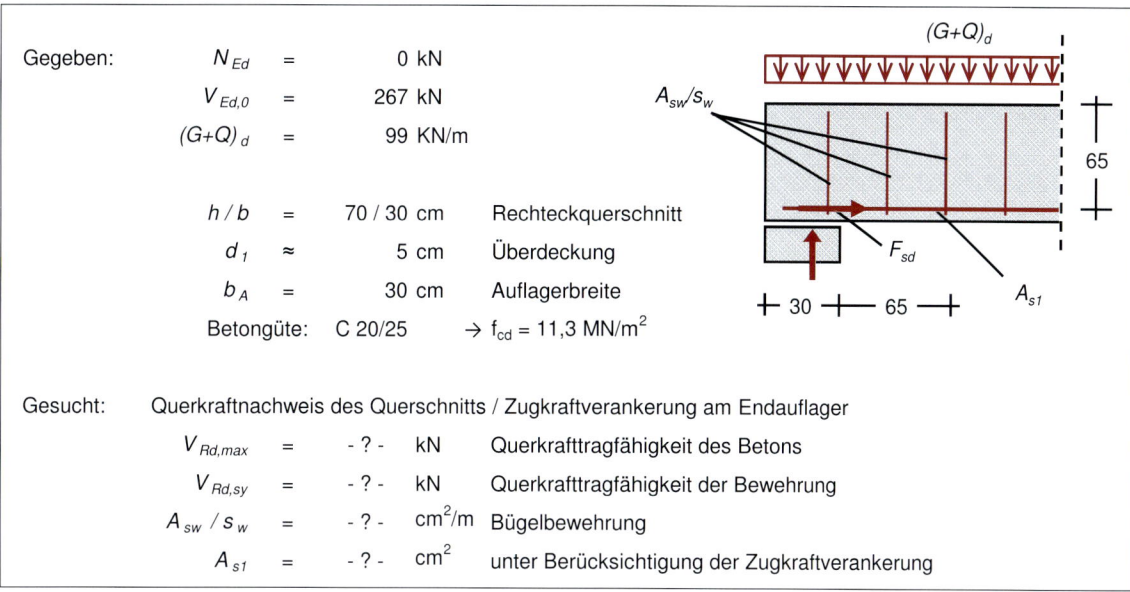

Gegeben:

N_{Ed} = 0 kN

$V_{Ed,0}$ = 267 kN

$(G+Q)_d$ = 99 KN/m

h / b = 70 / 30 cm   Rechteckquerschnitt

d_1 ≈ 5 cm   Überdeckung

b_A = 30 cm   Auflagerbreite

Betongüte: C 20/25   → f_{cd} = 11,3 MN/m^2

Gesucht: Querkraftnachweis des Querschnitts / Zugkraftverankerung am Endauflager

$V_{Rd,max}$ = - ? - kN   Querkrafttragfähigkeit des Betons

$V_{Rd,sy}$ = - ? - kN   Querkrafttragfähigkeit der Bewehrung

A_{sw} / s_w = - ? - cm^2/m   Bügelbewehrung

A_{s1} = - ? - cm^2 unter Berücksichtigung der Zugkraftverankerung

Bild 4.27: Bemessung am Endauflager

α = 90^0 senkrechte Bügel

z ≈ $0,9 \cdot d$ Hebelarm der inneren Kräfte

α_c = $0,75$ Tragfähigkeitsbeiwert für Normalbeton

$\cot \Theta$ = $1,2$ Näherung für *reine Biegung* ($N_{Ed} = 0$)

Ausgewertet ergibt sich, dass die Bemessungsquerkraft $V_{Ed} = 267$ kN bei großen Reserven eingehalten ist. Für die Querkrafttragfähigkeit der Betondruckstreben ergibt sich:

$$V_{Rd,max} = \frac{b_w \cdot z \cdot \alpha_c \cdot f_{cd}}{\cot \Theta + \tan \Theta}$$
$$= \frac{0,30 \cdot 0,9 \cdot 0,65 \cdot 0,75 \cdot 11,3}{1,2 + 1/1,2} = 0,731 \text{ MN}$$

Als Nächstes wird die Querkrafttragfähigkeit der Bügelbewehrung $V_{Rd,sy}$ nachgewiesen. Von der Abminderung der Bemessungsquerkraft entsprechend *Gl. (4.52)* wird Gebrauch gemacht. Nachzuweisen ist die Querkraft im Abstand von d vom Auflagerrand:

$$V_{Ed} = V_{Ed,0} - (b_A/3 + d) \cdot (G + Q)_d$$
$$= 267 - (0,30/3 + 0,60) \cdot 99 = 198 \text{ kN}$$

Es ergibt sich eine deutliche Reduzierung um ca. 25%. Der statisch erforderliche Querschnitt ergibt sich nach *Gl. (4.45)*:

$$a_{sw} = \frac{A_{sw}}{s_w} = \frac{V_{Ed}}{f_{yd} \cdot z \cdot \cot \Theta}$$
$$= \frac{198}{43,5 \cdot 0,9 \cdot 0,6 \cdot 1,2} = 7,02\,\mathrm{cm^2/m}$$

Der Querschnitt der Querkraftbewehrung wird durch senkrecht eingebaute Bügel abgedeckt. Am Mittelauflager B wurden Bügeldurchmesser Ø10 gewählt, sodass zur Vereinheitlichung der Bewehrung hier ebenfalls diese Bügel gewählt werden:

Gewählt:	Bügel, 2-schnittig
	Ø10, s_w=20,0 mit: A_{sw}/s_w = 7,85 cm²/m

Als letztes wird die Zugkraftverankerung nachgewiesen. Für den Unterzug ist eine direkte Lagerung gegeben. Unter Berücksichtigung einer seitlichen Betonüberdeckung von 4 cm ergibt sich für das Endauflager C eine zulässige Verankerungslänge von $l_{b,dir} = 26$ cm (vgl. *Bild 4.24*). Die zu verankernde Zugkraft errechnet sich zu:

$$F_{sd} = \frac{V_{Ed}}{2} + N_{Ed} \geq \frac{V_{E}d}{2}$$
$$= \frac{267}{2} = 134\,\mathrm{kN}$$

Wegen der Erfordernisse zur Konstruktion der Bügelbewehrung kann davon ausgegangen werden, dass zumindest in den unteren Ecken des Querschnittes jeweils ein Bewehrungseisen liegt. In der Biegebemessung wurde die Längsbewehrung mit Stabdurchmessern Ø 20 konstruiert. Damit stehen in jedem Fall 2 Ø 20 ($A_{s1} = 6,28$) für die Zugkraftverankerung am Endauflager zur Verfügung.

Diese Bewehrungseisen liegen unten im Querschnitt und befinden sich damit im Bereich guter Verbundbedingungen. Das Grundmaß der Verankerungslänge l_b ermittelt sich in Abhängigkeit vom Stabdurchmesser Ø und der Betongüte (C 25/30). In Verbindung mit *Tab. 3.3* ergibt sich:

VB I: $\dfrac{l_b}{d_s} = 47 \quad \Rightarrow \quad l_b = 47 \cdot 20 = 94\,\mathrm{cm}$

Die statisch erforderliche Verankerungslänge bei direkter Auflagerung errechnet sich nach *Gl. (4.51)* zu:

$$l_{b,dir} \geq \frac{2}{3} \cdot l_{b,net} = \frac{2}{3} \cdot \frac{F_{sd}}{A_{s1} \cdot f_{yd}} \cdot l_b \geq 6 \cdot d_s = 120\,\mathrm{mm}$$
$$= \frac{2}{3} \cdot \frac{134}{6,28 \cdot 43,5} \cdot 94$$
$$= 31\,\mathrm{cm} \, > \, 26\,\mathrm{cm}$$

Der Nachweis ist damit nicht erfüllt. Es bietet sich eine konstruktive Lösung an. Die im Feld 2 errechnete Längsbewehrung ergab 5 Ø 20. Von diesen 5 Eisen werden (statt 2) 3 zum Auflager C geführt und dort verankert. Die Auswertung der Verankerungslänge ist für den erhöhten Bewehrungsquerschnitt durchzuführen:

$$l_{b,dir} \geq \frac{2}{3} \cdot l_{b,net} \quad = \quad \frac{2}{3} \cdot \frac{134}{9,42 \cdot 43,5} \cdot 94$$
$$= \quad 20\,\text{cm} \; < \; 26\,\text{cm}$$

Damit ist die Verankerung der Zugkraft am Endauflager nachgewiesen.

Alternativ ist auch eine Verankerung der beiden Längseisen mit einem Endhaken möglich. Dadurch wird die Verankerungslänge $l_{b,dir}$ um 30% reduziert.

4.3 Stützen (Betondruckglieder)

Bei den im *Abschnitt 4.1* vorgestellten Bemessungsverfahren für Biegung mit Längskraft wurde immer die Höhe der Betondruckzone begrenzt (z.B. $x \leq 0,45 \cdot d$). Damit weist der belastete Querschnitt immer einen Druck- und einen Zugrand auf. Dieses für Balken typische Tragverhalten ist bei Stützen selten gegeben.

Stützen werden konstruiert, um große vertikale Lasten abzutragen und schließlich über die Fundamente in den Baugrund einzuleiten. Stützen werden im üblichen Hochbau als Rechteck- oder Kreisquerschnitte ausgeführt. Ein effizientes Bemessungsverfahren muss deshalb planmäßig deutlich größere Betondruckzonen x und auch vollkommen überdrückte Querschnitte zulassen.

Neben der vertikalen Lastabtragung, werden Stützen auch für die horizontale Lastabtragung und für Gebäudeaussteifung herangezogen. Die entsprechenden Einwirkungen ergeben sich aus Winddruck und Windsog sowie insbesondere bei schlanken Bauteilen aus den Effekten nach Theorie 2. Ordnung (vgl. *Abschnitt 4.3.2*). Diese nachzuweisenden Momente wirken, wie der Wind, in unterschiedlichen Richtungen. Damit wechselt die Lage des (stärker) gedrückten Querschnittsrandes. So ist es schon aus statischen Gründen nahe liegend, Stützen symmetrisch zu bewehren ($A_{s1} = A_{s2}$).

Bei schlanken Bauteilen sind die Querschnittsabmessungen deutlich kleiner als ihre (Geschoss-)Höhe.

Bei der Verwendung unsymmetrisch bewehrter Rechteckquerschnitte ($A_{s1} \neq A_{s2}$) ist Vorsicht geboten. Im hektischen Baustellenbetrieb besteht die Gefahr, dass die statisch errechneten Bewehrungslagen A_{s1} und A_{s2} vertauscht eingebaut werden. Aus dem gleichen Grund ist besondere Sorgfalt ist geboten, wenn unsymmetrisch bewehrte Stahlbeton-Fertigteilstützen oder Kreisquerschnitte eingebaut werden.

Werden Stützen dauerhaft durch Momenteneinwirkung in eine Richtung gebogen, so ergibt sich neben der elastischen Verformung zusätzlich eine zeitabhängige Verformung infolge Betonkriechen. Dieser Effekt kann bei der Berücksichtigung von Theorie II. Ordnung von großer Bedeutung werden.

4.3.1 Bemessung mit Interaktionsdiagrammen

Die Bemessungssituation für eine typische Stütze ist in *Bild 4.28* dargestellt. Gegeben ist mit Stahlbeton-Rechteckquerschnitt mit symmetrischer Bewehrung ($A_{s1} = A_{s2}$). Aus den äußeren Einwirkungen ergeben sich die Bemessungsschnittgrößen N_{Ed} und M_{Ed}, die den Querschnitt verzerren und damit Spannungen im Beton und im Stahl hervorrufen. Es soll die Bernoulli-Hypothese vom Ebenbleiben der Querschnitte Gültigkeit haben.

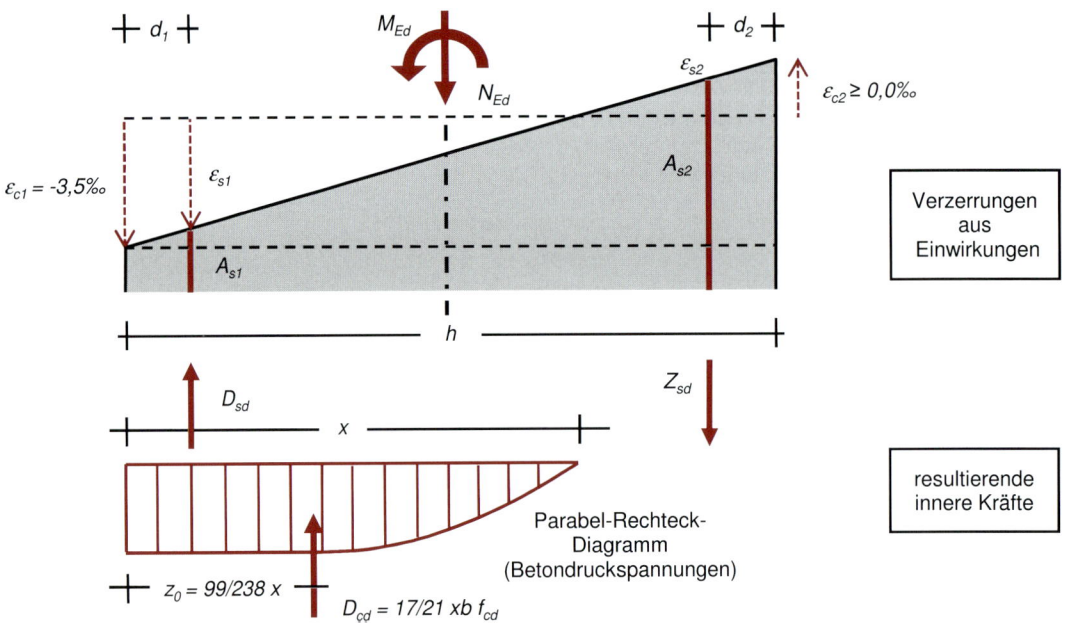

Bild 4.28: Bemessungschnittgrößen, resultierende Verzerrungen und innere Kräfte an einem Stützenquerschnitt

Nun soll der Widerstand eines Rechteckquerschnittes mit den Abmessungen b und h gegenüber den Bemessungsschnittgrößen N_{Ed} und M_{Ed} berechnet werden. Dafür sind am Querschnitt alle zulässigen Dehnungs- und Stauchungswerte zu untersuchen.

Beispielhaft wird eine Verzerrungsfigur ausgewählt. Sie ist im *Bild 4.28* dargestellt. Der Beton am linken Querschnittsrand soll mit dem Maximalwert $\epsilon_{c2} = -3,5$ ‰ gestaucht werden, während die Bewehrung A_{s2} am gegenüberliegenden Rand eine Dehnung erfahren soll, ohne dass die Bemessungsfließgrenze f_{yd} der Bewehrung erreicht wird. Das entspricht einer Stahldehnung von $\epsilon_{s1} \leq 2,174\,\%_0$.

Die Höhe der Betondruckzone ($x = \alpha \cdot h$) ergibt sich aus dem Dehnungswert der Bewehrung nach dem Strahlensatz.

$$\frac{x}{\epsilon_{c1}} = \frac{h - x - d_2}{\epsilon_{s2}}$$

$$x = \frac{h - d_2}{1 - \epsilon_{s2}/\epsilon_{c1}} = \alpha \cdot h \qquad (4.54)$$

Der dimensionslose Parameter α ist vergleichbar mit dem Parameter ξ aus dem *Abschnitt 4.1*. Die Unterscheidung ist erforderlich, weil sich α auf die gesamte Querschnittshöhe h und nicht (wie ξ) auf die statische Höhe d bezieht.

Die aktivierte Betondruckkraft D_{cd} und die Lage ihrer Resultierenden ergibt sich in Analogie zum *Bild 4.3* aus dem Parabel-Rechteck-Diagramm.

$$D_{cd} = \frac{17}{21} \cdot x \cdot b \cdot f_{cd} = \frac{17}{21} \cdot \alpha \cdot h \cdot b \cdot f_{cd} \qquad (4.55)$$

$$\text{mit:} \quad z_0 = \frac{99}{238} \cdot \alpha \cdot h \qquad (4.56)$$

Die Zug- und Druckkräfte im Stahl errechnen sich aus den wirkenden Spannungen und den eingebauten Bewehrungsquerschnitten. Wegen der angesetzten Verzerrungen ϵ_{c1} und ϵ_{s2} wird, hinreichende Querschnittshöhe h vorausgesetzt, die Fließspannung f_{yd} nur für die Druckbewehrung erreicht.

$$D_{sd} = A_{s1} \cdot f_{yd} \quad \text{mit:} \quad f_{yd} = 43,5\,\text{kN/cm}^2 \quad \text{bei:} \; |\epsilon_{s1}| \geq 2,174\,\%_0$$

$$Z_{sd} = A_{s2} \cdot \sigma_s \quad \text{mit:} \quad \sigma_s = \frac{\epsilon_{s2}}{2,174\,\%_0} \cdot f_{yd}$$

Aus dem Gleichgewicht der inneren und äußeren Kräfte erhält man:

$$N_{Ed} = -D_{cd} - \left(A_{s1} - A_{s2} \cdot \frac{\epsilon_{s2}}{2,174\,\%_0} \right) \cdot f_{yd} \qquad (4.57)$$

$$M_{Ed} = D_{cd} \cdot \left(\frac{h}{2} - z_0 \right)$$

$$+ \left(A_{s1} + A_{s2} \cdot \frac{\epsilon_{s2}}{2,174\,\%_0} \right) \cdot f_{yd} \cdot \left(\frac{h}{2} - d_1 \right) \qquad (4.58)$$

Nach Einsetzen der Beton-Druckkraft und der Bewehrungsgrade ω_1 und ω_2 erhält man nach Umformung:

$$\frac{N_{Ed}}{b \cdot h \cdot f_{cd}} = -\frac{17}{21} \cdot \alpha - \left(\omega_1 - \omega_2 \cdot \frac{\epsilon_{s2}}{2,174\,\%_0} \right) \qquad (4.59)$$

$$\frac{M_{Ed}}{b \cdot h^2 \cdot f_{cd}} = \frac{17}{21} \cdot \alpha \cdot \left(\frac{1}{2} - \frac{99}{238} \cdot \alpha \right)$$

$$+ \left(\omega_1 + \omega_2 \cdot \frac{\epsilon_{s2}}{2,174\,\%_0} \right) \cdot \left(\frac{1}{2} - \frac{d_1}{h} \right) \qquad (4.60)$$

Die Bemessungsschnittgrößen und die eingebaute Bewehrung werden in den oberen *Gl. (4.59)* und *(4.60)* als dimensionslose Größen ν_{Ed}, μ_{Ed} und ω_1 bzw. ω_2 erfasst.

$$\nu_{Ed} = \frac{N_{Ed}}{b \cdot h \cdot f_{cd}} \qquad \mu_{Ed} = \frac{M_{Ed}}{b \cdot h^2 \cdot f_{cd}} \tag{4.61}$$

$$\omega_1 = \frac{A_{s1}}{b \cdot h} \cdot \frac{f_{yd}}{f_{cd}} \qquad \omega_2 = \frac{A_{s1}}{b \cdot h} \cdot \frac{f_{yd}}{f_{cd}} \tag{4.62}$$

Wird außerdem entsprechend der Vorbemerkungen $A_{s1} = A_{s2}$ angesetzt, erhält man:

$$\omega_1 = \omega_2 \quad \text{und} \quad \omega_{tot} = \omega_1 + \omega_2 \tag{4.63}$$

Der hergeleitete Formelsatz (*Gl. (4.54)* bis *(4.63)*) kann nach Vorgabe einer Verzerrung und des Bewehrungsgrades ω_{tot} für beliebige Rechteckquerschnitte b/h ausgewertet werden.

- Es wird die Überdeckung $d_1 = d_2$ abhängig zur Querschnittshöhe h gewählt (z.B. $d_1 = 0,1 \cdot h$).

- Betonstauchung ϵ_{c2} und Stahldehnung ϵ_{s1} und Bewehrungsgrad $\omega_1 = \omega_2$ werden vorgegeben.

- Die Höhe der Betondruckzone $x = \alpha \cdot h$ und die Beton-Druckkraft D_{cd} werden errechnet.

- Die aufnehmbaren Bemessungsschnittgrößen N_{Ed} und M_{Ed} ergeben sich. Sie können in die dimensionslosen Bemessungsbeiwerte ν_{Ed} und μ_{Ed} umgerechnet werden.

In der *Tab. 4.9* sind für das Verhältnis $d_1/h = 0,10$ derartige Auswertungen zusammengestellt:

Tabelle 4.9: Ausgewertete N-M Interaktionen

ϵ_{c2}	ϵ_{s1}	ω_{tot}	α	ν_{Ed}	μ_{Ed}
-3,5 ‰	1,0 ‰	0,00	0,70	-0,567	0,118
-3,5 ‰	1,0 ‰	0,50	0,70	-0,702	0,264
-3,5 ‰	1,0 ‰	1,50	0,70	-0,972	0,556
-3,5 ‰	1,0 ‰	1,50	0,56	-0,449	0,721
-3,5 ‰	1,0 ‰	1,50	0,90	-1,479	0,392

Analog sind alle nach DIN 1045-1 zulässigen Verzerrungen zu bearbeiten und auszuwerten. Sie werden für die Anwendung grafisch aufbereitet. Das *Bild 4.29* zeigt das Beispiel eines Interaktionsdiagramms für Drucknormalkräfte und dem Verhältniswert $d_1/h = 0,10$. In Abhängigkeit zu den dimensionslosen Eingangsparametern ν_{Ed} und μ_{Ed} kann der erforderliche Bewehrungsgrad ω_{tot} abgelesen werden. Die ω_{tot}-Linien sind im Intervall 0,25 dargestellt. Die in der *Tab. 4.9* durchgeführten Auswertungen sind markiert.

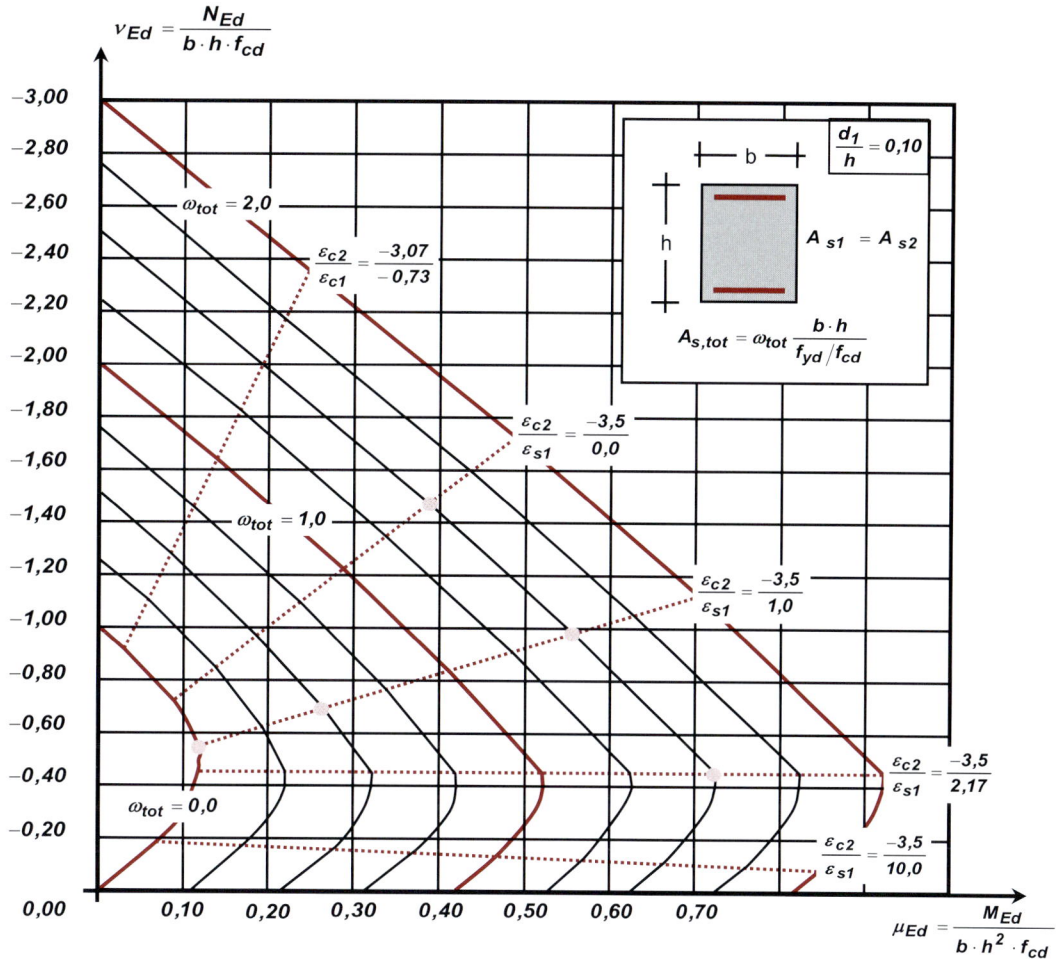

Bild 4.29: Interaktionsdiagramm $(d_1/h = 0,10)$

Interaktionsdiagramme sind einfache Bemessungshilfen. Es gibt sie für Rechteck- und Kreisquerschnitte, unterschiedliche Überdeckungen und Bewehrungsanordnungen sowie für 2-achsige Biegung. Eine umfangreiche Zusammenstellung findet sich bei Goris, Schmitz [9].

Interaktionsdiagramme sind nicht auf die Bemessung von Stützen beschränkt, sondern können für jede Interaktion von Biegung (auch zweiachsig) mit Normalkraft verwendet werden, wenn ein symmetrischer Bewehrungsquerschnitt gegeben ist. In Abhängigkeit von den einwirkenden Schnittkraftkombinationen N_{Ed} und $M_{Ed,y}$ (und ggf. $M_{Ed,z}$) sowie der verwendeten Betongüte wird die statische erforderliche Längsbewehrung mit dem dimensionslosen Parameter ω_{tot} abgelesen.

4.3.2 Berücksichtigung von Tragwerksverformungen Modellstützenverfahren

Bei schlanken Stützen kann es notwendig werden, den Einfluss von Tragwerksverformungen zu berücksichtigen. Nach DIN 1045-1 müssen bei Bauteilen des üblichen Hochbaus die Auswirkungen von Tragwerksverformungen berücksichtigt werden, sofern der Einfluss auf die Tragfähigkeit und auf die ermittelten Schnittgrößen mehr als 10 % ist. Das ist der Fall, wenn die Schlankheit der Stütze λ bei einer einwirkenden (Druck-)Normalkraft N_{Ed} die beiden folgenden Grenzbedingungen überschreitet:

$$i)\ \lambda\ \geq\ \lambda_{lim} = 25 \quad \text{wobei:}\quad \lambda = \frac{l_0}{\sqrt{I/A_c}} \tag{4.64}$$

$$ii)\ \lambda\ \geq\ \lambda_{lim} = \frac{16}{\sqrt{|\nu_{Ed}|}} \tag{4.65}$$

mit: $A_c = b \cdot h$ Betonfläche
      I Trägheitsmoment
      l_0 Stützenhöhe

Für die Rechteckstütze und für den Kreisquerschnitt ergeben sich unter Anwendung ihrer Trägheitsmomente für die Schlankheit λ:

$$\text{Rechteckquerschnitt:}\quad \lambda = \frac{l_0}{0,289 \cdot h} \tag{4.66}$$

$$\text{Kreisquerschnitt:}\quad \lambda = \frac{l_0}{0,250 \cdot D} \tag{4.67}$$

Dabei ist h die Querschnittsabmessung, die in Richtung der Verformung zeigt und D ist der Durchmesser des Kreisquerschnitts.

Sind die *Gleichungen (4.64)* und *(4.65)* beide erfüllt, so sind Tragwerksverformungen bei der Ermittlung der Bemessungsschnittgrößen N_{Ed} und M_{Ed} zu berücksichtigen. Tragwerksverformungen können folgende Ursachen haben:

• Berücksichtigung von Imperfektionen. Das sind ungewollte, aber unvermeidbare Herstellungsungenauigkeiten wie beispielsweise eine Schiefstellung der Stütze oder die Vorkrümmung ihrer Achse.

- Das Gleichgewicht ist am verformten System zu ermitteln (Theorie 2. Ordnung). Dabei ergeben sich Zusatzmomente nach Theorie 2. Ordnung (M_{Ed2})!

- Zeitabhängige Verformungen durch den Einfluss von Kriechen und Schwinden.

Eine einfache praxisnahe Bemessung von Stützen erfolgt nach dem Modellstützenverfahren (Kordina, Quast [14]). Es ist auf sicherer Seite liegend und liefert wirtschaftliche Ergebnisse, wenn für die planmäßige Ausmitte e_0 folgende Bedingung eingehalten ist:

$$e_0 = \frac{M_{Ed0}}{N_{Ed}} \leq 0,10 \cdot h \tag{4.68}$$

Das Biegemoment M_{Ed0} ergibt sich aus dem Gleichgewicht am unverformten System ohne Berücksichtigung von Imperfektionen.

Nach dem Modellstützenverfahren ergibt sich das Bemessungsbiegemoment M_{Ed} für den stärksten belasteten Stützenquerschnitt aus 3 Anteilen: Dem Anteil aus der planmäßigen Ausmitte e_0, aus der ungewollten Ausmitte e_a und dem Anteil aus der Ausmitte nach Theorie 2. Ordnung e_2:

$$
\begin{aligned}
M_{Ed} &= N_{Ed} \cdot e_0 + N_{Ed} \cdot e_a & + & \quad N_{Ed} \cdot e_2 \\
&= M_{Ed0} \ + \ M_{Eda} & + & \quad M_{Ed2} \\
&= \qquad M_{Ed1} & + & \quad M_{Ed2}
\end{aligned}
\tag{4.69}
$$

Die Anteile aus planmäßiger und ungewollter Ausmitte werden zusammengefasst und als Moment nach Theorie 1. Ordnung (M_{Ed1}) bezeichnet. Die Ansätze für die Ausmitte e_a (nach DIN 1045-1) und für e_2 (Modellstützenverfahren) werden nachfolgend vorgestellt.

4.3.2.1 Imperfektionen

Für den Nachweis des Grenzzustand der Tragfähigkeit einer Stütze sind herstellungsbedingte Abweichungen von der Sollachse (Schiefstellungen und Vorkrümmungen nach *Bild 4.30*) zu berücksichtigen.

Die anzunehmende Schiefstellung einer Stütze α_{a1} ist abhängig von ihrer Höhe l_{col} und errechnet sich nach DIN 1045-1 zu:

$$\alpha_{a1} = \frac{1}{100 \cdot \sqrt{l_{col}\,[m]}} \tag{4.70}$$

Die ungewollte Lastausmitte e_a ergibt sich aus der Knicklänge der Stütze l_0 und der Schiefstellung aus α_{a1}.

$$e_a = \alpha_{a1} \cdot \frac{l_0}{2} \tag{4.71}$$

Die Vorkrümmung einer Stütze führt ebenso zu einer ungewollten Lastausmitte e_a. Sie wird wie zuvor ermittelt.

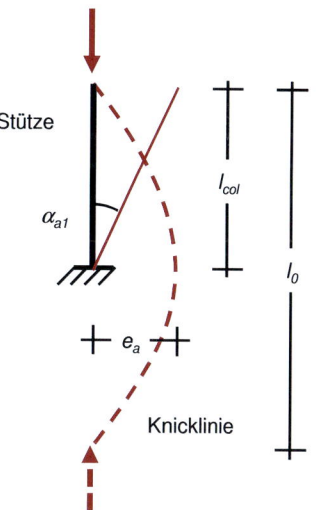

Bild 4.30: Zur Ermittlung von Imperfektionen

4.3.2.2 Theorie 2. Ordnung

Der Einfluss der Theorie 2. Ordnung wird an einer eingespannten Stütze erläutert, die am Kopf durch Vertikal- und Horizontalkräfte belastet wird (vgl. *Bild 4.31*).

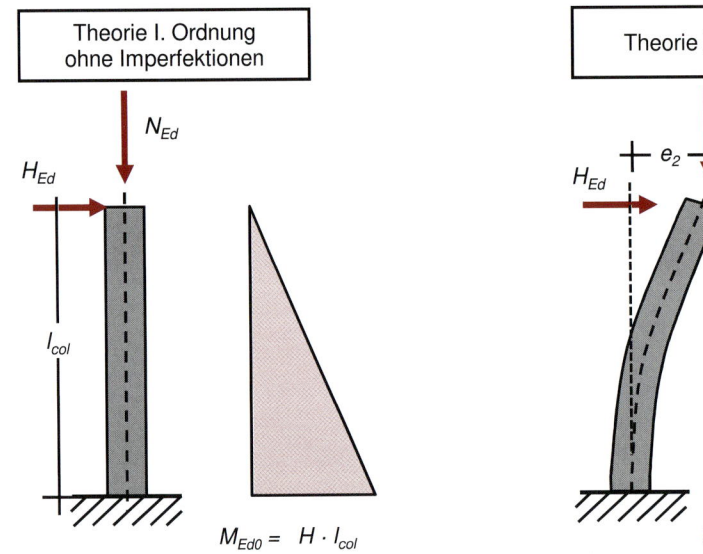
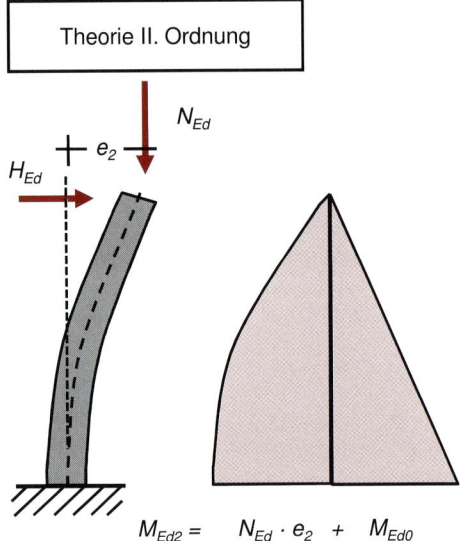

Bild 4.31: Biegemomente an einer Stütze nach Theorie 1. und 2. Ordnung

Der Einfluss aus Imperfektionen wird im Modellstützenverfahren ebenfalls der Theorie 1. Ordnung zugeordnet. Er ist in dem *Bild 4.31* vernachlässigt!

Für die Betrachtung am unverformten System (Theorie 1. Ordnung) ergibt sich infolge der horizontalen Bemessungseinwirkung H_{Ed} über die Stützenhöhe l ein linear veränderlicher Momentenverlauf mit dem Einspannmoment M_{Ed0}. Der Bemessungswert der Vertikalkraft N_{Ed} ist ohne Auswirkung auf das Einspannmoment.

Bei der Betrachtung nach Theorie 2. Ordnung werden die Gleichgewichtsbedingungen am verformten System erfüllt. Unter Wirkung der Horizontallast ergibt sich am Stützenkopf eine Auslenkung des Stützenkopfes e_2, die es zu berücksichtigen gilt. Jetzt ergibt sich auch aus der Vertikalkraft eine Momentenbelastung der Stütze. Das zugehörige Einspannmoment vergrößert sich ($M_{Ed0} \rightarrow M_{Ed2}$) und der Momentenverlauf ist nichtlinear.

Für die Bemessung der Stahlbetonstütze ist also die Auslenkung des Stützenkopfes zu bestimmen. Sie ist von der Horizontal- und Vertikallast sowie von der Biegesteifigkeit der Stütze abhängig.

Im Stahlbetonbau sind Verformungsberechnungen sehr aufwendig, da sich der Baustoff Beton nichtlinear verhält. Die anzuwendende wirklichkeitsnahe Funktion der Spannungs-Stauchungs-Beziehung des Betons ist in *Bild 3.4* dargestellt. Außerdem können unter Belastung Teile der Tragkonstruktion von dem Zustand I in den Zustand II übergehen. Es stellen sich dann im System Bereiche mit unterschiedlichen Biegesteifigkeiten ein. Für den Standardfall der auf Druck und Biegung belasteten Stütze ist deshalb ein auf sicherer Seite liegender, vereinfachter Bemessungsansatz entwickelt worden.

Betrachtet wird eine Rechteckstütze, die am Kopf und Fuß gelenkig gelagert ist. In der Feldmitte stellt sich die maximale Verformung e_2 der Stütze ein. Sie ist für die Bemessung auf ein bautechnisch sinnvolles Maß zu begrenzen, das unabhängig von allen Einwirkungen gelten soll. Solange die Verzerrungen der Bewehrungslagen A_{s1} und A_{s2} die Fließgrenze nicht erreichen, verhält sich die Stütze elastisch und alle Verformungen gehen bei Entlastung prinzipiell wieder zurück. Als Versagensfall wird deshalb angenommen, dass beide Bewehrungslagen auf der Zug- und auf der Druckseite des Querschnitts gleichzeitig die Fließgrenze erreichen (vgl. *Bild 4.32*).

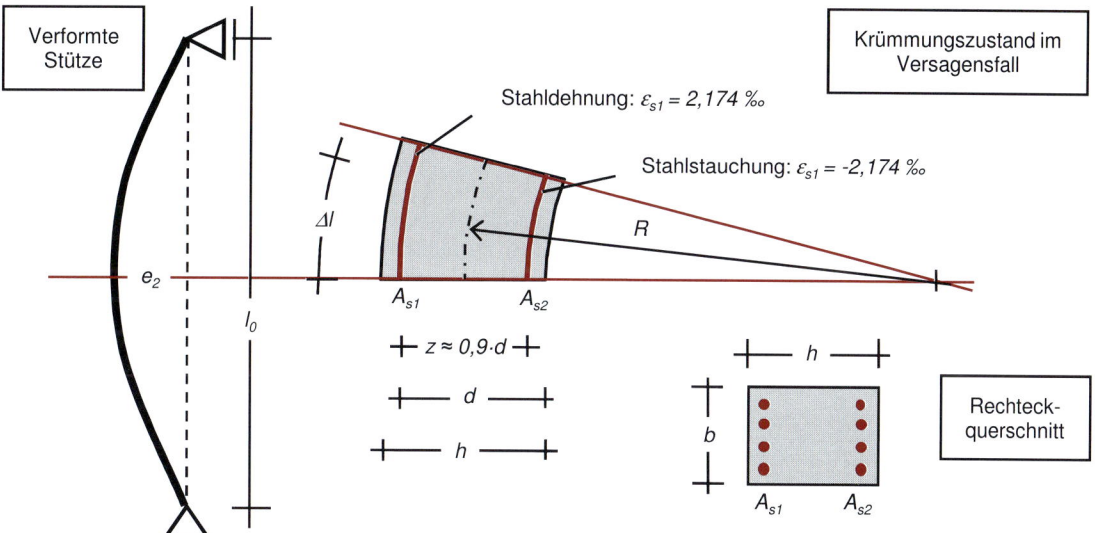

Bild 4.32: Versagensbild für die Bemessung einer Stütze

Der so miminal zulässige Krümmungsradius ergibt sich aus der Geometrie des Stützenquerschnitts und aus den angesetzten zulässigen Verzerrungen. Betrachtet man einen Stützenabschnit der Länge Δl, so lässt sich der Krümmungsradius R direkt nach Strahlensatz angeben. Die maximale Krümmung der Stütze w^{ll} ist der Kehrwert vom Krümmungsradius R. Im Einzelnen ergibt sich dann:

$$\frac{R - z/2}{(1 - 0,002174) \cdot \Delta l} = \frac{R + z/2}{(1 + 0,002174) \cdot \Delta l} \tag{4.72}$$

$$w^{ll} = \frac{1}{R} = \frac{1}{207 \cdot d} \tag{4.73}$$

Der Abstand der Bewehrungslagen zwischen A_{s1} und A_{s2} entspricht dem Hebelarm der inneren Kräfte und wird wie üblich mit $z = 0,9 \cdot d$ näherungsweise angenommen.

Nach Bernoulli-Hypothese gilt die Momenten-Krümmungsbeziehung:

$$M(x) = -EI \cdot w^{ll}(x) \tag{4.74}$$

Auf halber Stützenhöhe sind Krümmung und Biegemoment maximal; an den Auflagern sind sie per Definition *Null*. Es wird ein parabolischer Verlauf der Krümmung über die Stützenhöhe angenommen. Die maximale Verformung e_2, die sich daraus ergibt, lässt sich mit dem Arbeitssatz der klassischen Statik bestimmen. Zu überlagern ist eine parabelförmige Beanspruchung mit einem dreieckförmigen, virtuellen Moment $\overline{M}$:

$$e_2 = \int_l \left(\frac{M \cdot \overline{M}}{EI} \right) dx = \int_l \left(w^{ll} \cdot \overline{M} \right) dx = \frac{5}{48} \cdot \frac{l_0^2}{207 \cdot d}$$

$$e_2 \approx \frac{l_0^2}{2070 \cdot d} \tag{4.75}$$

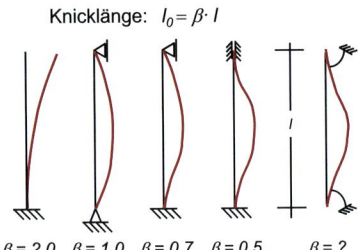

Knicklänge: $l_0 = \beta \cdot l$

$\beta = 2,0$ $\beta = 1,0$ $\beta = 0,7$ $\beta = 0,5$ $\beta = ?$

Bild 4.33: Knicklänge: Eulerfälle und elastische Einspannung

Damit ist die maximal mögliche Verformung e_2 nur noch von den geometrischen Größen der Stütze abhängig. Der Abstand der Momentennullpunkte in der Stütze wird mit l_0 bezeichnet und entspricht der Knicklänge.

Die Knicklängen der klassischen Euler-Fälle sind bekannt und in dem *Bild 4.33* dargestellt. Die Stützen sind in einem allgemeinen Rahmensystem an ihrem Kopf- und Fußpunkt elastisch in den Unterzügen eingespannt. Für die Bestimmung des Knicklängenbeiwertes β stehen Lösungsansätze zur Verfügung. Ein entsprechendes Nomogramm ist im *Bild A.7* des Anhangs beigefügt.

Der ermittelte Verformungswert e_2 ist auf sicherer Seite liegend, denn er wurde unabhängig von der vorhandenen Belastung ermittelt. Erfährt die Stütze eine Druckbelastung (und das ist i.d.R. der Fall), so ergibt sich eine Versteifung des Systems und die Verformung e_2 verringert sich. Dieser Einfluss wird über einen Parameter K_2 erfasst. Er ist abhängig von der eingebauten Bewehrungsmenge A_{s1} und A_{s2} und ergibt sich nach Goris [7] zu:

$$K_2 = \frac{-f_{cd} \cdot A_c - f_{yd} \cdot (A_{s1} + A_{s2}) - N_{Ed}}{-0,6 \cdot f_{cd} \cdot A_c - f_{yd} \cdot (A_{s1} + A_{s2})} \leq 1,0 \tag{4.76}$$

Die verringerte Verformung e_2 errechnet sich dann zu:

$$e_2 = \frac{l_0^2}{2070 \cdot d} \cdot K_2 \tag{4.77}$$

4.3.2.3 Kriecheinfluss

Tragwerksverformungen aus ständigen Einwirkungen vergrößern sich über die Lebensdauer des Bauwerkes infolge des Betonkriechens.

Im Bild 4.34 ist eine Stütze mit einer entsprechenden horizontalen Beanspruchung G_d dargestellt. Sie verursacht mit Belastungsbegin eine Verfomung. Je länger die Einwirkung anhält, um so mehr stellt sich eine vergrößerte Auslenkung e^* ein. Damit vergrößert sich das Bemessungsmoment in der Mitte der Stütze um den Betrag ΔM^*.

Dieser Einfluss ist qualitativ vergleichbar mit dem Einfluss aus Imperfektion.

Kriechen wird in den nachfolgenden Bemessungsbeispielen rechnerisch nicht berücksichtigt, sondern detailliert im 2. Band erläutert und an entsprechenden Beispielen angewendet.

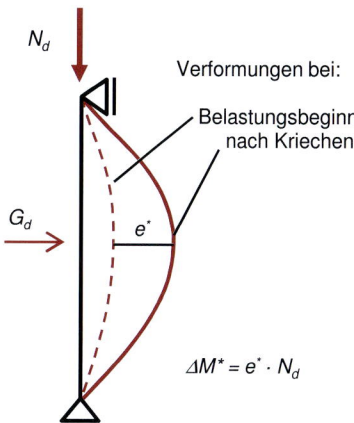

Bild 4.34: Theorie 2. Ordnung und Kriechen

4.3.3 Bemessungsbeispiele Modellstützenverfahren

Um die Vorgehensweise bei Modellstützenverfahren anschaulich vorzustellen, wird zunächst eine einfache, eingeschossige Stütze mit eindeutigen Lagerungsbedingungen untersucht. Daran anschließend wird ein komplexeres Beispiel bearbeitet.

Anwendungsbeispiel 4.3.1:

Eine 4,75 m hohe Stahlbetonstütze wird in C 25/30 hergestellt. Es ist ein vereinfachtes System mit vorgegebenen Bemessungslasten zu untersuchen. System und Belastung sind in dem *Bild 4.36* gegeben.

Der symmetrisch bewehrte Rechteckquerschnitt ist für Wind und eine Vertikallast zu bemessen. Es werden vergleichend 3 Stützenlagerungen in den Anwendungsbeispielen a) - c) mit dem Modellstützenverfahren untersucht.

Anwendungsbeispiel 4.3.1:
(a) Eingespannt und oben gehalten

Es wird geprüft, ob für das statische System gemäß *Bild 4.36* der Tragfähigkeitsnachweis unter Berücksichtigung von Tragwerksverformungen zu führen ist. Hierfür ist zunächst die Knicklänge l_0 (vgl. *Bild 4.33*) und die Schlankheit λ des Rechteckquerschnittes zu bestimmen:

Einzelstütze mit den Lagerungen:
Eingespannt und oben gehalten,
Pendelstütze, Kragstütze

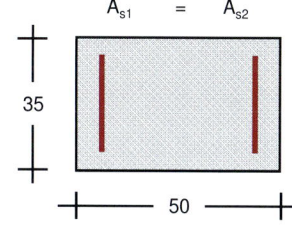

Bild 4.35: Stützenquerschnitt

$$l_0 = \beta \cdot h_{col} = 0,7 \cdot 4,75 = 3,33 \text{ m}$$
$$\lambda = \frac{l_0}{0,289 \cdot h} = \frac{3,33}{0,289 \cdot 0,50} = 23,0$$

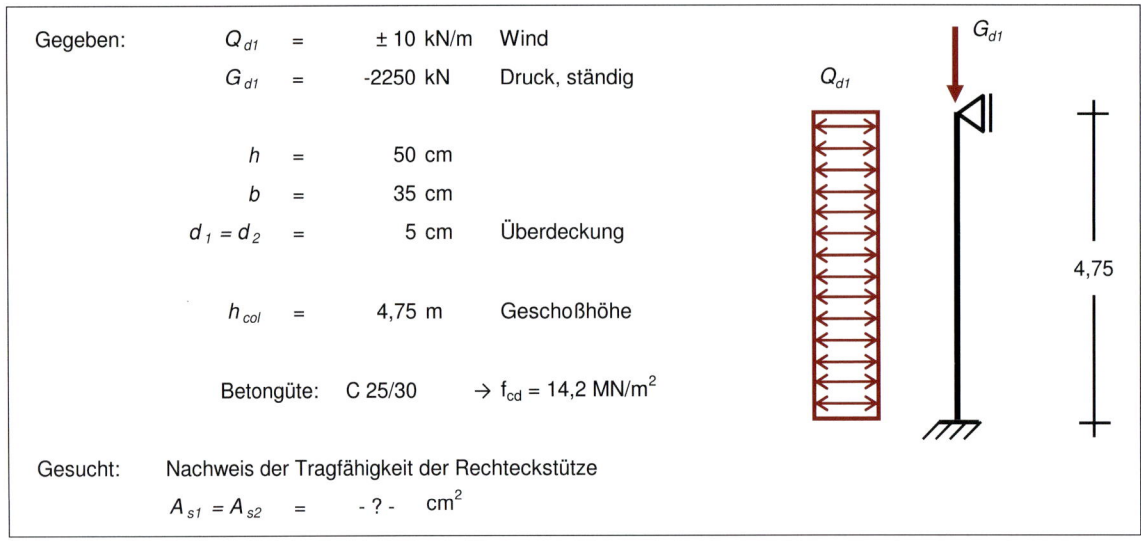

Gegeben:

Q_{d1} = ± 10 kN/m   Wind

G_{d1} = -2250 kN   Druck, ständig

h = 50 cm

b = 35 cm

$d_1 = d_2$ = 5 cm   Überdeckung

h_{col} = 4,75 m   Geschoßhöhe

Betongüte: C 25/30 → f_{cd} = 14,2 MN/m²

Gesucht: Nachweis der Tragfähigkeit der Rechteckstütze

$A_{s1} = A_{s2}$ = - ? - cm²

Bild 4.36: Eingespannte Stütze, unverschieblich

Tragwerksverformungen sind zu berücksichtigen, wenn die Bedingungen nach *Gl. (4.64)* und *Gl. (4.65)* beide erfüllt sind:

$$\text{mit: } \nu_{Ed} = \frac{N_{Ed}}{A_c \cdot f_{cd}} = \frac{2,25}{0,35 \cdot 0,50 \cdot 14,2} = 0,905$$

$$i) \quad \lambda_{lim} = 25 \qquad > \quad \lambda = 23$$
$$ii) \quad \lambda_{lim} = 16/\sqrt{\nu_{Ed}} = 16,8 \quad < \quad \lambda = 23$$

In diesem Beispiel ist die Grenzschlankheit λ_{lim} somit nur für eine der beiden Bedingungen kleiner als die Schlankheit λ des zu bemessenden Systems. Tragwerksverformungen müssen also nicht berücksichtigt werden.

Das Eigengewicht errechnet sich: $G_k = 0,35 \cdot 0,5 \cdot 25 = 4,4$ kN Das ist weniger als 1 %.

Wenn das Eigengewicht der Stütze vernachlässigt wird, so kann die Normalkraft als konstant angenommen werden. Das maximale Moment liegt an der Einspannung. Es errechnet sich nach Theorie 1. Ordnung (d.h. ohne Berücksichtigung von Tragwerksverformungen) zu:

$$M_{Ed} = M_{Ed0} = Q_{d1} \cdot h_{col}^2/8 = 10 \cdot 4,75^2/8 = 28,2 \text{ kNm}$$

Die Bemessung erfolgt unter Verwendung der Eingangswerte N_{Ed} und M_{Ed}. Es ist das Interaktionsdiagramm für den Rechteckquerschnitt zu wählen, das für das folgende Überdeckungsverhältnis gültig ist:

$$\frac{d_1}{h} = \frac{5}{50} = 0,10$$

Aus dem Interaktionsdiagramm (vgl. *Bild 4.29*) wird unter Verwendung der dimensionslosen Bemessungsparameter ν_{Ed} und μ_{Ed} der Bewehrungsgrad ω_{tot} abgelesen:

$$\nu_{Ed} = \frac{N_{Ed}}{b \cdot h \cdot f_{cd}} \quad = \quad \frac{-2,250}{0,35 \cdot 0,50 \cdot 14,2} = -0,905$$

$$\mu_{Ed} = \frac{M_{Ed}}{b \cdot h^2 \cdot f_{cd}} \quad = \quad \frac{0,028}{0,35 \cdot 0,50^2 \cdot 14,2} = 0,023$$

Diagrammablesung: → $\omega_{tot} = 0,00$

Damit ist die Tragfähigkeit der Stütze für die betrachteten Einwirkungen N_{Ed} und M_{Ed} gegeben, ohne dass Bewehrung statisch erforderlich ist. Es ist somit nur die konstruktive Mindestbewehrung einzulegen!

Die konstruktive Mindestbewehrung errechnet sich nach *Gl. (6.12)*

$$\min A_{sl} \quad \geq \quad \frac{0,15 \cdot |N_{Ed}|}{f_{yd}} = \frac{0,15 \cdot 2250}{43,5}$$

$$\geq \quad 7,76 \text{ cm}^2$$

Es wird eine, für diesen Querschnitt, konstruktiv sinnvolle Bewehrung gewählt. Sie ist in dem *Bild 4.37* dargestellt. In den Ecken ist jeweils ein Stab Ø 20 angeordnet. Auf der langen Seite ist wegen der Überschreitung der Höchstabstände ein zusätzlicher Stab (gewählt Ø 16) erforderlich. Umschlossen werden die Längseisen durch einen Bügel Ø 8. Damit ist an Längsbewehrung eine Gesamtmenge von $A_{sl} = 16,5$ cm² eingebaut.

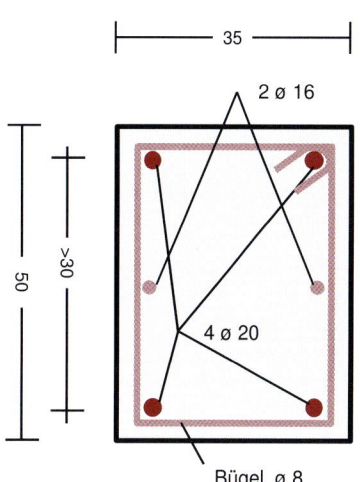

Bild 4.37: Gewählte konstruktive Stützenbewehrung

Anwendungsbeispiel 4.3.1:
(b) Pendelstütze

Es ist zu prüfen, ob für das veränderte statische System mit der vergrößerten Knicklänge (vgl. *Bild 4.38*) der Tragfähigkeitsnachweis unter Berücksichtigung von Tragwerksverformungen zu führen ist.

Die veränderte Knicklänge l_0 und die zugehörige Schlankheit λ des Rechteckquerschnittes ergeben sich zu:

$$l_0 \quad = \quad \beta \cdot h_{col} = 1,00 \cdot 4,75 = 4,75 \text{ m}$$

$$\lambda \quad = \quad \frac{l_0}{0,289 \cdot h} = \frac{4,75}{0,289 \cdot 0,50} = 32,9$$

Tragwerksverformungen sind zu berücksichtigen, wenn die Bedingungen nach *Gl. (4.64)* und *Gl. (4.65)* beide erfüllt sind:

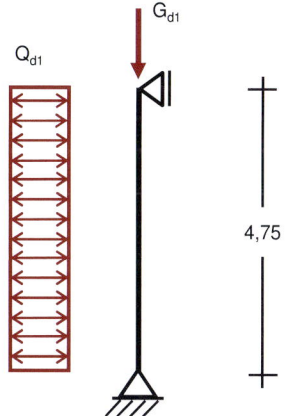

Bild 4.38: Lagerung: Pendelstütze

$$\text{mit: } \nu_{Ed} \quad = \quad \frac{N_{Ed}}{A_c \cdot f_{cd}} = \frac{2,25}{0,35 \cdot 0,50 \cdot 14,2} = 0,905$$

$$i) \quad \lambda_{lim} = \quad 25 \qquad\qquad < \quad \lambda = 32,9$$

$$ii) \quad \lambda_{lim} = \quad 16/\sqrt{\nu_{Ed}} = 16,8 \quad < \quad \lambda = 32,9$$

Die Grenzschlankheit λ_{lim} ist somit für beide Bedingungen kleiner als die Schlankheit λ des zu bemessenden Systems. In der Bemessung sind deshalb Tragwerksverformungen zu berücksichtigen!

Der Querschnitt wird an der Stelle des maximalen Bemessungsmomentes (auf der halben Stützenhöhe) bemessen. Es ergibt sich für das Moment M_{Ed0} und die planmäßige Ausmitte e_0:

$$M_{Ed0} \quad = \quad \frac{Q_{d1} \cdot h_{col}^2}{8} = \frac{10 \cdot 4,75^2}{8} = 28,2 \text{ kNm}$$

$$e_0 \quad = \quad \frac{M_{Ed0}}{N_{Ed0}} = \frac{28,2}{2250} = 0,0125 \text{ m}$$

Infolge Imperfektionen ergibt sich für die Ausmitte e_a und das zugehörige Moment M_{Eda} nach *Gl. (4.71)*:

$$e_a \quad = \quad \frac{1}{100 \cdot \sqrt{l_{col} \, [m]}} \cdot \frac{l_0}{2}$$

$$= \quad \frac{1}{100 \cdot \sqrt{4,75}} \cdot \frac{4,75}{2} = 0,011 \text{ m}$$

$$M_{Eda} \quad = \quad N_{Ed} \cdot e_a = 2250 \cdot 0,011 = 24,5 \text{ kNm}$$

Die Größe der Ausmitte nach Theorie 2. Ordnung e_2 ist von der eingebauten Bewehrungsmenge abhängig. Diese ist zu Beginn der Berechnung noch unbekannt und wird über den Parameter K_2 iterativ ermittelt.

1. Iterationsschritt: Startwert $K_2 = 1,00$.
Nach *Gl. (4.76)* wird auf sicherer Seite liegend für den ersten Iterationsschritt $K_2 = 1,00$ angenommen. Somit ergibt sich für e_2 und M_{Ed2}:

$$e_2 \quad = \quad \frac{l_0^2}{2070 \cdot d} \cdot K_2 = \frac{4,75^2}{2070 \cdot (0,50 - 0,05)} \cdot 1,00 = 0,024 \text{ m}$$

$$M_{Ed2} \quad = \quad N_{Ed} \cdot e_2 = 2250 \cdot 0,024 = 54,5 \text{ kNm}$$

Das Biegemoment ist auf halber Stützenhöhe maximal. Es errechnet sich im 1. Iterationsschritt nach Theorie 2. Ordnung wie folgt:

$$M_{Ed} \quad = \quad M_{Ed0} \quad + \quad M_{Eda} \quad + \quad M_{Ed2}$$

$$= \quad 28,2 \quad + \quad 24,5 \quad + \quad 54,5 \quad = \quad 107,2 \text{ kNm}$$

Das Moment nach Theorie 2. Ordnung ist mehr als das Dreifache größer als das Moment nach Theorie 1. Ordnung!

Für die ermittelten Bemessungsschnittgrößen N_{Ed} und M_{Ed} wird die Bewehrung bestimmt. Angewendet wird ist ein Interaktionsdiagramm für den Rechteckquerschnitt (vgl. *Bild 4.29*), das für das folgende Überdeckungsverhältnis gilt:

$$\frac{d_1}{h} = \frac{5}{50} = 0,10$$

Unter Verwendung der dimensionslosen Bemessungsparameter ν_{Ed} und μ_{Ed} wird der Bewehrungsgrad ω_{tot} abgelesen:

$$\nu_{Ed} = \frac{N_{Ed}}{b \cdot h \cdot f_{cd}} \quad = \quad \frac{-2,250}{0,35 \cdot 0,50 \cdot 14,2} = -0,905$$

$$\mu_{Ed} = \frac{M_{Ed}}{b \cdot h^2 \cdot f_{cd}} \quad = \quad \frac{0,107}{0,35 \cdot 0,50^2 \cdot 14,2} = 0,086$$

Diagrammablesung: → $\omega_{tot} = 0,15$

Der statisch erforderliche Bewehrungsquerschnitt errechnet sich im 1. Iterationsschritt auf sicherer Seite liegend:

$$\begin{aligned} A_{s1} = A_{s2} \quad &= \quad \frac{\omega_{tot}}{2} \cdot \frac{b \cdot h}{f_{yd}/f_{cd}} \\ &= \quad \frac{0,15}{2} \cdot \frac{35 \cdot 50}{30,7} \; = \; 4,28 \, \text{cm}^2 \end{aligned}$$

Diese Bewehrungsmenge ist relativ gering. Sie wird bereits von einer konstruktiv sinnvoll zu wählenden Mindestbewehrung abgedeckt (vgl. *Bild 4.37*). Eine Iteration der Ausmitte nach Theorie 2. Ordnung e_2 ist deshalb nicht sinnvoll.

Anwendungsbeispiel 4.3.1:
(c) Kragstütze

Wieder ist zu prüfen, ob für das veränderte statische System mit der vergrößerten Knicklänge (vgl. *Bild 4.39*) der Tragfähigkeitsnachweis unter Berücksichtigung von Tragwerksverformungen zu führen ist.

Die veränderte Knicklänge l_0 und die zugehörige Schlankheit λ des Rechteckquerschnittes ergeben sich zu:

$$\begin{aligned} l_0 \quad &= \quad \beta \cdot h_{col} \; = \; 2,00 \cdot 4,75 = 9,50 \; \text{m} \\ \lambda \quad &= \quad \frac{l_0}{0,289 \cdot h} \; = \; \frac{9,50}{0,289 \cdot 0,50} = 65,8 \end{aligned}$$

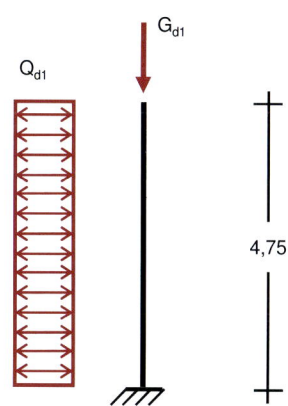

Bild 4.39: Lagerung: Kragstütze

Tragwerksverformungen sind zu berücksichtigen, wenn die Bedingungen nach *Gl. (4.64)* und *Gl. (4.65)* beide erfüllt sind:

$$\text{mit: } \nu_{Ed} = \frac{N_{Ed}}{A_c \cdot f_{cd}} = \frac{2,25}{0,35 \cdot 0,50 \cdot 14,2} = 0,905$$

$$i) \quad \lambda_{lim} = 25 \qquad\qquad\qquad < \quad \lambda = 65,8$$

$$ii) \quad \lambda_{lim} = 16/\sqrt{\nu_{Ed}} = 16,8 \quad < \quad \lambda = 65,8$$

Die Grenzschlankheit λ_{lim} ist somit für beide Bedingungen kleiner als die Schlankheit λ des zu bemessenden Systems. In der Bemessung sind deshalb Tragwerksverformungen zu berücksichtigen!

Die Bemessung erfolgt an der Einspannstelle. Hier wird der Querschnitt am stärksten belastet. Für das Moment M_{Ed0} und die planmäßige Ausmitte e_0 ergibt sich:

$$M_{Ed0} = \frac{Q_{d1} \cdot h_{col}^2}{2} = \frac{10 \cdot 4,75^2}{2} = 112,8 \text{ kNm}$$

$$e_0 = \frac{M_{Ed0}}{N_{Ed0}} = \frac{112,8}{2250} = 0,050 \text{ m}$$

Infolge Imperfektionen ergibt sich für die Ausmitte e_a und das zugehörige Moment M_{Eda} nach *Gl. (4.71)*:

$$e_a = \frac{1}{100 \cdot \sqrt{l_{col} \, [m]}} \cdot \frac{l_0}{2}$$

$$= \frac{1}{100 \cdot \sqrt{4,75}} \cdot \frac{2 \cdot 4,75}{2} = 0,022 \text{ m}$$

$$M_{Eda} = N_{Ed} \cdot e_a = 2250 \cdot 0,022 = 49,5 \text{ kNm}$$

Die Größe der Ausmitte nach Theorie 2. Ordnung e_0 ist von der eingebauten Bewehrungsmenge abhängig. Sie ist zu Beginn der Berechnung unbekannt und kann über den Parameter K_2 iterativ ermittelt werden.

1. Iterationsschritt: Startwert $K_2 = 1,00$.
Nach *Gl. (4.76)* wird auf sicherer Seite liegend für den ersten Iterationsschritt $K_2 = 1,00$ angenommen. Damit ergibt sich:

$$e_2 = \frac{l_0^2}{2070 \cdot d} \cdot K_2 = \frac{9,50^2}{2070 \cdot (0,50 - 0,05)} \cdot 1,00 = 0,097 \text{ m}$$

$$M_{Ed2} = N_{Ed} \cdot e_2 = 2250 \cdot 0,097 = 218,3 \text{ kNm}$$

Das Einspannmoment errechnet sich im 1. Iterationsschritt nach Theorie 2. Ordnung wie folgt:

$$M_{Ed} = M_{Ed0} + M_{Eda} + M_{Ed2}$$

$$= 112,8 + 49,5 + 218,3 = 380,6 \text{ kNm}$$

Das Moment nach Theorie 2. Ordnung ist mehr als das Dreifache größer als das Moment nach Theorie 1. Ordnung!

Für die Bemessungsschnittgrößen N_{Ed} und M_{Ed} wird die Bewehrung bestimmt. Angewendet wird Interaktionsdiagramm für den Rechteckquerschnitt (vgl. *Bild 4.29*), das für das folgende Überdeckungsverhältnis gilt:

$$\frac{d_1}{h} = \frac{5}{50} = 0,10$$

Unter Verwendung der dimensionslosen Bemessungsparameter ν_{Ed} und μ_{Ed} wird der Bewehrungsgrad ω_{tot} abgelesen:

$$\nu_{Ed} = \frac{N_{Ed}}{b \cdot h \cdot f_{cd}} = \frac{-2,250}{0,35 \cdot 0,50 \cdot 14,2} = -0,905$$

$$\mu_{Ed} = \frac{M_{Ed}}{b \cdot h^2 \cdot f_{cd}} = \frac{0,381}{0,35 \cdot 0,50^2 \cdot 14,2} = 0,306$$

Diagrammablesung: $\rightarrow$ $\omega_{tot} = 0,79$

Der statisch erforderliche Bewehrungsquerschnitt errechnet sich im 1. Iterationsschritt auf sicherer Seite liegend:

$$
\begin{aligned}
A_{s1} = A_{s2} &= \frac{\omega_{tot}}{2} \cdot \frac{b \cdot h}{f_{yd}/f_{cd}} \\
&= \frac{0,79}{2} \cdot \frac{35 \cdot 50}{30,7} = 22,52 \text{ cm}^2
\end{aligned}
$$

Gewählt: 1. Iterationsschritt:
$$A_{s1} = A_{s2} \quad \text{je 5 Ø 20} \quad \text{mit: } A_{s,tot} = 31,4 \text{ cm}^2$$

Die gewählte Längsbewehrung ist geringer als die im Iterationsschritt statisch erforderliche und ist in dem *Bild 4.40* dargestellt.

Mit der Festlegung des Bewehrungsquerschnittes $A_{s1} = A_{s2}$ kann jetzt der Beiwert K_2 errechnet werden:

$$
\begin{aligned}
K_2 &= \frac{-f_{cd} \cdot A_c - f_{yd} \cdot (A_{s1} + A_{s2}) - N_{Ed}}{-0,6 \cdot f_{cd} \cdot A_c - f_{yd} \cdot (A_{s1} + A_{s2})} \leq 1,0 \\
&= \frac{-1,42 \cdot 35 \cdot 50 - 43,5 \cdot 31,4 + 2250}{-0,6 \cdot 1,42 \cdot 35 \cdot 50 - 43,5 \cdot 31,4} = 0,56
\end{aligned}
$$

2. Iterationsschritt: Verbesserter Wert $K_2 = 0,56$.
Nach *Gl. (4.76)* wird der iterierte Wert $K_2 = 0,56$ angenommen. Somit

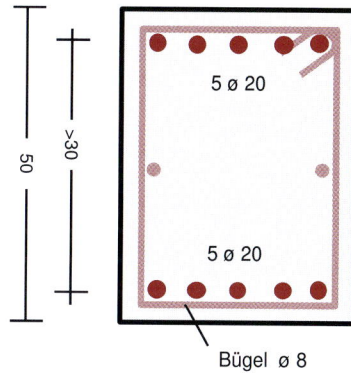

35

50

>30

5 ø 20

5 ø 20

Bügel ø 8

Bild 4.40: Bewehrter Stützenquerschnitt

Die Unterschreitung der erforderlichen Bewehrung ist sinnvoll, da die Verformung e_2 und damit auch das Bemessungsmoment M_{Ed2} in der folgenden Iteration kleiner wird.

ergibt sich für e_2 und M_{Ed2}:

$$e_2 = \frac{l_0^2}{2070 \cdot d} \cdot K_2 = \frac{9,50^2}{2070 \cdot (0,50 - 0,05)} \cdot 0,56 = 0,054\,\mathrm{m}$$

$$M_{Ed2} = N_{Ed} \cdot e_2 = 2250 \cdot 0,054 = 122,1\,\mathrm{kNm} \qquad (4.78)$$

Im 1. Iterationsschritt ergab sich:
$M_{Ed2} = 218,3\,\mathrm{kNm}$

Damit ergibt sich das Biegemoment auf halber Stützenhöhe im 2. Iterationsschritt nach Theorie 2. Ordnung wie folgt:

$$\begin{aligned}M_{Ed} &= M_{Ed0} + M_{Eda} + M_{Ed2} \\ &= 112,8 + 49,5 + 122,1 = 284,4\,\mathrm{kNm}\end{aligned}$$

Die erneute Anwendung des Interaktionsdiagramms liefert unter Verwendung der dimensionslosen Bemessungsparameter ν_{Ed} und μ_{Ed} den Bewehrungsgrad ω_{tot}:

$$\nu_{Ed} = \frac{N_{Ed}}{b \cdot h \cdot f_{cd}} = \frac{-2,250}{0,35 \cdot 0,50 \cdot 14,2} = -0,905$$

$$\mu_{Ed} = \frac{M_{Ed}}{b \cdot h^2 \cdot f_{cd}} = \frac{0,284}{0,35 \cdot 0,50^2 \cdot 14,2} = 0,228$$

Diagrammablesung: $\rightarrow$ $\omega_{tot} = 0,55$

Der zugehörige, statisch erforderliche Bewehrungsquerschnitt errechnet sich:

$$\begin{aligned}A_{s1} = A_{s2} &= \frac{\omega_{tot}}{2} \cdot \frac{b \cdot h}{f_{yd}/f_{cd}} \\ &= \frac{0,55}{2} \cdot \frac{35 \cdot 50}{30,7} = 15,86\,\mathrm{cm}^2 \\ & \qquad vorh(A_{s1}, A_{s2}) = 15,7\mathrm{cm}^2\end{aligned}$$

Die geringfügige Überschreitung der statisch erforderlichen Bewehrung wird toleriert, weitere Iterationsschritte sind nicht erforderlich. Die in dem *Bild 4.40* dargestellte Bewehrung ist damit bestätigt.

Die einführenden Beispiele haben gezeigt, dass die Lagerung von Stützen einen großen Einfluss auf die Bemessung hat. Die Berücksichtigung von Tragwerksverformungen führte zu einer Verdreifachung der Bemessungsmomente.

Stütze in einem mehrstöckigen Rahmensystem

Anwendungsbeispiel 4.3.2:

Im *Abschnitt 2.5.3.4* wurden die Bemessungsschnittgrößen an einem 4-stöckigen Rahmensystem ermittelt (vgl. *Bild 2.46*). Die Geschossdecken sind horizontal gehalten, sodass das Gesamtsystem ausgesteift ist.

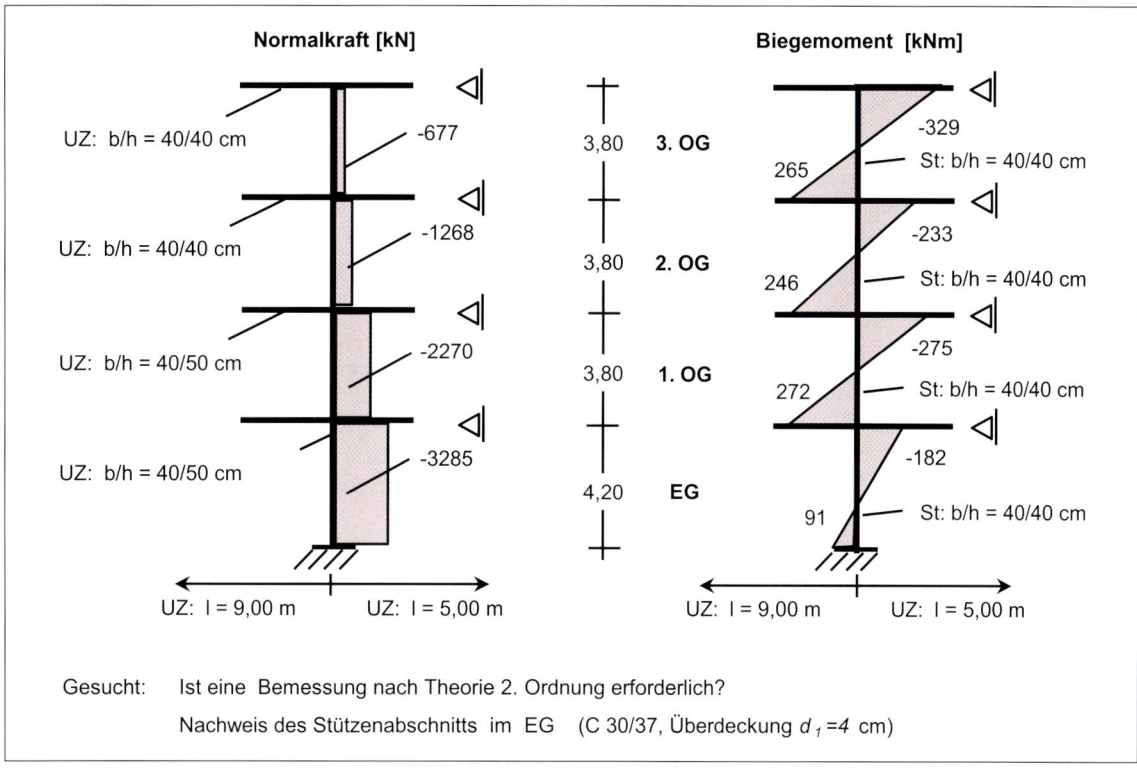

Bild 4.41: Stütze in einem mehrgeschossigen, unverschieblichen Rahmensystem

Die Stützen und Unterzüge werden in der Betongüte C 30/37 ausgeführt. Sie haben Rechteckquerschnitt. Weitere Systemparameter, die Bemessungsschnittgrößen und die Aufgabenstellung sind in dem *Bild 4.41* zusammengestellt.

Prüfung: Ist die Berücksichtigung von Tragwerksverformungen notwendig (alle Stützenabschnitte)?

Die am stärksten durch Normalkraft belastete, mittlere Rahmenstütze soll bemessen werden. Sie ist abschnittsweise jeweils zwischen 2 Geschossdecken elastisch in die Unterzüge eingespannt und kann daher lokal ausknicken.

Es ist anhand der Knicklänge l_0, des Stützenquerschnitts b/h und der Kennzahl ν zu prüfen, ob für einzelnen Stützenabschnitte die Bemessung im Grenzzustand der Tragfähigkeit unter Berücksichtigung von Tragwerksverformungen zu führen ist.

Es soll hier vereinfachend das 1-achsige Knicken untersucht werden. D.h. senkrecht zur Darstellungsfläche (*Bild 4.41*) ist das System hinreichend gehalten.

Für die Ermittlung der Knicklänge l_0 stehen Nomogramme für verschiebliche und unverschiebliche Rahmensysteme zur Verfügung. Sie sind im *Bild A.7* des Anhangs gemeinsam mit den zugehörigen Bestimmungsgleichungen zusammengestellt.

Ausgangsparameter sind die Verhältnisse der Federsteifigkeiten k_i in den jeweiligen Knotenpunkten Stütze – Unterzug. Sie werden nach der folgenden Formel ermittelt:

$$k_i \;=\; \frac{\sum (E_{cm} \cdot I_{col}/l_{col})}{\sum (E_{cm} \cdot \alpha \cdot I_b/l_b)} \tag{4.79}$$

Die Systemparameter können dem *Bild 4.41* entnommen werden. Die Auswertung erfolgt für einen konstanten E-Modul für Beton E_{cm}.

$$k_{3OG} \;=\; \frac{0,4 \cdot 0,4^3/12/3,8}{1,0 \cdot 0,4 \cdot 0,4^3/12/9,0 + 1,0 \cdot 0,4 \cdot 0,4^3/12/5,0}$$
$$\;=\; 0,85 \leftarrow \text{Federsteifigkeiten Knoten Decke 3.OG}$$

$$k_{2OG} \;=\; \frac{0,4 \cdot 0,4^3/12/3,8 + 0,4 \cdot 0,4^3/12/3,8}{1,0 \cdot 0,4 \cdot 0,4^3/12/9,0 + 1,0 \cdot 0,4 \cdot 0,4^3/12/5,0}$$
$$\;=\; 1,69 \leftarrow \text{Federsteifigkeiten Knoten Decke 2.OG}$$

$$k_{1OG} \;=\; \frac{0,4 \cdot 0,4^3/12/3,8 + 0,4 \cdot 0,4^3/12/3,8}{1,0 \cdot 0,4 \cdot 0,5^3/12/9,0 + 1,0 \cdot 0,4 \cdot 0,5^3/12/5,0}$$
$$\;=\; 0,87 \leftarrow \text{Federsteifigkeiten Knoten Decke 1.OG}$$

$$k_{EG} \;=\; \frac{0,4 \cdot 0,5^3/12/3,8 + 0,4 \cdot 0,4^3/12/4,2}{1,0 \cdot 0,4 \cdot 0,5^3/12/9,0 + 1,0 \cdot 0,4 \cdot 0,5^3/12/5,0}$$
$$\;=\; 0,78 \leftarrow \text{Federsteifigkeiten Knoten Decke EG}$$

$$k_{Fund} \;=\; 0,00 \leftarrow \text{Einspannung Fundament}$$

Stützenparameter:
$h/b = 40/40$ cm, C 30/37
Geschosshöhe h_{col}

$l_0 = \beta \cdot h_{col}$
$\lambda - l_0/(0,289 \cdot h)$

$\nu_{Ed} = N_{Ed}/(A_c \cdot f_{cd})$
$\lambda_{lim} = 16/\sqrt{\nu_{Ed}}$

Aus dem Nomogramm erhält man für die Abschnitte vom 3. OG bis zum EG die Knicklängenbeiwerte β. Die Knicklängen l_0 und die zugehörigen Schlankheiten λ werden bestimmt, um *die Bedingung i)* abzuprüfen.

Die Stützennormalkraft N_{Ed} wird im dimensionslosen Parameter ν_{Ed} berücksichtigt; damit wird die *Bedingung ii)* geprüft.

Tabelle 4.10: Berücksichtigung von Tragwerksverformungen: Schlankheiten

Abschnitt	Bedingung i)			Bedingung ii)		
	β	l_0 m	λ	N_{Ed} MN	ν_{Ed}	λ_{lim}
3.OG	0,79	3,00	26,0	0,67	0,246	32,2
2.OG	0,79	3,00	26,0	1,27	0,467	23,4
1.OG	0,75	2,85	24,7	2,27	0,835	17,5
EG	0,70	2,94	25,4	3,29	1,210	14,5

Tragwerksverformungen sind zu berücksichtigen, wenn die Bedingungen i) nach *Gl. (4.64)* und ii) nach *Gl. (4.65)* beide erfüllt sind.

Tabelle 4.11: Berücksichtigung von Tragwerksverformungen: Auswertung

Abschnitt	Bedingung i)			Bedingung ii)			Ergebnis
3.OG	$\lambda_{lim} = 25,0 \leq \lambda = 26,0$		o.k.	$\lambda_{lim} = 32,2 \leq \lambda = 26,0$		falsch	
2.OG	$\lambda_{lim} = 25,0 \leq \lambda = 26,0$		o.k.	$\lambda_{lim} = 23,4 \leq \lambda = 26,0$		o.k.	Theorie 2. Ordnung erf.
1.OG	$\lambda_{lim} = 25,0 \leq \lambda = 24,7$		falsch	$\lambda_{lim} = 17,5 \leq \lambda = 24,7$		o.k.	
EG	$\lambda_{lim} = 25,0 \leq \lambda = 25,4$		o.k.	$\lambda_{lim} = 14,5 \leq \lambda = 25,4$		o.k.	Theorie 2. Ordnung erf.

Die Berücksichtigung von Tragwerksverformungen ist nur für die Stützenabschnitte im EG und im 2. OG erforderlich. Im obersten Geschoss sind die Stützennormalkräfte zu gering; im 1. OG ist die Stütze hinreichend stark in den Unterzügen eingespannt.

Die planmäßige Ausmitte in Rahmenstützen (Abschnitt EG:)

Die planmäßige Ausmitte e_0 kann entsprechend *Bild 4.42* nach [7] bestimmt werden. Durch die oben und unten wirkenden elastischen Einspannungen der Stütze sind jeweils 2 Lastausmitten (e_{01}, e_{02} unter Beachtung ihrer Vorzeichen) zu betrachten.

$$e_{01} = \frac{M_{Ed,01}}{N_{Ed}} \qquad e_{02} = \frac{M_{Ed,02}}{N_{Ed}} \qquad (4.80)$$

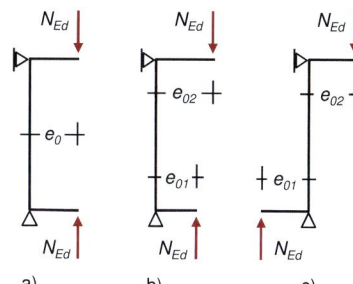

$$
\begin{aligned}
\text{Fall a)} \quad & e_{01} = e_{02} & e_0 = \quad & e_{01} = e_{02} \\
\text{Fall b), c)} \quad & |e_{01}| \leq |e_{02}| & e_0 \geq \quad & 0,6 \cdot e_{02} + 0,4 \cdot e_{01} \\
& & \geq \quad & 0,4 \cdot e_{02}
\end{aligned}
$$

Für den Stützenabschnitt EG ergibt sich entsprechend:

$$e_{01} = \frac{91}{-3285} = -0,028 \qquad e_{02} = \frac{-182}{-3285} = 0,055$$

Bild 4.42: Lastausmitte e_0 für unverschieblich gehaltene Stützen (ohne Querlasten)

$$
\begin{aligned}
\text{Fall b), c)} \quad & |e_{01}| \leq |e_{02}| & e_0 \geq \quad & 0,6 \cdot 0,058 + 0,4 \cdot -0,028 = 0,024 \\
& & \geq \quad & 0,4 \cdot 0,022
\end{aligned}
$$

Die Ausmitte aus Imperfektion (Abschnitt EG):

Die Knicklängenbeiwerte β sind für alle Geschosse in der *Tabelle 4.10* zusammengestellt. Die Stütze ist an den Geschossdecken unverschieblich gehalten. Als Imperfektion ist damit eine Vorkrümmung der Stützenabschnitte und keine Schiefstellung des Gesamtsystems zu berücksichtigen. Für den Stützenabschnitt im EG gilt:

$$
\begin{aligned}
e_a &= \frac{1}{100 \cdot \sqrt{l_{col}\,[m]}} \cdot \frac{l_0}{2} \\
&= \frac{1}{100 \cdot \sqrt{4,20}} \cdot \frac{2,94}{2} = 0,007\,\text{m}
\end{aligned}
$$

Die Ausmitte nach Theorie 2. Ordnung (Abschnitt EG:)

Die Größe der Auslenkung nach Theorie 2. Ordnung ist abhängig von der eingebauten Bewehrungsmenge. Diese ist zu Beginn der Berechnung noch unbekannt und wird über den Parameter K_2 iterativ ermittelt.

1. Iterationsschritt: Startwert $K_2 = 1,00$.
Auf sicherer Seite liegend wird für den ersten Iterationsschritt $K_2 = 1,00$ angenommen. Damit ergibt sich:

$$
e_2 = \frac{l_0^2}{2070 \cdot d} \cdot K_2 = \frac{3,29^2}{2070 \cdot (0,40 - 0,05)} \cdot 1,00 = 0,015\,\text{m}
$$

Das Bemessungsbiegemoment errechnet sich dann nach Theorie 2. Ordnung wie folgt:

$$
\begin{aligned}
M_{Ed} &= (e_0 + e_a + e_2) \cdot N_{Ed} \\
&= (0,024 + 0,007 + 0,015) \cdot 3285 = 151\,\text{kNm}
\end{aligned}
$$

Für die ermittelten Bemessungsschnittgrößen N_{Ed} und M_{Ed} wird jetzt mit dem Interaktionsdiagramm die Bewehrung bestimmt. Anzuwenden ist ein Interaktionsdiagramm für den Rechteckquerschnitt (vgl. *Bild 4.29*), das für das folgende Überdeckungsverhältnis gilt:

$$
\frac{d_1}{h} = \frac{4}{40} = 0,10
$$

Unter Verwendung der dimensionslosen Bemessungsparameter ν_{Ed} und μ_{Ed} wird der Bewehrungsgrad ω_{tot} abgelesen:

$$
\begin{aligned}
\nu_{Ed} = \frac{N_{Ed}}{b \cdot h \cdot f_{cd}} &= \frac{-3,285}{0,40 \cdot 0,40 \cdot 17,0} = -1,21 \\
\mu_{Ed} = \frac{M_{Ed}}{b \cdot h^2 \cdot f_{cd}} &= \frac{0,151}{0,40 \cdot 0,40^2 \cdot 17,0} = 0,139
\end{aligned}
$$

Diagrammablesung: $\rightarrow$ $\omega_{tot} \approx 0,25$

Der statisch erforderliche Bewehrungsquerschnitt errechnet sich im 1. Iterationsschritt auf sicherer Seite liegend:

$$
\begin{aligned}
A_{s1} = A_{s2} &= \frac{\omega_{tot}}{2} \cdot \frac{b \cdot h}{f_{yd}/f_{cd}} \\
&= \frac{0,25}{2} \cdot \frac{40 \cdot 40}{25,6} = 7,81 \text{ cm}^2 \quad A_{s,tot} = 15,6 \text{ cm}^2
\end{aligned}
$$

Die konstruktive Mindestbewehrung errechnet sich nach *Gl. 6.12*

$$
\begin{aligned}
\min A_{sl} &\geq \frac{0,15 \cdot |N_{Ed}|}{f_{yd}} = \frac{0,15 \cdot 3285}{43,5} \\
&\geq 11,33 \text{ cm2}
\end{aligned}
$$

Angesichts der Tatsache, dass die konstruktive Mindestbewehrung nur wenig kleiner als die statisch erforderliche ist, wird auf eine K_2-Iteration zur Reduzierung der Ausmitte e_2 verzichtet. Gewählt wird ein sinnvoller Stabdurchmesser:

Gewählt: 1. Iterationsschritt:

$A_{s1} = A_{s2}$ je 3 Ø 20 mit: $A_{s,tot}$ = 18,8 cm^2

5 Bemessung: Grenzzustand der Gebrauchstauglichkeit (GZGT)

5.1 Allgemeines

Es ist nachzuweisen, dass ein Stahlbetonbauwerk unter den tatsächlich auftretenden Einwirkungen gebrauchstauglich ist und damit seine uneingeschränkte Nutzung auf Dauer sichergestellt ist. Die Bemessungsschnittgrößen im Grenzzustand der Gebrauchstauglichkeit (GZGT) werden i.d.R. ohne Teilsicherheitsbeiwerte ($\gamma_G = \gamma_Q = 1$) bestimmt.

Die Intensität und Kombination der veränderlichen Einwirkungen wird durch die Kombinationsbeiwerte ψ_0, ψ_1 und ψ_2 parametrisiert. Unterschieden werden dabei:

- häufige Einwirkungskombination,

- quasi-ständige Einwirkungskombination.

Im *Abschnitt 2.5* wurden Bemessungsschnittgrößen an einem komplexen Stahlbetontragwerk ermittelt. Die maßgebenden Werte sind im GZT deutlich größer als im GZGT. Als Beispiel wird das Teilsystem 1.2: Zwei-Feld-Unterzug mit Kragarm (vgl. *Bild 2.18*) betrachtet.

Verglichen werden die Bemessungswerte des Stützmomentes M_B, des Feldmomentes M_1 sowie der Auflagerkraft B. Sie sind in der *Tabelle 5.1* zusammengestellt. Die Werte des Grenzzustands der Gebrauchstauglichkeit (GZGT) erreichen ca. 60-65 % des Grenzzustands der Tragfähigkeit (GZT); eine Größenordnung, die bei Hochbauträgern üblich ist.

Tabelle 5.1: Vergleich von Bemessungswerten: Ausgewählte Stütz- und Feldmomente sowie Auflagerkräfte (GZT/GZGT)

	GZT	GZGT		
		häufig	quasi-ständig	
$\min M_B$	-949	-610	-588	kNm
$\max M_1$	825	524	503	kNm
	Δ	$\approx 64\,\%$	$\approx 61\,\%$	

	GZT	GZGT		
		häufig	quasi-ständig	
$\max B$	1197	774	746	kN
$\min B$	533	559	562	kN
	Δ	$\approx 65\,\%$	$\approx 62\,\%$	

Die Gebrauchstauglichkeitsnachweise stellen ein dauerhaftes und nutzungsgerechtes Bauwerksverhalten sicher. Sie umfassen allgemein:

- den Nachweis zur Begrenzung von Stahl- und Betonspannungen,

- den Nachweis zur Begrenzung von Rissbreiten,

- den Nachweis zur Begrenzung von Durchbiegungen.

5.2   Die Begrenzung von Spannungen

Nachfolgend soll die Spannbetonbauweise unberücksichtigt bleiben. Dann kann im üblichen Hochbau auf das Führen von Spannungsnachweisen Nachweise verzichtet werden, wenn die folgenden Bedingungen eingehalten sind:

- Bei der Ermittlung der Bemessungsschnittgrößen im Grenzzustand der Tragfähigkeit wird die Momentenumlagerung auf 15 % begrenzt (vgl. *Abschnitt 2.3.2*).

- Die allgemeinen Regeln zur Konstruktion von Stahlbetonteilen werden eingehalten (siehe *Kapitel 6*).

Es wird davon ausgegangen, dass die genannten Randbedingungen erfüllt sind. Nachweise zur Begrenzung von Stahl- und Betonspannungen werden deshalb nicht behandelt.

Im Spannbetonbau sind Spannungsnachweise von herausragender Bedeutung. Insbesondere ist der Dekompressionsnachweis zu benennen. Für die maßgebenden Einwirkungskombinationen ist nachzuweisen, dass der Querschnittsrand, der dem Spannglied am nächsten liegt, keine Zugspannungen aufweist. Damit verbleibt der Beton im rissefreien Zustand I und der Spannstahl ist dauerhaft vor Korrosion geschützt.

5.3   Die Begrenzung der Rissbreite

Im Stahlbetonbau treten Risse planmäßig auf, da sich die Zugbewehrung mit zunehmender Stahlspannung dehnt. Breite, tiefe Risse beinhalten die Gefahr, dass aggressive Stoffe aus der Luft (oder dem Wasser) an die Bewehrung gelangen und dort Schäden hervorrufen. Die bekannteste Form ist die Bewehrungskorrosion. Der Stahlbetonquerschnitt ist so zu konstruieren, dass die Risse in ihrer Breite auf ein unschädliches Maß begrenzt werden – verhindern lassen sie sich nicht.

Die Anforderungen, die hinsichtlich zulässiger Rissbreiten an ein Bauwerk zu stellen sind, sind unterschiedlich. Sie ergeben sich aus der *Aggressivität* der Umwelt, in der das Bauwerk aufgestellt ist und aus seiner Nutzung. Die Umweltbedingungen werden durch Expositionsklassen beschrieben und werden im *Abschnitt 6.1* ausführlich erläutert.

Bei der Spannbetonbauweise wird der Beton durch die von außen aufgebrachte Vorspannung so stark überdrückt, dass sich ggf. auftretende Risse wieder schließen können.

Tabelle 5.2: Expositionsklasse und Mindestanforderungsklassen zur Begrenzung der Rissbreite

| Expositionsklasse | Mindestanforderungsklasse DIN 1045-1 | | | |
| | Vorspannart | | | |
	nachträglicher Verbund	sofortiger Verbund	ohne Verbund	Stahlbeton-bauteile
XC1	D	D	F	F
XC2, XC3, XC4	C	C	E	E
XD1, XD2, XD3	C	B	E	E
XS1, XS2, XS3	C	C	E	E

5

In Abhängigkeit von der Expositionsklasse wird jedes Bauwerk in eine Mindestanforderungsklasse A bis F eingeordnet. Sie ist Grundlage für die Nachweise zur Begrenzung der Rissbreite (vgl. *Tabelle 5.2*).

Die Anforderungsklassen A, B und C sind den Spannbetonbauteilen vorbehalten. Für die hier behandelten Stahlbetonbauteile sind in der Regel die Anforderungsklassen E und F maßgeblich. Im Bedarfsfall können auch erhöhte Anforderungen gestellt werden.

In Abhängigkeit von der einzuhaltenden Anforderungsklasse schreibt die DIN 1045-1 vor (vgl. *Tabelle 5.3*), unter welcher Einwirkungskombination die Nachweise zu führen sind und welche rechnerische Rissbreite w_k dann zulässig ist.

Tabelle 5.3: Dekompression und Begrenzung der Rissbreite (nach DIN 1045-1)

Klasse	maßg. Einwirkungskombination		Rissbreite w_k [mm]	
	Dekompression	Rissbegrenzung		
A	selten	—	0,20	Spannbeton
B	häufig	selten	0,20	Spannbeton
C	quasi-ständig	häufig	0,20	Spannbeton
D	—	häufig	0,20	Stahlbeton
E	—	quasi-ständig	0,30	Stahlbeton
F	—	quasi-ständig	0,40	Stahlbeton

Tendenziell werden Risse umso schmaler, je geringer der Abstand und je kleiner der Durchmesser der verwendeten Bewehrungsstäbe ist. Dieser Zusammenhang ist in der nachfolgenden Tabelle dargestellt.

Tabelle 5.4: Begrenzung der Rissbreite ohne rechnerischen Nachweis (nach DIN 1045-1; Tab. 20, 21)

Stahl-Spannung	theor. Grenzdurchmesser d_s^* [mm] bei w_k			Höchstwert der Stababstände e_{max} [mm] bei w_k		
N/mm²	0,40 mm	0,30 mm	0,20 mm	0,40 mm	0,30 mm	0,20 mm
160	56	42	28	300	300	200
200	36	28	18	300	250	150
240	25	19	13	250	200	100
280	18	14	9	200	150	50
320	14	11	7	150	100	—
360	11	8	6	100	50	—
400	9	7	5	—	—	—
450	7	5	4	—	—	—

Der Nachweis wird meistens geführt, ohne dass die auftretende Rissbreite w_k rechnerisch ermittelt wird. Er beinhaltet dann zwei Teile:

- Nachweis einer Mindestbewehrung zur Aufnahme von Zwangseinwirkungen (z.B. Stützensenkung) und Eigenspannungen, wie sie sich beim Abfließen der Hydratationswärme ergeben. Dieser Rissbreiten-nachweis erfolgt durch die Begrenzung des Durchmessers der Bewehrung auf $d_{s,max}$.

- Nachweis einer Bewehrung zur Aufnahme der maßgebenden Einwirkungskombination. Der Rissbreitennachweis erfolgt durch die Begrenzung des Durchmessers der Bewehrung auf $d_{s,max}$ oder durch die Begrenzung der Stababstände auf e_{max}.

5.3.1 Mindestbewehrung zur Begrenzung der Rissbreite

Die Bemessung erfolgt für den Zeitpunkt des Auftretens des Erstrisses. Die Zugkräfte, die bis dahin von Zugspannungen $f_{ct,eff}$ im ungerissenen Betonquerschnitt A_{ct} aufgenommen wurden, sind jetzt schlagartig von dem Querschnitt der Bewehrung A_s aufzunehmen.

Der Beton reißt auf, die Bewehrung wird gedehnt und erfährt Zugspannungen σ_s. Um die Risse in ihrer Breite zu begrenzen, muss eine hinreichende Bewehrungsmenge im gezogenen Teil des Stahlbetonquerschnitts verteilt sein. Die DIN 1045-1 (Abs. 11.2.2) gibt zwei empirische Formeln an, mit denen der erforderliche Bewehrungsquerschnitt A_s und der zugehörige maximale Stabdurchmesser $d_{s,max}$ bestimmt werden.

Der erforderliche Bewehrungsquerschnitt A_s errechnet sich aus dem Gleichgewicht zwischen der Stahlzugkraft und der Betonzugkraft im Zustand 1:

Stahlzugkraft $\quad \sigma_s \cdot A_s \quad = \quad k_c \cdot k \cdot f_{ct,eff} \cdot A_{ct} \quad$ Betonzugkraft

$$(5.1)$$

$$A_s \quad = \quad k_c \cdot k \cdot f_{ct,eff} \cdot \frac{A_{ct}}{\sigma_s}$$

Die empirischen Parameter k_c und k kennzeichnen die Veränderung der Spannungsverteilung beim Übergang vom Zustand I in den Zustand II sowie Eigenspannungen im Querschnitt.

$$0,4 \leq k_c \leq 1,0 \qquad 0,5 \leq k \leq 1,0 \qquad (5.2)$$

Die Stahlspannung σ_s, die zur Begrenzung der Rissbreite noch zulässig ist, ergibt sich aus dem anzusetzenden Rechenwert der Rissbreite w_k nach *Tabelle 5.4*.

Die untere Grenze $k_c = 0,4$ gilt für *reine Biegung* $N_{Ed} = 0$; die obere Grenze $k_c = 1,0$ gilt für Längszug. Die Nachweise zur Begrenzung der Rissbreite werden im Band 2 detaillierter betrachtet.

Durch die Konstruktion der Bewehrung ist sicherzustellen, dass die unvermeidbar auftretenden Risse in ihrer Breite begrenzt werden. Hierfür stehen dem Grunde nach zwei Möglichkeiten zur Verfügung:

1. Die Dehnung der Bewehrung soll eingeschränkt werden. Es ist dann tendenziell ein höherer Bewehrungsquerschnitt A_s einzubauen, wodurch die Stahlspannung σ_s reduziert wird.

2. Eine moderate Dehnung der Bewehrung wird zugelassen. Der erforderliche Bewehrungsquerschnitt A_s wird tendenziell mit dünneren Stabdurchmessern d_s hergestellt. Die Bewehrung wird damit in der Zugzone des Betons gleichmäßiger und feiner verteilt. So entstehen anstelle von wenigen breiten Rissen viele schmale Risse.

Der zulässige maximale Stabdurchmesser $d_{s,max}$ errechnet sich nach *Gl. (5.3)* aus der Bauteilgeometrie und dem theoretischen Grenzdurchmesser d_s^* aus *Tabelle 5.4*:

$$d_{s,max} \;=\; d_s^* \cdot \frac{k_c \cdot k \cdot h_t}{4 \cdot (h-d)} \cdot \frac{f_{ct,eff}}{f_{ct,0}} \;\geq\; d_s \cdot \frac{f_{ct,eff}}{f_{ct,0}} \tag{5.3}$$

Die Anwendung der *Gl. (5.1)* und *(5.3)* wird später am Beispiel demonstriert.

5.3.1.1 Abfließen der Hydratationswärme

Während der Erhärtung entstehen im Betonquerschnitt Eigenspannungen. Sie ergeben sich beim Abbindeprozess infolge Austrocknung und Abfließen der Hydratationswärme.

Die Rissbildung im Beton erfolgt in den ersten 3-5 Tagen der Erhärtung. Zu diesem Zeitpunkt ist der Beton i.d.R. noch eingeschalt. Er ist ohne äußere Normalkraftbelastung und es gilt $k_c = 0,4$ (reine Biegung). Die Rissbildung erfolgt bei dünnen Bauteilen (z.B. Deckenplatten) über die gesamte Betonquerschnittsfläche $A_{ct} = A_c$.

Bei dicken Bauteilen ($h > 1,00$ m) findet die Rissbildung im Bereich der Oberfläche statt. Die Bewehrung zur Beschränkung der Rissbreite braucht deshalb nur für eine *effektive Betonfläche* $A_{c,eff}$ in der Randzone des Querschnitts nachgewiesen werden.// Im 2. Band werden der theoretische Hintergrund und das sich daraus abgeleitete Bemessungsverfahren erläutert

Da der Beton noch nicht ausgehärtet ist, erfolgt die Bemessung der Bewehrung zur Begrenzung der Rissbreite für eine abgeminderte wirksame Betonzugfestigkeit ($f_{ct,eff} \approx f_{ctm}/2$). Die *Gl. (5.1)* und (5.3) vereinfachen sich entsprechend:

$$A_s \;=\; \frac{k \cdot f_{ctm}}{5} \cdot \frac{A_c}{\sigma_s} \tag{5.4}$$

$$d_{s,max} \;=\; d_s^* \cdot \frac{k \cdot h}{20 \cdot (h-d)} \cdot \frac{f_{ctm}}{f_{ct,0}} \;\geq\; d_s^* \cdot \frac{f_{ctm}}{2 \cdot f_{ct,0}} \tag{5.5}$$

$$\text{mit:}\quad h \leq 300\,\text{mm} \;\Rightarrow\; k = 0,8$$
$$h \geq 800\,\text{mm} \;\Rightarrow\; k = 0,5$$
$$f_{ct,0} \;=\; 3,0\,\text{MN/m}^2$$

5.3.1.2 Äußerer Biege-Zwang

Die Rissbildung infolge möglichem äußeren Biege-Zwang (z.B. Stützensenkung) erfolgt i.d.R. nachdem der Beton erhärtet ist. Es sind jetzt die Betonzugspannungen in der Zugzone des Querschnittes A_{ct} von der

Bewehrung aufzunehmen, ohne dass unvertretbar breite Risse entstehen. Betrachtet man wieder reine Biegung, so vereinfachen sich die *Gl. (5.4)* und *(5.5)* zu:

$$A_s = \frac{k \cdot f_{ctm}}{2,5} \cdot \frac{A_c t}{\sigma_s} \tag{5.6}$$

$$d_{s,max} = d_s^* \cdot \frac{k \cdot h}{10 \cdot (h-d)} \cdot \frac{f_{ctm}}{f_{ct,0}} \geq d_s^* \cdot \frac{f_{ctm}}{f_{ct,0}} \tag{5.7}$$

$$\text{mit:} \quad k = 1,0 \text{ Zug infolge äußerem Zwang}$$
$$f_{ct,0} = 3,0 \text{ MN/m}^2$$

5.3.2 Nachweis der Rissbreitenbegrenzung ohne direkte Berechnung

Betrachtet wird das Stahlbetonbauteil während seiner Nutzung. Für die maßgeblichen Einwirkungskombinationen (vgl. *Tabelle 5.3*) ist der Nachweis der Rissbreitenbegrenzung mit der folgenden empirischen Bestimmungsgleichung (DIN 1045-1; Abs. 11.2.3) zu führen, ohne dass dabei die Rissbreite direkt ermittelt wird.

$$\sigma_s \cdot A_s = \frac{M_{Eds}}{z} \approx \frac{M_{Eds}}{0,9 \cdot d} \tag{5.8}$$

$$d_{s,max} = d_s^* \cdot \frac{\sigma_s \cdot A_s}{4 \cdot b \cdot (h-d) \cdot f_{ct,0}} \geq d_s^* \cdot \frac{f_{ct,eff}}{f_{ct,0}} \tag{5.9}$$

Die Stahlspannung σ_s ergibt sich aus der Betrachtung im Zustand II. Bei überwiegender Zwangsbeanspruchung erfolgt der Nachweis über die Grenzdurchmesser $d_{s,max}$; überwiegen die direkten Einwirkungen, so erfolgt der Nachweis über die Grenzdurchmesser oder über den Höchstwert der Stababstände e_{max} (vgl. *Tabelle 5.4*).

5.3.3 Bemessungsbeispiele Rissbreitenbegrenzung

Es wird der 2-Feld-Unterzug mit Kragarm betrachtet (vgl. *Bild 2.21*. Der Querschnitt wurde vereinfachend als Rechteck angenommen und für die Momentenbelastung des GZT nachgewiesen. Jetzt soll für den GZGT die Begrenzung der Rissbreite überprüft werden.

Die Nachweisführung des Stahlbetonbalkens soll vergleichend für die Anforderungsklassen E und F durchgeführt werden. Im Einzelnen sind zu bearbeiten:

• die Mindestbewehrung zur Begrenzung der Rissbreite entlang des gesamten Balkens,

• die Begrenzung der Rissbreite über der Mittelstütze. Der Nachweis soll ohne direkte Berechnung der Rissbreite erfolgen.

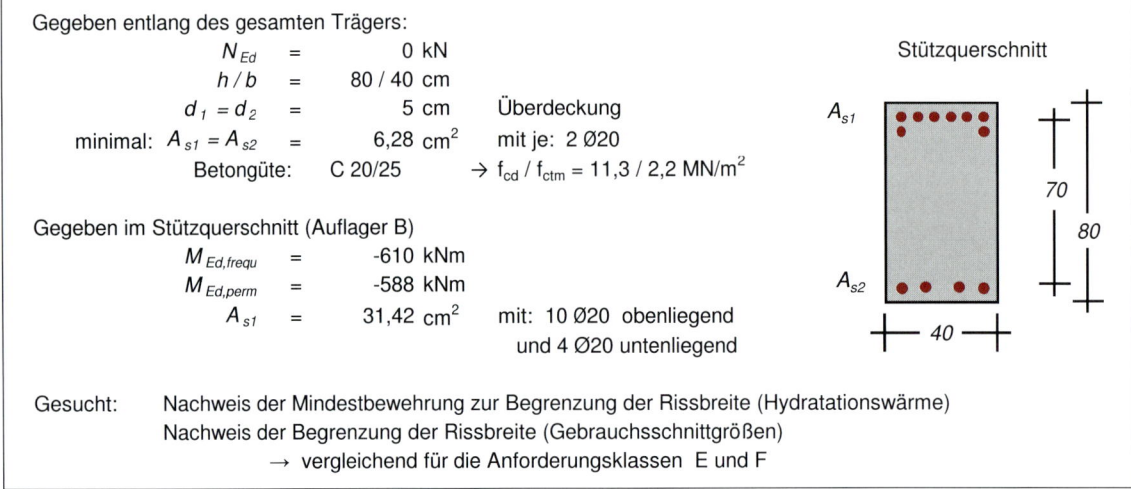

Gegeben entlang des gesamten Trägers:

$$N_{Ed} = 0 \text{ kN}$$
$$h/b = 80 / 40 \text{ cm}$$
$$d_1 = d_2 = 5 \text{ cm} \quad \text{Überdeckung}$$
minimal: $$A_{s1} = A_{s2} = 6{,}28 \text{ cm}^2 \quad \text{mit je: 2 Ø20}$$
$$\text{Betongüte:} \quad \text{C 20/25} \quad \rightarrow f_{cd} / f_{ctm} = 11{,}3 / 2{,}2 \text{ MN/m}^2$$

Stützquerschnitt

Gegeben im Stützquerschnitt (Auflager B)

$$M_{Ed,frequ} = -610 \text{ kNm}$$
$$M_{Ed,perm} = -588 \text{ kNm}$$
$$A_{s1} = 31{,}42 \text{ cm}^2 \quad \text{mit: 10 Ø20 obenliegend}$$
$$\text{und 4 Ø20 untenliegend}$$

Gesucht: Nachweis der Mindestbewehrung zur Begrenzung der Rissbreite (Hydratationswärme)
Nachweis der Begrenzung der Rissbreite (Gebrauchsschnittgrößen)
→ vergleichend für die Anforderungsklassen E und F

Bild 5.1: Querschnitt zur Begrenzung der Rissbreite

Nachweis der Mindestbewehrung aus dem Abfließen der Hydratationswärme

Anwendungsbeispiel 5.3.1:

Betrachtet wird die Rissbildung aus dem Abfließen der Hydratationswärme. Der Parameter k ergibt sich aus der Trägerhöhe h:

$$h = 80 \text{ cm} \longrightarrow k = 0{,}5$$

Damit errechnet sich der maximale Stabdurchmesser $d_{s,max}$ aus dem theor. Grenzdurchmesser d_s^*, wobei die farbig gekennzeichnete Bedingung maßgebend ist:

$$d_{s,max} = d_s^* \cdot \frac{k \cdot h}{20 \cdot (h-d)} \cdot \frac{f_{ctm}}{f_{ct,0}} \geq d_s^* \cdot \frac{f_{ctm}}{2 \cdot f_{ct,0}}$$

$$= d_s^* \cdot \frac{0{,}50 \cdot 80}{20 \cdot (80 - 75)} \cdot \frac{2{,}2}{3{,}0} \geq d_s^* \cdot \frac{2{,}2}{2 \cdot 3{,}0}$$

$$= d_s^* \cdot 0{,}293 \geq d_s^* \cdot 0{,}367$$

Der zulässige einzubauende Stabdurchmesser ergibt sich aus dem Grenzdurchmesser d_s^* der *Tabelle 5.4* unter Berücksichtigung der Anforderungsklasse. Es zeigt sich, dass beim vorliegenden System nur die

Tabelle 5.5: Zulässige Spannungen und Stabdurchmesser
(Rissbreitennachweis infolge Hydratationswärme)

Klasse	w_k [mm]	σ_s [N/mm^2]	d_s^* [mm]	d_{smax} [mm]	σ_s [N/mm^2]	d_s^* [mm]	d_{smax} [mm]
E	0,3	160	42	15,4	200	28	10,3
F	0,3	160	56	20,6	200	36	13,3

geringen Stahlspannungen (160 MN/m^2 und 200 MN/m^2) zugelassen werden können, um sinnvolle Bewehrungsstäbe einbauen zu können.

Begrenzt man die Stahlspannung auf 160 N/mm^2, so ist für die Anforderungsklasse F ein Stabdurchmesser Ø 20 zulässig (entsprechend für E: $\Rightarrow$ Ø 14). Die erforderliche Betonstahlmenge A_s wird abhängig von den Stahlspannungen ermittelt:

$$A_s = \frac{k \cdot f_{ctm}}{5} \cdot \frac{A_c}{\sigma_s}$$

$$\sigma_s = 160 \quad \Rightarrow \quad \frac{0,50 \cdot 2,2}{5} \cdot \frac{30 \cdot 70}{160} = 2,89 \, \text{cm}^2$$

$$\sigma_s = 200 \quad \Rightarrow \quad \frac{0,50 \cdot 2,2}{5} \cdot \frac{30 \cdot 70}{200} = 2,31 \, \text{cm}^2$$

Die Mindestbewehrung zur Begrenzung der Rissbreite infolge Abfließen der Hydratationswärme ist nachgewiesen, wenn Grenzdurchmesser und Bewehrungsquerschnitt gleichzeitig eingehalten werden.

Im vorliegenden Querschnitt sind aufgrund statisch/konstruktiver Randbedingungen mindestens in jeder Ecke ein Ø 20 eingebaut. Damit erfüllt er die Anforderungsklasse F.

Anwendungsbeispiel 5.3.2:

Nachweis der Mindestbewehrung zur Aufnahme von Biege-Zwang

Es wird angenommen, dass der Unterzug nur durch Biegung und nicht durch Normalkraft belastet ist (*reine Biegung* $k_c = 0,4$).

Betrachtet wird jetzt die Rissbildung, die sich bei der Aufnahme von äußerem Zwang (z.B. infolge einer Stützensenkung) einstellt. Der Balken erfährt dadurch eine zusätzliche Biegebelastung. Für den Parameter k ist nach DIN 1045-1 anzunehmen:

$k = 1,0$ Zugspannungen infolge äußerem Zwang

Der Rechteckquerschnitt wird auf halber Höhe gezogen ($h_t = h/2$) und die von der Bewehrung abzudeckende Zugkraft ergibt sich aus der Zugfestigkeit des Betons.

Der maximal mögliche Stabdurchmesser $d_{s,max}$ errechnet sich aus dem theor. Grenzdurchmesser d_s^*, wobei die farbig gekennzeichnete Bedingung maßgebend ist:

$$
\begin{aligned}
d_{s,max} &= d_s^* \cdot \frac{k \cdot h_t}{10 \cdot (h - d)} \cdot \frac{f_{ctm}}{f_{ct,0}} \geq d_s^* \cdot \frac{f_{ctm}}{f_{ct,0}} \\[2mm]
&= d_s^* \cdot \frac{1,0 \cdot 80/2}{10 \cdot (80 - 75)} \cdot \frac{2,2}{3,0} \geq d_s^* \cdot \frac{2,2}{\cdot 3,0} \\[2mm]
&= d_s^* \cdot 0,586 \qquad \geq \quad d_s^* \cdot 0,733
\end{aligned}
$$

Der zulässige einzubauende Stabdurchmesser ergibt sich aus der *Tabelle 5.4* unter Berücksichtigung der Anforderungsklasse. Es zeigt sich, dass beim vorliegenden System die Stahlspannungen 160 MN/m², 200 MN/m² und 240 MN/m² zugelassen werden können, um sinnvolle Bewehrungsstäbe einbauen zu können.

Tabelle 5.6: Zulässige Spannungen und Stabdurchmesser (Rissbreitennachweis infolge äußerem Biege-Zwang)

Klasse	w_k [mm]	σ_s [N/mm²]	d_s^* [mm]	d_{smax} [mm]	σ_s [N/mm²]	d_s^* [mm]	d_{smax} [mm]	σ_s [N/mm²]	d_s^* [mm]	d_{smax} [mm]
E	0,3	160	42	30,7	200	28	20,5	240	19	14,7
F	0,3	160	56	41,0	200	36	26,4	240	25	19,3

Begrenzt man die Stahlspannung auf 160 N/mm² bzw. auf 200 N/mm², so ist für die Anforderungsklassen F und E ein Stabdurchmesser Ø 20 zulässig.

Bei einer entsprechenden Begrenzung der Stahlspannung auf 240 N/mm² darf zur Einhaltung der Anforderungsklasse E höchstens ein maximaler Stabdurchmesser Ø 14 eingebaut werden.

Die erforderliche Mindestbewehrung A_s zur Begrenzung der Rissbreite aus äußerem Zwang ergibt sich in Abhängigkeit zu den angesetzten Stahlspannungen σ_s. Nachfolgend werden die zuvor genannten Stahlspannungen vergleichend bewertet. Mit größer werdender Spannung nimmt der erforderliche Bewehrungsquerschnitt ab:

$$
\begin{aligned}
A_s &= \frac{k \cdot f_{ctm}}{2,5} \cdot \frac{A_c}{\sigma_s} \\[2mm]
\sigma_s = 160 &\Rightarrow \frac{1,0 \cdot 2,2}{2,5} \cdot \frac{30 \cdot 70}{160} = 12,55 \, \text{cm}^2 \\[2mm]
\sigma_s = 200 &\Rightarrow \frac{1,0 \cdot 2,2}{2,5} \cdot \frac{30 \cdot 70}{200} = 9,24 \, \text{cm}^2 \\[2mm]
\sigma_s = 240 &\Rightarrow \frac{1,0 \cdot 2,2}{2,5} \cdot \frac{30 \cdot 70}{240} = 7,70 \, \text{cm}^2
\end{aligned}
$$

Die Mindestbewehrung zur Begrenzung der Rissbreite infolge äußerem Zwang ist nachgewiesen, wenn Grenzdurchmesser und Bewehrungsquerschnitt gleichzeitig eingehalten werden.

Im vorliegenden Querschnitt ist aufgrund statisch/konstruktiver Randbedingungen mindestens in jeder Ecke ein Ø 20 eingebaut. Damit ist in der Zugzone A_s = 6,28 cm² vorhanden. Das ist nicht ausreichend; es sind 3 Ø 20 mit $A_s = 9,42$ cm² erforderlich, um die Anforderungsklassen E und F zu erfüllen.

Anwendungsbeispiel 5.3.3:

Nachweis der Rissbreitenbegrenzung unter äußeren Einwirkungen

Abschließend wird das Stützmoment des Durchlaufträgers betrachtet. Der Nachweis der Rissbreitenbegrenzung wird ohne direkte Berechnung geführt. Zunächst ist in Abhängigkeit zur einzuhaltenden Anforderungsklasse (vgl. *Tabelle 5.3*) das nachzuweisende Stützmoment aus der maßgeblichen Einwirkungskombination (EWK) anzugeben:

Zu Vergleichzwecken wird hier die Anforgerungsklasse D ergänzt.

Klasse D	häufige EWK	$\Rightarrow$	$M_{Ed,freq}$	=	610 kNm
Klasse E	quasi-ständige EWK	$\Rightarrow$	$M_{Ed,perm}$	=	588 kNm
Klasse F	quasi-ständige EWK	$\Rightarrow$	$M_{Ed,perm}$	=	588 kNm

Aus diesen Stützmomenten ergeben sich die im Grenzzustand der Gebrauchstauglichkeit wirkenden Stahlspannungen σ_s.

$$\sigma_s \cdot A_s = \frac{M_{Eds}}{z} \Rightarrow \sigma_s \approx \frac{M_{Eds}}{A_s \cdot 0,9 \cdot d} \tag{5.10}$$

Bei der hier vorliegenden *reinen Biegung* (N_{Ed} = 0) und dem (aus dem Nachweis GZT) in der Zugzone eingebauten Bewehrungsquerschnitt A_{s1} = 31,42 cm² erhält man:

$$D: \quad \sigma_s = \frac{610}{31,42 \cdot 0,9 \cdot 75} \cdot 1000 = 288 \, \text{N/mm}^2$$

$$E + F: \quad \sigma_s = \frac{588}{31,42 \cdot 0,9 \cdot 75} \cdot 1000 = 277 \, \text{N/mm}^2$$

Zum Nachweis der Begrenzung der Rissbreiten unter äußeren Einwirkungen stehen alternativ zur Auswahl:

• Für die errechnete Stahlspannung σ_s sind nach *Tabelle 5.4* Höchstwerte von Stabdurchmessern d_s einzuhalten.

• Für die errechnete Stahlspannung σ_s sind nach *Tabelle 5.4* Höchstwerte von Stababständen e_{max} einzuhalten.

Im konkreten Fall ergibt sich aus der Interpolation der Tabellenwerte:

D: $\sigma_s \approx 280\,\text{N/mm}^2$ $w_k = 0,2\,\text{mm}$ $d_s^* = 9\,\text{mm}$ $e_{max} = 5\,\text{cm}$

E: $\sigma_s \approx 280\,\text{N/mm}^2$ $w_k = 0,3\,\text{mm}$ $d_s^* = 14\,\text{mm}$ $e_{max} = 15\,\text{cm}$

F: $\sigma_s \approx 280\,\text{N/mm}^2$ $w_k = 0,4\,\text{mm}$ $d_s^* = 18\,\text{mm}$ $e_{max} = 20\,\text{cm}$

Im vorliegenden System ist der Unterzug ein Rechteckquerschnitt von 40 cm Breite. Zur Aufnahme des Stützmomentes im Grenzzustand der Tragfähigkeit (GZT) sind in einer Lage 8 Ø 20 eingebaut.

Sie liegen in einem Abstand < 5 cm, sodass der Querschnitt die Anforderungsklassen D bis F erfüllt.

Obwohl damit die Rissbreitenbegrenzung bereits nachgewiesen ist, soll auch die zweite Nachweisform (Begrenzung der Stabdurchmesser d_s) ausgeführt werden. Das entsprechende Formelwerk lautet:

$$d_{s,max} = d_s^* \cdot \frac{\sigma_s \cdot A_s}{4 \cdot b \cdot (h-d) \cdot f_{ct,0}} \geq d_s^* \cdot \frac{f_{ct,eff}}{f_{ct,0}}$$

$f_{ct,eff}$ ist die wirksame Betonzugfestigkeit beim Auftreten der Risse. Geht man davon aus, dass das Betonbauteil frühestens nach 28 Tagen belastet wird (Ausschalfrist), so ist die mittlere Betonzugfestigkeit f_{ctm} hier einzusetzen!

Angewendet auf die untersuchten Anforderungsklassen ergibt sich:

D: $d_{s,max}$ $=$ $9 \cdot \dfrac{280 \cdot 31,42}{4 \cdot 40 \cdot (80-75) \cdot 3,0} = 32,9$

$\geq$ $9 \cdot \dfrac{2,2}{3,0} = 6,6$ $\Rightarrow d_{s,max} = 32,9\,\text{mm}$

E: $d_{s,max}$ $=$ $14 \cdot \dfrac{280 \cdot 31,42}{4 \cdot 40 \cdot (80-75) \cdot 3,0} = 51,3$

$\geq$ $14 \cdot \dfrac{2,2}{3,0} = 10,3$ $\Rightarrow d_{s,max} = 51,3\,\text{mm}$

F: $d_{s,max}$ $=$ $18 \cdot \dfrac{280 \cdot 31,42}{4 \cdot 30 \cdot (80-75) \cdot 3,0} = 66,0$

$\geq$ $18 \cdot \dfrac{2,2}{3,0} = 13,2$ $\Rightarrow d_{s,max} = 66,0\,\text{mm}$

Die im Querschnitt eingebauten Ø 20 erfüllen die Anforderungsklassen F - D.

5.4   Durchbiegung

Die direkte Berechnung der Durchbiegung von Stahlbetonbauteilen ist mit erheblichem Aufwand verbunden. Anders als bei ideal-elastischen Baustoffen wie Stahl sind bei Verformungsberechnungen von Beton zusätzlich Rissbildung, Kriechen und Schwinden sowie die nichtlineare Spannungs-Stauchungs-Beziehung (vgl. *Abb. 3.4*; wirklichkeitsnahe Funktion) zu berücksichtigen.

5.4.1 Begrenzung der Biegeschlankheiten

Statt eine genaue Verformungsberechnung durchzuführen, wird i.d.R. eine Bauteilhöhe so gewählt, dass unzulässig große Verformungen nicht zu erwarten sind. Diese Nachweisform wird als Begrenzung der Biegeschlankheit bezeichnet.

Hier sollen die Ergebnisse von Krüger/Mertzsch [15](vgl. auch für weitere Erläuterungen) verwendet werden. Sie geben rechnerisch ermittelte Biegeschlankheiten λ_i für Platten und Balken an, mit denen die statischen Bauteilhöhen d ermittelt werden können.

Für übliche Bewehrungsgrade gilt:

Tabelle 5.7: Zulässige Biegeschlankheiten für Platten und Balken

zulässige Durchbiegung	Ersatzstützweite l_i [m]	Platte λ_i	Balken λ_i
$l/250$	$\leq 4{,}00$	29	28
	6,00	26	26
	8,00	23	23
	10,00	21	21
	12,00	19	19
$l/500$	$\leq 4{,}00$	23	16
	6,00	19	15
	8,00	16	14
	10,00	14	13
	12,00	13	13

Die für die Begrenzung der Durchbiegung erforderliche statische Bauteilhöhe d errechnet sich aus der Biegeschlankheit gemäß *Tabelle 5.7*, der Ersatzstützweite l_i und einem Korrekturwert k_c, der das Betonkriechen in Abhängigkeit von der Betongüte berücksichtigt. Der Kriecheinfluss wird auf die Betongüte C 20/25 mit einer charakteristischen Zylinder-Druckfestigkeit von f_{ck0} = 20 MN/m^2) bezogen.

$$d \geq k_c \cdot \frac{l_i}{\lambda_i} \qquad \text{mit:} \quad k_c = \left(\frac{f_{ck0}}{f_{ck}} \right)^{1/6} \qquad (5.11)$$

Bei der Ermittlung der Ersatzstützweite l_i ist die Lagerungsart zu berücksichtigen. Randauflager von Platten werden als gelenkig gelagert angesehen. Über Innenstützen (Wände oder Unterzüge) wird eine durchlaufende Platte angenommen, die frei drehbar gelagert ist. Die benachbarten Plattenfelder sind in sich untereinander eingespannt (vgl: *Bild 5.2*).

Für Rechteckplatten kann die Ersatzstützweite l_i in Abhängigkeit von ihrer Lagerungsart und ihrem Seitenverhältnis $L_x > L_y$ in *Tabelle 5.8* abgelesen werden.

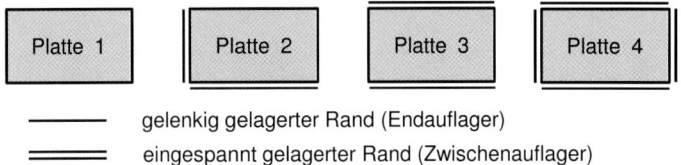

——————　gelenkig gelagerter Rand (Endauflager)

⹀⹀⹀⹀⹀⹀　eingespannt gelagerter Rand (Zwischenauflager)

Bild 5.2: Lagerungsarten von Rechteckplatten

Tabelle 5.8: Ersatzstützweiten von Rechteckplatten für den Nachweis der Biegeschlankheit

Lagerungs-art	Seitenverhältnis $\alpha = L_x/L_y$			
	$\alpha = 1{,}00$	$\alpha = 1{,}25$	$\alpha = 1{,}50$	$\alpha = 2{,}00$
Platte 1	$l_i \approx 0{,}85 \cdot L_y$	$l_i \approx 0{,}95 \cdot L_y$	$l_i \approx 1{,}00 \cdot L_y$	$l_i \approx 1{,}00 \cdot L_y$
Platte 2	$l_i \approx 0{,}65 \cdot L_y$	$l_i \approx 0{,}72 \cdot L_y$	$l_i \approx 0{,}76 \cdot L_y$	$l_i \approx 0{,}78 \cdot L_y$
Platte 3	$l_i \approx 0{,}60 \cdot L_y$	$l_i \approx 0{,}61 \cdot L_y$	$l_i \approx 0{,}61 \cdot L_y$	$l_i \approx 0{,}60 \cdot L_y$
Platte 4	$l_i \approx 0{,}52 \cdot L_y$	$l_i \approx 0{,}58 \cdot L_y$	$l_i \approx 0{,}60 \cdot L_y$	$l_i \approx 0{,}60 \cdot L_y$

Die Ermittlung der Ersatzstützweite l_i für Balken basiert auf der Betrachtung von Durchlaufträgern und kennzeichnet den Abstand der Momentennulldurchgänge. Bei ähnlichen Stützweiten $l_{eff,i}$ benachbarter Felder gilt:

Tabelle 5.9: Ersatzstützweiten bei Balken für den Nachweis der Biegeschlankheit

Statisches System	Ersatzstützweite
Randfeld eines Durchlaufträgers	$l_i = 0{,}80 \cdot l_{eff}$
Innenfeld eines Durchlaufträgers	$l_i = 0{,}70 \cdot l_{eff}$
Einfeldträger	$l_i = 1{,}00 \cdot l_{eff}$
Kragträger	$l_i = 2{,}50 \cdot l_{eff}$

5.4.2　Bemessungsbeispiele Durchbiegung

Betrachtet wird das Decken-Beispiel gemäß *Bild 2.16*. Das Unterzug-Plattensystem ist in der Betongüte C 20/25 hergestellt. Die Höhe der Platte und die Höhe des Unterzuges sollen über den Nachweis der Einhaltung der Grenzschlankheit nach Krüger/Mertzsch [15] überprüft werden. Die zulässige Duchbiegung soll $l/500$ nicht überschreiten.

Nachweis einer durchlaufenden Platte

Anwendungsbeispiel 5.4.1:

Die Deckenplatte ist im *Bild 5.3* dargestellt. Sie ist durchlaufend über 5 Felder. Die Stützweite zwischen den Unterzügen ist konstant und beträgt

$l_{eff} = 6,00$ m. Die Breite beträgt $16,00$ m, sodass jedes Plattenfeld eine 1-achsige Tragwirkung ($\alpha > 2$) aufweist.

Die Lagerungsarten der Plattenfelder kann dem *Bild 5.2* entnommen werden. Für die 3 Innenfelder ergibt sich *Platte 3* und für die 2 Randfelder *Platte 2*. Damit ergibt sich die Ersatzstützweite l_i und die zugehörige Biegeschlankheit λ_i aus den *Tabellen 5.7* und *5.8*:

Platte 3: $l_i = 0,60 \cdot 6,00 = 3,60$ m $\Rightarrow \lambda_i = 23$
Platte 2: $l_i = 0,78 \cdot 6,00 = 4,68$ m $\Rightarrow \lambda_i = 21$

Damit ergibt sich aus der Begrenzung der Durchbiegung ($\leq l/500$) eine erforderliche statische Höhe der Platte d.

Platte 1: $d \geq k_c \cdot \dfrac{l_i}{\lambda_i} = \left(\dfrac{20}{20}\right)^{1/6} \cdot \dfrac{5,10}{21} = 0,243$ m

Platte 3: $d \geq k_c \cdot \dfrac{l_i}{\lambda_i} = \left(\dfrac{20}{20}\right)^{1/6} \cdot \dfrac{3,60}{23} = 0,156$ m

Wenn – wie im Regelfall üblich – die Platte in konstanter Dicke hergestellt wird, wird die Lagerungsart *Platte 1* maßgeblich. Die Bauteilhöhe h_{Platte} (Plattendicke) ist unter Berücksichtigung der Betonüberdeckung d_1 zu ermitteln. Für $d_1 \leq 2,5$ cm ergibt sich dann:

Platte 1: $h_{Platte} = d + d_1 \Rightarrow h_{Platte} = 24,3 + 2,5 = 26,8$ cm
Platte 3: $h_{Platte} = d + d_1 \Rightarrow h_{Platte} = 15,6 + 2,5 = 18,1$ cm

Gewählt: Plattenhöhe von $h_{Platte} = 30$ cm

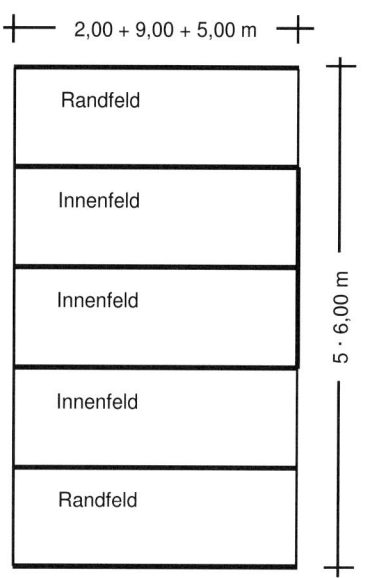

Bild 5.3: Deckenplatte über 1. OG

Anwendungsbeispiel 5.4.2:

In dem *Bild 5.4* ist 2-Feldträger mit Kragarm dargestellt. Die zulässige Durchbiegung des Unterzugs wird vom Bauherren aufgrund der beabsichtigten Nutzung mit $f \leq l/500$ vorgegeben. Der Nachweis soll über die Begrenzung der Biegeschlankheit geführt werden.

Der Unterzug hat die Feld-Stützweiten $9,00$ m und $5,00$ m. Beide Felder sind *Randfelder*. Da er in konstanter Höhe ausgeführt wird, ist die längere Stützweite maßgebend $l_{eff} = 9,00$ m. Die Ersatzstützweite l_i ist nach *Tabelle 5.9* anzunehmen. Die zugehörige Biegeschlankheit λ_i ergibt sich aus *Tabelle 5.7*:

$l_i = 0,80 \cdot 9,00 = 7,20$ m $\Rightarrow \lambda_i = 14$

Nachweis der Biegeschlankheit für einen Unterzug (2-Feldträger mit Kragarm)

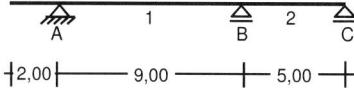

Bild 5.4: Deckenplatte über 1. OG

Die entlastende Wirkung des (kurzen) Kragarmes wird auf sicherer Seite liegend vernachlässigt.

Damit ergibt sich aus der Begrenzung der Durchbiegung ($\leq l/500$) eine erforderliche statische Höhe des Unterzuges d.

$$\text{Unterzug:} \quad d \;\geq\; k_c \cdot \frac{l_i}{\lambda_i} = \left(\frac{20}{20}\right)^{1/6} \cdot \frac{7,20}{14} = 0,514 \,\text{m}$$

Die Bauteilhöhe h (Plattendicke) ist unter Berücksichtigung der Betonüberdeckung zu ermitteln. Für $d_1 \geq 5,0$ cm ergibt sich dann beispielsweise:

$$\text{Unterzug:} \quad h = d + d_1 \quad \Rightarrow \quad h = 51,4 + 5,0 = 56,4 \,\text{cm}$$

Gewählt: Höhe des Unterzuges $h = 60$ cm
bei einer Plattenhöhe von $h_{Platte} = 30$ cm

Hinweis: Mit der Vorgabe einer Trägerhöhe h aus dem Nachweis der Biegeschlankheit ist der erste Schritt zur Dimensionierung eines Balkens erfolgt. Gerade im Hochbau ist jedoch noch eine weitere wesentliche Entwurfsrandbedingung zu berücksichtigen. Innerhalb der Decken werden Leitungen der Gebäudetechnik verlegt. Das *Bild 5.5* zeigt die Durchführung einer Leitung im Steg eines Plattenbalkens. Die Nutzhöhe des Steges unterhalb der Platte setzt sich von oben nach unten wie folgt zusammen:

- Raum zur Befestigung der Leitung an der Unterseite der Platte (Rohrschellen),

- Aussparung für den Leitungsdurchmesser D_L (klimatechnische Anlagen benötigen i.d.R. $20 \leq D_L \leq 50$ cm!),

- Platz für die Längsbewehrung (incl. Betonüberdeckung oben und unten).

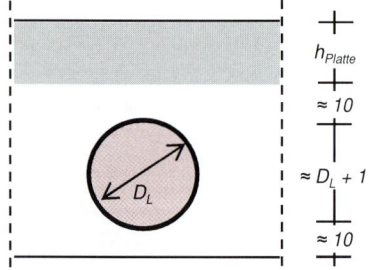

Bild 5.5: Durchführung einer Leitung

Die gewählte Bauhöhe des Unterzuges von $h = 60$ cm ist vor diesem Hintergrund noch einmal kritisch zu werten. Bei der gewählten Plattenhöhe $h_{Platte} = 30$ cm steht für die Durchführung einer Leitung als Nutzhöhe des Steges unterhalb der Platte gerade 30 cm zur Verfügung.

6 Konstruktionsregeln

Konstruktionsregeln, nach denen die Bewehrung konstruiert wird, beinhalten Erfahrungswerte, mit denen die Qualität und Zuverlässigkeit einer Stahlbetonkonstruktion dauerhaft gesichert werden soll. Im Einzelfall können sich hieraus größere Querschnitte ergeben als in den Nachweisen in den Grenzzuständen von Tragfähigkeit und Gebrauchstauglichkeit errechnet werden. Konstruktionsregeln ergeben sich u.a. aus:

- den Anforderungen zur Dauerhaftigkeit der Stahlbetonkonstruktion,

- den Anforderungen zur Sicherstellung des Verbundes zwischen Betonstahl und Beton,

- der Berücksichtigung nicht oder nur schwer erfassbarer Eigenspannungen wie sie sich z.B. aus Betonerhärtung sowie aus Schwinden und Kriechen ergeben,

- den Anforderungen, die für einzelne Bauteile (Balken, Platten, tragende Wände, Stützen, usw.) zu stellen sind.

6.1 Dauerhaftigkeit

Stahlbetonbauteile sind während ihrer Nutzungsdauer mechanischen, biologischen und chemischen Beanspruchungen ausgesetzt. Beton und Bewehrungsstahl sind deshalb wirksam und dauerhaft zu schützen. Kampen et.al. [13] stellen hierfür mit ihrem Bauteilkatalog eine effiziente Planungshilfe zur Verfügung.

Die Anforderungen können innerhalb eines Bauwerkes von Bauteil zu Bauteil variieren. So sind im Grundwasser stehende Fundamente, Decken über trockene Innenräume oder durch Gabelstaplerverkehr beanspruchte Betonoberflächen grundsätzlich unterschiedlich zu bewerten (vgl. *Bild 6.1*).

Durch die Einführung von Expositionsklassen wird die Betonaggressivität der Umgebung definiert. Hieraus ergeben sich Anforderungen für die Betonherstellung (Betonrezepturen – vgl. DIN 1045-2) und die hier interessierenden konstruktiven Vorgaben.

Zur Sicherstellung der Dauerhaftigkeit von Stahlbetonbauteilen wird in Abhängigkeit zur Expositionsklasse eine Mindestfestigkeitsklasse des Betons in Verbindung mit einer ausreichenden Betonüberdeckung der Bewehrung d_1 vorgegeben (vgl. *Tabelle 6.1*). Damit werden der Oberflächenschutz gegen mechanischen Angriff, der Korrosionsschutz der Bewehrung sowie die Verbundtragfähigkeit zwischen Beton und Betonstahl sichergestellt. Ergänzende Festlegungen werden ggf. im Rahmen von Brandschutzforderungen nach DIN 4102-4 getroffen.

Eine Auswahl wichtiger Konstruktionsregeln ist nachfolgend zusammengestellt. Weitere finden sich in der DIN 1045-1, in den DIN-Fachberichten, in der ZtV-Ing, ...

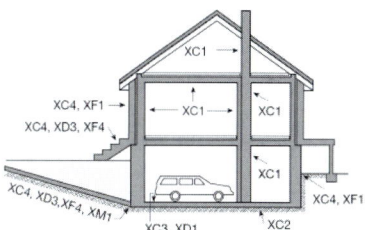

Bild 6.1: Darstellung von Expositionsklassen am Objekt (aus: [20])

6

Tabelle 6.1: Betonüberdeckung und Mindestfestigkeitsklasse für ausgewählte Expositionsklassen

Expositionsklasse		Betondeckung [mm]			Mindest-festigkeitsklasse des Betons
		c_{min}	Δc	c_{nom}	
Bewehrungskorrosion, ausgelöst durch Karbonatisierung					
XC1	trocken oder ständig nass	10	10	20	C 16/20
XC2	nass, selten trocken	20	15	35	C 20/25
XC4	wechselnd nass / trocken	25	15	40	C 25/30
Bewehrungskorrosion, ausgelöst durch Chloride (z.B. Taumittel)					
XD1	mäßige Feuchte	40	15	55	C 30/37
Betonangriff durch Frost bei mäßiger Wassersättigung (Außenbauteile)					
XF1	ohne Taumittel	—	—	—	C 25/30
XF2	mit Taumittel	—	—	—	C 35/45
Betonangriff durch Verschleißbeanspruchung (z.B. Befahrung)					
XM1	mäßig (luftbereift)	—	—	—	C 30/37
XM2	schwer (Gabelstapler)	—	—	—	C 35/45

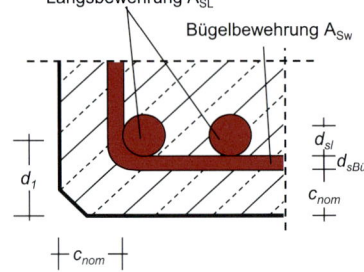

Bild 6.2: Betonüberdeckung: Definition und Bezeichnungen

Das Nennmaß der Betonüberdeckung c_{nom} ist für jedes Bewehrungselement einzuhalten. In dem *Bild 6.2* ist die Bewehrung in der Ecke eines Stahlbetonquerschnitts dargestellt. Längs- und Bügelbewehrungen haben dabei unterschiedliche c_{nom}-Werte.

$$c_{nom} = c_{min} + \Delta c$$

$$\text{mit:} \quad c_{min} \quad \text{Mindestwert der Betonüberdeckung} \quad (6.1)$$
$$\Delta c \quad \text{Vorhaltemaß}$$

Der Mindestwert c_{min} ist nach Expositionsklasse zu wählen. Wird eine Betongüte gewählt, die um 2 Klassen höher ist als die nach *Tabelle 6.1* erforderliche, so darf c_{min} um 5 mm verringert werden.

Zur Sicherstellung des Verbundes zwischen Beton und Betonstahl ist c_{min} aber in jedem Fall größer oder gleich dem verwendeten Durchmesser d_{sl} der Längsbewehrung A_{sl} zu wählen. Mit dem Vorhaltemaß Δc sollen baustellenbedingte unplanmäßige Verlegeungenauigkeiten berücksichtigt werden.

Aus c_{nom} errechnet sich der Abstand d_1 des Schwerpunktes der Längsbewehrung A_s zum Querschnittsrand. Für die im *Bild 6.2* dargestellte 1-lagige Bewehrung ergibt sich:

$$d_1 = c_{nom,Bügel} + d_{sBü} + d_{sl} \tag{6.2}$$

Die Stäbe der Längsbewehrung sind mit einem lichten Mindestabstand Δs (horizontal und vertikal) voneinander einzubauen:

$$\Delta s \quad \geq \quad 20 \text{ mm}$$
$$\Delta s \quad \geq \quad d_{sl} \qquad\qquad\qquad\qquad\qquad\qquad (6.3)$$
$$\Delta s \quad \geq \quad d_g + 5 \text{ mm} \quad d_g \text{ Größtkorn der Zuschläge.}$$

6.2 Die Übertragung und Verankerung von Kräften zwischen Stahl und Beton

Im *Abschnitt 3.3* wurde gezeigt, dass die Qualität des Verbundes zwischen dem zugelassenen, profiliert hergestellten Betonstahl und dem Beton von den Abmessungen des Bauteils, der Betongüte und der Lage des Bewehrungsstahls beim Betoniervorgang abhängt.

Betrachtet man einen bis zur Bemessungsstreckgrenze f_{yd} ausgelasteten Bewehrungsstahl, so gibt das Grundmaß der Verankerungslänge l_b an, auf welcher Länge ein profilierter Betonstahl in den Beton einbinden muss, damit die Kraft von dem Bewehrungsstab in den Beton (und umgekehrt) vollständig übertragen werden kann.

Das Grundmaß der Verankerungslänge kann nach *Gl. (3.16)* bestimmt werden und ist in der *Tabelle 3.9* für die gängigen Betongüten und Stabdurchmesser zusammengestellt.

Bild 6.3: Profilierter Betonstahl

Es ergeben sich beachtliche erforderliche Längen. Für einen im Querschnitt unten eingebauten Ø 20 erhält man bei einer Betongüte C 20/25 ein Grundmaß der Verankerungslänge von $l_b = 94$ cm. An den Auflagern und in Knotenpunkten von Tragwerken ist eine solche Länge konstruktiv nicht oder nur schwer im Querschnitt unterzubringen. Für Abhilfe kann mit den folgenden Maßnahmen gesorgt werden.

1. Der Bewehrungsquerschnitt wird nur teilweise ausgelastet. Es ist dann mehr Bewehrung im Querschnitt eingebaut ($A_{s,vorh}$), als erforderlich ist ($A_{s,erf}$).

2. Das Stabende endet nicht gerade, sondern wird aufgebogen (Haken, Winkelhaken, Schlaufe). Zusätzlich können am Stabende Querstäbe angeschweißt werden. Die nach DIN 1045-1 zulässigen Verankerungsarten sind in dem *Bild 6.4* dargestellt. Ihre Wirkung auf die Verankerungslänge wird mit dem Beiwert α_a erfasst.

Die statisch erforderliche Verankerungslänge $l_{b,net}$ verringert sich gegenüber dem Grundmaß der Verankerungslänge l_b nach *Gl. (6.4)*, wobei ein konstruktiver Mindestwert $l_{b,min}$ immer einzuhalten ist.

$$
\begin{aligned}
l_{b,net} \quad &= \quad \alpha_a \cdot l_b \cdot A_{s,erf}/A_{s,vorh} \quad \geq l_{b,min} \\
&\qquad l_{b,min} = 0,3 \cdot \alpha_a \cdot l_b \quad \geq 10 \cdot d_{sl} \text{ Zugstab} \qquad (6.4) \\
&\qquad\quad l_{b,min} = 0,6 \cdot l_b \quad\;\; \geq 10 \cdot d_{sl} \text{ Druckstab}
\end{aligned}
$$

	1	2	3
	Art und Ausbildung der Verankerung	Beiwert $\alpha_a{}^c$	
		Zugstäbe[a]	Druckstäbe
1	a) Gerade Stabenden 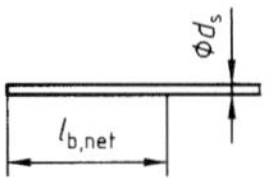	1,0	1,0
2	b) Haken c) Winkelhaken d) Schlaufen 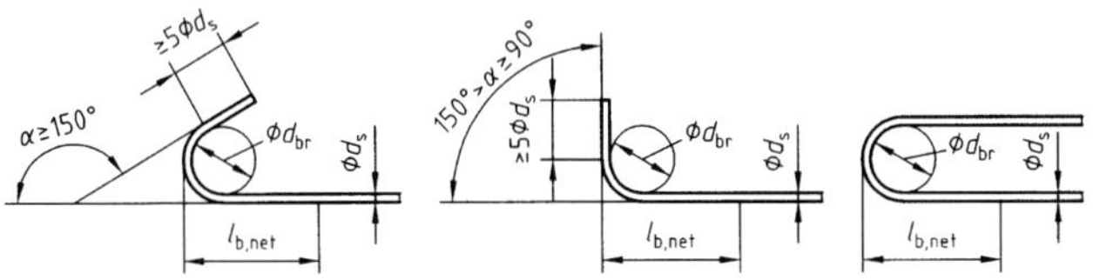	0,7[b] (1,0)	–
3	e) Gerade Stabenden mit mindestens einem angeschweißten Stab innerhalb $l_{b, net}$ 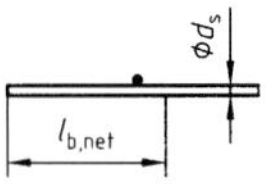	0,7[c]	0,7[c]
4	f) Haken g) Winkelhaken h) Schlaufen (Draufsicht) 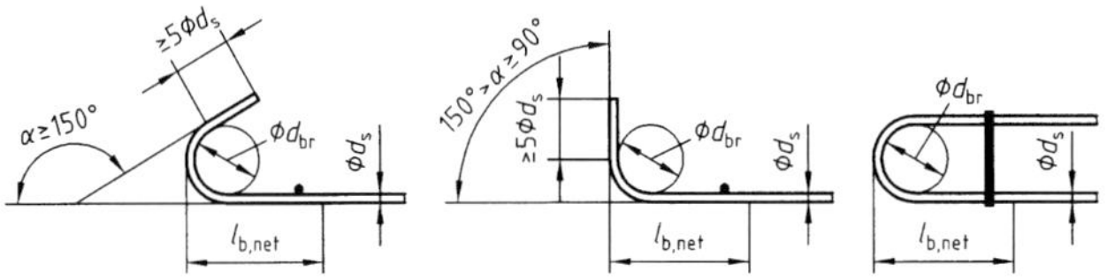 mit jeweils mindestens einem angeschweißten Stab innerhalb $l_{b, net}$ vor dem Krümmungsbeginn	0,5 (0,7)	–
5	i) Gerade Stabenden mit mindestens zwei angeschweißten Stäben innerhalb $l_{b, net}$ (Stababstand $s < 100$ mm und $\geq 5\, d_s$ und ≥ 50 mm) nur zulässig bei Einzelstäben mit $d_s \leq 16$ mm und bei Doppelstäben mit $d_s \leq 12$ mm	0,5	0,5

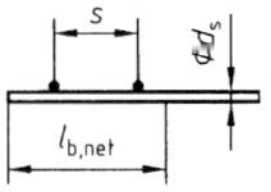

[a] Die in Spalte 2 in Klammern angegebenen Werte gelten, wenn im Krümmungsbereich rechtwinklig zur Krümmungsebene die Betondeckung weniger als $3\, d_s$ beträgt oder kein Querdruck oder keine enge Verbügelung vorhanden ist.

[b] Bei Schlaufenverankerungen mit Biegerollendurchmesser $d_{br} \geq 15\, d_s$ darf der Wert α_a auf 0,5 reduziert werden.

Bild 6.4: Zulässige Verankerungsarten von Betonstahl und Beiwerte α_α (nach Tab. 26 DIN 1045)

6.3 Bügel und Querkraftbewehrung

Die Verankerung von Bügeln und Querkraftbewehrung ist in *Bild 6.5* dargestellt. Sie ist genormt und erfolgt in der Regel durch Haken (1) oder rechtwinklige Winkelhaken (2). Der Stabstahl wird über eine Biegerolle gebogen, deren Durchmesser d_{br} genormt ist. Eine weitere Alternative ist das Aufschweißen von Querstäben (3).

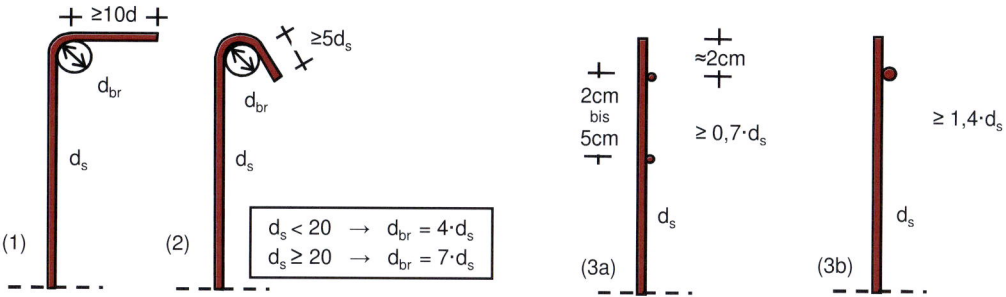

Bild 6.5: Verankerung von Bügeln und Querkraftbewehrung

Wegen der Rissbildung im Beton sind für die Bügelverankerung unterschiedliche konstruktive Ausführungen in der Zug- und Druckzone des Querschnitts erforderlich. In der Druckzone erfolgt die Verankerung zwischen dem Schwerpunkt der Druckzone und dem Druckrand. In der Zugzone erfolgt die Verankerung möglichst nahe am Zugrand.

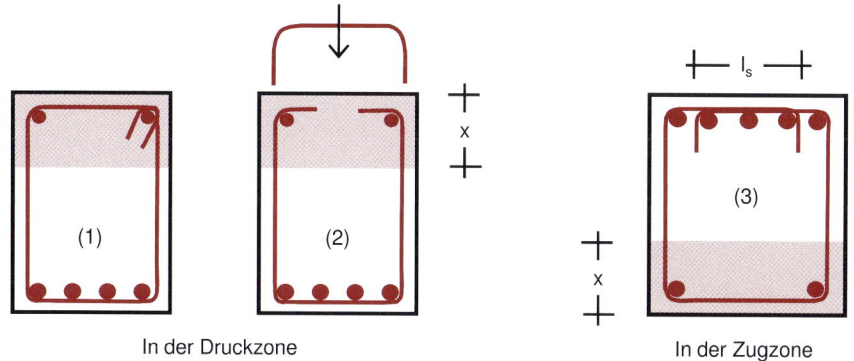

Bild 6.6: Schließen der Querkraftbewehrung (Bügel) in Balken

Einige Regelausbildungen der DIN 1045-1 Abs. 12.8.1 sind im *Bild 6.6* zusammengestellt. In der Druckzone werden die Bügel mit Haken (1) oder Winkelhaken (2, hier als Kappenbügel dargestellt) geschlossen. In der Zugzone werden meist Winkelhaken verwendet, wobei eine Übergreifungslänge l_s einzuhalten ist.

Die Bügel müssen die Längsbewehrung in der Zugzone des Querschnitts umschließen.

6.4   Konstruktionsregeln für einzelne Bauteile

6.4.1   Balken und Plattenbalken

Balken, Plattenbalken, und Platten sind vorwiegend auf Biegung beansprucht Tragwerke. Aus breiten Balken werden Platten, wenn $b \geq 4 \cdot h$ ist.

Bei der Konstruktion der Biegezugbewehrung sind Mindest- und Höchstwerte für den Bewehrungsquerschnitt A_{sl} einzuhalten. Der Mindestwert wird auch als Robustheitsbewehrung bezeichnet. Sie verhindert, dass sich beim Übergang von Zustand 1 nach Zustand 2 schlagartig größere Tragwerksverformungen einstellen. Wenn der Höchstwert überschritten wird, dann verliert das Stahlbetonbauteil zunehmend seine elastische Verformbarkeit und kann nicht mehr nach der Elastizitätstheorie berechnet werden. In der *Gl. (6.5)* ist f_{ctm} die mittlere Betonzugfestigkeit (vgl. *Tabelle 3.3*), W_c das Widerstandsmoment des ungerissenen Betonquerschnitts und f_{yk} die charakteristische Fließgrenze des Betonstahls.

$$\frac{f_{ctm} \cdot W_c}{f_{yk} \cdot z} \ \geq \ a_{sl} \ \geq \ \ 0,08 \cdot A_c \tag{6.5}$$

An den Endauflagern von Durchlaufträgern ist mindestens 25% der Feldbewehrung zu verankern (vgl. *Abschnitt 4.2.3*).

Eine Mindestquerkraftbewehrung A_{sw}/s_w muss nach DIN 1045-1 in Balken und Plattenbalken immer eingebaut werden, selbst wenn die einwirkende Querkraft V_{Ed} kleiner als die Querkrafttragfähigkeit des längsbewohrten Querschnittes $V_{Rd,ct}$ ist. Sie bestimmt sich nach *Gl. (6.6)*. Die erforderliche Bewehrungsmenge vergrößert sich mit steigender Betongüte. Der entsprechende Betonparameter ρ ist der *Tabelle 3.3* zu entnehmen.

$$\frac{A_{sw}}{s_w} \ \geq \ \rho \cdot b_w \cdot \sin \alpha \quad \alpha = 90^0 \text{: senkrechte Bügel} \tag{6.6}$$

Sie verhindern auch das Ausknicken von Längsbewehrung am (Biege-)Druckrand.

Damit die Bügel im Sinne der Fachwerkanalogie zuverlässig wirken können, sind in Balkenlängs- und Querrichtung die Bügelabstände in Abhängigkeit zur jeweils wirkenden Querkraft V_{Ed} nach *Tabelle 6.2* zu begrenzen.

Tabelle 6.2: Größte Längs- und Querabstände von Bügeln

Querkraftbeanspruchung	Längsabstand s_w in [cm] C 12/15 bis C 50/60	Querabstand s_{wq} in [cm] C 12/15 bis C 50/60
$V_{Ed} \leq 0,30 \cdot V_{Rd,max}$	$0,70 \cdot h$ bzw. 30	h bzw. 80
$0,30 \cdot V_{Rd,max} < V_{Ed} \leq 0,60 \cdot V_{Rd,max}$	$0,50 \cdot h$ bzw. 30	h bzw. 60
$V_{Ed} > 0,60 \cdot V_{Rd,max}$	$0,25 \cdot h$ bzw. 20	h bzw. 60

6.4.2 Stahlbetonplatten

Die konstruktiv erforderliche Mindestdicke einer Platte hängt davon ab, ob und welche Querkraftbewehrung einzubauen ist:

$$
\begin{array}{lll}
\text{ohne Querkraftbewehrung:} & h \geq & 70\,\text{mm} \\
\text{mit (aufgebogener) Querkraftbewehrung:} & h \geq & 160\,\text{mm} \quad (6.7) \\
\text{mit Bügeln oder Durchstanzbewehrung:} & h \geq & 200\,\text{mm}
\end{array}
$$

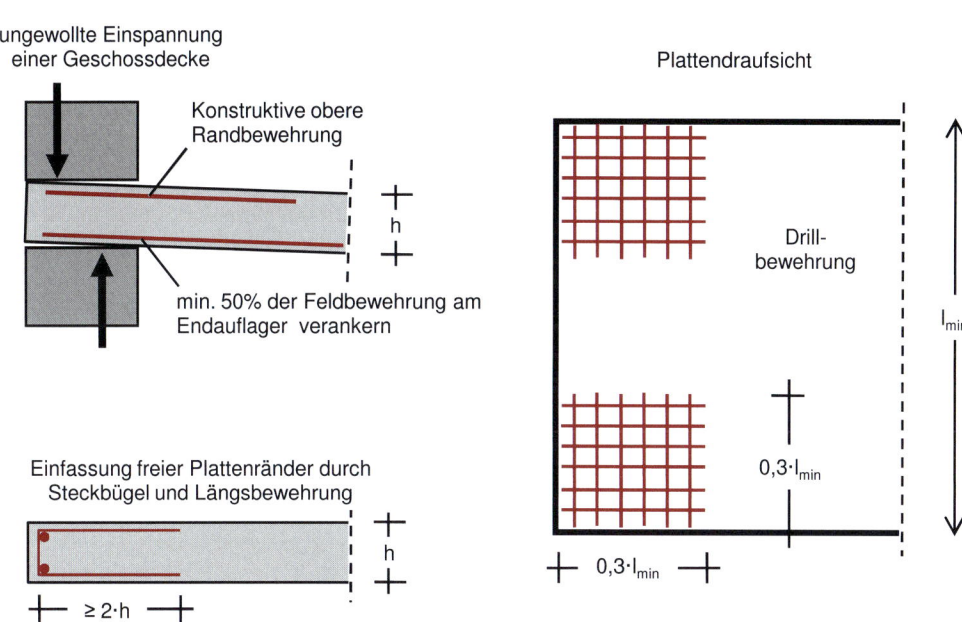

Bild 6.7: Konstruktionsregeln bei Platten (Drill- und Randbewehrung / Randeinfassung)

Allgemein tragen Platten Lasten in zwei Richtungen ab. Bei Rechteckplatten wird der größere Lastanteil entlang der kürzeren Stützweite abgetragen. In dieser Richtung liegt die Hauptlängsbewehrung A_{sl}; senkrecht dazu liegt die Querbewehrung A_{sq}. Es sind die folgenden Mindest-

und Höchstwerte der Bewehrung einzuhalten.

$$\frac{f_{ctm} \cdot W_c}{f_{yk} \cdot z} \; \geq \; A_{sl} \; \geq \; 0,08 \cdot A_c \qquad\qquad (6.8)$$

$$A_{sq} \; \geq \; 0,20 \cdot \mathrm{erf} A_{sl} \qquad\qquad (6.9)$$

Die Abstände der Längsbewehrung $s_{l,max}$ und der Querbewehrung $s_{q,max}$ sind in Abhängigkeit zur Plattenhöhe h zu begrenzen, wobei Zwischenwerte interpoliert werden können.

$$
\begin{aligned}
&h \geq 25\,\text{cm} \quad s_{l,max} = 25\,\text{cm} \quad s_{q,max} = 25\,\text{cm} \\
&h \geq 15\,\text{cm} \quad s_{l,max} = 15\,\text{cm} \quad s_{q,max} = 25\,\text{cm}
\end{aligned}
\qquad (6.10)
$$

Stahlbetonplatten erhalten auf diese Weise eine orthogonale Netzbewehrung. Im üblichen Hochbau werden für die Verlegung Betonstahlmatten eingesetzt. An den Endauflagern der Platten ist mindestens 50 % der Feldbewehrung zu verankern.

Anders als in Balken muss in Platten keine Mindestquerkraftbewehrung eingebaut werden.

Ein Konstruktionsgrundsatz von Platten ist, ihre Höhe h so zu dimensionieren, dass die Querkrafttragfähigkeit $V_{Rd,ct}$ der längsbewehrten Platte größer als die Querkraftbelastung V_{Ed} ist. Dann ist keine Querkraftbewehrung einzubauen. Bei Stahlbetonplatten sind konstruktive Bewehrungen vorzusehen, die im *Bild 6.7* dargestellt sind. Ein freier, ungestützter Plattenrand wird durch Steckbügel und Längsbewehrung konstruktiv eingefasst.

An den End-Auflagern erhalten Zwischendecken durch die exzentrische Pressung der oberen und unteren Wände eine in der Berechnung nicht erfasste ungewollte Einspannung. Hier wird konstruktiv eine obenliegende Randbewehrung eingelegt. Sie umfasst 25 % der Feldbewehrung; ihre Länge entspricht 25 % der minimalen Feldlänge.

An den Ecken von Zwischendecken, in denen sich zwei End-Auflager schneiden, ist auf der Ober- und Unterseite der Platte Drillbewehrung vorzusehen. Eingesetzt wird eine Netzbewehrung, deren Querschnitt in beiden Richtungen der zugehörigen maximalen Feldbewehrung entspricht. Sie wird von der Ecke ausgehend auf 30% der minimalen Feldlänge eingebaut.

6.4.3 Stahlbetonstützen

Aus Stützen werden Wände, wenn die längere Seite b mindestens das 5-fache der kürzeren Seite h ist.

Stützen sind stabförmige Druckglieder. Für rechteckige Ortbetonstützen gilt für die kürzere Seite $h \geq 20$ cm.

Für die aufgehende Längsbewehrung sind konstruktive Regeln einzuhalten. Rechteckstützen werden in jeder Ecke mit einem Längsstab; Rundstützen mit mindestens 6 Längsstäben bewehrt. Hinsichtlich der einzubauenden Stabdurchmesser d_{sl} und der Stababstände s gilt:

$$d_{sl} \; \geq \; 12\,\text{mm} \qquad s \; \leq \; 30\,\text{cm} \qquad\qquad (6.11)$$

Für den Querschnitt der Längsbewehrung A_{sl} gilt außerdem:

$$\frac{0,15 \cdot |N_{Ed}|}{f_{yd}} \leq A_{sl} \leq 0,09 \cdot A_c \qquad (6.12)$$

Die Querbewehrung sind Bügel, die die Längsbewehrung umschließen. Sie verhindert das Ausknicken der gedrückten Längsstäbe. In jeder Ecke können durch einen Bügel bis zu 5 Stäbe gegen Knicken gesichert werden, wenn sie hinreichend nahe an der Ecke angeordnet sind (vgl. *Bild 6.8*). Liegen die Stäbe im größeren Abstand, so sind sie zusätzlich durch Querbewehrung zu sichern. Unmittelbar über und unter Balken und Platten ist der Abstand der Querbewehrung zu reduzieren.

Für die Querbewehrung gilt hinsichtlich der einzubauenden Stabdurchmesser d_{sq} und der Bügelabstände s_w:

$$
\begin{aligned}
d_{sq} &\geq 6 \text{ mm} & s_w &\leq 12 \cdot d_{sl} \\
&\geq 0,25 \cdot d_{sl} & &\leq h \qquad (6.13)\\
& & &\leq 30 \text{ cm}
\end{aligned}
$$

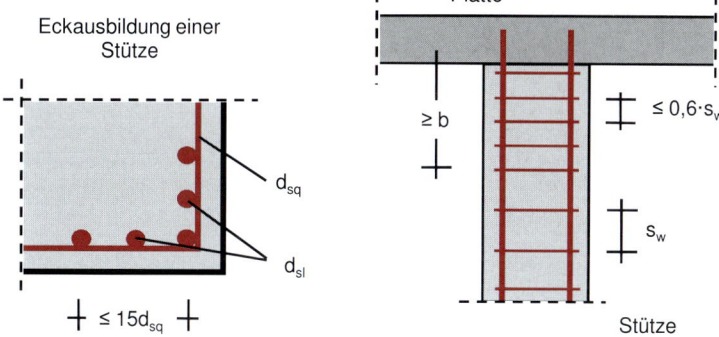

Bild 6.8: Konstruktionsregeln bei Stützen (Ecke und Stützenkopf)

7 Bewehrungskonstruktion

7.1 Durchlaufträger mit Kragarm

7.1.1 Vereinfachte Systembeschreibung

In dem *Abschnitt 2.5* ist ein Stahlbetontragwerk gegeben und bearbeitet. Im Rahmen der Systemfindung wurden statische Teilsysteme definiert und deren Beanspruchung ermittelt. Die Schnittgrößenermittlung wurde vergleichend mit unterschiedlichen Detaillierungsgraden durchgeführt.

In dem *Bild 2.21* sind die Bemessungsschnittgrößen (Biegemoment und Querkraft) im Grenzzustand der Tragfähigkeit für das Teilsystem 2-Feld-Unterzug mit Kragarm dargestellt. Sie sind das Ergebnis eines vereinfachenden Handrechenverfahrens und sollen als Grundlage für die nachfolgend beschriebene Bewehrungskonstruktion verwendet werden. Es besteht keine Normalkraftbelastung. Die maßgebenden Schnittgrößen sind:

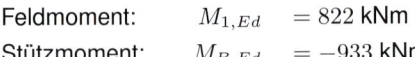

Feldmoment:	$M_{1,Ed}$	$= 822$ kNm
Stützmoment:	$M_{B,Ed}$	$= -933$ kNm
		$\longrightarrow$ -874 kNm (Mom.ausrundung)
max. Querkraft:	$V_{Bl,Ed}$	$= 677$ kN (am Auflager B)

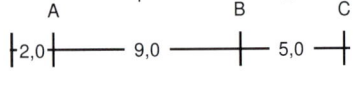

Bild 7.1: Bewehrungskonstruktion: Statisches System

Das statische System ist im *Bild 7.1* dargestellt. Es hat eine rechnerische Gesamtlänge von $16,00$ m. Die Auflager A, B und C haben jeweils eine Breite von 40 cm, sodass sich die einzuschalende Balkenlänge entsprechend vergrößert (Randauflager C $\rightarrow \Delta l = 40 \cdot 2/3 \approx 27$ cm).

Der Unterzug ist Teil eines Deckensystems und wird als Plattenbalken betrachtet (vgl. *Bild 7.2*). Die mitwirkende Breite variiert auf der Systemlänge und ist in dem *Bild 2.36* dargestellt. Danach sind die folgenden Querschnittsdaten anzusetzen:

statische Höhe:	d	$= 0,75$ m (für Feld und Stütze)
Stegbreite:	b_w	$= 0,40$ m
Plattendicke:	h_f	$= 0,30$ m
Stützbereich:	b_{eff}	$= 1,24$ m
Feldbereich:	b_{eff}	$= 2,90 / 2,10$ m Feld 1 / Feld 2

7.1.2 Biegebewehrung mit Zugkraftdeckung

Die Längsbewehrung wird mit dem Verfahren der Zugkraftdeckung nach DIN 1045-1 13.2.2 konstruiert. Es ist ein graphisches Verfahren und ist in dem *Bild 7.5* dargestellt. Das Vorgehen wird schrittweise erläutert.

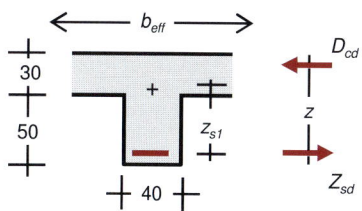

Bild 7.2: Bewehrungskonstruktion: Querschnitt

Zugkraftdeckung 1. Schritt: Im oberen Teil des Bildes wird das statische System mit den wirklichen Abmessungen von Querschnitt und Auflagerbreiten skizziert.

Für die Ermittlung der Bewehrung gelten sinngemäß alle Annahmen, die im *Abschnitt 4.1* erläutert wurden. Die Bemessungsschnittgrößen M_{Ed}, N_{Ed} sind bezogen auf den Schwerpunkt des Querschnitts ermittelt und werden zur Nachweisführung auf die Lage der Zugbewehrung bezogen. Dieses Biegemoment M_{Eds} wird der Bemessung zugrunde gelegt. Es wird vom Querschnitt durch ein Kräftepaar, bestehend aus der Stahlzugkraft Z_{sd} und der Betondruckkraft D_{cd}, aufgenommen. Der Hebelarm der inneren Kräfte wird mit z bezeichnet (vgl. *Bild 7.2*).

$$M_{Eds} = M_{Ed} - N_{Ed} \cdot z_{s1}$$
$$Z_{sd} = D_{cd} = M_{Eds}/z$$

Ein Querschnitt versagt, wenn der Beton oder die Längsbewehrung den Beanspruchungen aus Biegung mit Normalkraft nicht standhält.

Die erforderliche Betongüte, der Hebelarm der inneren Kräfte z und das Grundmaß der Verankerungslänge l_b

Die erforderliche Betongüte errechnet sich nach Umstellung der Gleichung für den Bemessungsparameter μ_{Eds}:

$$\mu_{Eds} = \frac{M_{Eds}}{b \cdot d^2 \cdot f_{cd}} \quad \longrightarrow \quad \text{erf } f_{cd} = \frac{M_{Eds}}{\mu_{Eds} \cdot b \cdot d^2}$$

Mit der üblichen Begrenzung der Betondruckzone $\xi \leq 0,45$ ergibt sich für die maßgebende Auswertung am Stützquerschnitt:

$$\text{erf } f_{cd} = \frac{0,875}{0,296 \cdot 0,40 \cdot 0,75^2} = 13,1 \text{ MN/m}^2$$

$$\text{zu wählen: C 25/30 oder besser}$$

Der Hebelarm der inneren Kräfte z_{Re} darf bei Rechteckquerschnitten näherungsweise angenommen werden zu:

$$z_{Re} \approx 0,9 \cdot d = 67,5 \text{ cm}$$

Diese Näherung ist auch bei einem Plattenbalken anwendbar. Sie kann aber unwirtschaftlich sein. Für die Ermittlung der Feldbewehrung im stark belasteten Feld 1 wird deshalb der Hebelarm der inneren Kräfte z genauer ermittelt. Die mitwirkende Plattenbreite von $b_{eff} = 2,90$ m bewirkt, dass sich infolge des Feldmomentes eine geringe Höhe der Betondruckzone x einstellt. Sie liegt vollständig im Bereich der Platte;

entsprechend vergrößert sich der Hebelarm der inneren Kräfte Z_{PlaBa} des Plattenbalkens. Man stellt eine Abweichung von 9 % fest:

$$\mu_{Eds} = \frac{M_{Eds}}{b_{eff} \cdot d^2 \cdot f_{cd}} = \frac{0,822}{2,90 \cdot 0,75^2 \cdot 14,2} = 0,035$$

$$\Rightarrow \xi = 0,061 \qquad x = 0,061 \cdot d = 4,5 \text{ cm}$$

$$\Rightarrow \zeta = 0,978 \qquad z_{PlaBa} = 0,978 \cdot d = 73,4 \text{ cm}$$

Die Längsbewehrung wird entlang des Unterzuges gestaffelt. An jedem endenden Bewehrungsstab muss seine Zugkraft in den umgebenden Beton übertragen werden. Dafür ist die Länge $l_{b,net}$ erforderlich, die sich aus dem Grundmaß der Verankerungslänge l_b errechnet (vgl. *Gl. (6.4)* und *Abschnitt 3.4.4*).

Tabelle 7.1: Vergleichswerte zum Grundmaß der Verankerungslänge l_b

	Ø16	Ø20	Ø25
C 20/25: VB I	75	94	117
VB II	107	134	167
C 25/30: VB I	65	81	101
VB II	92	115	144
C 30/37: VB I	57	71	89
VB II	82	102	128

Aufgrund der Querschnittshöhe ist für die obenliegende Bewehrung eine *mäßige Verbundbedingung (VB II)* anzusetzen; für die untenliegende Bewehrung gilt die *gute Verbundbedingung (VB I)*. Für die in Frage kommenden Stabdurchmesser und Betongüten sind in der *Tabelle 7.1* die l_b–Werte vergleichend zusammengestellt. Nachfolgend wird für die Bewehrungskonstruktion von einem Stabdurchmesser Ø 20 und einer Betongüte C 30/37 ausgegangen.

Die von der Bewehrung aufzunehmenden (Biege-)Zugkräfte

Die Auswertung entlang des 2-Feld-Unterzuges mit Kragarm erfolgt in Meterabschnitten und ist in der *Tabelle 7.2* aufbereitet. Die aufzunehmenden Zugkräfte Z_{sd} ergeben sich nach *Gl. (7.1)* aus der im *Bild 2.21* dargestellten Momentengrenzlinie. Positive Werte kennzeichnen untenliegende Bewehrung – negative Werte entsprechend obenliegende Bewehrung. Am Anfang und Ende des Balkens gilt $M_{Eds} = 0$, sodass hier rechnerisch keine Biegezugbewehrung erforderlich ist.

Tabelle 7.2: 2-Feld-Unterzug mit Kragarm: (Biege-)Zugkräfte und erforderliche Längsbewehrung für den GZT

x[m] $\longrightarrow$	1,00	2,00	3,00	4,00	5,00	6,00	7,00	8,00	9,00	10,0	11,0	12,0	13,0	14,0	15,0
max M_{Eds}	-34	-124	260	585	775	821	745	541	185	-145	-408	-161	50	142	135
min M_{Eds}	-72	-263	1	169	274	309	283	190	29	-342	-874	-547	-274	-110	-23
z [cm]	67,5	67,5	67,5	73,4	73,4	73,4	73,4	73,4	73,4	67,5	67,5	67,5	67,6	67,5	67,5
A_s		$Z_{sd} = M_{Eds}/z$		erf $A_s = Z_{sd}/f_{yd}$		$f_{yd} = 43,5$ kN/cm^2		Ø 20: $A_s = 3,14$ cm^2							
$Z_{sd}(\text{max } M)$	-50	-184	354	798	1057	1119	1016	738	252	-215	-604	-239	74	210	200
A_s [cm^2]	1,2	4,2	8,1	18,3	24,3	25,7	23,3	17,0	5,8	4,9	13,9	5,5	1,7	4,8	4,6
n Ø 20	-0,4	-1,3	2,6	5,8	7,7	8,2	7,4	5,4	1,8	-1,6	-4,4	-1,7	0,5	1,5	1,5
$Z_{sd}(\text{min } M)$	-107	-390	1	230	374	421	386	259	40	-507	-1295	-810	-406	-163	-34
A_s [cm^2]	2,5	9,0	0,0	5,3	8,6	9,7	8,9	6,0	0,9	11,6	29,8	18,6	9,3	3,7	0,8
n Ø 20	-0,8	-2,9	0,0	1,7	2,7	3,1	2,8	1,9	0,3	-3,7	-9,5	-5,9	-3,0	-1,2	-0,2

Zugkraftdeckung 2. Schritt: Im unteren Teil des Bildes wird ein Diagramm mit den tabellarisch ermittelten Zugkräften gezeichnet ($Z_{sd}(\min M_{Eds})$, $Z_{sd}(\max M_{Eds})$). Die einzelnen Punkte werden näherungsweise linear verbunden.

Der zur Aufnahme der Biegezugkräfte erforderliche Betonstahlquerschnitt A_s errechnet sich über den Bemessungswert der Streckgrenze f_{yd}. Der Stabdurchmesser der Längsbewehrung ist zu wählen. Im vorliegenden Beispiel soll ein Ø20 verwendet werden. In der *Tabelle 7.3* sind in Abhängigkeit zur Stabanzahl die aufnehmbaren Zugkräfte Z_{sd} [kN] zusammengestellt.

Zugkraftdeckung 3. Schritt: Im Diagramm werden die von der gewählten Bewehrung aufnehmbaren Zugkräfte Z_{sd} als horizontale Linien eingetragen. Sofort wird erkennbar, wie viele Eisen an welchen Stellen des Unterzuges erforderlich sind.

Tabelle 7.3: Aufnehmbare Zugkräfte in der Längsbewehrung

Ø20	2 Ø20	3 Ø20	4 Ø20
Z_{sd}	273	410	547

n Ø20	6 Ø20	8 Ø20	10 Ø20
Z_{sd}	820	1093	1367

Das Versatzmaß

Bei der Konstruktion der Längsbewehrung ist zu beachten, dass neben den Schnittgrößen M_{Ed} und N_{Ed} auch die Querkraft V_{Ed} den Stahlbetonquerschnitt belastet. Zur Abschätzung dieses Einflusses wird die Fachwerkanalogie herangezogen.

In dem *Bild 7.3* sind die Verhältnisse am Balken dargestellt. Als Querkraftbewehrung sind senkrechte Bügel A_{sw} eingebaut, die eine Zugkraft Z_{sw} aufnehmen. Bei jeder Schnittführung wird neben dem Kräftepaar D_{cd}, Z_{sd} auch die geneigte Betondruckstrebe D_{cw} freigeschnitten. Sie ist für die Aufnahme der Querkraft zuständig und ist mit dem Winkel Θ geneigt. Ihre Horizontalkomponente muss von der Zugbewehrung bis zum untenliegenden Knoten aufgenommen werden. Geometrisch ergibt sich damit ein Versatzmaß a_1. Es errechnet sich zu:

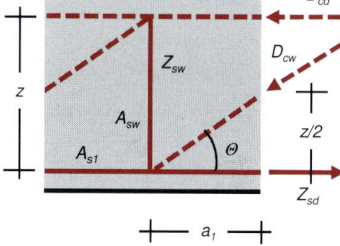

Bild 7.3: Plausibilisierung des Versatzmaßes a_1

$$a_1 = z/2 \cdot (\cot \Theta - \cot \alpha) \geq 0 \qquad (7.1)$$

α Neigung der Bügel A_{sw}

Im Beispiel ergibt sich bei Verwendung senkrechter Bügel ($\alpha = 90°$) mit einer Druckstrebenneigung $\cot \theta = 1,2$ (reine Biegung):

$$a_1 = 0,90 \cdot 0,75/2 \cdot (1,2 - 0) = 0,41 \text{ m}$$

auf sicherer Seite liegend gewählt: $a_1 = 0,50$ m $\qquad (7.2)$

Zugkraftdeckung 4. Schritt: Die Linien $Z_{sd}(\min M_{Eds})$ und $Z_{sd}(\max M_{Eds})$ werden um a_1 an allen Extremwerten nach außen versetzt. Es ergibt sich die Zugkraftdeckungslinie.

Die Staffelung der Längsbewehrung

Zugkraftdeckung 5. Schritt: Die erforderliche Länge der Bewehrungseisen wird ermittelt, in dem an den Kreuzungspunkten *Zugkraftdeckungslinie/aufnehmbare Zugkraft* eine Treppenfunktion konstruiert und die erforderliche Verankerungslänge $l_{b,net}$ ergänzt wird.

Anmerkung: Mit den unten eingebauten durchlaufenden 2 Ø20 wird auch die konstruktive Forderung, wonach bei Durchlaufträgern mintestens $1/4$ der Feldbewehrung über die Auflager zu führen ist, erfüllt.

Der Transport und Einbau langer Bewehrungsstäbe kann insbesondere bei Umbaumaßnahmen auf engen Baustellen problematisch werden.

Im unteren Teil des *Bildes 7.5* sind mit breiten farbigen Linien die erforderlichen Längen der Bewehrungseisen gekennzeichnet.

Zur Befestigung der Bügelbewehrung werden konstruktiv auf der gesamten Länge oben und unten je 2 Ø20 eingebaut (z.B. Pos. 5 und Pos. 2). Die mindestens aufnehmbare Zugkraft beträgt somit $Z_{sd} = 273$ kN.

Für das Moment im Feld 1 wird eine geringfügige Überlastung toleriert.

Die Längsbewehrung kann jetzt im oberen Teil des Bildes angegeben werden. Die im Querschnitt oben eingebauten Bewehrungs-Positionen werden über dem Querschnitt in ihrer Länge dargestellt; für die unten eingebaute Bewehrung wird entsprechend verfahren. Es ist darauf zu achten, dass die üblichen Lieferlängen der Betonstähle nicht überschritten werden.

Feldquerschnitt: x = 6,50 m

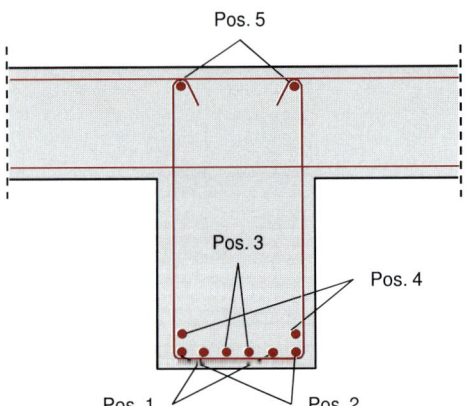

Stützquerschnitt: x = 11,00 m

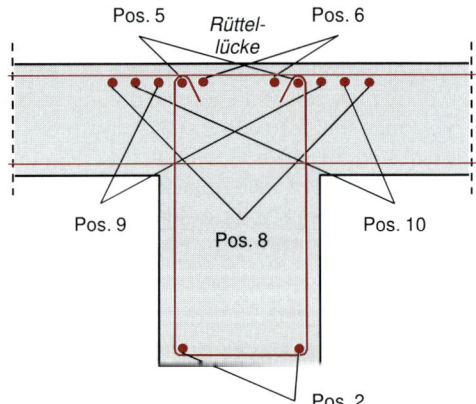

Bild 7.4: 2-Feld-Unterzug mit Kragarm: Längsbewehrung im Feld- und Stützquerschnitt

Aus dem *Bild 7.5* können jetzt an jeder Stelle des Unterzuges Schnitte entwickelt werden, in die die Bewehrungs-Positionen einzutragen sind. Der Feldquerschnitt bei $x = 6,50$ m und der Stützquerschnitt bei $x = 11,00$ m sind in dem *Bild 7.4* dargestellt.

Für die Aufnahme des maximalen Feldmomentes wird eine 2-lagige Bewehrungsführung vorgesehen (Pos. 4), obwohl in dem 40 cm breiten

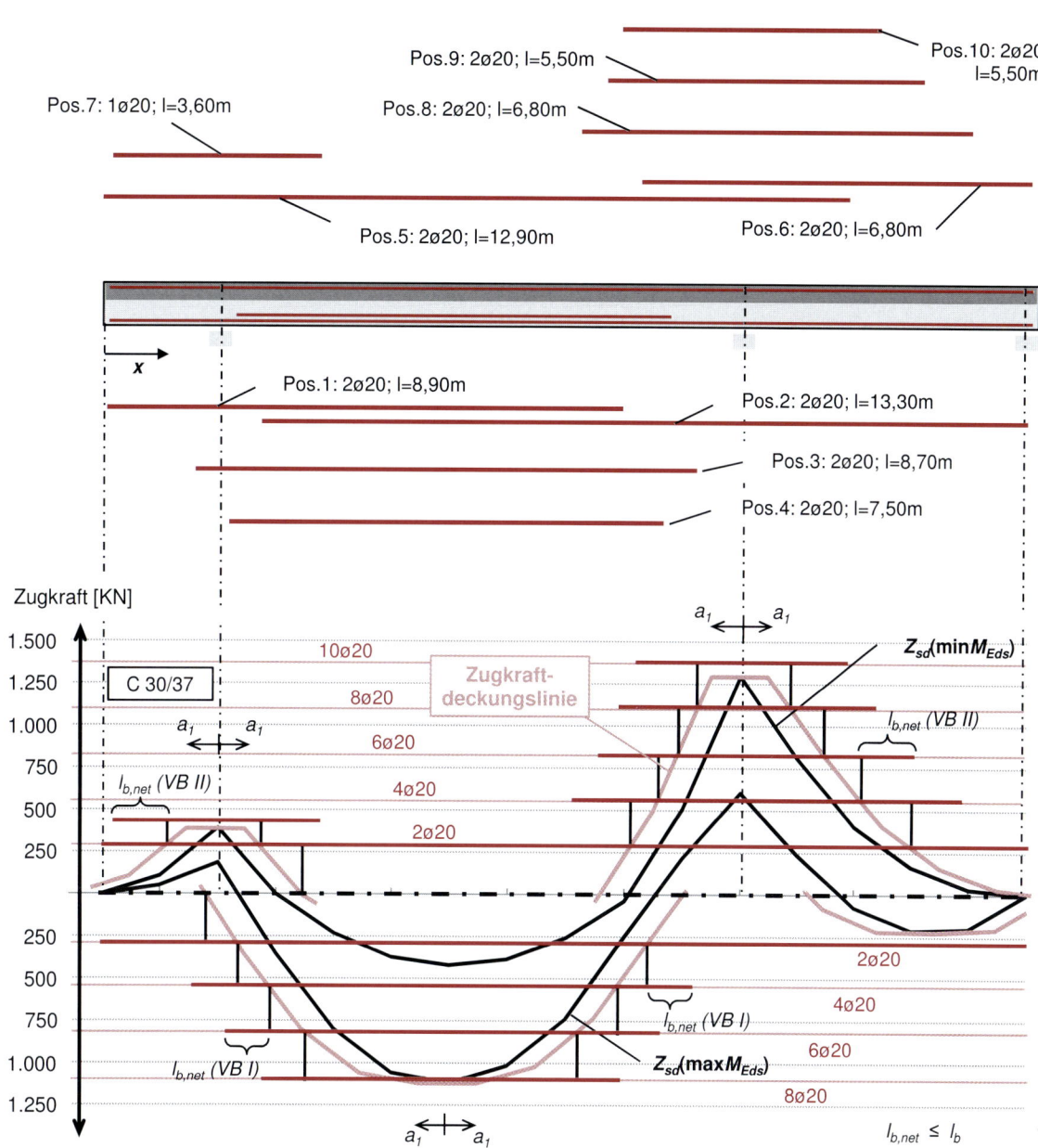

Bild 7.5: 2-Feld-Unterzug mit Kragarm: Ermittlung der Längsbewehrung mit der Zugkraftdeckungslinie (Zur Länge der Pos. 8-10 siehe Textanmerkung)

Steg des Plattenbalkens ein einlagiger Einbau der 8 Stäbe Ø20 möglich ist (vgl. *Tabelle 3.6*). Die größeren Stababstände erleichtern den Einbau der Bewehrung und die Verdichtung des Betons auf der Baustelle.

Die Zugbewehrung darf in der Platte bis zu einer Breite von
$$b^* \leq (b_{eff} - b)/2 = 41 \text{ cm}$$
angeordnet werden.

Im Stützquerschnitt werden werden links und rechts je 3 Ø20 der Längsbewehrung in die Platte ausgelagert, um für die einfachere Verdichtung des Betons eine Rüttellücke zu erhalten.

Die in der Platte oben und unten liegende Bewehrung ist ebenfalls angedeutet.

Anmerkung: Zugbewehrung, die außerhalb des Steges in der Platte angeordnet wird, ist mit einem vergrößerten Versatzmaß a_1 einzubauen. So liegt im *Bild 7.4* die Pos. 8 in etwa $3 \cdot (2 + 3) = 15$ cm außerhalb des Steges. Das Versatzmaß ist entsprechend anzupassen, wodurch sich die Stablänge um $2 \cdot 15 = 30$ cm auf $7,10$ m erhöht. Entsprechendes gilt für Pos. 9 und Pos. 10. Der Übersichtlichkeit halber sind diese Ergänzungen nicht in dem *Bild 7.5* aufgenommen.

Zugkraftverankerung am Endauflager

Der theoretische Hintergrund zur Zugkraftverankerung am Endauflager C ist im *Abschnitt 4.2.3* behandelt. Die zu verankernde Kraft F_{sd} ergibt sich nach *Gl. (4.50)*:

$$F_{sd} = \frac{V_{Ed}}{2} \cdot \cot \Theta + N_{Ed} \geq \frac{V_{Ed}}{2}$$
$$= 203/2 \cdot 1,2 = 122 \text{ kN}$$

F_{sd} ist über dem Auflager zu verankern. Die Verankerungslänge $l_{b,dir}$ ergibt sich nach *Gl. (4.51)*:

$$l_{b,dir} \geq \frac{2}{3} \cdot l_{b,net} = \frac{2}{3} \cdot \frac{F_{sd}}{A_{s1} \cdot f_{yd}} \cdot l_b \geq 6 \cdot d_s$$
$$\geq \frac{2}{3} \cdot \frac{122}{2 \cdot 3,14 \cdot 43,5} \cdot 71 = 32 \text{ cm}$$

Bei einer Auflagerbreite von 40 cm ist auch unter Beachtung der Betonüberdeckung die erforderliche Verankerungslänge $l_{b,dir}$ gegeben; der Nachweis ist erfüllt.

7.1.3 Bügelbewehrung mit Querkraftdeckungslinie

Querkraftversagen tritt auf, wenn der Beton oder die Bügelbewehrung den Beanspruchungen aus der Querkraft nicht standhalten kann. Die Bügelbewehrung wird mit dem Verfahren der Querkraftdeckung konstruiert. Es ist ein graphisches Verfahren und ist in dem *Bild 7.7* dargestellt. Das Vorgehen wird schrittweise erläutert.

Querkraftdeckung 1. Schritt: Im oberen Teil des Bildes wird das statische System mit den wirklichen Abmessungen von Querschnitt und Auflagerbreiten skizziert.

Die erforderliche Betongüte

Die erforderliche Betongüte errechnet sich aus *Gl. (4.43)*. Mit den einzusetzenden Parametern werden nur geringe Anforderungen an die Betonfestigkeit gestellt. Bereits die Betongüte C 12/15 ($f_{cd} = 6,8$ MN/m^2) ist bei großen Reserven ausreichend. Es ergibt sich für senkrechte Bügel:

$$
\begin{aligned}
erf\, f_{cd} &\geq V_{Ed} \cdot \frac{\cot \Theta + \tan \Theta}{b_w \cdot z \cdot \alpha_c} \\
&\geq 0,677 \cdot \frac{1,2 + 1/1,2}{0,40 \cdot 0,9 \cdot 0,75 \cdot 0,75} = 1,74 \text{ MN/m}^2
\end{aligned}
$$

Der Ausnutzungsgrad der Betonfestigkeit ist somit in jedem Fall weniger als 30 %! Das ist eine Randbedingung für die Festlegung der Bügelabstände (vgl. *Tabelle 6.2*).

Die Bemessungsquerkraft und die Staffelung der Bügelbewehrung

Die Querkraftbewehrung ist so anzuordnen, dass an jeder Stelle des Unterzuges die Bemessungsquerkraft abgedeckt wird.

Querkraftdeckung 2. Schritt: Im unteren Teil des Bildes wird ein Diagramm mit den Bemessungsquerkräften dargestellt. An den Auflagern ist die Querkraft im Abstand d vom Auflagerrand maßgebend. Die entsprechenden Zahlenwerte sind dem *Bild 2.21* entnommen worden.

Die wirtschaftlichste Bügelbewehrung ist diejenige, die einfach und schnell einzubauen ist. Unterschiedliche Bügeldurchmessser sind nach Möglichkeit zu vermeiden. In den am wenigsten belasteten Bereichen des Unterzuges werden die Bügel mit maximalem Längsabstand s_w eingebaut. Diese Grundbewehrung wird entlang des gesamten Unterzuges verwendet und wird wie folgt gewählt:

Bügel zweischnittig   Ø10 $s_w = 30$ cm $A_{sw}/s_w = 5,24$ cm^2/m

Entlang des gesamten Unterzuges kann damit bereits die folgende Querkraft $V_{Rd,sy}$ aufgenommen werden (vgl. *Gl. (4.44)*)

$$
\begin{aligned}
V_{Rd,sy} &= \frac{A_{sw}}{s_w} \cdot f_{yd} \cdot z \cdot \cot \Theta = 5,24 \cdot 43,5 \cdot 0,9 \cdot 0,75 \cdot 1,2 \\
&= 185 \text{ kN}
\end{aligned}
$$

Dort, wo die Grundbewehrung nicht ausreichend ist, werden zwischen den bereits im Abstand von 30 cm verlegten Bügeln weitere Bügel verlegt. Die dann jeweils aufnehmbaren Querkräfte $V_{Rd,sy}$ sind in der *Tabelle 7.4* zusammengestellt.

Tabelle 7.4: Bügel Ø10, zweischnittig: $V_{Rd,sy}$

s_w	A_{sw}/s_w	$V_{Rd,sy}$
[cm]	[cm^2/m]	[kN]
30	5,24	185
15	10,47	367
10	15,71	554
7,5	20,94	738

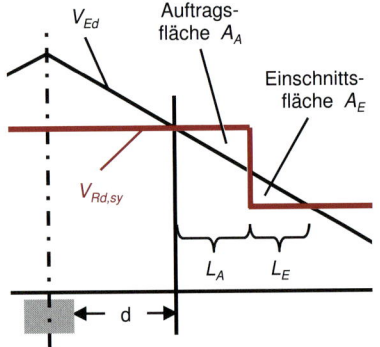

Querkraftdeckung 3. Schritt: Im unteren Teil des Bildes wird Querkraft-tragfähigkeit für die gewählten Bügelbewehrungen eingetragen. Sofort wird erkennbar, in welchen Bereichen die Grundbewehrung ausrei-chend ist. Über den Auflagern A und B sind die Bügel entsprechend dichter zu verlegen. Im oberen Teil des Bildes wird die Verteilung der Bügel entwickelt.

An den Stellen, wo sich der Bügelabstand ändert, ergibt sich ein Sprung in der aufnehmbaren Querkraft $V_{RD,sy}$. Die Querkraftlinie V_{Ed} kann ent-sprechend *Bild 7.6* abgestuft werden. Dabei ist einzuhalten:

$$L_A \leq L_E \leq d/3 \qquad A_E \leq A_A \qquad\qquad (7.3)$$

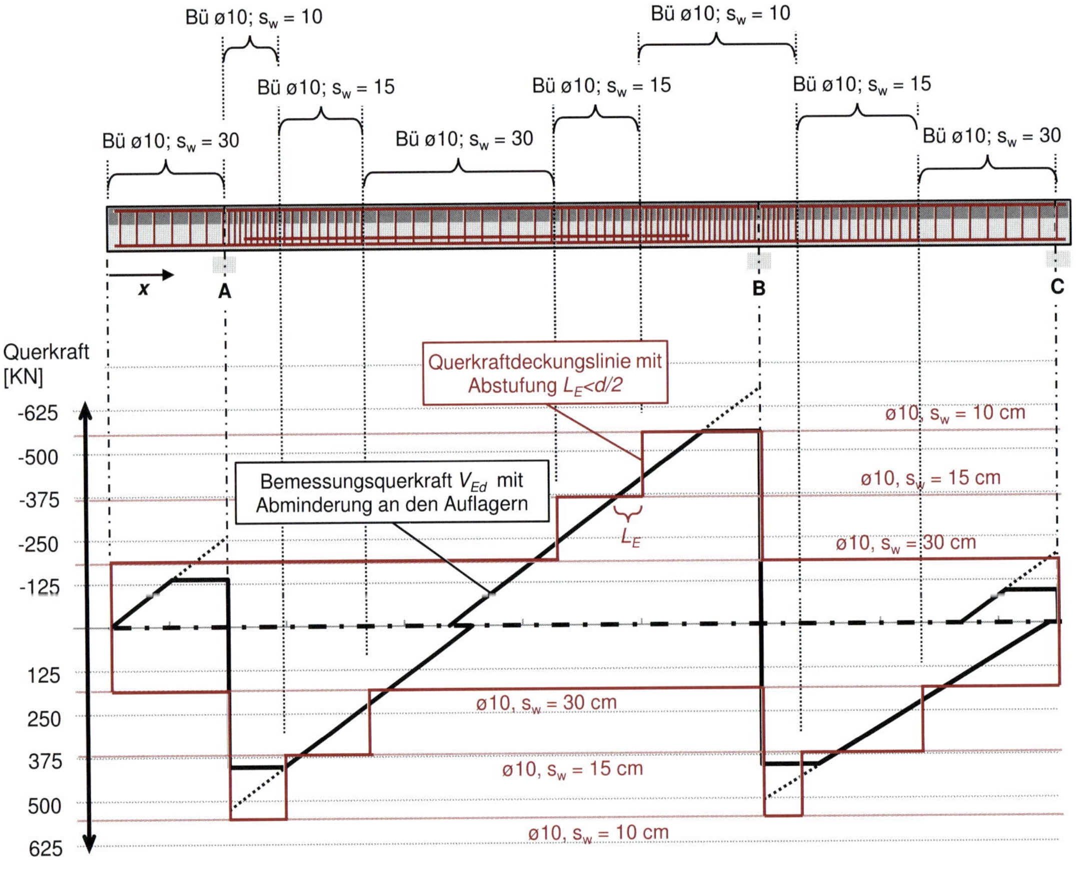

Bild 7.6: Abstufung der Querkraftabdeckung

Bild 7.7: 2-Feld-Unterzug mit Kragarm: Ermittlung der Bügelbewehrung mit der Querkraftdeckungslinie

7.2 Durchlaufende, 2-achsig gespannte Platte

Vereinfachte Systembeschreibung

In dem *Abschnitt 2.5* ist ein Stahlbetontragwerk gegeben und bearbeitet. Die Geschossdecken 2. OG und 3. OG sollen mit dem Verfahren der Zugkraftdeckung bewehrt werden.

Die Bemessungsmomente der Deckenplatten wurden mit unterschiedlichen Detaillierungsgraden bestimmt. Zugrunde gelegt wird das Ergebnis einer Handrechnung nach Pieper-Martens für eine drillsteife Platte. Es ist in dem *Bild 2.26* dargestellt. Nach der vereinfachten Momentendarstellung nach *Czerny* können die Feldmomente je Plattenfeld durch 2 Werte (m_{fx}, m_{fy}) beschrieben werden. In dem Bild 7.8 sind diese rechteckigen Bereiche grau hinterlegt.

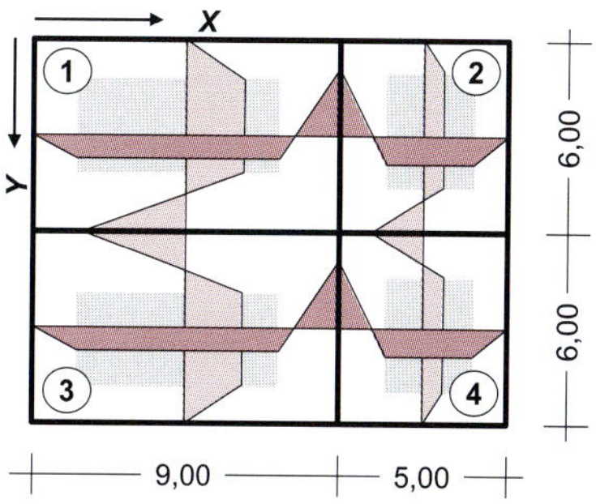

Über den innen liegenden Stützungen ist die Bemessung für ein Stützmoment (m_{sx} bzw. m_{sy}) durchzuführen.

Das statische System ist symmetrisch und besteht aus 4 Plattenfeldern. Die Plattendicke ist $h = 25$ cm bei einer angenommenen Überdeckung von $d_1 = 2,5$ cm. Die Lagerung der Ränder der Plattenfelder ist überall starr; die Auflagerbreite wird mit 40 cm angenommen (Unterzugbreite).

Bild 7.8: Durchlaufende, 2-achsig gespannte Deckenplatte: Qualitativer Momentenverlauf

$d = 25 - 2,5 = 22,5$ cm

Die erforderliche Betongüte, der Hebelarm der inneren Kräfte z und das Grundmaß der Verankerungslänge l_b

Die Deckenplatte soll ohne Querkraftbewehrung konstruiert werden. Die maßgebende Bemessungsquerkraft V_{Ed} ergibt sich nach *Bild 2.27* über den Innenauflagern und ist im Abstand d vom Auflagerrand zu bestimmen.

$$V_{Ed} = \left(\frac{7,61}{2} - 0,425\right) \cdot (1,35 \cdot 7,57 + 1,50 \cdot 4,00) = 54,8 \text{ kN}$$

Die Querkrafttragfähigkeit des nur längsbewehrten Stahlbetonquerschnittes $V_{Rd,ct}$ wird über die *Gl. (4.35)* nachgewiesen. Mit den vorliegenden Systemparametern ergibt sich:

Annahmen:
Grundbewehrung Q 188
Betongüte C 25/30

$$V_{Ed} \leq V_{Rd,ct} = 0,1 \cdot \kappa \cdot (100 \cdot \rho_l \cdot f_{ck})^{1/3} \cdot b_w \cdot d$$

$$V_{Ed} \leq V_{Rd,ct} \leq 0,1 \cdot (1 + \sqrt{\frac{200}{225}}) \cdot \left(\frac{100 \cdot 1,88}{22,5 \cdot 100} \cdot 25\right)^{1/3} \cdot 1,00 \cdot 22,5$$

$$0,0548 \leq 0,0559 \quad \text{erfüllt}$$

Für die Biegetragfähigkeit der Platte soll $\xi \leq 0,45$ eingehalten werden. Das minimale Stützmoment wird über der 40 cm breiten Stützung nach *Bild 2.13* ausgerundet. Der Nachweis ist am $1,00$ m breiten Ersatzbalken zu führen, dabei ergibt sich außerdem rechnerisch der minimale

Hebelarm der inneren Kräfte $z = \zeta \cdot d$:

$$M_{Eds} = 60,8 - (54,8 + 54,8) \cdot 0,40/8 = 55,3 \text{ kNm/m}$$

$$\mu_{Eds} = \frac{M_{Eds}}{b \cdot d^2 \cdot f_{cd}} = \frac{0,0553}{1,00 \cdot 0,225^2 \cdot 14,2}$$

$$= 0,077 \longrightarrow \xi = 0,10 \text{ und } \zeta = 0,96$$

Das Grundmaß der Verankerungslänge l_b ergibt sich aus den Stab-durchmessern der Betonstahlmatten (vgl. *Tabelle 3.7*) und der Betongü-te. Für die in Frage kommenden Matten und Betongüten sind die Werte in der *Tabelle 7.5* zusammengestellt.

Wenn in den Randbereichen der Matten Querstäbe angeschweißt sind (bei Lagermatten gegeben), so errechnet sich die erforderliche Veranke-rungslänge zu $l_{b,net} = 0,7 \cdot l_b$. Bei einer Plattendicke von $h = 25$ cm gilt für die oben- und untenliegende Bewehrung die *gute Verbundbedingung* (VB I).

Tabelle 7.5: Grundmaß der Verankerungslänge l_b: Vergleichswerte

	Ø 6	Ø 7	Ø 8
C 20/25: VB I	28	33	37
VB II	40	47	54
C 25/30: VB I	24	26	32
VB II	35	41	46
C 30/37: VB I	21	25	29
VB II	31	36	41

Die von den Betonstahlmatten aufzunehmenden (Biege-)Zugkräfte

Auf die Ausrundung der Stützmo-mente $m_{sx,1-2}$ und $m_{sx,2-4}$ wird ver-zichtet.

Die Berechnung der aufzunehmenden Zugkräfte und der erforderlichen Bewehrung ist in der *Tabelle 7.6* ausgeführt. In den Feldern ist als Grundbewehrung eine Betonstahlmatte Q 188 vorgesehen; sie wird ört-lich durch eine 2. Lage verstärkt.

Die Stützmomente werden durch R-Matten abgedeckt. Als Grundbe-wehrung ist eine R 257 vorgesehen, die durch R 257 verstärkt wird.

Tabelle 7.6: 2-achsig gespannte Durchlaufplatte: Zugkraftdeckung und Biegebewehrung

	Platte 1 = 3		Platte 2 = 4		Stützmomente			
	mfx	m_{fy}	mfx	m_{fy}	$msx,1-2$	$msy,1-3$	$ms,2-4$	
M_{Dds}	13,9	34,5	17,4	11,4	$-41,2$	$-55,3$	$-31,0$	kNm/m
z	0,216	0,216	0,216	0,216	0,216	0,216	0,216	m
	$Z_{sd} = M_{Eds}/z$		erf$A_s = Z_{sd}/F_{yd}$		$f_{yd} = 43,5$ kN/cm^2			
Z_{sd}	65,0	161,2	81,3	55,1	$-192,5$	$-256,0$	$-144,9$	kN/m
A_s	1,49	3,71	1,87	1,22	$-4,43$	$-5,88$	$-3,33$	cm^2/m
gewählt:	Q 188	Q 188	Q 188	Q 188	R 335	R 335	R 335	1. Lage
	—	R 188	—	—	R 257	R 257	—	2. Lage

Q-Matten tragen 2-achsig; R-Matten tragen 1-achsig und müssen ent-sprechend ihrer Tragrichtung eingebaut werden.

Die Konstruktion und Darstellung der Deckenbewehrung

Die Geschossdecken wurden so bemessen, dass eine Querkraftbewehrung statisch nicht erforderlich ist. Anders als bei Balken ist eine konstruktive Mindestquerkraftbewehrung bei Platten nicht erforderlich. Somit beschränkt sich die Darstellung auf die Biegebewehrung.

Die Konstruktion der Biegebewehrung erfolgt mit dem Verfahren der Zugkraftdeckung, das im *Abschnitt 7.1.2* schrittweise erläutert wurde. Die Vorgehensweise ist identisch, allerdings gilt für das Versatzmaß bei Platten ohne Querkraftbewehrung:

$$a_1 \;=\; 1,0 \cdot d \;=\; 22,5 \text{ cm} \tag{7.4}$$

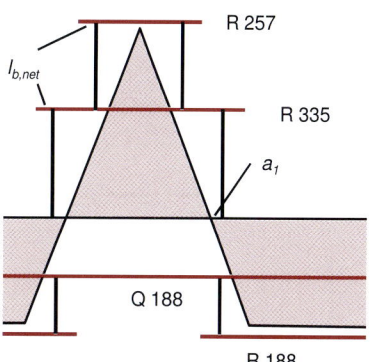

Bild 7.9: Darstellung der Zugkraftdeckung bei Platten

Die *Bilder 7.11* und *7.12* sind Draufsichten der Geschossdecke, in denen die untenliegende bzw. die obenliegende Bewehrung eingezeichnet sind. Es handelt es sich um Bewehrungsskizzen, die dem statisch/konstruktiven Verständnis dienen. Die Bewehrung erfolgt mit Betonstahlmatten, die positionsweise entsprechend dem *Bild 7.10* angegeben werden.

• Eine Position deckt eine Fläche ab, die als Rechteck mit Diagonale gekennzeichnet ist. Die Diagonale ist mit der Positionsnummer (im Quadrat) und dem Mattentyp beschriftet.

• Das Kürzel n^* bedeutet, dass die Fläche dieser Position aus n Matten gleichen Typs zusammengesetzt wird. Einzelne Matten mit ihren gegenseitigen Übergreifungen sind nicht dargestellt.

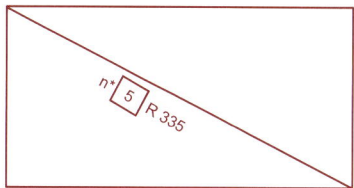

Bild 7.10: Bezeichnungen in den Bewehrungsskizzen

Von den Skizzen ausgehend können Bewehrungspläne zur Bauausführung entwickelt werden. Für die konkrete Umsetzung sind jedoch ergänzende Angaben konstruktiver und herstellungstechnischer Art notwendig, die über den inhaltlichen Rahmen dieses Buches hinausgehen. Auf entsprechendes Schrifttum (z.B. [2]) wird verwiesen.

Betrachtet wird zunächst das *Bild 7.11*, in dem die untenliegende Feldbewehrung mit 3 Positionen dargestellt ist:
Pos. 1: Als Grundbewehrung werden Matten Q 188 über die gesamte Deckenfläche eingebaut. An den Endauflagern überschreiten sie die rechnerische Auflagerlinie; die seitliche Betonüberdeckung ist einzuhalten!
Pos. 2: In den großen Deckenfeldern 1 und 3 erfolgt eine verstärkte Lastabtragung über die kurze Seite. Eine 1-achsige Zulagebewehrung ist erforderlich. Eingebaut werden Matten R 188. Die Fläche berücksichtigt den Bereich der maßgeblichen Momentenbelastung zzgl. Versatzmaß a_1 und der erforderlichen Verankerungslänge $l_{b,net}$ (vgl. *Bild 7.9*). Mindestens 50 % der maximalen Feldbewehrung sind an den Auflagern zu verankern. Bei 2 unterschiedlichen Matten ist es immer die stärkere.

Pos. 3: In einem drillsteif gelagerten Plattensystem ist in den Ecken zusätzliche Bewehrung erforderlich. Gemäß *Bild 6.7* ist die Position 3 ein Teil der Drillbewehrung. Sie deckt ein Quadrat der Seitenlänge $l_{min}/3 = 2,00$ m ab. Es liegen 2 Matten Q 188 übereinander, was der maximalen Feldbewehrung entspricht.

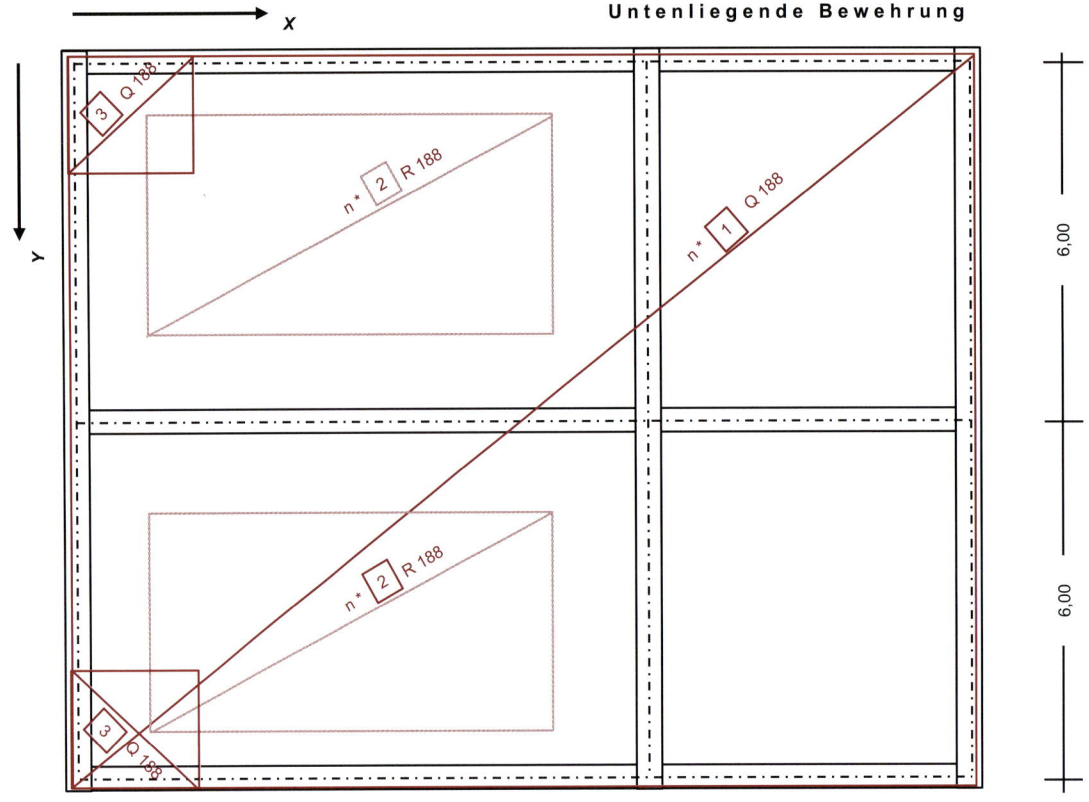

Bild 7.11: Durchlaufende, 2-achsig gespannte Deckenplatte: Untenliegende Bewehrung

Betrachtet wird jetzt das *Bild 7.12*, in dem die obenliegende Stützbewehrung mit 6 Positionen (Nummern 3-8) dargestellt ist:

Pos. 3: Drillbewehrung in den Ecken der kleinen Plattenfelder 2 und 4. Die Matte Q 188 entspricht der eingebauten Feldbewehrung. Um Verwechselungen auf der Baustelle zu vermeiden, wird die gleiche Fläche $(2,00/2,00)$ m wie bei der untenliegenden Bewehrung abgedeckt.

Pos. 4 und 5: Die 1-achsige Biegebeanspruchung über den innenliegenden Stützungen wird durch R-Matten abgedeckt. Als Grundbewehrung ist nach *Tabelle 7.6* eine Matte R 335 vorgesehen. Unter der Position 4 kreuzen sich zwei Auflagerlinien, sodass hier 2-achsig wirkende Stützmomente mit einer Matte Q 335 aufgenommen werden.

Pos. 6: Matte R 257 als Zulagebewehrung zur Aufnahme der großen Stützmomente.

Pos. 7: Drillbewehrung in den Ecken der Plattenfelder 1 und 3. Die Bewehrungsmenge muss mindestens der statisch erforderlichen Feldbewehrung entsprechen. Das ist mit einer Matte Q 424 gegeben. Alternativ können auch 2 Matten Q 188 übereinander gelegt werden.

Pos. 8: Nach *Bild 6.7* ist an den Plattenrändern eine obenliegende konstruktive Bewehrung einzulegen. Mit ihr werden *ungewollte* Einspannungen konstruktiv berücksichtigt, die in der statischen Berechnung nicht erfasst werden. Die erforderliche Bewehrungsmenge ist 25 % der Feldbewehrung und wird mit einer Länge von 25 % der minimalen Stützweite des Plattenfeldes eingebaut. Hier werden i.d.R. Schnittreste von Matten verwendet. Meistens reichen die schwächsten Mattenquerschnitte R 188 bzw. Q 188 aus.

Die Einspannwirkung ergibt sich z.B. aus der Verdrehung (=Torsion) der Unterzüge.

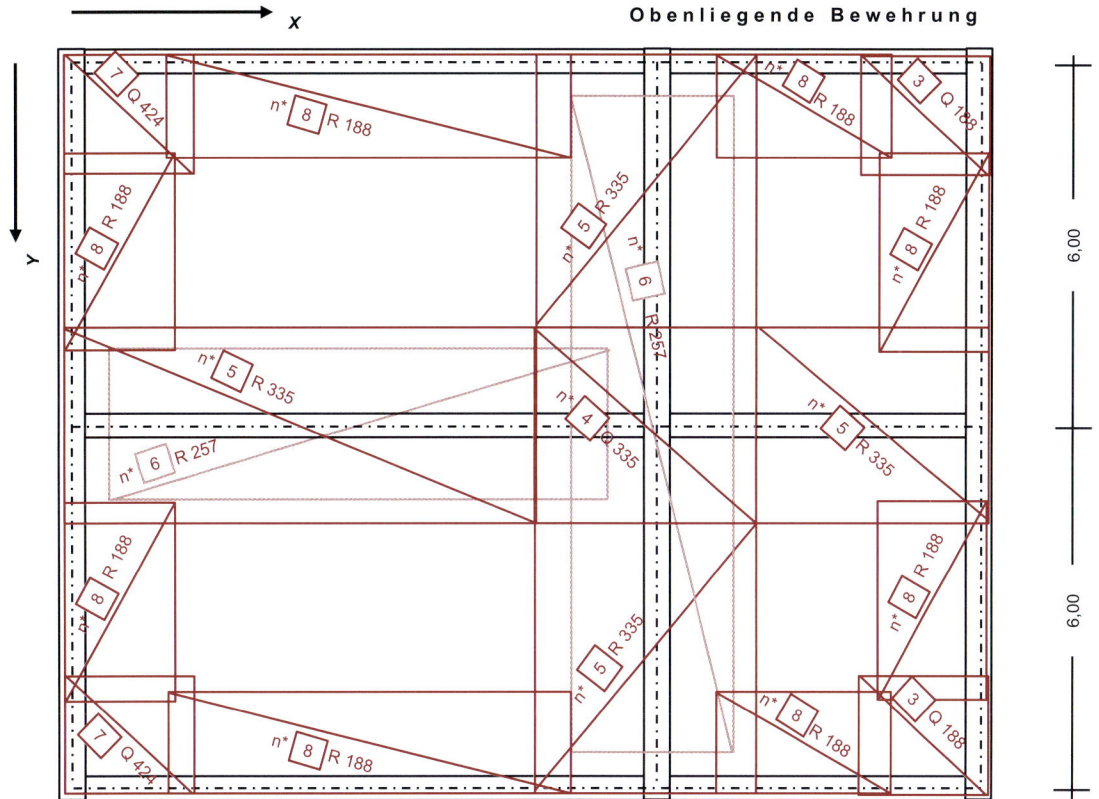

Bild 7.12: Durchlaufende, 2-achsig gespannte Deckenplatte: Obenliegende Bewehrung

8 Übungsaufgaben

In den vorangegangenen Kapiteln wurde – ausgehend von den Einwirkungen und den Baustoffen – die Bemessung von Stahlbetonbauteilen dargestellt. Der theoretische Hintergrund der Bemessungsverfahren wurde anhand von Anwendungsbeispielen erläutert.

Nachfolgend sind Übungsaufgaben zusammengestellt, die dem Leser die Möglichkeit bieten, das erworbene Wissen durch eigenständiges Arbeiten zu vertiefen. In der Tabelle 8.1 sind die Inhalte der Aufgaben sowie ihre Zuordnung zu den einzelnen Kapiteln und Abschnitten zusammengefasst.

Tabelle 8.1: Zusammenstellung der Übungsaufgaben

Zuordnung	lfd. Nr.	Problemstellung	Stichworte
Kapitel 2	2.1	Bemessungsschnittgrößen 3-Feldträger	charakteristische Einwirkungen
	2.2	Bemessungsschnittgrößen 1-Feldträger	min/max Bemessungswerte
			Momentenausrundung
			Querkraftabminderung
			GZT / GZGT
Kapitel 4	4.0.1	Zulässige Belastung eines Balkens, Bauen im Bestand	Biege- und Querkrafttragfähigkeit
			Zugkraftverankerung
Abschnitt 4.1	4.1.1	Bemessung Biegung mit Längskraft	Rechteckquerschnitt b/h
	4.1.2	Bemessung Biegung mit Längskraft	Bewehrungsquerschnitt A_{s1}
	4.1.3	Bemessung Biegung mit Längskraft	einlagige/mehrlagige Bewehrung
			Einsatz von Druckbewehrung
			Verzerrungsfigur; Betongüte
			Überdeckung; Expositionsklasse
Abschnitt 4.2	4.2.1	Querkrafttragfähigkeit Re.querschnitt mit Aussparung	Betontragfähigkeit
	4.2.2	Querkrafttragfähigkeit Binder mit schmalem Steg	Querkraftbewehrung
			Mindestbewehrung
			Stegbreite
Abschnitt 4.3	4.3.1	Bemessung Kragstütze (1-geschossig)	Modellstützenverfahren
	4.3.2	Bemessung Kragstütze (3-geschossig)	Imperfektionen, Theorie 2. Ordnung
			Bewehrungsquerschnitt
			Lastfall-Kollektiv
Kapitel 7	7.1	Bewehrungskonstruktion Balken auf 2 Stützen	Schubkraftdeckung
	7.2	Bewehrungskonstruktion Balken mit Kragarm	Zugkraftdeckung
			Verankerung Endauflager
			Bewehrungsskizzen
	7.3	Durchlaufende Deckenplatte	Festlegung Plattendicke
			Pieper-Martens
			Mattenbewehrung
			Konstruktive Bewehrung

Übungsaufgabe 2.1:

Ermittlung von Bemessungsschnittgrößen für einen 3-Feldträger

Aufgabenstellung:

Gegeben ist der folgende Deckenträger in einem Lagerhaus.

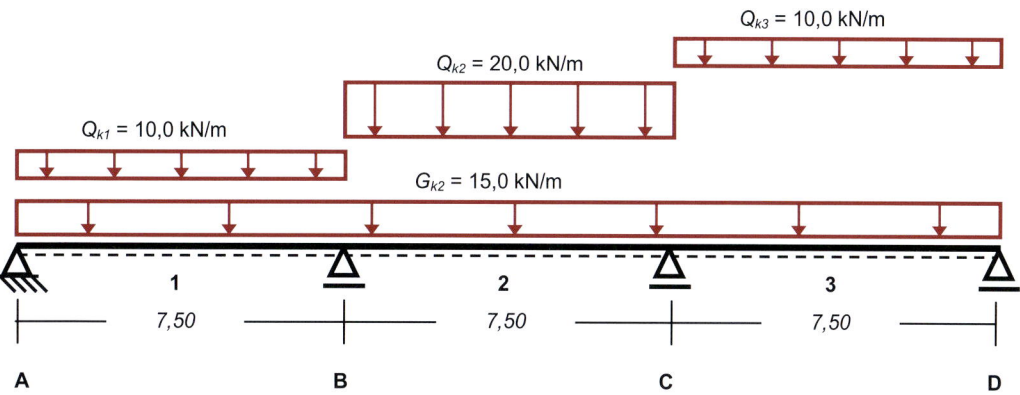

Zu bearbeiten:

- Stellen Sie die Biegemomente aus den charakteristischen Einwirkungen dar.
- Ermitteln Sie für den Grenzzustand der Tragfähigkeit die folgenden Bemessungsschnittgrößen:
  - Min/max Feldmoment in der Mitte des Feldes 1
  - Min/max Stützmoment über der Stütze B
  - Maximale Auflagerkraft der Stütze B
  - Min/max Feldmoment in der Mitte des Feldes 2
- Führen Sie über der Stütze B eine Momentenausrundung durch. Die Auflagerbreite beträgt 40 cm. Welches Bemessungsmoment ergibt sich dann?
- Berechnen Sie die o.g. Schnittgrößen im Grenzzustand der Gebrauchstauglichkeit für die quasi-ständige Einwirkungskombination.

Bild 8.1: Aufgabe: Bemessungsschnittgrößen 3-Feldträger

Übungsaufgabe 2.2:

Ermittlung von Bemessungschnittgrößen an einem 1-Feldräger mit Kragarm

Aufgabenstellung:

In einer Industriehalle soll ein Stahlbetonbalken (1-Feldräger mit Kragarm) vorbemessen werden. Er ist als Unterzug ein Teil der Deckenkonstruktion. Für die Belastung kann vereinfachend angenommen werden:

Ständige und veränderliche (Lagerraum) Gleichstreckenlasten wirken nur im Feldbereich,
Auf dem Kragarm ist eine veränderliche Einzellast ($\psi_0/\psi_1/\psi_2 = 0,8/0,7/0,6$) zu berücksichtigen.

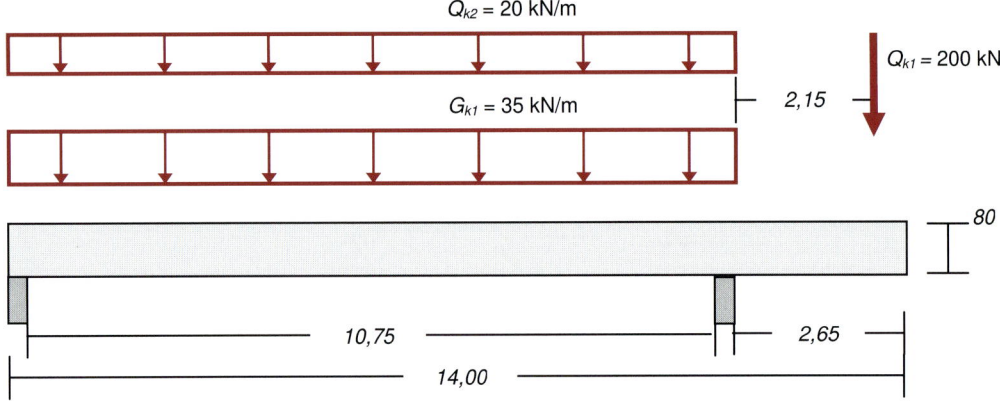

Zu bearbeiten Teil 1:

Ermitteln Sie die Bemessungschnittgrößen $M_{Ed}(x)$ und $V_{Ed}(x)$ im Grenzzustand der Tragfähigkeit (GZT) für das oben dargestellte System.

In der Darstellung der Schnittkraftlinien sollen die Werte über den Auflagern, am Angriffspunkt der Einzellast und für drei Feldmomente angegeben werden.

Zu bearbeiten Teil 2:

Die oben ermittelten Bemessungschnittgrößen des (GZT) können nach DIN 1045 abgemindert werden. Führen Sie -sofern zulässig- folgende Abminderungen durch:

- Momentenumlagerung
- Momentenausrundung
- Querkraftabminderung

Bild 8.2: Aufgabe: Bemessungschnittgrößen 1-Feldräger mit Kragarm

Übungsaufgabe 4.0.1:

Tragfähigkeitsuntersuchung an einem Einfeldträger mit Rechteckquerschnitt

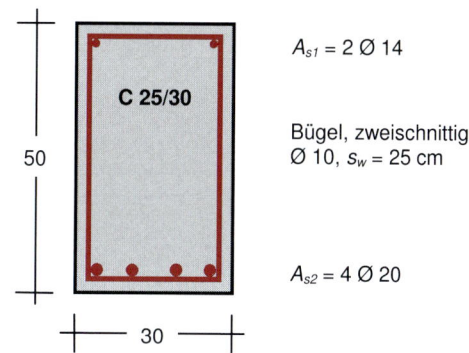

$A_{s1} = 2\,Ø\,14$

C 25/30

50

Bügel, zweischnittig
$Ø\,10$, $s_w = 25$ cm

$A_{s2} = 4\,Ø\,20$

30

Aufgabenstellung:

Zu untersuchen ist der Grenzzustand der Tragfähigkeit des nebenstehend gegebenen Rechteckquerschnittes.

Der Träger ist bereits mehrere Jahre in Nutzung und soll nach einem Umbau veränderte Lasten tragen (Bauen im Bestand). Seine Betongüte und die eingebaute Bewehrung sind vorgegeben.

Das statische System ist ein Balken auf 2 Stützen. Er hat über die gesamte Trägerlänge eine konstante Längs- und Querkraftbewehrung.

$(G+Q)_d = ?$

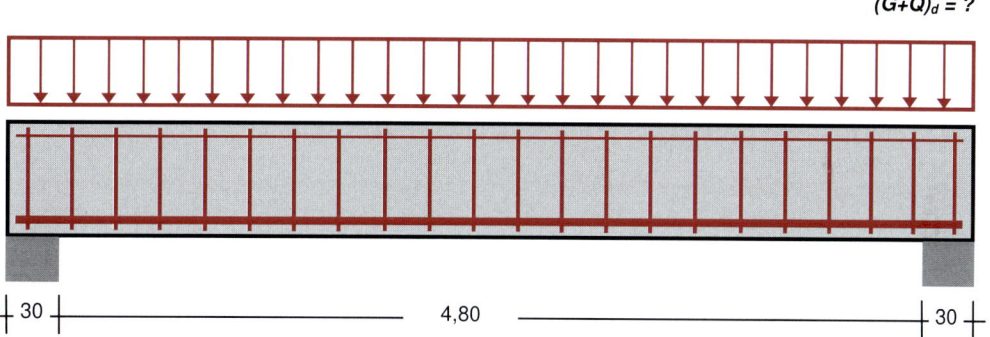

30   4,80   30

Zu bearbeiten:

Bestimmen Sie die zulässige Bemessungs-Streckenlast $(G+Q)_d$, die der Rechteckquerschnitt maximal tragen ($\xi < 0{,}45$) kann. Zu untersuchen sind hierfür:
- Biegetragfähigkeit
- Querkrafttragfähigkeit
- Zugkraftverankerung am Endauflager

Bild 8.3: Aufgabe: Bauen im Bestand; Bestimmung einer maximalen Bemessungslast

Übungsaufgabe 4.1.1:

Biegebemessung eines Rechteckquerschnitts

Aufgabenstellung:

Eine ständige und vorübergehende Bemessungssituation wird untersucht. Gegeben ist der nebenstehende Rechteckquerschnitt in der Betongüte C20/25.

Ø Längsbewehrung: oben und unten   20 mm

Für den Nachweis im Grenzzustand der Tragfähigkeit sind die folgenden Schnittgrößen aufzunehmen:

$$M_{Ed} \quad = \quad 320 \quad kNm$$
$$N_{Ed} \quad = \quad -120 \quad kN \text{ (Druck)}$$

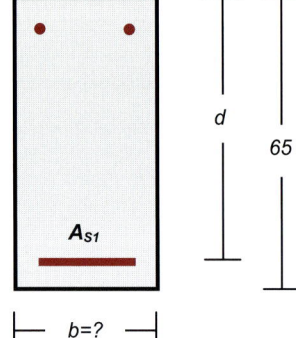

Zu bearbeiten Teil 1:

Ermitteln Sie die erforderliche Querschnittsbreite und den zugehörigen erforderlichen Betonstahlquerschnitt A_{S1}. Wählen Sie die kleinstmögliche Querschnittsbreite entsprechend der zur Verfügung stehenden Fertigschalungen (b = 26 / 28 / 30 / 32 / 35 / 40 cm). Die Bemessung erfolgt unter folgenden Randbedingungen:

- Druckzonenhöhe: ξ <= 0,45
- Statisch wirksam ist nur der untenliegende Betonstahlquerschnitt (A_{S1} $\varnothing_{Längs}$ = 20)
- Die Bewehrung soll unbedingt einlagig eingebaut werden.

Zu bearbeiten Teil 2:

Nach dem Betonieren muss die Ihrer Bemessung zugrunde liegende Planung überarbeitet werden. Ihre Aufgabe ist es, den jetzt vorliegenden, bereits betonierten Querschnitt für den Grenzzustand der Tragfähigkeit zu untersuchen. Bearbeiten Sie der Reihe nach:

- Wie groß ist M_{Eds} bei ausschließlicher Berücksichtigung der von Ihnen errechneten und eingebauten Zugbewehrung A_{S1}? Welche Druckzonenhöhe ergibt sich jetzt?
- Wie groß ist M_{Eds}, wenn Sie die in den oberen Ecken liegenden konstruktiven Längseisen statisch ebenfalls berücksichtigen!
  Skizzieren Sie die Bewehrung des Querschnitts im Maßstab 1:10! Skizzieren Sie die Verformungsfigur und geben Sie die Werte ξ, x, z sowie die Dehnungs- und Stauchungswerte an der untenliegenden und der obenliegenden Bewehrungslage an!

Bild 8.4: Aufgabe: Bemessung einer Querschnittsbreite b; Tragfähigkeit

Übungsaufgabe 4.1.2:

Biegebemessung eines Rechteckquerschnitts

Aufgabenstellung:

Der nebenstehende Rechteckquerschnitt wird für eine ständige und vorübergehende Bemessungssituation bemessen. Die Querschnittsabmessungen sind vorgegeben; die erforderliche Betongüte soll bestimmt werden. Weiterhin ist anzunehmen:

Ø Längsbewehrung: oben und unten   20 mm

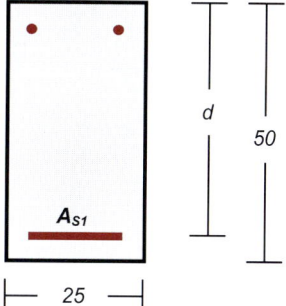

Für den Nachweis im Grenzzustand der Tragfähigkeit sind die folgenden Schnittgrößen aufzunehmen:

$$M_{Ed} = 250 \quad \text{kNm}$$
$$N_{Ed} = -100 \quad \text{kN (Druck)}$$

Zu bearbeiten Teil 1:

Ermitteln Sie die erforderliche Betongüte und den erforderlichen Betonstahlquerschnitt A_{S1} Die Bemessung erfolgt unter folgenden Randbedingungen:

- Druckzonenhöhe: $\xi <= 0{,}45$
- Statisch wirksam ist nur der untenliegende Betonstahlquerschnitt (A_{S1} $\emptyset_{Längs} = 20$)
- Eine ggf. erforderliche mehrlagige Bewehrung ist in der statischen Höhe d zu berücksichtigen.

Zu bearbeiten Teil 2:

Durch einen Herstellungsfehler wird tatsächlich nur ein Beton der Festigkeitsklasse C20/25 eingebaut. Der Fehler wird erst nach dem Betonieren festgestellt.

Ihre Aufgabe ist es, den jetzt vorliegenden Querschnitt für den Grenzzustand der Tragfähigkeit zu untersuchen. Die Höhe der Druckzone soll wie zuvor begrenzt bleiben ($\xi <= 0{,}45$). Bearbeiten Sie der Reihe nach:

- Wie groß ist M_{Eds} bei ausschließlicher Berücksichtigung der von Ihnen errechneten und eingebauten Zugbewehrung A_{S1}?
- Wie groß ist M_{Eds}, wenn die in den oberen Ecken liegenden konstruktiven Längseisen statisch zusätzlich berücksichtigt werden.
  Skizzieren Sie die Bewehrung des Querschnitts im Maßstab 1:10! Skizzieren Sie die Verformungsfigur und geben Sie die Werte ξ, x, z sowie die Dehnungs- und Stauchungswerte an den Stahleinlagen an?

Bild 8.5: Aufgabe: Bestimmung der erforderlichen Betongüte f_{cd}; Tragfähigkeit

Übungsaufgabe 4.1.3:

Biegebemessung eines Rechteckquerschnitts

Aufgabenstellung:

Eine ständige und vorübergehende Bemessungssituation wird untersucht. Der Balken befindet sich in einer Umgebung, die mit der Expositionsklasse XC2 charakterisiert werden kann.

Für den Nachweis im Grenzzustand der Tragfähigkeit sind die folgenden Schnittgrößen in einem Rechteckquerschnitt aufzunehmen:

$$M_{Ed} = 1200 \quad kNm$$
$$N_{Ed} = 200 \quad kN \text{ (Zug)}$$

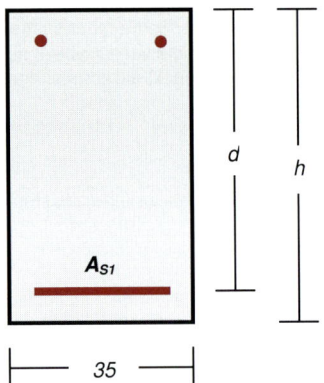

Die Trägerbreite ist mit 35 cm vorgegeben; die Trägerhöhe ist für die angegebene Belastung zu bemessen.

Die Biegebewehrung A_{S1} erfolgt mit $\varnothing_{Längs} = 25$, die Betongüte beträgt C30/37!

Zu bearbeiten Teil 1:

Bestimmen Sie die kleinstmöglichen Größen von d und h unter folgenden Randbedingungen:

- Druckzonenhöhe: $\xi <= 0,45$
- Statisch wirksam ist nur der untenliegende Betonstahlquerschnitt (A_{S1})
- Die Bauteilhöhe h soll auf 5 cm genau angegeben werden! Eine ggf. erforderliche mehrlagige Bewehrung ist dabei zu berücksichtigen.

Zu bearbeiten Teil 2:

Die gerade bestimmten Größen von h, d, A_{S1} sind Grundlage der weiteren Betrachtungen. In den oberen Ecken ist jeweils ein konstruktiv erforderliches Eisen $\varnothing_{Längs} = 25$ eingebaut.

- Welches Biegemoment M_{Ed} kann aufgenommen werden, wenn diese Eisen tragend angesetzt werden und alle anderen Vorgaben weiterhin bestehen bleiben sollen?
- Skizzieren Sie die Bewehrung des Querschnitts im Maßstab 1:10 und beschriften Sie ihn mit den zuvor ermittelten Daten!
- Geben Sie ebenfalls die sich jetzt ergebenden Größen ξ, x, z sowie die Dehnungs- und Stauchungswerte an den Stahleinlagen ein?

Bild 8.6: Aufgabe: Bemessung einer Bauteilhöhe h; Tragfähigkeit

Übungsaufgabe 4.2.1:

Querkraftbemessung eines Rechteckquerschnitts

Aufgabenstellung:
Für die ständige und vorübergehende Bemessungssituation
soll die Querkrafttragfähigkeit des nebenstehenden
Querschnitts C 20 /25 nachgewiesen werden:

M_{Ed}	=	100	kNm
N_{Ed}	=	0	kN
V_{Ed}	=	650	kN

Weiterhin ist anzunehmen:
$$A_{S1} = 6 \ \varnothing_{Längs} \ 20$$
$$A_{S2} = 2 \ \varnothing_{Längs} \ 20$$

Im Querschnitt ist eine rechteckige Öffnung (10/20)
gemäß Skizze angeordnet!

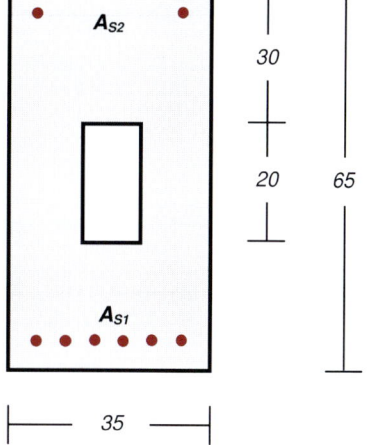

Zu bearbeiten:

- Ermitteln Sie für die Druckstrebenneigung $cot \ \theta = 1,2$:
  - Welche Betonfestigkeitsklasse ist erforderlich, um die abgegebene Querkraft aufnehmen zu können?
    Welchen Einfluss hat die rechteckige Öffnung auf die Bemessungsgleichung?
  - Wählen Sie senkrechte Bügel (d_{sw} =12mm) und ermitteln Sie die erforderliche Querkraftbewehrung im Steg! Geben Sie eine sinnvolle Bügelbewehrung vor!
- Welche Querkraftbelastung kann der längsbewehrte Beton tragen, ohne dass rechnerisch eine Querkraftbewehrung erforderlich ist?
- Müssen Sie eine Querkraftbewehrung im Steg einlegen, auch wenn rechnerisch keine erforderlich ist?
  Wenn ja, so legen Sie diese Bewehrung sinnvoll aus und geben Sie die Querkrafttragfähigkeit des Querschnitts an!

Bild 8.7: Aufgabe: Querkraftbemessung für Feldquerschnitt und Auflagerbereich

Übungsaufgabe 4.2.2:

Querkraftbemessung eines Stahlbetonquerschnitts

Aufgabenstellung:

Die Querkrafttragfähigkeit eines schweren Deckenbinder (C25/30) ist für den Feldquerschnitt und den Auflagerbereich nachzuweisen.

Anzunehmen ist eine Gleichstreckenbelastung aus ständigen und veränderlichen Einwirkungen.

Die Stegbreite beträgt im Feldquerschnitt 20 cm. Das Endauflager hat eine Breite von 45 cm und hat eine Lagerreaktion von $A_{Ed}=1000$ kN aufzunehmen.

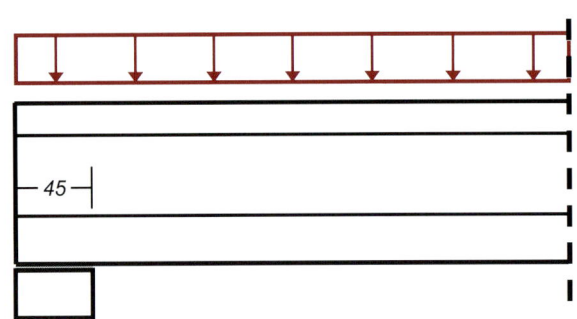 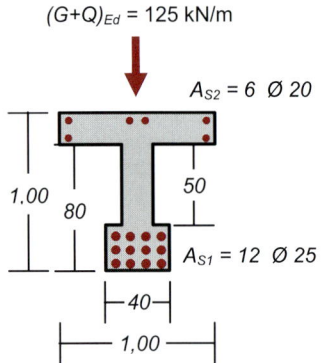

Zu bearbeiten:

- Wählen Sie für die Neigung der Betondruckstreben *cot θ = 1,2*!
  Verwenden Sie senkrechte, zweischnittige Bügel und führen Sie eine Querkraftbemessung für den Auflagerbereich durch.
  Ist die Stegbreite b_w hier ausreichend? Die Betonfestigkeitsklasse und die Trägerhöhe dürfen nicht verändert werden! Was ist zu tun?

- Welche Querkraftbelastung könnte im Feld der längsbewehrte Beton tragen, ohne dass rechnerisch eine Querkraftbewehrung erforderlich ist?

- In Feldmitte ist die Querkraft i.d.R. gering. Müssen Sie auch hier eine Querkraftbewehrung im Steg einlegen, obwohl rechnerisch keine erforderlich ist? Wenn ja, so legen Sie diese Bewehrung sinnvoll aus und geben Sie die Querkrafttragfähigkeit des Querschnitts an!

Bild 8.8: Aufgabe: Querschnittsbemessung auf Querkraft; Betontragfähigkeit, Bügelbewehrung, Mindestbewehrung

Übungsaufgabe 4.3.1:

Bemessung einer Stahlbetonstütze (Modellstützenverfahren)

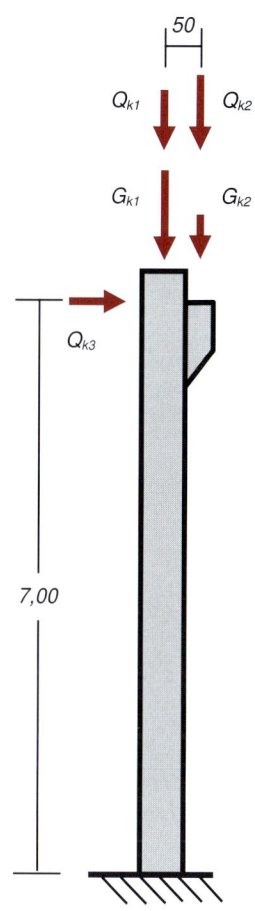

Aufgabenstellung:

Gegeben ist eine Stütze mit Fußeinspannung und einem vereinfachten Lastbild. Alle Einwirkungen greifen am Stützenkopf an.

Ein Dachbinder leitet seine Lasten zentrisch; ein Kranbahnträger ist exzentrisch am Stützenkopf gelagert. Eine Horizontallast ist ebenfalls gegeben. Im Einzelnen sind zu berücksichtigen:

Ständig:	zentrisch	G_{k1}	= 800	kN
	exzentrisch	G_{k2}	= 200	kN
veränderlich:	zentrisch	Q_{k1}	= 300	kN
	exzentrisch	Q_{k2}	= 600	kN
	horizontal	Q_{k1}	= 20	kN

Für die veränderlichen Lasten darf vereinfachend der Kombinationsbeiwert $\psi = 1{,}0$ angenommen werden!

Stützenquerschnitt b/h   40/60 cm
Betongüte: C 30/37

Ein Ausknicken der Stütze senkrecht zur Zeichenebene ist konstruktiv ausgeschlossen.

Zu bearbeiten Teil 1:

- Stellen Sie die maßgebenden Lastfall-Kollektive zusammen und ermitteln Sie die Bemessungschnittgrößen an der Fußeinspannung!
  - $min\ N_{Ed}$ zugehörig M_{Ed}
  - $max\ N_{Ed}$ zugehörig M_{Ed}
  - $max\ M_{Ed}$ zugehörig N_{Ed}

Zu bearbeiten Teil 2:

- Ermitteln und skizzieren Sie den erforderlichen Querschnitt der Längsbewehrung an der Einspannung!

Bild 8.9: Aufgabe: Bemessung einer Kragstütze (gegebene Bemessungseinwirkungen)

Übungsaufgabe 4.3.2:

Bemessung einer Kragstütze nach Theorie 2. Ordnung

Aufgabenstellung:

Gegeben ist eine Kragstütze mit konstantem Betonquerschnitt.
Sie reicht über 3 Geschosse und ist für die vorgegebene Lastfall-Kombination zu bemessen.

Ein Ausweichen der Stütze senkrecht zur Zeichnungsebene ist konstruktiv ausgeschlossen!

Die Stütze soll an den Stellen 2 und 3, jeweils unmittelbar oberhalb der exzentrischen Lasteinleitung sowie an der Einspannung 1 bemessen werden!

Die exzentrische Lasteinleitung erfolgt in den Punkten 2 und 3 gemäß nebenstehender Skizze!

Vorgesehen ist ein symmetrisch bewehrter Rechteckquerschnitt in C30/37.
c_{nom} = 4,5 cm,
$Ø_{Bügel}$ = 12 mm
$Ø_{Längs}$ = 25 mm, maximal 5 Stück/Lage

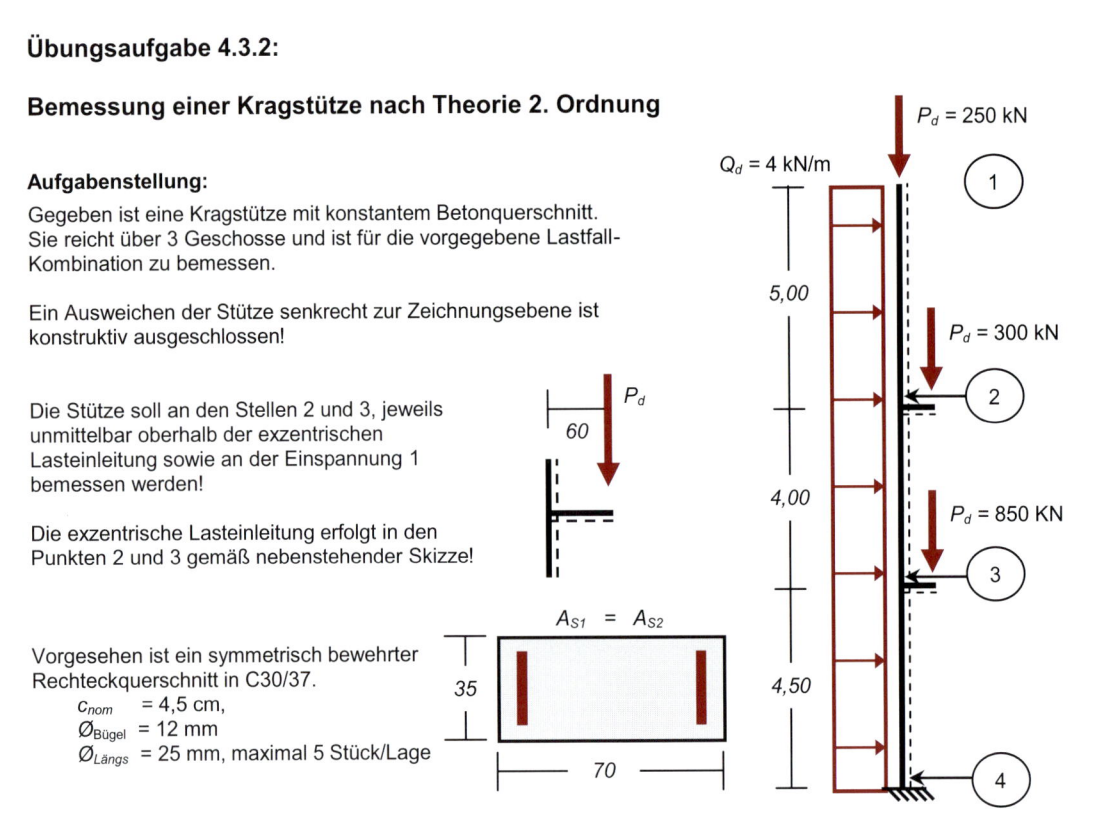

Zu bearbeiten Teil 1:

Ermitteln Sie die erforderliche Bewehrung für die Querschnitte 2-4! Berücksichtigen Sie in Ihren Berechnungen:
- Planmäßige Ausmitte mit zugehörigem anteiligen Biegemoment,
- Imperfektionen mit zugehörigem anteiligen Biegemoment,
- Ausmitte nach Theorie 2. Ordnung (e_2) mit zugehörigem anteiligen Biegemoment.

Welchen Einfluss hat der Einsatz von mehrlagiger Längsbewehrung auf die Schnittgrößenermittlung und die Ermittlung der Bewehrung?

Zu bearbeiten Teil 2:

Wählen Sie eine sinnvolle Bewehrung und skizzieren Sie diese in den geforderten 3 Querschnitten! Überprüfen Sie die konstruktive Mindest- und Höchstbewehrung! Wie stellen Sie sich die Bewehrungsführung an der Fuge Fundament/Stütze vor?

Bild 8.10: Aufgabe: Bemessung einer Kragstütze (charakteristische Einwirkungen)

Übungsaufgabe 7.1:

Querkraftdeckung für einen Balken auf 2 Stützen (Rechteckquerschnitt)

Aufgabenstellung:

Gegeben ist ein Stahlbeton-Einfeldträger $L/h/d/b$ = 8,00/0,80/0,75/0,30 m unter Gleichlast. Er ist direkt gelagert, wobei die Auflagerbreiten mit 30 cm angenommen werden.

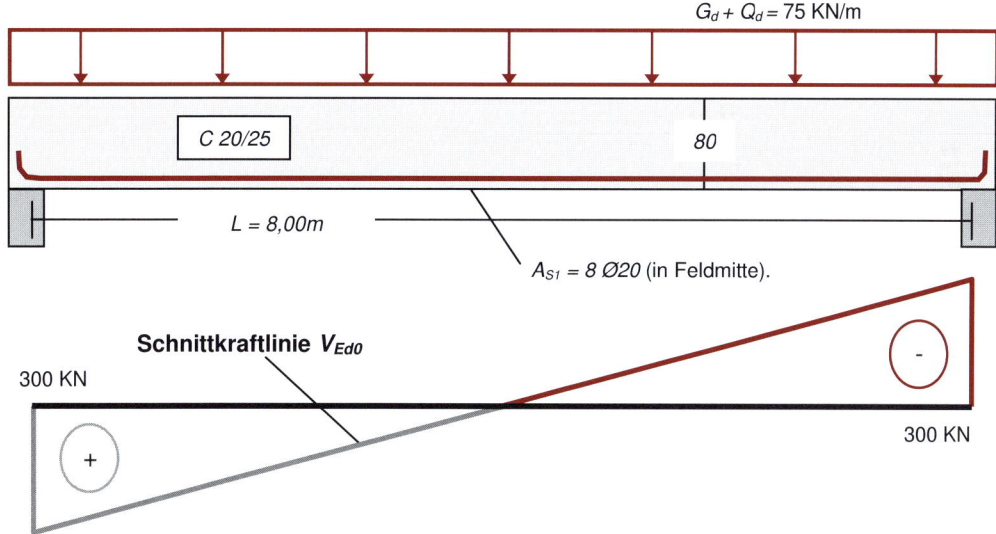

Zu bearbeiten Teil 1:

Führen Sie mit $cot\ \theta$ = 1,2 (Näherung für „Reine Biegung") die nachfolgend geforderten Nachweise zur Querkrafttragfähigkeit. Verwenden Sie ausschließlich senkrechte Bügel mit $\varnothing_{Bügel}$ = 8.
- Wie groß ist die aus Querkraftbemessung erforderliche Betongüte des Rechteckquerschnitts [cm]!
- Bestimmen Sie die Mindestquerkraftbewehrung und geben Sie eine sinnvolle Bügelbewehrung an!.

Zu bearbeiten Teil 2:

Errechnen Sie die statisch erforderliche Bügelbewehrung am Auflager. Verwenden Sie den oben gewählten Bügeldurchmesser und staffeln Sie den Bügelabstand entlang des Balkens. Verwenden Sie dabei mindestens zwei und höchstens drei unterschiedliche Bügelabstände!

Bild 8.11: Aufgabe: Konstruktion der Bügelbewehrung aus der Bemessungsquerkraft

Übungsaufgabe 7.2:

Bewehrungskonstruktion für einen 1-Feldträger mit Kragarm (Rechteckquerschnitt)

Aufgabenstellung:

Gegeben ist ein Stahlbetonbalken mit den Abmessungen $L/b/h$ = 15,20/0,25/0,75 m. Am Einbauort ist die Expositionsklasse ist XC3 „mäßige Feuchte" anzusetzen.

Der Balken liegt am Auflager (A) auf einer 50 cm breiten Stahlbetonstütze; das Auflager (B) ist eine 30 cm breite Wand. Er ist für die folgenden Einwirkungen zu bemessen:

G_k	=	7,5 kN/m	als ständige Last	
Q_{1k}	=	14,0 kN/m	Nutzlast Kategorie E	Lagerraum
Q_{2k}	=	30,0 kN	Verkehrslast Kategorie F	Fahrzeuglast (Hebezeug)

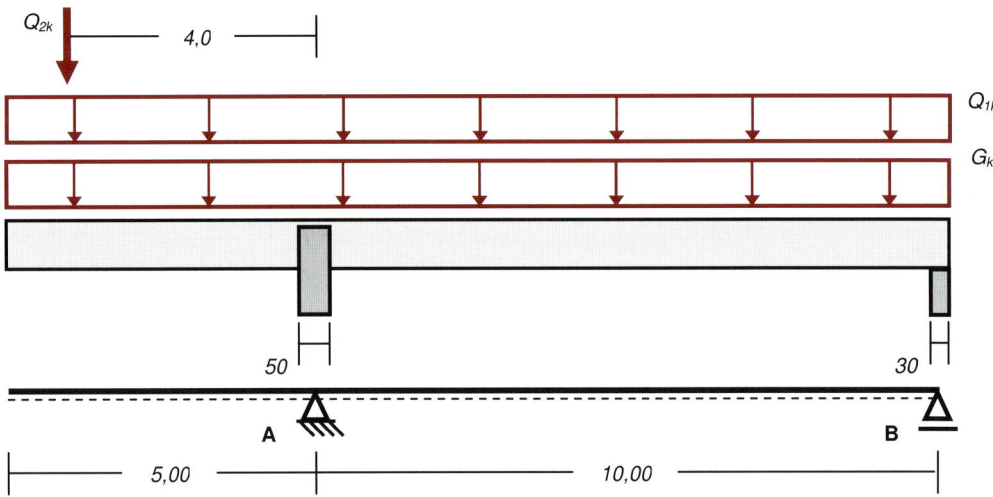

Zu bearbeiten.

Für den Grenzzustand der Tragfähigkeit soll die Biege- und Querkraftbewehrung ermittelt und dargestellt werden. Die Biegebewehrung soll mit Ø 16; Querkraftbewehrung mit senkrechten Bügeln Ø 16 erfolgen.

- Ermitteln Sie die Momenten- und Querkraftgrenzlinien als Bemessungsgrundlage!
- Wählen Sie eine sinnvolle Betongüte!
- Ermitteln Sie aus der Zugkraftdeckungslinie die Längsbewehrung und geben Sie sie positionsweise entlang des Balkens an. Es soll in jedem Querschnitt eine gerade Anzahl von Bewehrungseisen liegen (2, 4, 6, 8 .. Ø 16.)!
- Ermitteln Sie aus der Querkraftdeckung die Querkraftbewehrung!

Bild 8.12: Aufgabe: Bemessungschnittgrößen, Zugkraft und Schubkraftdeckung, Bewehrungsskizze

Übungsaufgabe 7.3:
Bemessung einer durchlaufenden Stahlbetonplatte

Aufgabenstellung
Zu bearbeiten ist das nachstehend gegebene, durchlaufende Plattensystem. Es wird in Ortbetonbauweise
C 20/25 hergestellt.

Die Decke ist ein Zwischengeschoss, in dem eine Restaurantlandschaft eingerichtet werden soll. Als Fußboden
ist ein schwimmender Zement-Estrich vorgesehen. Die Wandauflager haben eine Breite von 30 cm.

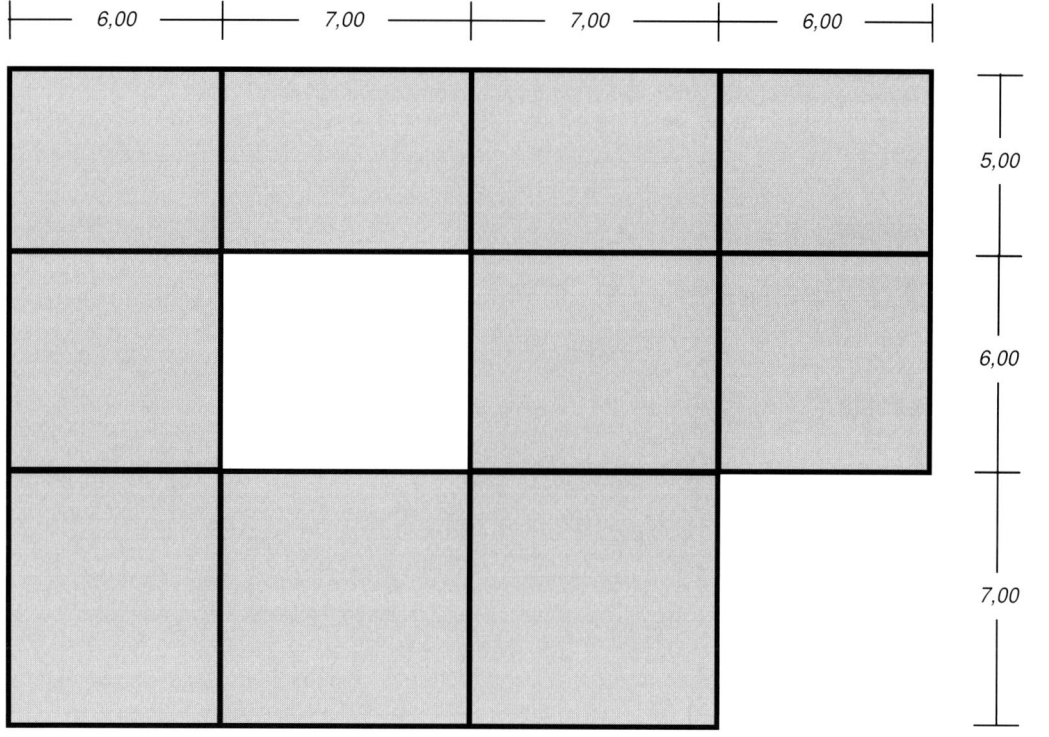

Zu bearbeiten:
- Ermitteln Sie die Bemessungsauflagerkräfte!
- Geben Sie eine sinnvolle Deckendicke vor! Beachten Sie dabei das Durchbiegungsverhalten der Platte und die Querkrafttragfähigkeit $V_{Rd,ct}$!
- Berechnen Sie die Bemessungsbiegemomente des Plattensystems nach Pieper-Martens und stellen Sie diese vereinfachend nach Czerny dar.
- Bemessen Sie die Stahlbetonplatte. Verwenden Sie Betonstahl-Matten und stellen Sie die oben und untenliegende Bewehrung (incl. Drill- und konstruktiver Bewehrung) in einer Skizze dar!

Bild 8.13: Aufgabe: Bemessungsschnittgrößen einer Platte, Mattenbewehrung, konstruktive Bewehrung

A   Hilfsmittel zur Schnittgrößenermittlung

A.1   Durchlaufträger unter Gleichstreckenlasten

A.1.1   Charakteristische Schnittgrößen: 2-Feldträger und 3-Feldträger mit gleichen Stützweiten

Dieses Verfahren ist so aufbereitet, dass per Tabellenwert (*Tabelle A.1*) die Auflagerkräfte und die Feld- und Stützmomente bestimmt werden können, wenn:

- die Stützweiten der Felder gleich sind und der Querschnitt entlang des Trägers konstant ist,

- die charakteristischen Einwirkungen feldweise konstante Streckenlasten sind.

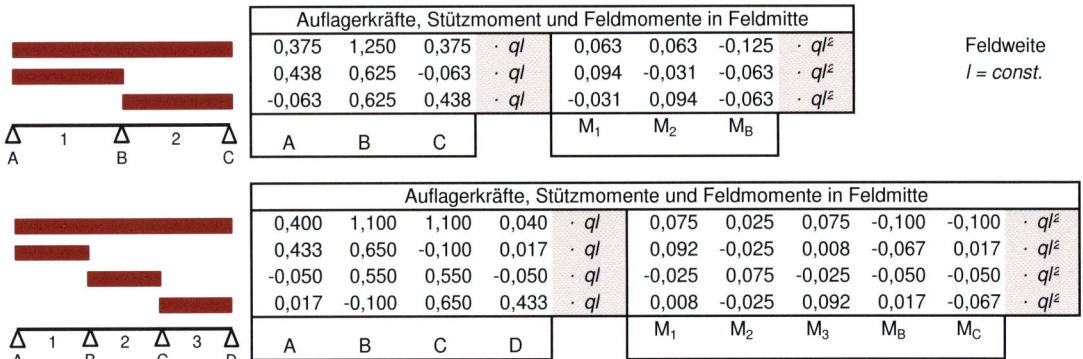

Auflagerkräfte, Stützmoment und Feldmomente in Feldmitte

								Feldweite
0,375	1,250	0,375	· ql	0,063	0,063	-0,125	· ql²	$l = const.$
0,438	0,625	-0,063	· ql	0,094	-0,031	-0,063	· ql²	
-0,063	0,625	0,438	· ql	-0,031	0,094	-0,063	· ql²	
A	B	C		M_1	M_2	M_B		

Auflagerkräfte, Stützmomente und Feldmomente in Feldmitte

0,400	1,100	1,100	0,040	· ql	0,075	0,025	0,075	-0,100	-0,100	· ql²
0,433	0,650	-0,100	0,017	· ql	0,092	-0,025	0,008	-0,067	0,017	· ql²
-0,050	0,550	0,550	-0,050	· ql	-0,025	0,075	-0,025	-0,050	-0,050	· ql²
0,017	-0,100	0,650	0,433	· ql	0,008	-0,025	0,092	0,017	-0,067	· ql²
A	B	C	D		M_1	M_2	M_3	M_B	M_C	

Bild A.1: Charakteristische Schnittgrößen und Auflagerkräfte am Durchlaufträger infolge Gleichstreckenlasten

Zur Ermittlung von Bemessungsgrößen sind die Auflagerkräfte und Biegemomente infolge charakteristischer Einwirkungen unter Berücksichtigung der Teilsicherheits- und Kombinationsbeiwerte zu superponieren. Beispielhaft ist im *Abschnitt 2.3.1.2* ein 2-Feldträger behandelt, der sich als Vorlage für die Bearbeitung eigener Systeme eignet.

Die Begrenzung auf 3 Felder erfolgt, weil eine lineare Superposition zur Ermittlung von Bemessungsgrößen einen unvertretbar hohen Arbeitsaufwand beinhaltet.

A.1.2   Maßgebende Bemessungsschnittgrößen: Durchlaufträger bis zu 5 Felder mit gleichen Stützweiten

Das *Bild A.2* zeigt ein Hilfsmittel zur Bestimmung der maßgebenden Schnittgrößen an Durchlaufträgern. Es ist aus einem gebräuchlichen Tabellenwerk entwickelt worden (z.B. Schneider Bautabellen [8]) und setzt gleiche

Stützweiten sowie eine entlang des Trägers konstante Biegesteifigkeit EI voraus. Es konzentriert sich auf die vorherrschenden Belastungssituationen im üblichen Hochbau.

- Die charakteristischen ständigen und veränderlichen Einwirkungen G_{ki} und Q_{ki} sind entlang des gesamten Trägers konstant.

- Die maßgebenden Laststellungen der veränderlichen Einwirkungen sind wie folgt berücksichtigt:
  GZT: Der Kombinationsbeiwert entspricht der Nutzlast-Kategorie E: $\psi_0 = 1,0$ (sichere Seite).
  GZGT, häufig: Es wird für alle Nutzlasten gesetzt: $\psi_1 = const$ (sichere Seite).
  GZGT, quasi-ständig: Es wird für alle Nutzlasten gesetzt: $\psi_2 = const.$

Die charakteristischen Größen für die min/max Feldmomente, die min Stützmomente und die Querkräfte sind Grundlage der Querschnittsbemessung. Sie lassen sich einfach per Tabellenwert aus dem *Bild A.2* ermitteln. An jedem maßgebenden Nachweisort werden 3 Grundwerte der Tragwerksbeanspruchung abgelesen:

$$E(G_k) \quad \longrightarrow \quad \text{Beanspruchung aus ständigen Einwirkungen}$$
$$\min E(Q_k) \quad \longrightarrow \quad \text{min Beanspr. aus veränderlichen Einwirkungen}$$
$$\max E(Q_k) \quad \longrightarrow \quad \text{max Beanspr. aus veränderlichen Einwirkungen}$$

Die Berechnung der maßgebenden Bemessungschnittgrößen E_d, erfolgt – unter Verwendung der Teilsicherheits- und Kombinationsbeiwerte – durch lineare Superposition.

Für den Grenzzustand der Tragfähigkeit (GZT) sind die Kombinationsbeiwerte $\psi_{0,i} = 1,0$ gesetzt. Die Bestimmungsgleichungen vereinfachen sich dann.

$$\max M_{Ed} \quad = \quad 1,35 \cdot M(G_k) + 1,50 \cdot max\, M(Q_k) \tag{A.1}$$
$$\min M_{Ed} \quad = \quad 1,00 \cdot M(G_k) + 1,50 \cdot min\, M(Q_k) \tag{A.2}$$

Für den Grenzzustand der Gebrauchstauglichkeit (GZGT) werden für alle Nutzlasten die Kombinationsbeiwerte $\psi_{1,i}$ und $\psi_{2,i}$ konstant gesetzt. Formuliert für das Biegemoment ergibt sich beispielsweise:

$$\max M_{Ed} \quad = \quad 1,00 \cdot M(G_k) + \psi \cdot max\, M(Q_k) \tag{A.3}$$
$$\min M_{Ed} \quad = \quad 1,00 \cdot M(G_k) + \psi \cdot min\, M(Q_k) \tag{A.4}$$
$$\text{mit:} \quad \psi = \psi_1 \text{ häufige Einwirkungskombination}$$
$$\psi = \psi_2 \text{ quasi-ständige Einwirkungskombination}$$

Für den GZGT ist im üblichen Hochbau i.d.R. nur die quasi-ständige Einwirkungskombination von Bedeutung.

A.1.3 Maßgebende Bemessungsschnittgrößen: 2-Feldträger mit unterschiedlichen Stützweiten und Kragarmen

Untersucht wird der in dem *Bild A.3* dargestellte 2-Feldträger mit beidseitigen Kragarmen. Die Feldweiten l_1 und l_2 und die Kragarmenlängen l_{k1} und l_{k2} sind individuell unterschiedlich, der Querschnitt ist über die gesamte Länge des Trägers konstant.

Die Belastung erfolgt durch Gleichstreckenlasten, die in den Feldern und auf den Kragarmen unterschiedlich sein dürfen. Die Auswertung der ungünstigen Laststellungen erlaubt die Berücksichtigung von min/max veränderlichen Einwirkungen (abhebende Gleichstreckenlasten).

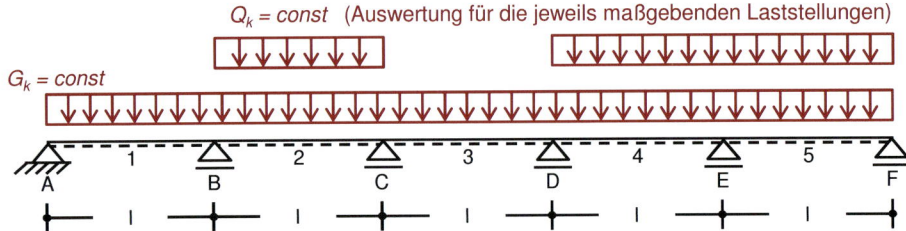

$Q_k = const$ (Auswertung für die jeweils maßgebenden Laststellungen)

$G_k = const$

Momente = Tafelwert $\cdot (G_k$ bzw $Q_k) \cdot l^2$ Kräfte = Tafelwert $\cdot (G_k$ bzw $Q_k) \cdot l$ $EI = const$

2 - Feldträger	infolge G_k	infolge Q_k
max M_1	0,070	0,096
min M_1		-0,032
M_B	-0,125	-0,125
max A	0,375	0,437
min A		-0,063
max B	1,250	1,250
min B		0,000
V_{Bl}	-0,625	-0,563

3 - Feldträger	infolge G_k	infolge Q_k
max M_1	0,080	0,101
min M_1		-0,025
max M_2	0,025	0,096
min M_2		-0,050
M_B	-0,100	-0,125
max A	0,400	0,450
min A		-0,050
max B	1,099	1,200
min B		-0,017
V_{Rl}	-0,599	-0,617
V_{Br}	0,500	0,585

4 - Feldträger	infolge G_k	infolge Q_k
max M_1	0,077	0,100
min M_1		-0,027
max M_2	0,036	0,081
min M_2		-0,045
M_B	-0,107	-0,121
M_C	-0,071	-0,107
max A	0,392	0,446
min A		-0,054
max B	1,141	1,223
min B		-0,080
max C	0,930	1,142
min C		-0,214
V_{Bl}	-0,606	-0,621
V_{Br}	0,535	0,602
V_{Cl}	-0,465	-0,571

5 - Feldträger	infolge G_k	infolge Q_k
max M_1	0,078	0,100
min M_1		-0,027
max M_2	0,033	0,079
min M_2		-0,039
max M_3	0,046	0,086
min M_3		-0,039
M_B	-0,105	-0,120
M_C	-0,079	0,111
max A	0,395	0,447
min A		-0,053
max B	1,132	1,220
min B		-0,086
max C	0,974	1,170
min C		-0,194
V_{Bl}	-0,606	-0,621
V_{Br}	0,526	0,599
V_{Cl}	-0,474	-0,578
V_{Cl}	0,500	0,592

Tafelwerte für Durchlaufträger mit gleichen Stützweiten
G_k und Q_k sind in allen Feldern konstant

Bild A.2: Charakteristische Schnittgrößen am Durchlaufträger: Ständige und veränderliche Einwirkungen

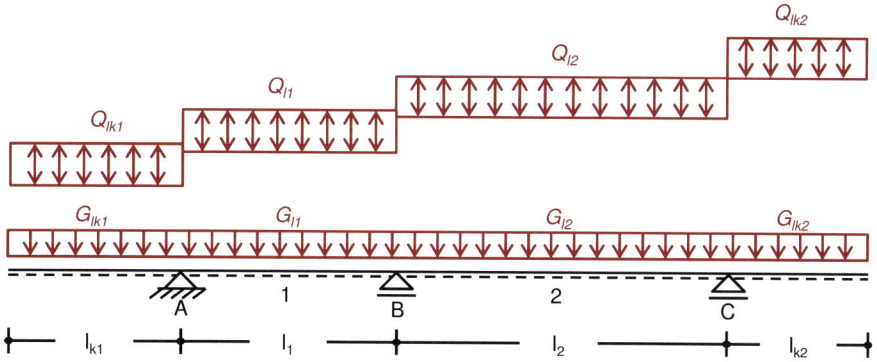

Bild A.3: Statisches System eines 2 Feldträgers mit beidseitigen Kragarmen

Schnittgrößen aus charakteristischen Beanspruchungen: Bestimmungsgleichungen

Für dieses 1-fach statisch unbestimmte System ergibt sich das Biegemoment M_B über der Mittelstütze allgemein bei feldweise konstanten Gleichstreckenlasten q_{li} nach der Formel:

$$M_B = -\frac{q_{l1} \cdot l_1^3 + q_{l2} \cdot l_2^3}{8 \cdot (l_1 + l_2)} + \frac{l_1/l_2 \cdot q_{lk1} \cdot l_{k1}^2 + q_{lk2} \cdot l_{k2}^2}{4 + 4 \cdot l_1/l_2} \tag{A.5}$$

Alle weiteren Schnittgrößen können dann unter Berücksichtigung von M_B über Gleichgewichtsbedingungen ermittelt werden. Infolge der ständigen Einwirkungen ergibt sich für die Stütz- und Feldmomente:

$$M_A = -G_{lk1} \cdot \frac{l_{k1}^2}{2} \qquad M_C = -G_{lk2} \cdot \frac{l_{k2}^2}{2}$$

$$M_B = -\frac{G_{l1} \cdot l_1^3 + G_{l2} \cdot l_2^3}{8 \cdot (l_1 + l_2)} - \frac{l_1/l_2 \cdot M_A + M_C}{2 + 2 \cdot l_1/l_2}$$

$$M_1 = \frac{(G_{l1} \cdot l_1/2 + (M_A - M_B)/l_1)^2}{2 \cdot G_{l1}} + M_B \qquad M_2 = \frac{(G_{l2} \cdot l_2/2 + (M_B - M_C)/l_2)^2}{2 \cdot G_{l2}} + M_C \tag{A.6}$$

Entsprechend ergeben sich die maßgebenden Querkräfte an der Mittelstütze und die Auflagerreaktionen:

$$V_{Bl} = -G_{l1}^+ \cdot \frac{l_1}{2} + \frac{M_B - M_A}{l_1} \qquad V_{Br} = +G_{l2}^+ \cdot \frac{l_2}{2} + \frac{M_C - M_B}{l_2}$$

$$A = \frac{M_B + G_{lk1} \cdot l_{k1} \cdot (l_1 + l_{k1}/2) + G_{l1} \cdot l_1^2/2}{l_1} \qquad C = \frac{M_B + G_{lk2} \cdot l_{k2} \cdot (l_2 + l_{k2}/2) + G_{l2} \cdot l_2^2/2}{l_2}$$

$$B = -V_{Bl} + V_{Br} \tag{A.7}$$

Die Auswertung für die veränderlichen Einwirkungen erfasst die maßgebenden Laststellungen, wobei die Kombinationsbeiwerte $\psi = const$ gesetzt werden. Es ergeben sich Wertebereiche für die min/max Schnittgrößen und Auflagerreaktionen.

Neben den nach unten wirkenden (Regel-)Belastungen $Q_{k,i}^+$ sollen auch abhebende Kräfte $Q_{k,i}^-$ berücksichtigt werden. Damit werden z.B. Unterzüge erfasst, die Linienauflager von durchlaufenden Platten sind (vergl. Systemfindung im *Abschnitt 2.5.2.1* mit den zugehörigen Auflagerkräften in *Tabelle 2.7*).

Wegen der Vielzahl der möglichen Kombinationen gestaltet sich die Auswertung komplex. Sie definiert Parametersätze zur Ermittlung der maßgebenden Schnittgrößen und ist so strukturiert, dass die Auswertung sehr einfach in einem Tabellenkalkulationsprogramm umgesetzt werden kann.

Der Parametersatz zur Ermittlung der Randstützmomente M_A und M_C ergibt sich:

$$\min M_A = -Q_{lk1}^+ \cdot \frac{l_{k1}^2}{2} \qquad \max M_A = -Q_{lk1}^- \cdot \frac{l_{k1}^2}{2}$$

$$\min M_C = -Q_{lk2}^+ \cdot \frac{l_{k2}^2}{2} \qquad \max M_C = -Q_{lk2}^- \cdot \frac{l_{k2}^2}{2} \tag{A.8}$$

Der Parametersatz für das Stützmoment M_B aus Kragarmbelastung lautet:

$$M_{B,Krag}^{++} = -\frac{l_1/l_2 \cdot \min M_A + \min M_C}{2 + 2 \cdot l_1/l_2} \qquad M_{B,Krag}^{--} = -\frac{l_1/l_2 \cdot \max M_A + \max M_C}{2 + 2 \cdot l_1/l_2}$$

$$M_{B,Krag}^{-+} = -\frac{l_1/l_2 \cdot \max M_A + \min M_C}{2 + 2 \cdot l_1/l_2} \qquad M_{B,Krag}^{+-} = -\frac{l_1/l_2 \cdot \min M_A + \max M_C}{2 + 2 \cdot l_1/l_2} \tag{A.9}$$

Anmerkung: Der obere Index signalisiert, welche Belastungen links und rechts wirken.

   $++\leftrightarrow$ links und rechts wirken Streckenlasten nach unten.

   $-+\leftrightarrow$ links wirkt eine abhebende Streckenlast; rechts wirkt sie nach unten.

Der Parametersatz für das Stützmoment M_B infolge der Belastung der Innenfelder 1 und 2 lautet:

$$M_{B,Feld}^{++} = -\frac{Q_{l1}^+ \cdot l_1^3 + Q_{l2}^+ \cdot l_2^3}{8 \cdot (l_1 + l_2)} \qquad M_{B,Feld}^{--} = -\frac{Q_{l1}^- \cdot l_1^3 + Q_{l2}^- \cdot l_2^3}{8 \cdot (l_1 + l_2)} \tag{A.10}$$

$$M_{B,Feld}^{-+} = -\frac{Q_{l1}^- \cdot l_1^3 + Q_{l2}^+ \cdot l_2^3}{8 \cdot (l_1 + l_2)} \qquad M_{B,Feld}^{+-} = -\frac{Q_{l1}^+ \cdot l_1^3 + Q_{l2}^- \cdot l_2^3}{8 \cdot (l_1 + l_2)} \tag{A.11}$$

Mit Hilfe der 3 Parametersätze *(A.8) – (A.11)* können die maßgebenden Querkräfte, Biegemomente und Auflagerkräfte in überschaubaren Gleichungen angegeben werden.

Für die Stütz- und Feldmomente sowie für die Querkräfte an der Mittelstütze ergeben sich:

$$\min M_B = M_{B,Feld}^{++} + M_{B,Krag}^{--}$$

$$\max M_1 = \frac{(Q_{l1}^+ \cdot l_1/2 + (M_{B,Krag}^{-+} + M_{B,Feld}^{+-} - \max M_A)/l_1)^2}{2 \cdot Q_{l1}^+} + \max M_A$$

$$\max M_2 = \frac{(Q_{l2}^+ \cdot l_2/2 + (\max M_C - M_{B,Krag}^{+-} - M_{B,Feld}^{-+})/l_2)^2}{2 \cdot Q_{l2}^+} + M_{B,Krag}^{+-} + M_{B,Feld}^{-+} \tag{A.12}$$

Für die maximalen Auflagerkräfte ergeben sich:

$$
\begin{aligned}
max\,A &= \frac{M_{B,Feld}^{+-} + M_{B,Krag}^{++}}{l_1} + \left(Q_{lk1}^+ \cdot l_{k1} \cdot (l_1 + \frac{l_{k1}}{2}) + Q_{l1}^+ \cdot \frac{l_1^2}{2} \right) / l_1 \\
max\,B &= -\min V_{Bl} + \max V_{Br} \\
max\,C &= \frac{M_{B,Feld}^{-+} + M_{B,Krag}^{++}}{l_2} + \left(Q_{lk2}^+ \cdot l_{k2} \cdot (l_2 + \frac{l_{k2}}{2}) + Q_{l2}^+ \cdot \frac{l_2^2}{2} \right) / l_2
\end{aligned}
\tag{A.13}
$$

Für die Konstruktion und Bemessung von Stützen sind aber auch die minimalen Auflagerkräfte – im Extremfall abhebend! – erforderlich. Es sind ergeben sich:

$$
\begin{aligned}
\min A &= \frac{M_{B,Feld}^{-+} + M_{B,Krag}^{--}}{l_1} + \left(Q_{lk1}^- \cdot l_{k1} \cdot (l_1 + \frac{l_{k1}}{2}) + Q_{l1}^- \cdot \frac{l_1^2}{2} \right) / l_1 \\
\min B &= -\frac{Q_{l1}^- \cdot l_1}{2} - \frac{M_{B,Feld}^{--} + M_{B,Krag}^{++} - \min M_A}{l_1} + \frac{Q_{l2}^- \cdot l_2}{2} + \frac{\min M_C - M_{B,Feld}^{--} - M_{B,Krag}^{++}}{l_2} \\
\min C &= \frac{M_{B,Feld}^{+-} + M_{B,Krag}^{--}}{l_2} + \left(Q_{lk2}^- \cdot l_{k2} \cdot (l_2 + \frac{l_{k2}}{2}) + Q_{l2}^- \cdot \frac{l_2^2}{2} \right) / l_2
\end{aligned}
\tag{A.14}
$$

Für die Querkräfte an der Mittelstütze ergeben sich:

$$
\begin{aligned}
\min V_{Bl} &= -\frac{Q_{l1}^+ \cdot l_1}{2} + \frac{M_{B,Feld}^{++} + M_{B,Krag}^{--} - \max M_A}{l_1} \\
\max V_{Br} &= +\frac{Q_{l2}^+ \cdot l_2}{2} + \frac{\max M_C - M_{B,Feld}^{++} - M_{B,Krag}^{--}}{l_2}
\end{aligned}
\tag{A.15}
$$

Bestimmung der Bemessungsgrößen

Die charakteristischen Werte der ständigen Einwirkungen (*Gl. (A.6) und (A.7)*) sowie die min/max-Werte der veränderlichen Einwirkungen werden (für konstante Kombinationsbeiwerte ψ) linear superponiert, um die entsprechenden Bemessungswerte zu erhalten.

Für den Grenzzustand der Tragfähigkeit sind die Kombinationsbeiwerte $\psi_{0,i} = 1,0$ gesetzt. Die Superposition für das Feldmoment $M_{2,Ed}$ ergibt beispielsweise:

$$
\begin{aligned}
\max M_{2,Ed} &= 1,35 \cdot M_2 + 1,50 \cdot \max M_2 & \text{(A.16)} \\
\min M_{2,Ed} &= 1,00 \cdot M_2 + 1,50 \cdot \min M_2 & \text{(A.17)}
\end{aligned}
$$

Für den Grenzzustand der Gebrauchstauglichkeit werden für alle Nutzlasten die Kombinationsbeiwerte $\psi_{1,i}$ und $\psi_{2,i}$ konstant gesetzt. Die Superposition für die min/max-Auflagerkraft A_{Ed} ergibt beispielsweise:

$$
\begin{aligned}
\max A_{Ed} &= 1,00 \cdot A(G_k) + \psi \cdot \max A(Q_k) & \text{(A.18)} \\
\min A_{Ed} &= 1,00 \cdot A(G_k) + \psi \cdot \min A(Q_k) & \text{(A.19)}
\end{aligned}
$$

mit: $\psi = \psi_1$ häufige Einwirkungskombination

           $\psi = \psi_2$ quasi-ständige Einwirkungskombination

Beispiel: Bestimmung von Bemessungsschnittgrößen an einem 2-Feld-Unterzug mit Kragarm

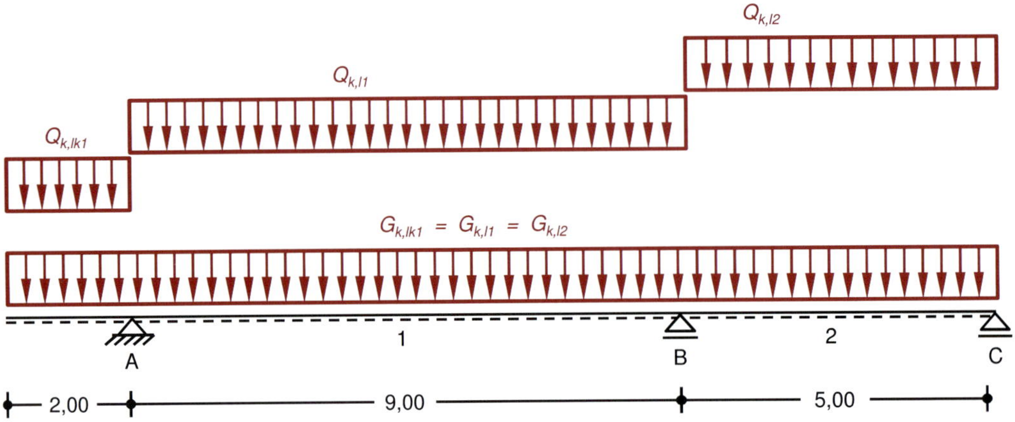

Bild A.4: 2-Feld-Unterzug mit Kragarm: Statisches System und Belastung

Die System- und Lastdaten sind im oberen Teil der *Tabelle A.1* zusammmengestellt. Der zur Bestimmung der Bemessungsschnittgrößen erforderliche Parametersatz – *Gl. (A.8)* bis *Gl. (A.11)* – ist ausgewertet und im unteren Teil der gleichen Tabelle aufgeführt.

Tabelle A.1: 2-Feld-Unterzug: System- und Lastdaten mit Auswertung der Parametersätze

Geometriedaten								
$l_{k1} =$	$2,00$	$l_1 =$	$9,00$	$l_2 =$	$5,00$	$l_{k2} =$	$0,00$	m
Nutzlast: Kombinationsbeiwerte			$(\psi_0 = 0,7 \, / \, \psi_1 = 0,7 \, / \, \psi_2 = 0,6)$					
$G_{k,lk1} =$	$64,91$	$G_{k,l1} =$	$64,91$	$G_{k,l2} =$	$64,91$	$G_{k,lk2} =$	$64,91$	kN/m
$Q_{k,lk1}^+ =$	$29,28$	$Q_{k,l1}^+ =$	$29,81$	$Q_{k,l2}^+ =$	$29,81$	$Q_{k,lk2}^+ =$	$29,81$	kN/m
$Q_{k,lk1}^- =$	$-2,06$	$Q_{k,l1}^- =$	$-2,06$	$Q_{k,l2}^- =$	$-2,06$	$Q_{k,lk2}^- =$	$-2,06$	kN/m
Parametersätze								
$min \, M_A =$	$-58,56$	$max \, M_A =$	$4,12$	$min \, M_C =$	$0,00$	$max \, M_C =$	$0,00$	kNm
$M_{B,Krag}^{++} =$	$18,82$	$M_{B,Krag}^{-+} =$	$-1,32$	$M_{B,Krag}^{-+} =$	$-1,32$	$M_{B,Krag}^{+-} =$	$18,82$	kNm
$M_{B,Feld}^{++} =$	$-223,26$	$M_{B,Feld}^{--} =$	$15,71$	$M_{B,Feld}^{-+} =$	$-19,27$	$M_{B,Feld}^{+-} =$	$-188,28$	kNm

Die Momente, Querkräfte und Auflagerreaktionen aus den charakteristischen Einwirkungen werden für die ständigen und die veränderlichen Einwirkungen errechnet (*Gl. (A.6) bis (A.14)*). Die Bemessungsschnittgrößen werden entsprechend der *Gl. (A.16) bis (A.19)* errechnet.

Der Grenzzustand der Tragfähigkeit ist in der *Tabelle A.2* zusammengestellt. Eine Näherung besteht darin, dass für alle veränderlichen Einwirkungen der Kombinationsbeiwert $\psi_0 = 1,00$ angenommen ist. Das ist auf sicherer Seite liegend. Eine – in dieser Hinsicht genaue – Berechnung der Bemessungsschnittgrößen mit $\psi_0 = 0,7$ für die Nutzlast *Versammlung* wurde mit dem Programmsystem der Firma PCAE [18] durchgeführt. Die Ergebnisse unterscheiden sich geringfügig und sind zu Vergleichszwecken mit aufgeführt.

Die Bemessungsschnittgrößen im Grenzzustand der Gebrauchstauglichkeit werden entsprechend errechnet und sind in der *Tabelle A.3* zusammengestellt. Die häufige Kombination ergibt sich für den Kombinationsbeiwert

Tabelle A.2: 2-Feld-Unterzug: Charakteristische/Bemessungs- Schnittgrößen (GZT)

kN / kNm	charakteristisch		Bemessung GZT		kN / kNm	charakteristisch		Bemessung GZT	
	ständig	veränd.	ψ_0=1,0	ψ_0=0,7		ständig	veränd.	ψ_0=1,0	ψ_0=0,7
$min\ M_A$	$-129,82$	$-58,56$	$-263,10$	$-263,10$	$min\ M_B$	$-453,21$	$-224,58$	$-948,71$	$-933,41$
$max\ M_1$	$375,64$	$211,63$	$824,56$	$821,63$	$max\ M_2$	$39,53$	$91,28$	$190,27$	$157,28$
V_{bl}	$-328,03$	$-157,17$	$-678,59$	$-676,69$	V_{Br}	$252,92$	$118,12$	$518,61$	$501,34$
$max\ A$	$385,98$	$178,00$	$788,07$	$757,74$	$min\ A$	$385,98$	$-16,14$	$361,78$	$365,54$
$max\ B$	$580,94$	$275,29$	$1197,21$	$1159,30$	$min\ B$	$580,94$	$-31,67$	$533,44$	$541,64$
$max\ C$	$71,63$	$73,11$	$206,37$	$203,47$	$min\ C$	$71,63$	$-43,07$	$7,03$	$9,26$

$\psi_1 = 0,7$; die quasi-ständige Kombination (abgekürzt: qu-stdg)entsprechend für $\psi_2 = 0,6$. Eine Näherung besteht darin, dass die ψ-Werte für alle veränderlichen Einwirkungen konstant angenommen sind.

Tabelle A.3: 2-Feld-Unterzug: Charakteristische/Bemessungs- Schnittgrößen (GZGT)

kN / kNm	charakteristisch		Bemessung GZGT		kN / kNm	charakteristisch		Bemessung GZGT	
			häufig	qu-stdg				häufig	qu-stdg
	ständig	veränd.	ψ_1=0,7	ψ_2=0,6		ständig	veränd.	ψ_1=0,7	ψ_2=0,6
$min\ M_A$	$-129,82$	$-58,56$	$-170,81$	$-164,96$	$min\ M_B$	$-453,21$	$-224,58$	$-610,41$	$-587,96$
$max\ M_1$	$375,64$	$211,63$	$523,78$	$502,62$	$max\ M_2$	$39,53$	$91,28$	$103,43$	$94,30$
V_{bl}	$-328,03$	$-157,17$	$-438,05$	$-422,33$	V_{Br}	$252,92$	$118,12$	$335,60$	$232,79$
$max\ A$	$385,98$	$178,00$	$510,58$	$492,78$	$min\ A$	$385,98$	$-16,14$	$374,68$	$376,30$
$max\ B$	$580,94$	$275,29$	$773,641$	$746,11$	$min\ B$	$580,94$	$-31,67$	$558,77$	$561,94$
$max\ C$	$71,63$	$73,11$	$122,81$	$115,50$	$min\ C$	$71,63$	$-43,07$	$41,48$	$45,79$

A.2 Rechteckplatten unter konstanten Flächenlasten

A.2.1 Biegemomente in durchlaufenden Platten nach *Pieper-Martens*

Die Momentenbeanspruchung für vierseitig gestützte, über mehrere Felder durchlaufende Platten kann für den Grenzzustand der Tragfähigkeit näherungsweise nach Pieper-Martens [19] berechnet werden. Beispielhaft ist im *Abschnitt 2.5.2.4* ein Plattensystem behandelt, das sich als Vorlage für die Bearbeitung eigener Aufgabenstellungen anbietet.

Zwischen den Auflagerachsen (Wände oder Unterzüge) ergeben sich einzelne rechteckige Plattenfelder. Ihre Ränder können gelenkig gelagert oder eingespannt angenommen werden. Die Lastabtragung erfolgt zweiachsig, wobei die Haupttragrichtung über die kürzere Plattenseite verläuft. Bestimmt werden die maßgebenden Feld- und Stützmomente eines jeden Plattenfeldes.

Bezeichnungen und Voraussetzungen zur Anwendung

Ein Plattenfeld wird in einem lokalen x, y-Koordinatensystem beschrieben. L_x ist immer die kurze Plattenseite. Das Seitenverhältnis in einem Plattenfeld ist begrenzt: $L_y \leq 5 \cdot L_x$

Das System wird durch konstante Flächenlasten beansprucht. Die ständigen (G_d) und veränderlichen (Q_d) Bemessungs-Einwirkungen sind überall gleich. Sie genügen den folgenden Kriterien:

$$Q_d \leq 2 \cdot (G_d + Q_d)/3 \qquad\qquad Q_d \leq 2 \cdot G_d \qquad\qquad \psi_0 = 1,0 \qquad\qquad (A.20)$$

Bestimmungsgleichungen für die maßgebenden Bemessungsmomente (GZT)

Die Feldmomente ergeben sich in Abhängigkeit zur drillsteifen/drillweichen Lagerung:

    drillsteife Plattenlagerung

$$m_{fx} = (G_d + Q_d) \cdot L_x^2/f_x \qquad m_{fy} = (G_d + Q_d) \cdot L_x^2/f_y$$

                  zugehörende Kräfte in den *abhebende Ecken*

$$R_d = (G_d + Q_d) \cdot L_x^2/\kappa \qquad\qquad (A.21)$$

    drillweiche Plattenlagerung

$$m_{fx} = (G_d + Q_d) \cdot L_x^2/f_x^0 \qquad m_{fy} = (G_d + Q_d) \cdot L_x^2/f_y^0$$

Die Stützmomente werden zunächst für die einzelnen Plattenfelder separat berechnet ($m_{s0,x}, m_{s0,y}$). Anschließend werden sie an den gemeinsamen Stützungen gewichtet:

$$m_{s0,x} = -(G_d + Q_d) \cdot L_x^2/s_x \qquad m_{s0,y} = -(G_d + Q_d) \cdot L_x^2/s_y$$

$$\text{Wichtung:} \quad m_s \geq \begin{cases} |0,5 \cdot (m_{s0,1} + m_{s0,2})| \\ 0,75 \cdot max\,(|m_{s0,1}|; |m_{s0,2}|) \end{cases} \qquad (A.22)$$

Die Parameter f_x, f_y, f_x^0, f_y^0, s_x und s_y sind in der *Tabelle A.4* zusammengestellt.

Der Index x (bzw. y) kennzeichnet eine Momentenbeanspruchung, die in x-Richtung (bzw. y-Richtung) zu verlegende Längsbewehrung erfordert. Der Index f (bzw. s) kennzeichnet ein Feldmoment (bzw. ein Stützmoment).

A.2.2 Auflagerreaktionen von Rechteckplatten nach dem Verfahren der *Lasteinzugsflächen*

Mit hinreichender Genauigkeit lassen sich die Auflager-reaktionen von kontinuierlich gelagerten Rechteckplatten durch Zerlegung des Plattenfeldes beschreiben.

In den Ecken wird ein *Zerlegewinkel* definiert. Er ist 45°, wenn die zusammenlaufenden Auflagerlinien gleich geartet sind (2-mal eingespannt oder 2-mal gelenkig gelagert). Der Zerlegewinkel ist 60°, wenn die zusammenlaufenden Auflagerlinien ungleich sind (eingespannt und gelenkig gelagert). Dieser Sachverhalt ist im *Bild A.5* dargestellt.

Es ergeben sich Teilflächen (Dreiecke und Trapeze). Sie beschreiben den Anteil der Deckenbelastung, die der jeweiligen Randstützung zugeordnet wird. Die Ränder, über denen die Platte eingespannt ist, bekommen einen größeren Anteil der Belastung als die gelenkig gelagerten Ränder.

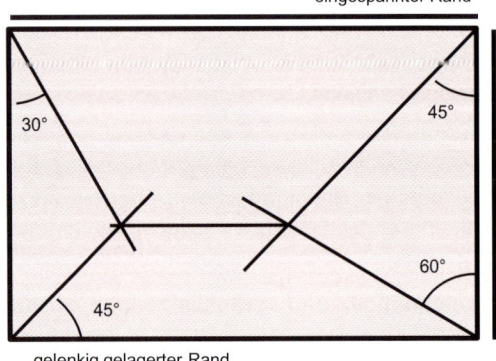

Bild A.5: Definition der Lasteinzugsflächen

Tabelle A.4: Tabellenwerte zur Berechnung von Rechteckplatten nach Pieper-Martens

Stützungs-art	Bei-Wert	Stützweitenverhältnis L_x/l_y											
		1,0	1,1	1,2	1,3	1,4	1,5	1,6	1,7	1,8	1,9	2,0	
1	f_x	27,2	22,4	19,1	16,8	15,0	13,7	12,7	11,9	11,3	10,8	10,4	8,0
	f_y	27,2	27,9	29,1	30,9	32,8	34,7	36,1	37,3	38,5	39,4	40,3	—
	f_x^0	20,0	16,6	14,4	13,0	11,9	11,1	10,6	10,2	9,8	9,5	9,3	8,0
	f_y^0	20,0	20,7	22,1	24,0	26,2	28,3	30,2	31,9	33,4	34,7	35,9	—
	κ	10,8	9,85	9,20	8,75	8,40	8,15	7,95	7,80	7,70	7,65	7,55	—
2.1	f_x	32,8	26,3	22,0	18,9	16,7	15,0	13,7	12,8	12,0	11,4	10,9	8,0
	f_y	29,1	29,2	29,8	30,6	31,8	33,5	34,8	36,1	37,3	38,4	39,5	—
	s_y	11,9	10,9	10,1	9,6	9,2	8,9	8,7	8,5	8,4	8,3	8,2	8,0
	f_x^0	26,4	21,4	18,2	15,9	14,3	13,0	12,1	11,5	10,9	10,4	10,1	8,0
	f_y^0	22,4	22,8	23,9	25,1	26,7	28,6	30,4	32,0	33,4	34,8	36,2	—
	κ	13,1	11,6	10,5	9,70	9,10	8,70	8,40	8,10	7,90	7,80	7,70	—
2.2	f_x	29,1	24,6	21,5	19,2	17,5	16,2	15,2	14,4	13,8	13,3	12,9	10,2
	f_y	32,8	34,5	36,8	38,8	40,9	42,7	44,1	45,3	46,5	47,2	47,9	—
	s_x	11,9	10,9	10,2	9,7	9,3	9,0	8,8	8,6	8,4	8,3	8,3	8,0
	f_x^0	22,4	19,2	17,2	15,7	14,7	13,9	13,2	12,7	12,3	12,0	11,8	10,2
	f_y^0	26,4	28,1	30,3	32,7	35,1	37,3	39,1	40,7	42,2	43,3	44,8	—
	κ	13,1	12,4	12,0	11,7	11,5	11,4	11,3	11,2	11,2	11,2	11,2	11,2
3.1	f_x	38,0	30,2	24,8	21,2	18,4	16,4	14,8	13,6	12,7	12,0	11,4	8,0
	f_y	30,6	30,2	30,3	31,0	32,2	33,8	35,9	38,3	41,1	44,9	46,3	—
	s_y	14,3	12,7	11,5	10,7	10,0	9,5	9,2	8,9	8,7	8,5	8,4	8,0
3.2	f_x	30,6	26,3	23,2	20,9	19,2	17,9	16,9	16,1	15,4	14,9	14,5	12,0
	f_y	38,0	39,5	41,4	43,5	45,6	47,6	49,1	50,3	51,3	52,1	52,9	—
	s_x	14,3	13,5	13,0	12,6	12,3	12,2	12,0	12,0	12,0	12,0	12,0	12,0
4	f_x	33,2	27,3	23,3	20,6	18,5	16,9	15,8	14,9	14,2	13,6	13,1	10,2
	f_y	33,2	34,1	35,5	37,7	39,9	41,9	43,5	44,9	46,2	47,2	48,3	—
	s_x	14,3	12,7	11,5	10,7	10,0	9,6	9,2	8,9	8,7	8,5	8,4	8,0
	s_y	14,3	13,6	13,1	12,8	12,6	12,4	12,3	12,2	12,2	12,2	12,2	11,2
	f_x^0	26,7	22,1	19,2	17,2	15,7	14,6	13,8	13,2	12,7	12,3	12,0	10,2
	f_y^0	26,7	27,6	29,2	31,4	33,8	36,2	38,1	39,8	41,4	42,8	44,2	—
	κ	13,9	13,0	12,4	12,0	11,7	11,5	11,4	11,3	11,2	11,2	11,2	11,2
5.1	f_x	33,6	28,2	24,4	21,8	19,8	18,3	17,2	16,3	15,6	15,0	14,6	12,0
	f_y	37,3	38,7	40,4	42,7	45,1	47,5	49,5	51,4	53,3	55,1	58,9	—
	s_x	16,2	14,8	13,9	13,2	12,7	12,5	12,3	12,2	12,1	12,0	12,0	12,0
	s_y	18,3	17,7	17,5	17,5	17,5	17,5	17,5	17,5	17,5	17,5	17,5	17,5
5.2	f_x	37,3	30,3	25,3	22,0	19,5	17,7	16,4	15,4	14,6	13,9	13,4	10,2
	f_y	33,6	34,1	35,1	37,3	39,8	43,1	46,6	52,3	55,5	60,5	66,1	—
	s_x	18,3	15,4	13,5	12,2	11,2	10,6	10,1	9,7	9,4	9,0	8,9	8,0
	s_y	16,2	14,8	13,9	13,3	13,0	12,7	12,6	12,5	12,4	12,3	12,3	11,2
6	f_x	36,8	30,2	25,7	22,7	20,4	18,7	17,5	16,5	15,7	15,1	14,7	12,0
	f_y	36,8	38,1	40,4	43,5	47,1	50,6	52,8	54,5	56,1	57,3	58,3	—
	s_x	19,4	17,1	15,5	14,5	13,7	13,2	12,8	12,5	12,3	12,1	12,0	12,0
	s_y	19,4	18,4	17,9	17,6	17,5	17,5	17,5	17,5	17,5	17,5	17,5	17,5

A

A.2.3　Die vereinfachte Momentenverteilung in Rechteckplatten nach *Czerny*

Mit dem Verfahren nach Pieper-Martens werden für ein Plattenfeld nur 4 Biegemomente ermittelt. Es handelt sich um die Feldmomente in den lokalen Koordinaten m_x und m_y, sowie – bei eingespannten Plattenrändern – um die entsprechenden Stützmomente m_{sx} und m_{sy}.

Mit diesen wenigen Werten lässt sich nach *Czerny* [4] die Biegebelastung des kompletten Plattenfeldes angeben. Sie ist im *Bild A.6* dargestellt.

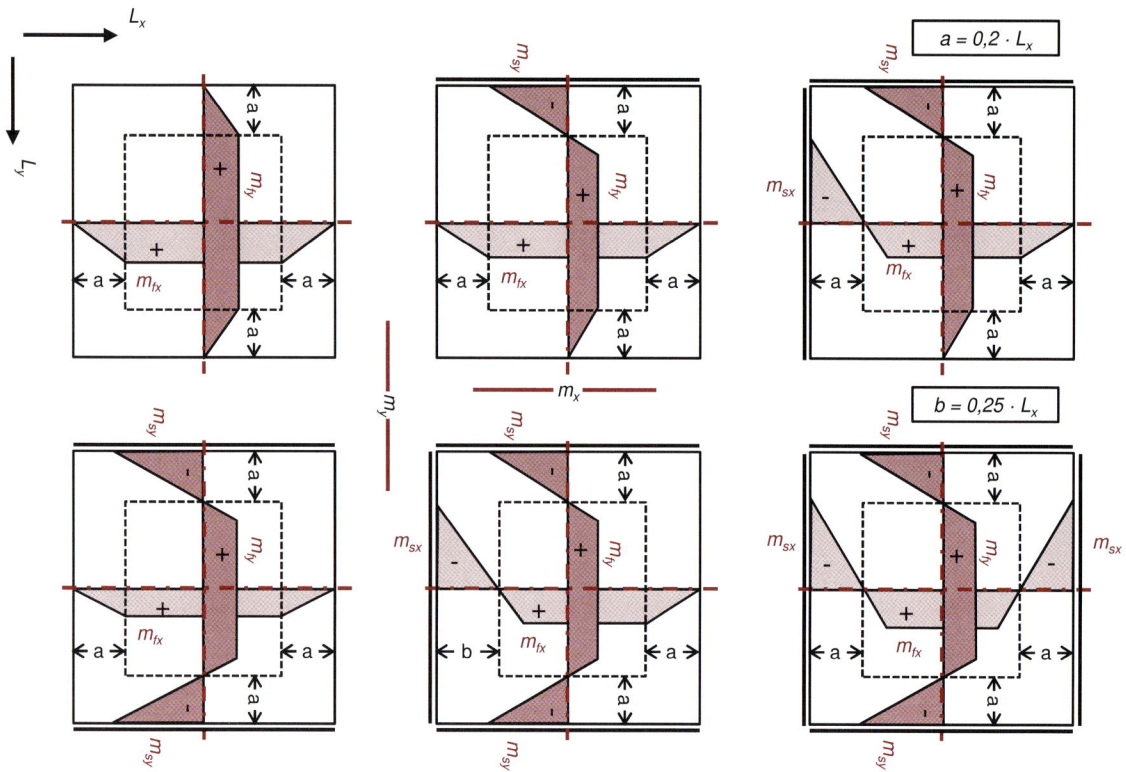

Bild A.6: Vereinfachte Momentengrenzlinien für Rechteckplatten nach *Czerny*

Die Ränder des Plattenfeldes können gelenkig gelagert oder eingespannt sein. Im Feldbereich ergibt sich eine Teilfläche, in der die Feldmomente m_x und m_y konstant sind. Die Größe der Teilfläche ergibt sich aus der Geometrie des Plattenfeldes, wobei analog zu Pieper-Martens die kurze Seite mit L_x bezeichnet wird. Die Stützmomente verteilen sich entlang der jeweiligen Auflagerlinien; sie sind durch eine Doppellinie gekennzeichnet. In der Mitte ist jeweils der Maximalwert m_{sx} bzw. m_{sy} anzunehmen; zu den Ecken des Plattenfeldes hin verringert sich das Stützmoment.

Auf die Berechnung und Darstellung der Drillmomente konnte im *Bild A.6* verzichtet werden. Drillmomente in den Ecken sind nach DIN 1045-1 im Stahlbetonbau schon konstruktiv abzudecken (vgl. *Bild 6.7*).

A.3   Die Knicklänge in Rahmensystemen

Stahlbeton-Skelettbauten sind Rahmensysteme, in denen insbesondere die Stützen der unteren Geschosse einer hohen Druckbeanspruchung ausgesetzt sind. Mit zunehmender Schlankheit ist der Nachweis der Stützen im GZT unter Berücksichtigung von Tragwerksverformungen zu führen.

Die zusätzlichen Beanspruchungen aus Theorie 2. Ordnung, aus Imperfektionen und aus dem Kriecheinfluss werden in dem Modellstützenverfahren in überschaubarer Form berücksichtigt. Die Basisgröße, von der die Berechnungsansätze ausgehen, ist die Knicklänge l_0. Sie wird aus der Geschosshöhe l_{col} durch Multiplikation mit dem Knicklängenbeiwert β bestimmt.

Für einen Stützenabschnitt zwischen 2 Geschossdecken ergibt sich β graphisch aus den Parametern k_A, k_B (siehe *Bild A.7* [12]). Sie sind von den Biegesteifigkeiten $E_{cm}I$ der beteiligten Unterzüge und Stützen abhängig.

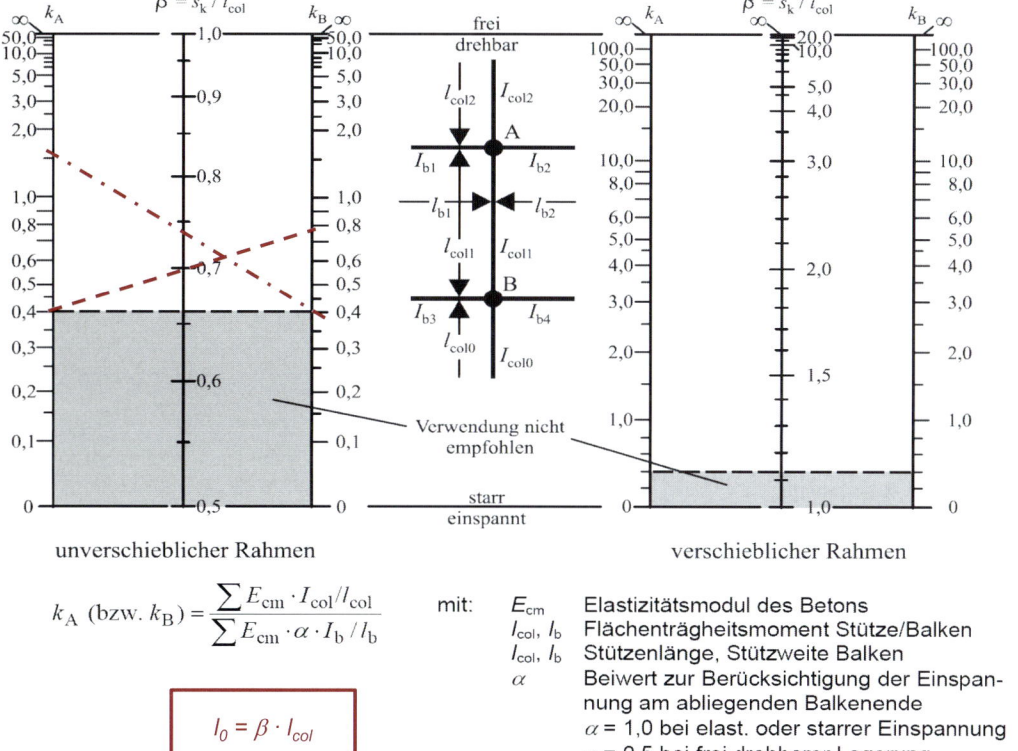

$$k_A \ (\text{bzw.} \ k_B) = \frac{\sum E_{cm} \cdot I_{col}/l_{col}}{\sum E_{cm} \cdot \alpha \cdot I_b / l_b}$$

mit:
- E_{cm} — Elastizitätsmodul des Betons
- I_{col}, I_b — Flächenträgheitsmoment Stütze/Balken
- I_{col}, I_b — Stützenlänge, Stützweite Balken
- α — Beiwert zur Berücksichtigung der Einspannung am abliegenden Balkenende
  $\alpha = 1{,}0$ bei elast. oder starrer Einspannung
  $\alpha = 0{,}5$ bei frei drehbarer Lagerung
  $\alpha = 0$ bei Kragbalken

$$l_0 = \beta \cdot l_{col}$$

Bild A.7: Nomogramme zur Ermittlung von Knicklängen in verschieblichen und unverschieblichen Rahmen nach [12]

Die Anwendung des Nomogramms ist im *Abschnitt 4.3.3* für ein Bemessungsbeispiel ausführlich erläutert.

B   Vergleichende Computersimulation

B.1   Unterzuggelagerte Deckenplatte mit Haupttragrichtung

Die elastische Lagerung von Decken auf den Unterzügen kann mit der Computersimulation erfasst werden. Bearbeitet wird das Beispiel aus *Abschnitt 2.5*, das in den *Bildern 2.16* und *2.17* dargestellt ist. Im EG und dem 1. OG verlaufen die Unterzüge über die kurze Gebäudeseite. Sie sind starr auf Stützen gelagert. Stützen und Riegel sind ihrerseits Bestandteil einer Rahmenkonstruktion. Es werden nur die vertikalen Einwirkungen auf die Platte wie folgt angesetzt:

ständig: $G_k = 8,82$ kN/m^2 veränderlich: $Q_k = 4,00$ kN/m^2 (*Versammlung*)

Zu Vergleichszwecken wird eine Referenz-Simulation durchgeführt, bei der die EG-Stahlbetondecke auf starren Unterzügen gelagert ist. Damit ergibt sich als statisches System eine einachsig gespannte, über 5-Felder durchlaufende Platte. Sie entspricht damit den Annahmen für das TS 1.1 das im *Abschnitt 2.5.2.1* mit einer Handrechnung bearbeitet wurde.

- Im *Bild B.1* sind die min/max Bemessungsmomente der Referenz-Simulation als Konturen dargestellt. Sie verlaufen beinahe senkrecht und zeigen damit das einachsige Tragverhalten der Platte deutlich an. In jedem Horizontalschnitt durch die Decke (z.B. entlang Achse B oder durch die Feldmitte zwischen den Achsen A und B) ergeben sich annähernd die gleichen Bemessungsmomente $m_{y,d}$. Die maximalen Feldmomente ergeben sich in den Randfeldern mit $\max M_{y,Ed} = 56$ kNm/m über den rechnerischen Auflagerlinien 2 und 5 erhält man entsprechend ein minimales Stützmoment $\min M_{y,Ed} = -70$ kNm/m.

  Die Berechnung wurde mit dem Programmsystem 4H-Alpha der Firma PCAE [18] durchgeführt. Die zugrunde liegende Plattentheorie berücksichtigt die sich senkrecht zur Beanspruchung einstellende Querkontraktion. In hier nicht dargestellten Ergebnissen zeigt sich eine Momentenbeanspruchung in x-Richtung, deren Größe mit der Querkontraktionszahl ν für Beton korrespondiert:

$$\nu = 0,2 \quad \begin{aligned} \max m_{x,d} &\approx & 0,2 \cdot \max M_{yd} = & \quad 11 \text{ kNm/m} \\ \min m_{x,d} &\approx & 0,2 \cdot \min M_{yd} = & \quad -14 \text{ kNm/m} \end{aligned}$$

  Stahlbetonplatten werden orthogonal bewehrt. Nach DIN 1045-1 ist senkrecht zur Hauptbewehrung A_{sl} mindestens 20 % an Querbewehrung A_{sq} einzubauen. Damit ist der Einfluss der Querkontraktion abgedeckt.

- Durch die elastische Lagerung der Decke auf den Unterzügen findet eine Schnittgrößen- und Lastumlagerung statt. In den *Bildern B.2* und *B.3* sind die Bemessungsmomente der Decke 1. OG dargestellt. Die durchlaufenden Unterzüge sind zwischen den starren Stützen gespannt. Die Stütze C3 wird durch eine Abfangung zwischen den Stützen C2–C4 ersetzt.

  Wie in der Referenz-Simulation wird die Belastung hauptsächlich in y-Richtung abgetragen. Die zugehörigen Bemessungsbiegemomente sind bezogen auf die Gebäudebreite nicht mehr konstant, sondern variieren mit der Lage der Horizontalschnitte.

  Die Unterzüge biegen sich zwischen den Stützen durch. Das führt zu einem Abbau der Stützmomente in der Platte. Über der Stütze in Achse B ergeben sich Momente ($m_{y,d} \approx -96$ kNm/m), die deutlich über denen in Mitte der Unterzüge liegen ($m_{y,d} \approx -47$ kNm/m). In dem *Bild B.2* ist dieser Sachverhalt deutlich zu erkennen.

  Außerdem ergeben sich Beanspruchungen senkrecht zur Haupttragrichtung. In dem *Bild B.3* sind die min/max Bemessungsmomente $m_{x,d}$ dargestellt. Sie erreichen bis zu 50 % der Werte der Haupttragrichtung.

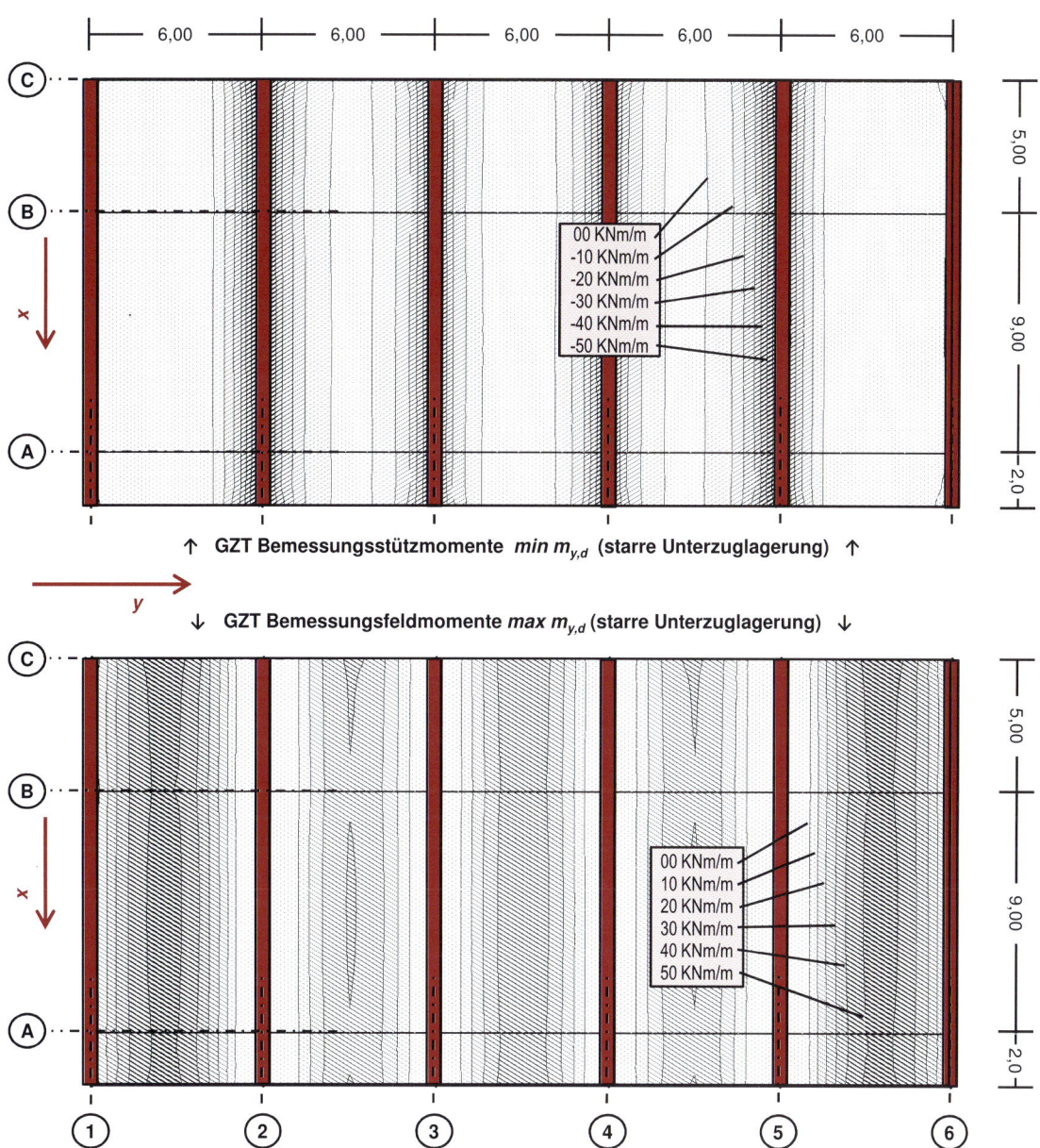

Bild B.1: Referenz-Simulation der Decke EG: Starre Lagerung auf Unterzugsystem (Konturendarstellung der Bemessungsbiegemomente in der Haupttragrichtung y)

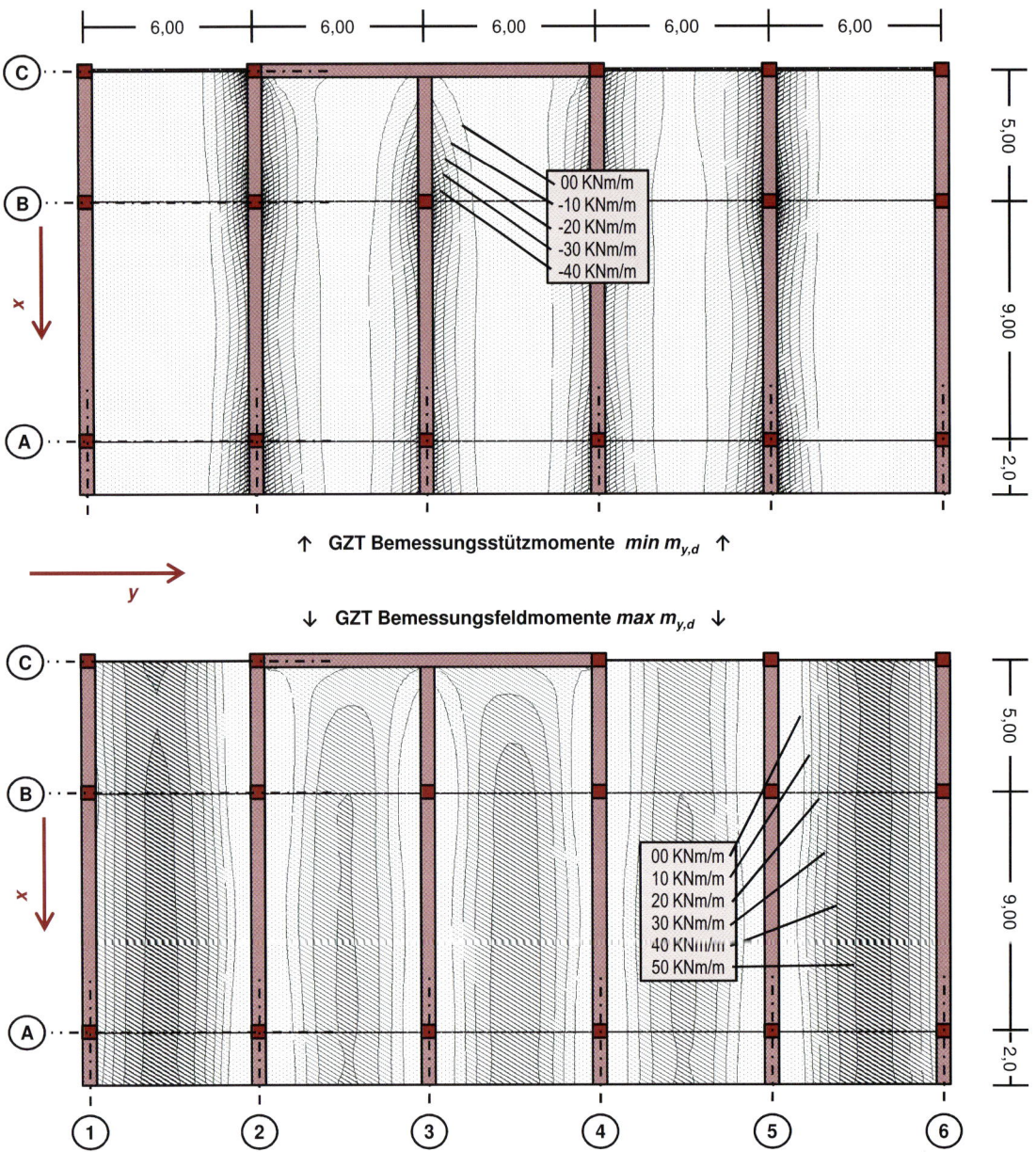

Bild B.2: Referenz-Simulation der Decke 1. OG: Lagerung auf Stützen/elastischem Unterzugsystem (Konturendarstellung der Bemessungsbiegemomente für die Haupttragrichtung y)

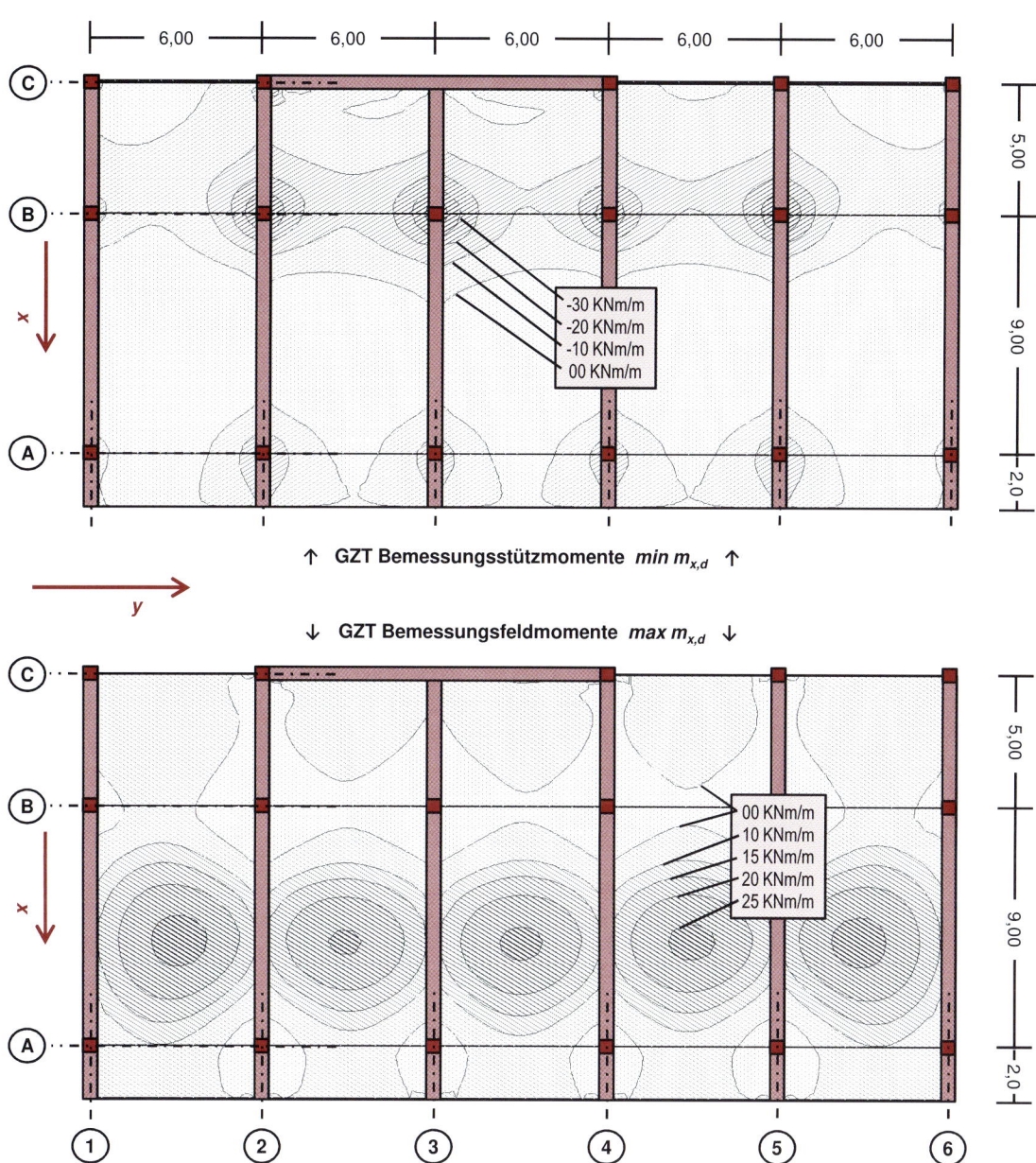

Bild B.3: Referenz-Simulation der Decke 1. OG: Lagerung auf Stützen/elastischem Unterzugsystem (Konturendarstellung der Bemessungsbiegemomente für die Nebentragrichtung x)

B.2   Unterzuggelagerte Deckenplatte zweiachsig gespannt

Betrachtet wird das Beispiel aus *Abschnitt 2.5*, das in den *Bildern 2.16* und *2.17* dargestellt ist. Die Geschoss-decken über dem 2. OG und über dem 3. OG werden simuliert. Sie bestehen aus 4 Plattenfeldern und sind auf Unterzügen gelagert. Die Unterzüge lagern in den Rasterpunkten des Gesamtsystems auf Stützen. Die Unterzüge und Stützen sind ihrerseits Bestandteil einer Rahmenkonstruktion.

Als Referenz-Simulation werden die Unterzüge starr angenommen. Dieses System wurde im *Abschnitt 2.5.2.4* nach Pieper-Martens ausgewertet. Die ermittelten Bemessungsmomente sind im *Bild 2.26* dargestellt und kön-nen ebenfalls zum Vergleich herangezogen werden.

Die Veränderung des Systemverhaltens durch die Berücksichtigung elastisch verformbarer Unterzüge ist an dem Verformungszustand anschaulich in dem *Bild B.4* dargestellt.

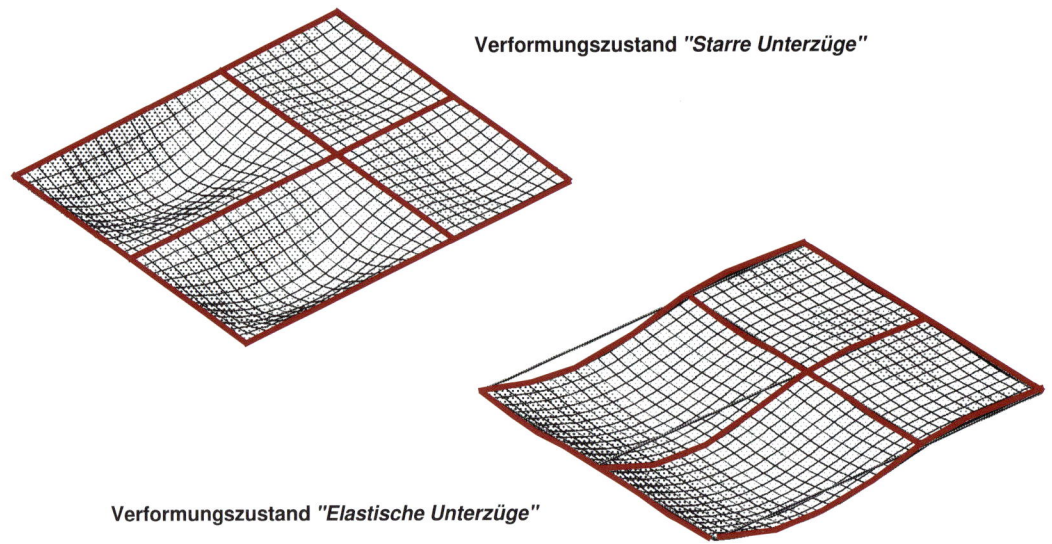

Bild B.4: Vergleichende Darstellung der Deckenverformung unter Eigengewicht

Der in der Mitte der großen Deckenfelder verlaufende Unterzug (Achse 2) entzieht sich seiner Tragwirkung durch Verformung. In dem *Bild B.5* ist eine gravierende Abnahme des Bemessungsstützmomentes $m_{y,Ed}$ zu verzeichnen:

starre Unterzüge: $m_{y,Ed} \approx -55$ kNm/m $\Longleftrightarrow$ elast. Unterzüge $m_{y,Ed} \approx -15$ kNm/m

Die Lastabtragung wird in die Platte umgelagert. Das *Bild B.6* zeigt über dem Unterzug ein deutliches Feld-moment $m_{x,Ed} \approx 40$ kNm/m und entlang der gesamten Achse B ergibt sich ein erhöhtes Stützmoment $m_{x,Ed} \leq -40$ kNm/m.

Die Berücksichtigung der Unterzugverformungen verursacht gegenüber dem starren System gravierende Umla-gerungen der Schnittgrößen. Die *Pieper-Martens*-Handrechnung erfüllte offensichtlich das statische Gleichge-wicht, nicht aber die Verformungsverträglichkeit.

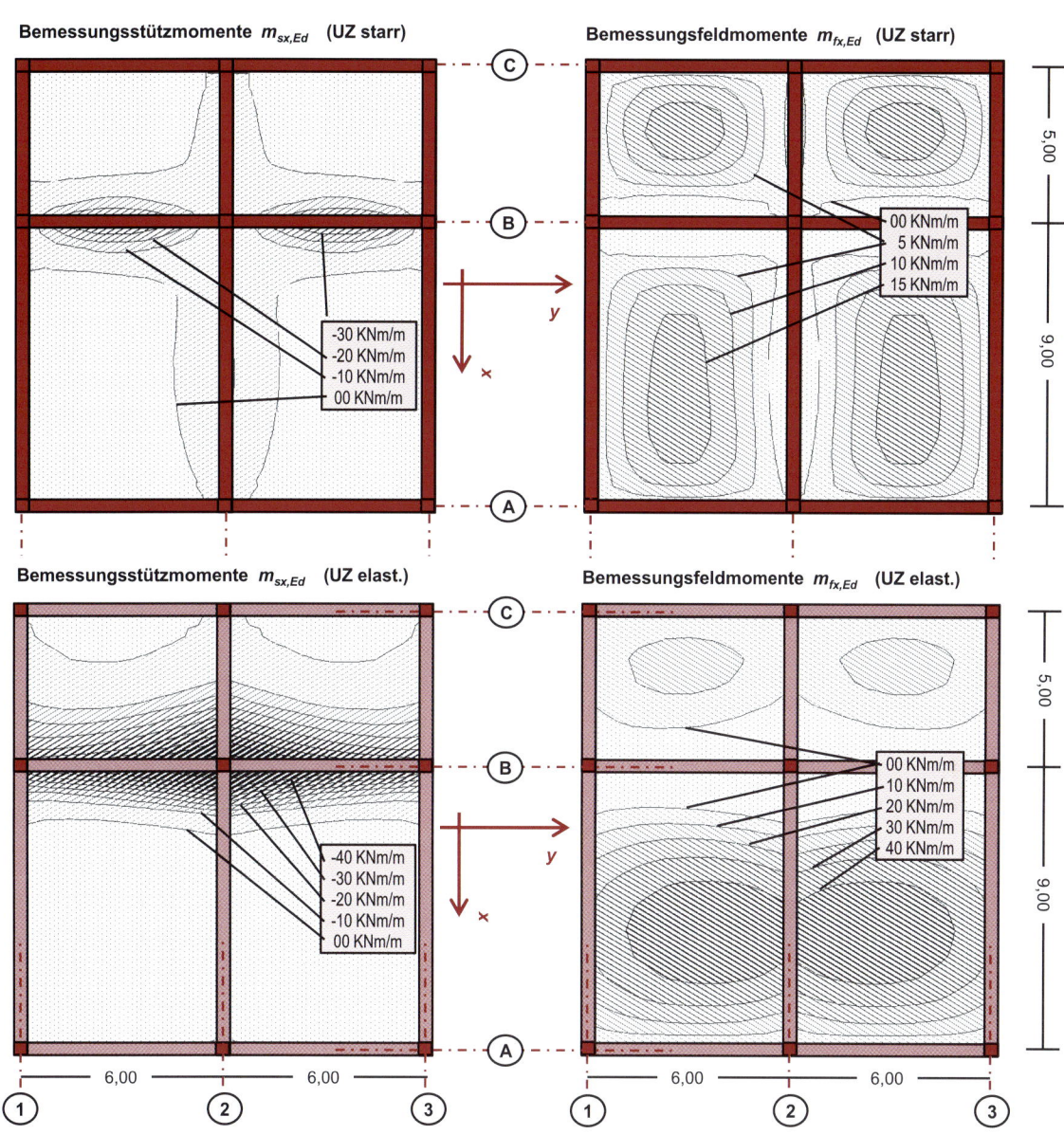

Bild B.5: Vergleichende Darstellung der Bemessungsmomente $m_{x,Ed}$

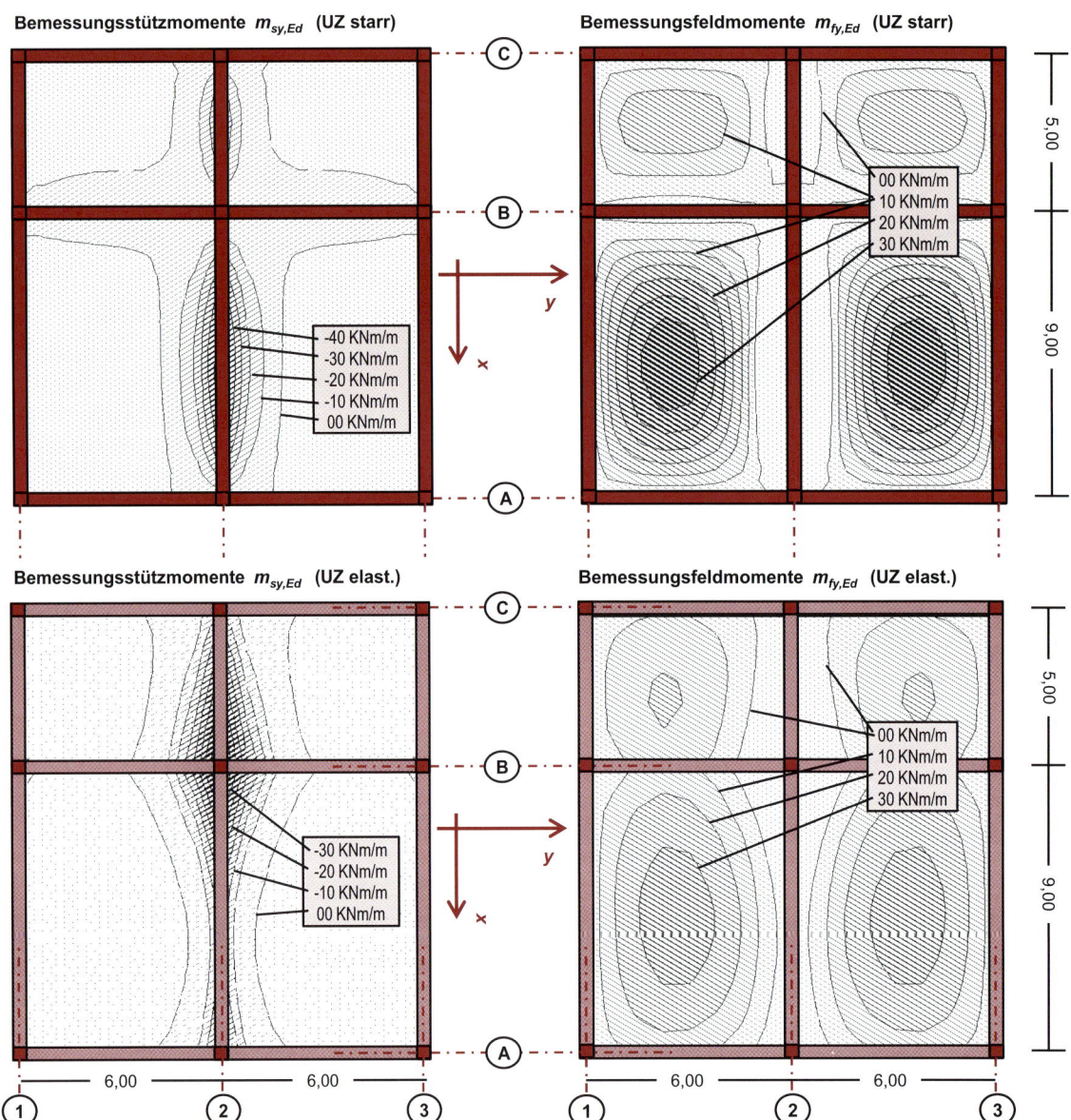

Bild B.6: Vergleichende Darstellung der Bemessungsmomente $m_{x,Ed}$

C   Bemessungshilfsmittel für *höherfesten Beton*

Tabelle C.1: Bemessung für rechteckige Druckzone C 70/85 (höherfester Beton ohne Druckbewehrung)

μ_{Eds} [-]	ω_1 [-]	ξ [-]	ζ [-]	ϵ_{c2} [‰]	ϵ_{s1} [‰]	f_{yd} kN/cm²	σ_{s1d} kN/cm²
0,01	0,0101	0,032	0,989	-0,83	25,00	43,5	45,7
0,02	0,0203	0,046	0,984	-1,22	25,00	43,5	45,7
0,03	0,0306	0,058	0,979	-1,55	25,00	43,5	45,7
0,04	0,0410	0,069	0,975	-1,85	25,00	43,5	45,7
0,05	0,0515	0,079	0,971	-2,15	25,00	43,5	45,7
0,06	0,0621	0,089	0,966	-2,46	25,00	43,5	45,7
0,07	0,0729	0,104	0,960	-2,50	21,51	43,5	45,3
0,08	0,0838	0,120	0,954	-2,50	18,38	43,5	45,0
0,09	0,0949	0,136	0,948	-2,50	15,94	43,5	44,8
0,10	0,1061	0,152	0,942	-2,50	13,99	43,5	44,6
0,11	0,1175	0,168	0,936	-2,50	12,39	43,5	44,5
0,12	0,1291	0,184	0,930	-2,50	11,06	43,5	44,4
0,13	0,1408	0,201	0,924	-2,50	9,93	43,5	44,2
0,14	0,1527	0,218	0,917	-2,50	8,96	43,5	44,1
0,15	0,1648	0,235	0,911	-2,50	8,12	43,5	44,0
0,16	0,1770	0,253	0,904	-2,50	7,39	43,5	44,0
0,17	0,1895	0,271	0,897	-2,50	6,73	43,5	43,9
0,18	0,2022	0,289	0,890	-2,50	6,15	43,5	43,9
0,19	0,2152	0,307	0,883	-2,50	5,63	43,5	43,8
0,20	0,2283	0,326	0,876	-2,50	5,16	43,5	43,8
0,21	0,2418	0,345	0,869	-2,50	4,74	43,5	43,7
0,22	0,2555	0,365	0,861	-2,50	4,35	43,5	43,7
0,23	0,2695	0,385	0,854	-2,50	3,99	43,5	43,7
0,24	0,2838	0,405	0,846	-2,50	3,67	43,5	43,6
0,25	0,2984	0,426	0,838	-2,50	3,37	43,5	43,6
0,26	0,3134	0,448	0,830	-2,50	3,08	43,5	43,6
0,27	0,3287	0,470	0,821	-2,50	2,82	43,5	43,5
0,28	0,3445	0,492	0,813	-2,50	2,58	43,5	43,5
0,29	0,3607	0,515	0,804	-2,50	2,35	43,5	43,5
0,30	0,3774	0,539	0,795	-2,50	2,14	42,7	42,7
0,31	0,3947	0,564	0,786	-2,50	1,93	38,7	38,7

f_{yd} σ_{s1d} : Stahlspannungen ständige und vorübergehende Bemessungssituation

Querschnitt und Schnittgrößen:

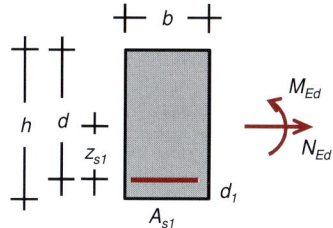

Verzerrungen:

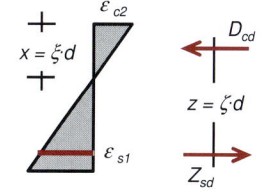

Gleichungen:

$$M_{Eds} = M_{Ed} - N_{Ed} \cdot z_{s1}$$

$$\mu_{Eds} = \frac{M_{Eds}}{b \cdot d^2 \cdot f_{cd}}$$

$$A_{s1} = \omega_1 \cdot \frac{b \cdot d}{\sigma_{s1d}/f_{cd}} + \frac{N_{Ed}}{\sigma_{s1d}}$$

$$\leq \omega_1 \cdot \frac{b \cdot d}{f_{yd}/f_{cd}} + \frac{N_{Ed}}{f_{yd}}$$

$$Z_{sd} = A_{s1} \cdot \sigma_{s1d} \leq A_{s1} \cdot f_{yd}$$

$$D_{cd} = \omega_1 \cdot b \cdot d \cdot f_{cd}$$

C

D   Leitfäden für Bemessungsaufgaben

D.1   Bemessung: Biegung mit Längskraft (Vordimensionierung)

1. Die Beanspruchung aus äußerer Belastung M_{Eds}

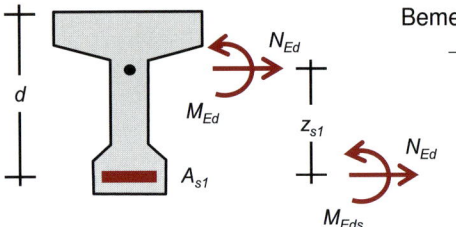

Bemessungsgrößen bezogen auf den Trägerschwerpunkt:

$\rightarrow$ M_{Ed} und N_{Ed} aus statischer Berechnung

Bemessungsmoment bezogen auf Zugbewehrung[a]:

$\rightarrow$ $M_{Eds} = M_{Ed} - N_{Ed} \cdot z_{s1}$

z_{s1} Schwerpunktabstand von A_{s1}

---

[a] M_{Ed} ggf. durch Momentenausrundung, -umlagerung reduzieren

2. Der planmäßige Einsatz von Druckbewehrung $A_{s2,o}$ + $A_{s2,u}$

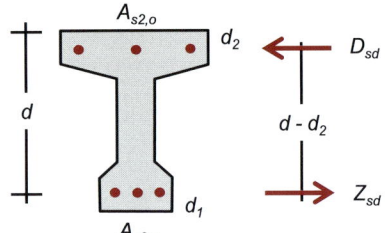

Aufteilung des Bemessungsmomentes M_{Eds}:

$\rightarrow$ $M_{Eds} = M_{Eds,lim} + \Delta M$

$\Delta M = D_{sd} \cdot (d - d_2) = Z_{sd} \cdot (d - d_2)$

Die Stahldruckkraft D_{sd} (Z_{sd}) errechnet sich:

$\rightarrow$ $D_{sd} = A_{s2,o} \cdot f_{yd}$ ($Z_{sd} = A_{s2,u} \cdot f_{yd}$)

Die oben- und untenliegenden Bewehrungsquerschnitte sind gleich groß $A_{s2,o} = A_{s2,u}$.

ΔM wird durch ein Kräftepaar aus Stahldruckkraft D_{sd} und Stahlzugkraft Z_{sd} aufgenommen.

$M_{Eds,lim}$ wird durch ein Kräftepaar aus Zugbewehrung A_{s1} und Betondruckkraft aufgenommen.

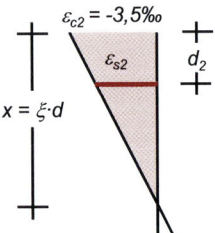

Der Einsatz von Druckbewehrung ist sinnvoll, wenn $\epsilon_{s2} \geq |2,174\,‰|$, sodass $f_{yd} = 43,5\ \text{kN/cm}^2$

$\rightarrow$ Die statische Höhe d hat ein Mindestmaß[b]

$d \geq$ $10,6 \cdot d_2$ wenn: $\xi \leq 0,250$

$d \geq$ $5,9 \cdot d_2$ wenn: $\xi \leq 0,450$

$d \geq$ $4,3 \cdot d_2$ wenn: $\xi \leq 0,617$

---

[b] d_1 und d_2 Betonüberdeckungen der Bewehrung

3. Bemessung der Betondruckzone infolge M_{Eds} ($M_{Eds,lim}$ bei Druckbewehrung)

Bemessungskriterium: Begrenzung der Höhe der Betondruckzone $x = \xi \cdot d$

$\xi \leq 0,250 \rightarrow$ zul $\mu_{Eds} \leq 0,181$ Momentenumlagerung / Plastizitätstheorie

$\xi \leq 0,250 \rightarrow$ zul $\mu_{Eds} \leq 0,296$ Regelbemessung

$\xi \leq 0,617 \rightarrow$ zul $\mu_{Eds} \leq 0,371$ Wirtschaftlichkeitsgrenze ^{c} mit Ausnutzung A_{s1}

$^c \epsilon_{s1} \geq 2,174‰$, sodass $f_{yd} = 43,5$ kN/cm^2

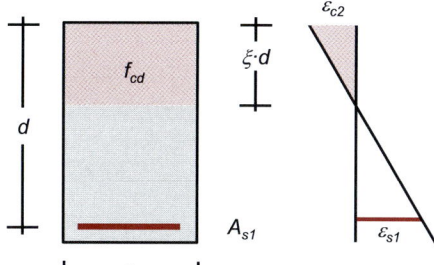

Bei einer rechteckigen Betondruckzone sind 3 Querschnittsparameter zu dimensionieren:

$\rightarrow$ b und d Beton(druck)fläche

$\rightarrow$ f_{cd} Betongüte

2 Querschnittsparameter werden vorab gewählt, der 3. wird errechnet (μ_{Eds}–Tabelle).

$$\text{erf } b = \frac{M_{Eds}}{\mu_{Eds} \cdot d^2 \cdot f_{cd}}$$

$$\text{erf } d = \sqrt{\frac{M_{Eds}}{\mu_{Eds} \cdot b \cdot f_{cd}}}$$

$$\text{erf } f_{cd} = \frac{M_{Eds}}{\mu_{Eds} \cdot b \cdot d^2}$$

Die Tragfähigkeit der Betondruckzone ist nachgewiesen, wenn mit:

M_{Eds}, b, d und f_{cd} $\implies$

$$\mu_{Eds} = \frac{M_{Eds}}{b \cdot d^2 \cdot f_{cd}} \leq \text{zul } \mu_{Eds}$$

4. Bemessung des Querschnitts der Zugbewehrung A_{s1}

Ablesen aus der μ_{Eds}–Tabelle:

$\rightarrow$ ξ $x = \xi \cdot d$ Höhe der Druckzone

   ζ $z = \zeta \cdot d$ Hebelarm innere Kräfte

$\rightarrow$ ω_1 mech. Bewehrungsgrad

erf. Biegezugbewehrung A_{s1}:

$$A_{s1} = \omega_1 \cdot \frac{b \cdot d}{f_{yd}/f_{cd}} + \frac{N_{Ed}}{f_{yd}}$$

Rechengrößen zur Querschnittsbemessung für den Grenzzustand der Tragfähigkeit								
Beton	C 12/15	C 16/20	C 20/25	C 25/30	C 30/37	C 35/45	C 40/50	C 45/50	C 50/60
MN/m^2	6,8	9,1	11,3	14,2	17,0	19,8	22,7	25,5	28,3
f_{yd}/f_{cd}	63,9	50,0	38,4	30,7	26,5	21,9	19,2	17,1	15,3

D

D.2   Tragfähigkeit: Biegung mit Längskraft (C 12/15 – C 50/60)

1. Geometriedaten und Bemessungskriterium

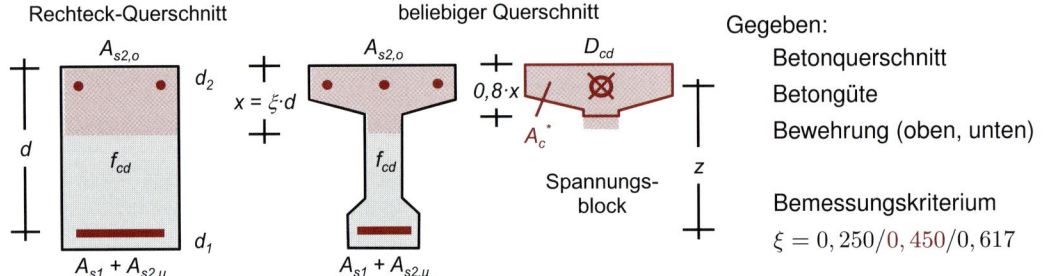

Rechteck-Querschnitt   beliebiger Querschnitt

$A_{s2,o}$ d_2 $x = \xi \cdot d$ $A_{s2,o}$ $0,8 \cdot x$ D_{cd}

d f_{cd} f_{cd} A_c^* z

d_1 Spannungs-block

$A_{s1} + A_{s2,u}$ $A_{s1} + A_{s2,u}$

Gegeben:
Betonquerschnitt
Betongüte
Bewehrung (oben, unten)

Bemessungskriterium
$\xi = 0,250/0,450/0,617$

2. Das vom Beton aufnehmbare Bemessungsbiegemoment

Rechteckige Betondruckzone:

Auswertung μ_{Eds}–Tabelle

$\xi =$	0,250	0,450	0,617
$\mu_{Eds} =$	0,181	0,296	0,371

$$M_{Rds}^{Beton} = \mu_{Eds} \cdot b \cdot d^2 \cdot f_{cd}$$

Nicht rechteckige Betondruckzone:

Auswertung Spannungsblock (Höhe $0,8 \cdot x$)

Druckkraft D_{cd} wirkt im Schwerpunkt von A_c^*

$$D_{cd} = A_c^* \cdot 0,95 \cdot f_{cd}$$

$$M_{Rds}^{Beton} = D_{cd} \cdot z$$

3. Das von der Zugbewehrung A_{s1} aufnehmbare Bemessungsbiegemoment

Rechteckige Betondruckzone:

$$\omega_1 = \left(A_{s1} - \frac{N_{Ed}}{f_{yd}} \right) \frac{f_{yd}/f_{cd}}{b \cdot d}$$

$\rightarrow$ μ_{Eds}–Tabelle: $z = \zeta \cdot d$

Nicht rechteckige Betondruckzone:

z aus Querschnittsgeometrie entnehmen

Schwerpunktabstand $A_c^* \leftrightarrow A_{s1}$

$$M_{Rds}^{Stahl} = A_{s1} \cdot f_{yd} \cdot z$$

Auswertung Bemessungsmoment: $\text{zul}M_{Eds} = \min \left| M_{Rds}^{Beton}; M_{Rds}^{Stahl} \right|$

4. Ggf. zuzüglich Biegemoment ΔM aus Druckbewehrung $A_{s2,o}/A_{s2,u}$

Mindestmaß d einhalten, um
$f_{yd} = 43,5$ kN/cm² zu erreichen

$$\Delta M = A_{s2,o} \cdot f_{yd} \cdot (d - d_2) \longrightarrow \text{zul}M_{Eds}^* = \text{zul}M_{Eds} + \Delta M$$

D.3   Bemessung: Querkraft (Vordimensionierung)

1. Querschnittsdaten, Parameter und Bemessungsquerkraft

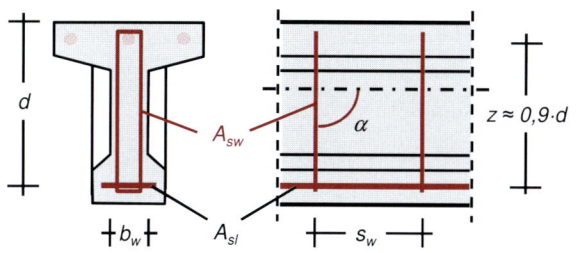

Querkraftbewehrung Bügelparameter:

$\rightarrow \quad A_{sw}$ Querschnitt

s_w Bügelabstand

α Einbauwinkel der Bügel

Ansatz: Neigung der Betondruckstreben

$\cot \Theta = 1,2$ reine Biegung

$\cot \Theta = 1,2$ Biegung mit Längsdruck

$\cot \Theta = 1,0$ Biegung mit Längszug

Bemessungsquerkraft (Statik): $V_{Ed,0}$

ggf. am Auflager abgemindert: $V_{Ed} = V_{Ed,0} - \Delta V$

2. Bestimmung der Querkrafttragfähigkeit des Betons $V_{Rd,max} \geq V_{Ed,0}$

Nach Fachwerkanalogie verlaufen infolge Querkraftbeanspruchung schräge Druckstäbe durch den Betonsteg. Die aufnehmbare Querkraft $V_{Rd,max}$ ergibt sich zu:

$$V_{Rd,max} = (b_w \cdot z \cdot \alpha_c \cdot f_{cd}) \cdot \frac{\cot \Theta + \tan \Theta}{1 + \cot^2 \alpha} \qquad \xrightarrow{\alpha = 90^0} \qquad V_{Rd,max} = \frac{b_w \cdot z \cdot \alpha_c \cdot f_{cd}}{\cot \Theta + \tan \Theta}$$

empirischer Parameter: $\alpha_c = 0,75 \cdot \eta_1$ mit: $\eta_1 = 1,0$ für Normalbeton

3. Bestimmung der Querkrafttragfähigkeit der Bewehrung $V_{Rd,sy} \geq V_{Ed}$

Über die Steghöhe ist mit dem Winkel α geneigte Querkraftbewehrung A_{sw}/s_w einzubauen, um Zugkräfte aufzunehmen. Die aufnehmbare Querkraft $V_{Rd,sy}$ ergibt sich zu:

$$V_{Rd,sy} = \frac{A_{sw}}{s_w} \cdot f_{yd} \cdot z \cdot (\cot \Theta + \cot \alpha) \cdot \sin \alpha \qquad \xrightarrow{\alpha = 90^0} \qquad V_{Rd,sy} = \frac{A_{sw}}{s_w} \cdot f_{yd} \cdot z \cdot \cot \Theta$$

Auswertung Querkrafttragfähigkeit des Trägers: $V_{Rd} = \min |V_{Rd,max}; V_{Rd,sy}|$

4. Konstruktive Mindestquerkraftbewehrung $\min A_{sw}/s_w$

In Balkentragwerken ist konstruktiv einzubauen!

$$\min \left(\frac{A_{sw}}{s_w} \right) = \rho \cdot b_w \cdot \sin \alpha$$

C	20/25	25/30	30/37
ρ	0,70 ‰	0,83 ‰	0,93 ‰

D

Literaturverzeichnis

[1] Bargmann, H. *Historische Bautabellen*. Wolters Kluwer Deutschland GmbH, Köln, 2008.

[2] Beer, K. *Bewehren nach DIN 1045-1*. B.G. Teubner Verlag, Wiesbaden, 2007.

[3] Bundesanstalt für Straßenwesen. *Zusätzliche Technische Vertragsbedingungen und Richtlinien für Ingenieurbauten ZTV-ING*. Verkehrsblattsammlung Nr. S 1056, Verkehrsblatt Verlag, Dortmund, 2003.

[4] Czerny, F. *Tafeln für Rechteckplatten*. Betonkalender, Verlag Ernst&Sohn, Berlin, 1978.

[5] DIN, Deutsches Institut für Normung e.V. A. *DIN-Fachberichte; 100-104*. Beuth-Verlag, Berlin, 2002.

[6] Google Inc. *Google Sketchup 6*. www.sketchup.google.com, 2008.

[7] Goris, A. *Stahlbetonbau-Praxis nach DIN 1045 neu*. Bauwerk Verlag, Berlin, 2002.

[8] Goris, A. (Hsg.). *Schneider Bautabellen für Ingenieure*. Werner Verlag, 2006.

[9] Goris, A.; Schmitz, U. *Bemessungstafeln nach DIN 1045-1*. Werner Verlag, Berlin, 2004.

[10] Grasser, E.; Thielen,. *Hilfsmittel zur Berechnung der Schnittgrößen und Formänderungen von Stahlbetontragwerken*. Deutscher Ausschuss für Stahlbeton, 1988.

[11] Götsche, J.; Petersen, M. *Festigkeitslehre – klipp und klar*. Carl Hanser Verlag, 2006.

[12] Holschemacher, K. *Stahlbetonbau - Grundlagen*. www.htwk-leipzig.de, 2005.

[13] Kampen, R.; Dickamp, M.; Peck, M.; Pickhardt, R.; Richter, T. *Bauteilkatalog: Planungshilfe für dauerhafte Betonbauteile nach der neuen Normengeneration*. Verlag Bau+Technik, Düsseldorf, 2006.

[14] Kordina, K.; Quast, U. *Bemessung von schlanken Bauteilen für den durch Tragwerksverformungen beeinflussten Grenzzustand der Tragfähigkeit – Stabilitätsnachweis*. Betonkalender, Verlag Ernst&Sohn, Berlin, 2001.

[15] Krüger, W.; Mertzsch, O. *Verformungsnachweise – Erweiterte Tafeln zur Begrenzung der Biegeschlankheit*. Stahlbetonbau aktuell aus: Praxishandbuch 2003, Avak/Goris (Hrsg.), Bauwerk Verlag, Berlin, 2003.

[16] Normenausschuss Bauwesen (NABau). *DIN EN 1992/Eurocode 2: Bemessung und Konstruktion von Stahlbeton und Spannbetonbautragwerken*. Beuth-Verlag, Berlin, 2004.

[17] Normenausschuss Bauwesen (NABau). *DIN 1045: Tragwerke aus Beton, Stahlbeton und Spannbeton*. Beuth-Verlag, Berlin, 2007.

[18] pcae GmbH. *Handbücher* 4H-Programme für Durchlaufträge, Rahmen, Platten, Faltwerke, ... Eigenverlag, Hannover Kopernikusstr. 4A, 2008.

[19] Pieper, K.; Martens, P. *Näherungsberechnung vierseitig gestützter Rechteckplatten im Hochbau*. Beton- und Stahlbetonbau 6/1966 und 6/1967, Verlag Ernst&Sohn, Berlin, 1967.

[20] Verein Deutscher Zementwerke e.V. *Zement-Merkblätter*. Verein Deutscher Zementwerke e.V., Düsseldorf, 2000-2008.

Begriffe und Formelzeichen

Große lateinische Buchstaben

A	Fläche	C	Beton; Betonfestigkeitsklasse	
E	Elastizitätsmodul	EI	Biegesteifigkeit	
F	Kraft	G	ständige Einwirkung	
L	Stützweiten einer Platte	M	Biegemoment	
N	Normalkraft, Längskraft	Q	veränderliche Einwirkung	
R	Tragwiderstand	V	Querkraft	

Kleine lateinische Buchstaben (keine Indizes)

a	Abstand, Auflagerbreite	b	Breite
c	Betondeckung	d	statische Nutzhöhe; Durchmesser
e	Lastausmitte	f	Festigkeit
h	Höhe; Bauteildicke	i	Trägheitsradius
l	Länge; Stützweite, Spannweite	m	Moment je Längeneinheit (Platte)
n	Normalkraft je Längeneinheit (Platte, Wand)	v	Querkraft je Längeneinheit
x	Höhe der Druckzone	z	Hebelarm der inneren Kräfte

Griechische Buchstaben

α	Abminderungswert zur Berücksichtigung von Langzeitwirkungen; Winkel der Querkraftbewehrung zur Bauteilachse	γ	Teilsicherheitsbeiwert
δ	Beiwert Schnittgrößenumlagerung	ϵ	Verzerrung; Dehnung, Stauchung
η	Abminderungsbeiwert Leichtbeton	Θ	Neigung der Betondruckstreben
φ	Kriechzahl	λ	Schlankheit
μ	dimensionsloses Moment	ν	Querkontraktionszahl; dimensionslose Normalkraft
ξ	Beiwert, Höhe der Betondruckzone	ξ	Beiwert, Hebelarm innere Kräfte
ρ	Dichte; geometrisches Bewehrungsverhältnis	ω	dimensionsloser Bewehrungsbeiwert
σ	Normalspannung	Δ	Differenz
ψ	Kombinationsbeiwert		

Indizes

b	Verbund		c	Beton
d	Bemessungswert		e	Exzentrizität (Lastausmitte)
i, j	Laufvariable		k	charakteristischer Wert
m	Mittelwert		s	Betonstahl
w	Stegbreite		y	Fließgrenze Betonstahl
col	Stütze		dir	direkt
eff	effektiv, wirksam		nom	Nennwert
Ed	Bemessungswert einer Beanspruchung		Rd	Bemessungswert eines Widerstands

Große lateinische Buchstaben mit Indizes

A_c	Fläche des Betonquerschnitts		A_s	Querschnittsfläche des Betonstahls
A_{sw}	Querschnittsfläche der Querkraftbewehrung		D_{cd}	Bemessungswert der Beton-Druckkraft
E_d	Bemessungswert einer Beanspruchung, Schnittgröße, Spannung oder Verformung		M_{Rd}	Bemessungswert des aufnehmbaren Momentes
M_{Ed}	Bemessungswert des einwirkenden Momentes		N_{Ed}	Bemessungswert der einwirkenden Normalkraft
V_{Rd}	Bemessungswert der aufnehmbaren Querkraft		V_{Ed}	Bemessungswert der einwirkenden Querkraft
$V_{Rd,ct}$	Bemessungswert der Querkrafttragfähigkeit des nur längsbewehrten Querschnitts		$V_{Rd,sy}$	Bemessungswert der Tragfähigkeit der Querkraftbewehrung
$V_{Rd,max}$	Bemessungswert der Querkrafttragfähigkeit der geneigten Betondruckstreben			

griechische Buchstaben mit Indizes

α_a	Winkel der Schiefstellung		α_c	Abminderungsbeiwert für die Betondruckfestigkeit infolge Querzugbeanspruchung
ϵ_c	Dehnung des Betons		ϵ_s	Dehnung des Betonstahls
γ_c	Teilsicherheitsbeiwert für Beton		γ_s	Teilsicherheitsbeiwert für Betonstahl
γ_G	Teilsicherheitsbeiwert für eine ständige Einwirkung		γ_Q	Teilsicherheitsbeiwert für eine veränderliche Einwirkung
σ_c	Spannung im Beton		σ_s	Spannung im Betonstahl
μ_{Ed}	dimensionsloser Bemessungsparameter (Moment)		ν_{Ed}	dimensionsloser Bemessungsparameter (Normalkraft)

kleine lateinische Buchstaben mit Indizes

a_l	Versatzmaß Zugkraftdeckungslinie	b_{eff}	mitwirkende Plattenbreite
d_1	Randabstand des Schwerpunktes der Zugbewehrung	d_2	Randabstand des Schwerpunktes der Druckbewehrung
c_{min}	Mindestbetondeckung	c_{nom}	Nennmaß der Betonüberdeckung
c_v	Verlegemaß der Bewehrung	Δc	Vorhaltemaß der Betondeckung für unplanmäßige Abweichungen
d_g	Größtkorndurchmesser der Zuschläge	$d_s, \varnothing$	Stabdurchmesser
e_a	ungewollte Lastausmitte (Imperfektion)	e_2	zusätzliche Lastausmitte aus Verformungen nach Theorie 2. Ordnung
f_{cd}	Bemessungswert der (einachsialen) Betonfestigkeit	f_{ctm}	Mittelwert der Betonzugfestigkeit
$f_{ck,zyl}$	charakteristische Zylinderdruckfestigkeit des Betons nach 28 Tagen; zur Vereinfachung hier mit f_{ck} bezeichnet	f_{yd}	Bemessungswert der Streckgrenze des Betonstahls
f_{tk}	charakteristischer Wert der Zugfestigkeit des Betonstahls	f_{yk}	charakteristischer Wert der Streckgrenze des Betonstahls
l_0	Ersatzlänge (Knicklänge) bei Druckgliedern	l_b	Grundmaß der Verankerungslänge Betonstahl
$l_{b,net}$	Verankerungslänge des Betonstahls	$l_{b,dir}$	Verankerungslänge des Betonstahls bei direkter Lagerung des Bauteils
l_{eff}	effektive Stützweite	l_s	erforderliche Übergreifungslänge
s_w	Abstand der Querkraftbewehrung	t_0	Zeitpunkt des Belastungsbeginns
w_k	Rechenwert der Rissbreite		

Sachwortverzeichnis